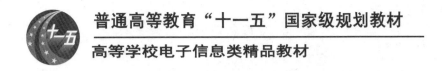

普通高等教育"十一五"国家级规划教材

高等学校电子信息类精品教材

数字系统设计与 PLD 应用

（第 4 版）

臧春华　蒋　璇　郭荣辉　编著

电子工业出版社

Publishing House of Electronics Industry

北京·BEIJING

内 容 简 介

本书为普通高等教育"十一五"国家级规划教材。

本书阐述数字系统设计方法和可编程逻辑器件 PLD 应用技术,引导读者从功能电路设计转向系统设计,由传统的通用集成电路的应用转向可编程逻辑器件的应用,从而拓宽数字技术知识面和设计能力。

本书汇聚了编者多年从事相关领域教学与科研的成果,取材丰富,内容全面,涵盖了数字系统设计方法(算法设计、数据处理单元设计和控制单元设计)、数字系统设计手段(原理图、VHDL 和 Verilog HDL)、PLD 设计平台(Robei、Quartus Prime 和 Vivado)、数字系统实现方式(CPLD 和 FPGA),以及 SoPC 软硬件协同设计(MicroBlaze、NiosII 和 Zynq-7000 SoC)等各个方面,具有一定的前瞻性和新颖性。

本书最后一章通过 10 个系统设计的例子,将系统设计方法与 HDL 和 PLD 设计技术进行综合应用。可以作为实验和课程设计的选题,并具有一定的工程应用价值。

本书可作为高等学校电子电气类专业的教材,同时也是相关学科领域工程技术人员很好的实用参考书。

图书在版编目(CIP)数据

数字系统设计与 PLD 应用/臧春华,蒋璇,郭荣辉编著.—4 版.—北京:电子工业出版社,2021.2
ISBN 978-7-121-40314-9

Ⅰ. ①数… Ⅱ. ①臧… ②蒋… ③郭… Ⅲ. ①数字系统－系统设计－高等学校－教材 ②可编程序逻辑器件－系统设计－高等学校－教材 Ⅳ. ①TP271 ②TP332.1

中国版本图书馆 CIP 数据核字(2020)第 266424 号

责任编辑:韩同平
印　　刷:北京雁林吉兆印刷有限公司
装　　订:北京雁林吉兆印刷有限公司
出版发行:电子工业出版社
　　　　　北京市海淀区万寿路 173 信箱　邮编 100036
开　　本:787×1092　1/16　印张:25　字数:800 千字
版　　次:2001 年 1 月第 1 版
　　　　　2021 年 2 月第 4 版
印　　次:2021 年 11 月第 2 次印刷
定　　价:75.90 元

凡所购买电子工业出版社图书有缺损问题,请向购买书店调换。若书店售缺,请与本社发行部联系,联系及邮购电话:(010)88254888,88258888。

质量投诉请发邮件至 zlts@phei.com.cn,盗版侵权举报请发邮件至 dbqq@phei.com.cn。

本书咨询联系方式:010-88254525,hantp@phei.com.cn。

前　言

本书为普通高等教育"十一五"国家级规划教材。

本书是专业基础课"数字电路与逻辑设计"后续必修或选修课程的教材,主要阐述数字系统设计方法和可编程逻辑器件 PLD 应用技术,目的是引导学生和读者从数字功能电路设计转向数字系统设计,从传统的通用数字集成电路的应用转向半定制的 PLD 的应用,从经典的原理图设计方式转向硬件描述语言 HDL 设计方式,从单纯硬件系统设计转向软硬件混合系统设计,使读者了解数字技术的新发展、新思路、新器件,拓宽软硬件设计的知识面,提高系统设计能力。

现今 VLSI 技术发展迅速,采用专用集成电路 ASIC 实现系统已成趋势。作为 ASIC 的一个重要分支——PLD,它在 ASIC 研制阶段和小批量电子设备生产中有着设计灵活、修改快捷、使用方便、研发周期短和成本较低等优势,是当今数字系统主要的实现途径。大部分高等院校均把 PLD 纳入相关课程的教学计划,为此探索较好的设计方法和应用技术有其必要性和实用性。对于广大正在应用 PLD 的电子设计人员也有很好的参考价值。

随着 PLD 技术的不断发展和开发环境的日益完善,设计人员的主要任务已成为:如何把由文字说明的系统功能转换为逻辑描述(即算法),进而采用一定的描述工具(算法流程图、HDL 语言等)建立系统描述模型,并选择适当的 PLD 器件、采用相应的开发平台来实现待设计系统。

本书正是基于以上背景而编写的,力求提高读者的系统设计和工程设计能力。

全书分为数字系统设计方法、硬件描述语言、PLD 应用技术和设计实例 4 个部分,共 8 章。

第 1 章介绍数字系统基本模型、基本结构和设计步骤,重点介绍了系统设计的基本方法。还介绍了数字系统描述的一种常用工具——算法流程图。

第 2 章讨论系统的算法设计和算法结构。在介绍若干种算法设计方法时,既借鉴软件设计中的算法推导方法,又详述硬件设计中算法设计的特征。本章还详细讨论了组成系统的两大部分:数据处理单元和控制单元的设计,以及采用通用集成电路的实现方法。

第 3 章简明介绍数字系统描述工具——硬件描述语言 VHDL 和 Verilog HDL 的基本概念、语法特征和应用实例。使读者初步掌握这两种最常用的 HDL。

第 4 章阐述 PLD 的基本概念、原理与组成。重点讨论简单 PLD(SPLD)的发展历程,为理解高密度 PLD(HDPLD)打下基础。

第 5 章介绍高密度 PLD 及其应用。除经典 HDPLD 组成和相关编程技术外,重点讨论目前比较常用的先进 HDPLD,包括 Intel MAX II CPLD 和 Cyclone III FPGA,以及 Xilinx Spartan-3 FPGA 和 7 系列 FPGA。

第 6 章讨论 PLD 设计平台,包括青岛若贝的可视化、跨平台 PLD 前端设计软件 Robei 和业界应用最广的 Intel Quartus Prime 与 Xilinx Vivado 的全流程设计环境。

第 7 章讨论基于 FPGA 的可编程片上系统(SoPC),包括 Xilinx MicroBlaze 和 Intel Nios II 软核架构,以及 Xilinx 全可编程 Zynq-7000 SoC。最后以一个应用实例为线索,介绍了 SoPC 系统的设计流程。

第 8 章通过 10 个系统设计的选题,将系统设计方法与 HDL 和 PLD 设计技术进行综合应用。选题按先易后难的原则编排,前 4 个选题较为简单,适合作为实验选题。后 6 个选题比较复杂,可以作为课程设计的选题,并具有一定的工程应用价值。

本书有大量的习题和实例,可供读者实践与思考。

编者在撰写本书时,力求内容充实、重点突出,尤其注重引导初学者尽快入门。通过由浅入深、循序渐进的阐述,将理论、例题、习题和实例紧密结合,使读者既掌握理论方法,又得到实践训练。

本书可作为高等学校电子电气类专业本科生和研究生的教材或参考书,同时也适用于广大电子设计研发人员学习。

本书第 1、2 版由蒋璇主编,分别于 2000 年和 2005 年出版,第 3 版由臧春华主编,于 2009 年出版。本书出版以来的近 20 年间,先后被国内多所大学选为教材或主要参考教材,得到了众多师生的喜爱、关心和反馈意见建议,在此表示衷心感谢。

这次的第 4 版由蒋璇指导,由臧春华、郭荣辉共同修订。第 1~5、7 章由臧春华完成(其中 7.5 节由郭荣辉完成),第 6 章由郭荣辉完成,第 8 章由臧春华和郭荣辉共同完成。

修订过程中从若贝、Intel、Xilinx 等公司网站得到大量最新资料,对这些公司表示衷心感谢。

由于作者水平有限,书中难免存在错误和不当之处,恳请读者批评指正。

作　者
于南京航空航天大学
2298530539@qq.com

目　　录

第1章　数字系统设计方法 ················· 1

1.1　绪言 ················· 1

1.1.1　数字系统的基本概念 ················· 1

1.1.2　数字系统的基本模型 ················· 2

1.1.3　数字系统的基本结构 ················· 6

1.2　数字系统设计的一般步骤 ················· 7

1.2.1　引例 ················· 7

1.2.2　数字系统设计的基本步骤 ················· 9

1.2.3　层次化设计 ················· 11

1.3　数字系统设计方法 ················· 13

1.3.1　自上而下的设计方法 ················· 13

1.3.2　自下而上的设计方法 ················· 13

1.3.3　基于关键部件的设计方法 ················· 14

1.3.4　信息流驱动的设计方法 ················· 14

1.4　数字系统的描述方法之一——
算法流程图 ················· 16

1.4.1　算法流程图的符号与规则 ················· 16

1.4.2　设计举例 ················· 17

习题1 ················· 20

**第2章　数字系统的算法设计和硬件
实现** ················· 23

2.1　算法设计 ················· 23

2.1.1　算法设计综述 ················· 23

2.1.2　跟踪法 ················· 24

2.1.3　归纳法 ················· 25

2.1.4　划分法 ················· 28

2.1.5　解析法 ················· 29

2.1.6　综合法 ················· 30

2.2　算法结构 ················· 34

2.2.1　顺序算法结构 ················· 35

2.2.2　并行算法结构 ················· 35

2.2.3　流水线算法结构 ················· 37

2.3　数据处理单元的设计 ················· 38

2.3.1　系统硬件实现概述 ················· 38

2.3.2　器件选择 ················· 39

2.3.3　数据处理单元设计步骤 ················· 40

2.3.4　数据处理单元设计实例 ················· 40

2.4　控制单元的设计 ················· 44

2.4.1　系统控制方式 ················· 44

2.4.2　控制器的基本结构和系统同步 ················· 46

2.4.3　算法状态机图（ASM图） ················· 48

2.4.4　控制器的硬件逻辑设计方法 ················· 51

习题2 ················· 57

**第3章　硬件描述语言 VHDL 和
Verilog HDL** ················· 61

3.1　概述 ················· 61

3.2　VHDL 及其应用 ················· 63

3.2.1　VHDL 基本结构 ················· 63

3.2.2　数据对象、类型及运算符 ················· 66

3.2.3　顺序语句 ················· 69

3.2.4　并行语句 ················· 71

3.2.5　子程序 ················· 77

3.2.6　程序包与设计库 ················· 81

3.2.7　元件配置 ················· 82

3.2.8　VHDL 描述实例 ················· 85

3.3　Verilog HDL 及其应用 ················· 93

3.3.1　Verilog HDL 基本结构 ················· 93

3.3.2　数据类型、运算符与表达式 ················· 95

3.3.3　行为描述语句 ················· 101

3.3.4　并行语句 ················· 107

3.3.5　结构描述语句 ················· 110

3.3.6　任务与函数 ················· 115

3.3.7　编译预处理 ················· 120

3.3.8　Verilog HDL 描述实例 ················· 122

习题3 ················· 126

第4章　可编程逻辑器件基础 ················· 128

4.1　PLD 概述 ················· 128

4.2　简单 PLD 原理 ················· 130

4.2.1　PLD 的基本组成 ……………… 130

4.2.2　PLD 的编程 ……………… 130

4.2.3　阵列结构 ……………… 131

4.2.4　PLD 中阵列的表示方法 ……… 132

4.3　SPLD 组成 ……………… 133

4.3.1　可编程只读存储器(PROM) …… 134

4.3.2　可编程逻辑阵列(PLA) ……… 136

4.3.3　可编程阵列逻辑(PAL) ……… 138

4.3.4　通用阵列逻辑(GAL) ………… 140

习题 4 ……………… 143

第 5 章　高密度 PLD 及其应用 …… 147

5.1　HDPLD 分类 ……………… 147

5.2　经典的 HDPLD 组成 ……… 148

5.2.1　阵列扩展型 CPLD ………… 148

5.2.2　现场可编程门阵列(FPGA) … 157

5.2.3　延时确定型 FPGA ………… 161

5.2.4　多路开关型 FPGA ………… 167

5.3　HDPLD 编程技术 ………… 170

5.3.1　在系统可编程技术 ……… 170

5.3.2　在电路配置(重构)技术 …… 171

5.3.3　反熔丝(Antifuse)编程技术 … 172

5.3.4　扩展的在系统可编程技术 … 174

5.4　先进的 HDPLD ………… 174

5.4.1　Intel MAX II 基于逻辑单元
　　　 的 CPLD ……………… 174

5.4.2　Intel Cyclone III 系统级 FPGA … 179

5.4.3　Xilinx Spartan-3 FPGA ……… 183

5.4.4　Xilinx 7 系列 FPGA ……… 187

5.4.5　7 系列 FPGA 的典型应用 … 192

习题 5 ……………… 194

第 6 章　PLD 设计平台 ……… 197

6.1　概述 ……………… 197

6.2　可视化前端设计环境 Robei …… 199

6.2.1　Robei 的软件界面 ……… 199

6.2.2　Robei 设计要素 ……… 200

6.2.3　仿真验证 ……………… 204

6.2.4　设计实例 ……………… 208

6.3　Intel(Altera)设计环境
　　 Quartus Prime ……… 215

6.3.1　Quartus Prime 设计流程 …… 216

6.3.2　设计输入 ……………… 217

6.3.3　编译 ……………… 224

6.3.4　仿真验证 ……………… 230

6.3.5　时序分析 ……………… 231

6.3.6　可视化工具 ……………… 237

6.3.7　器件编程 ……………… 240

6.4　Xilinx 设计环境 Vivado …… 242

6.4.1　用 Vivado 进行设计的一般过程 … 242

6.4.2　IP 封装 ……………… 243

6.4.3　基于原理图设计 ……… 252

6.4.4　基于 Verilog HDL 的设计 … 253

6.4.5　仿真验证 ……………… 254

6.4.6　引脚分配 ……………… 257

6.4.7　综合及实现 ……………… 259

6.4.8　器件编程 ……………… 261

第 7 章　可编程片上系统(SoPC) … 263

7.1　概述 ……………… 263

7.2　基于 MicroBlaze 软核的嵌入式
　　 系统 ……………… 263

7.2.1　Xilinx 的 SoPC 技术 ……… 263

7.2.2　MicroBlaze 处理器结构 …… 264

7.2.3　MicroBlaze 信号接口 …… 270

7.2.4　MicroBlaze 软硬件设计流程 … 273

7.3　基于 Nios II 软核的 SoPC … 275

7.3.1　Intel 的 SoPC 技术 ……… 275

7.3.2　Nios II 处理器 ……… 275

7.3.3　Avalon 总线架构 ……… 280

7.3.4　Nios II 软硬件开发流程 … 281

7.4　Xilinx 全可编程 SoC ……… 282

7.4.1　Zynq-7000 SoC 的组成 …… 282

7.4.2　处理器系统(PS) ……… 283

7.4.3　可编程逻辑(PL) ……… 288

7.4.4　系统级功能 ……………… 289

7.4.5　设计流程 ……………… 291

7.4.6　其他 SoPC 及软件开发平台 … 292

7.5　设计举例 ……………… 293

7.5.1　设计要求 ……………… 293

7.5.2　运行 Quartus Prime 并新建
　　　 设计工程 ……………… 293

7.5.3　创建一个新的 Platform Designer
　　　 系统 ……………… 294

7.5.4　在 Platform Designer 中定义
　　　 Nios II 系统 ……………… 295

7.5.5　在 Platform Designer 中生成

Nios Ⅱ 系统 ·················· 299

7.5.6 将 Nios Ⅱ 系统集成到 Quartus
Prime 工程中 ·············· 300

7.5.7 用 Nios Ⅱ SBT for Eclipse
开发软件 ·············· 300

习题 7 ·················· 303

第 8 章 实验选题与设计实例 ·········· 305

8.1 高速并行乘法器 ·············· 305

8.1.1 算法设计和结构选择 ·········· 305

8.1.2 设计输入 ·············· 305

8.1.3 逻辑仿真 ·············· 305

8.2 十字路口交通管理器 ·········· 306

8.2.1 交通管理器的功能 ·········· 306

8.2.2 系统算法设计 ·········· 307

8.2.3 设计输入 ·············· 307

8.2.4 逻辑仿真 ·············· 309

8.3 九九乘法表 ·············· 310

8.3.1 系统功能和技术指标 ·········· 310

8.3.2 算法设计 ·············· 310

8.3.3 数据处理单元的实现 ·········· 311

8.3.4 设计输入 ·············· 312

8.3.5 系统的功能仿真 ·········· 315

8.4 先进先出堆栈(FIFO) ·········· 317

8.4.1 FIFO 的功能 ·········· 317

8.4.2 算法设计和逻辑框图 ·········· 317

8.4.3 数据处理单元和控制器的设计 ··· 319

8.4.4 设计输入 ·············· 321

8.4.5 用 Verilog HDL 进行设计 ······ 321

8.4.6 仿真验证 ·············· 322

8.5 UART 接口 ·············· 323

8.5.1 UART 组成与帧格式 ·········· 323

8.5.2 顶层模块的描述 ·········· 324

8.5.3 发送模块设计 ·········· 325

8.5.4 接收模块设计 ·········· 327

8.5.5 仿真验证 ·············· 330

8.6 SPI 总线接口 ·············· 331

8.6.1 SPI 总线通信原理 ·········· 331

8.6.2 SPI 总线接口设计 ·········· 332

8.6.3 关键代码分析 ·········· 335

8.6.4 仿真验证 ·············· 338

8.7 I2C 总线接口 ·············· 341

8.7.1 I2C 总线通信原理 ·········· 341

8.7.2 I2C 主机接口设计要点 ········ 343

8.7.3 I2C 总线接口设计与仿真 ······ 348

8.8 FIR 有限冲激响应滤波器 ······ 355

8.8.1 FIR 结构简介 ·········· 355

8.8.2 设计方案和算法结构 ·········· 356

8.8.3 模块组成 ·············· 357

8.8.4 FIR 滤波器的扩展应用 ········ 360

8.8.5 设计输入 ·············· 361

8.8.6 设计验证 ·············· 363

8.9 串行神经网络 ·············· 365

8.9.1 神经网络的基本结构 ·········· 365

8.9.2 神经网络设计 ·········· 365

8.9.3 关键代码分析 ·········· 367

8.9.4 串行神经元仿真验证 ·········· 371

8.10 RISC 处理器 ·············· 372

8.10.1 MIPS 简单处理器结构 ········ 373

8.10.2 MIPS 指令简介 ·········· 376

8.10.3 单周期 RISC 处理器设计 ······ 377

8.10.4 仿真验证 ·············· 384

参考文献 ·················· 389

第1章 数字系统设计方法

当前,数字技术已渗透到科研、生产和人们日常生活的各个领域。随着数字集成技术和电子设计自动化(Electronic Design Automation,EDA)技术的迅速发展,数字系统设计的理论和方法也在相应地变化和发展。

数字系统的实现方法经历了由 SSI、MSI、LSI 到 VLSI 的过程;数字器件经历了由通用集成电路到专用集成电路(Application Specific Integrated Circuits,ASIC)的变化过程。ASIC 又分为用户全定制和用户半定制两类,前者把系统直接制造于一个芯片之中;后者是设计者自己或请制造厂商利用提供的各种工具,把系统构造于半成品中。可编程逻辑器件(Programmable Logic Device,PLD)是半定制 ASIC 中的重要分支,设计者可在现场对芯片编程,从而实现所需系统。

尽管实现数字系统的方法和器件多种多样,但基本概念、基本理论是设计人员必须掌握的。为此,本章首先讨论数字系统的基本概念、基本模型和基本结构,然后讨论数字系统设计的一般步骤和各种方法,并给出若干设计实例。

1.1 绪　言

1.1.1 数字系统的基本概念

图 1-1　数字系统示意图

数字系统是对数字信息进行存储、传输、处理的电子系统。可用图 1-1 来描述,其中输入量 X 和输出量 Z 均为数字量。

数字系统可以是一个独立的实用装置,例如一块数字表、一个数字钟、一台数字频率计,甚至是一台大型数字计算机等;也可以是一个具有特定功能的逻辑部件,例如频率计中的测试板、数字电压表中的主控板、计算机中的内存条等。但不论它们的复杂程度如何,规模大小怎样,就其实质而言仍是逻辑问题,即对数字量的存储、传输和处理。就其组成而言都是由许多能够进行各种逻辑操作的功能部件组成的。这类功能部件,可以是 SSI 逻辑门,也可以是各种 MSI、LSI 逻辑功能电路,甚至可以是相当复杂的 CPU 芯片。正是由于各功能部件之间的有机配合,协调工作,才使数字系统成为统一的数字信息处理装置。

组成数字系统的各个功能部件的作用往往比较单一,总要配置一个控制部件来统一指挥,使它们按一定程序有规则地各司其职,实现整个系统的复杂功能。此外,某些功能部件本身也是一个具有"小"控制部件的、担负局部任务的"小"系统,常称做子系统。由若干子系统合并组成"大"系统时,通常还有一个总的控制部件来统一协调和管理各子系统的工作。因此,往往用有没有控制部件作为区分数字系统和逻辑功能部件的重要标志。

与数字系统相对应的是模拟系统,如图 1-2 所示。其输入量 A 和输出量 B 均为模拟量,它是一个对模拟信号进行变换和处理的电子系统。

图 1-2　模拟系统示意图

与模拟系统相比,数字系统具有如下特点:

（1）稳定性。数字系统所加工和处理的对象是具有离散电平（即仅有高、低电平）的数字量，用来构成系统的电子元器件仅需对这种只有高、低电平的信号进行判别和变换，从而能以较低的元件质量（元件参数的漂移、参数准确度、对电源电压等因素的敏感性等）获得较高的工作稳定性，即能以较低的硬件开销来获取较高的性能。

（2）精确性。在数字系统中，可以用增加并行数据的位数或串行数据的长度来达到数据处理和传输的精确度。

（3）可靠性。在数字系统中，可采用检错、纠错和编码等信息冗余技术，利用多机并行工作等硬件冗余技术来提高系统的可靠性。

（4）模块化。由于数字系统中用电平的高低来表示信息，因此可以把任何复杂的信息处理分解为大量的基本算术运算和逻辑操作。按一定规律完成这些操作，就可以实现预定的逻辑功能，因而可以用许多通用的模块来构成系统，从而使系统的设计、试制、生产、调试和维护都十分方便。

在现实生活中，许多物理量都是模拟量，如压力、温度、流量，还有音视频等。但考虑到数字系统具有上述诸多优点，因此人们正在或已经把很多本应由模拟系统完成的信息处理任务改由数字系统来完成。例如，电视技术是一种传统的模拟系统，现在已转变成数字电视，比原有的经典的电视系统具有更优良的性能和更低廉的生产成本。

把模拟物理量的处理改由数字系统来完成的方法如图 1-3 所示。通过 A/D 转换器将各种模拟信号转换为数字信号，直接送入数字系统进行处理和存储，D/A 转换器又将数字系统输出的信息再转换为模拟信号。

图 1-3　典型的模拟信息数字化处理系统

数字系统的开发和应用方兴未艾，掌握数字系统的设计技术和知识是电子技术工作者的重要任务。本书将详细介绍数字系统逻辑设计方法及基本步骤、数字系统设计和描述工具、系统数据处理单元和控制单元的设计，还将详细讨论 PLD 及其在数字系统设计中的应用技术。期望通过实例和习题，把数字系统设计的基本理论、基本方法和设计课题紧密结合，以求提高读者设计数字系统的能力。

数字系统设计人员从事的工作可以分为三种：

（1）选用通用集成电路芯片构成系统。

（2）应用可编程逻辑器件实现数字系统。

（3）设计专用集成电路（单片系统）。

随着 VLSI 集成技术和 EDA 技术的飞速发展，系统设计师的工作越来越向后两种转移，使系统设计工作具有硬件设计和软件设计高度渗透，CAD、CAE、CAT、CAM 等融合一体的特征。本书从内容选择到文字叙述都是以此为目标安排的。同时，对基础性的设计工作也进行简明介绍。

1.1.2　数字系统的基本模型

为便于分析和设计数字系统，有必要选择适当的模型对系统进行描述。数字系统的动态模型和算法模型是两种基本的描述模型。

1. 数字系统动态模型

采用传统的数字电路描述方法建立的系统模型称为数字系统的动态模型。具体地说，用状态转换图、状态转换表、状态方程组、输出方程组、时序图、真值表、卡诺图等描述工具可以建立数字系统的动态模型。

某数字系统 DS 的示意图如图 1-4(a)所示。该系统输入为 X，输出为 Z，在时间上离散，幅值要么是低电平(用 0 表示)，要么是高电平(用 1 表示)，如图 1-4(b)所示。

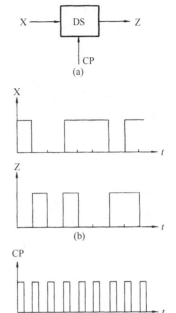

(a)

(b)

(c)

图 1-4　某数字系统示意图和输入 X、输出 Z 及时钟 CP 波形图

由图 1-4(b)可见，相同 X 下，Z 有时输出 0，有时输出 1。显然，Z 并不完全由当时的输入 X 决定，还与 X 过去的输入有关。这是一个时序系统，内含记忆元件，因此需时钟信号 CP 触发，如图 1-4(c)所示。

通常可用状态变量 S 来记录并表示 X 过去的有效输入。现在，系统可以用两个方程来统一描述：

$$Z = f_1(X, S^n) \tag{1-1}$$

$$S^{n+1} = f_2(X, S^n) \tag{1-2}$$

式(1-1)称为输出函数方程，式(1-2)称为状态转换方程，又称次态方程。式中，S^n 称为现态(PS)，S^{n+1} 称为次态(NS)。

分析图 1-4，可得出时钟 CP、输入 X 序列、相应的 Z 输出序列如下：

```
CP  1  2  3  4  5  6  7  8  9  …
X   1  0  0  1  1  1  0  1  1  …
Z   0  1  0  1  0  0  1  1  0  …
```

显然，仅当输入 X 发生变化(0→1 或 1→0)时，输出 Z 才为 1，由此不难得到该系统的状态转换图和状态转换表如图 1-5(a)、(b)所示。其中状态 S_0 表示系统刚收到过一个 0，而状态 S_1 表示刚收到过一个 1。系统的初始状态假定为 S_1。

按照图 1-4(b)给定的 X 序列又可以得到 X、S 和 Z 的相对关系如下所示：

```
X         1      0    0    1    1    1    0    1    1          …
S  S₁(初态) S₁   S₀   S₀   S₁   S₁   S₁   S₀   S₁   S₁         …
Z         0      1    0    1    0    0    1    1    0          …
```

由此不难归纳出它是一个检测串行输入 X 的系统，当 X 发生变化时，输出 Z 为 1，否则 Z 为 0，即

$$Z = \begin{cases} 1 & \text{若 X 发生 0→1 或 1→0 变化} \\ 0 & \text{其余情况} \end{cases}$$

至此，只要用二进制矢量对状态信息 S 进行编码，采用常规的时序电路设计方法，系统设计就不难实现。

式(1-1)和式(1-2)，以及图 1-5(a)、(b)所示状态转换图和状态转换表都完整地描述了该数字系统的动态过程，即为动态模型。

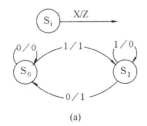

(a)

现态 PS	输入 X	
	0	1
S_0	S_0 / 0	S_1 / 1
S_1	S_0 / 1	S_1 / 0

次态 NS/ 输出 Z

(b)

图 1-5　状态转换图和状态转换表

从动态模型中,可以观察出该系统是一个检测串行输入序列 X 有否变化的序列检测系统。

对于组合系统而言,当前的输出 Z 仅决定于当前的输入 X,与过去的 X 输入无关,无状态转换可言,为此,仅用输出函数方程描述,记为:

$$Z = f(X) \tag{1-3}$$

则输出方程、真值表、卡诺图等就是建立组合系统动态模型的工具。

【例 1.1】 试导出举重比赛裁判评分系统的动态模型。

举重比赛有三位裁判,一位是主裁判 A,另两位是副裁判 B 和 C,运动员一次试举是否成功,由裁判员各自按动面前的按钮决定,至少两人,且其中必须有主裁判判定为成功时,表示成功的指示灯 L 才会点亮。

显然,这是个组合系统,可以用如图 1-6 所示的卡诺图和表 1-1 所示的真值表或方程(1-4)来描述,这些就是该组合系统的动态模型。

$$L = AB + AC \tag{1-4}$$

表 1-1 例 1.1 的真值表

A	B	C	L
0	0	0	0
0	0	1	0
0	1	0	0
0	1	1	0
1	0	0	0
1	0	1	1
1	1	0	1
1	1	1	1

A \\ BC	00	01	11	10
0	0	0	0	0
1	0	1	1	1

图 1-6 例 1.1 的卡诺图

【例 1.2】 某系统 S 有两个串行输入端 X_1 和 X_0,它们的输入取值为 00(表示 0)、01(表示 1)和 10(表示 2)。还有一个串行输出端 Z。该输出函数定义为:

$$Z = \begin{cases} 1 & \text{若输入序列 } X_1 X_0 \text{ 有偶数个 2,且有奇数个 1 时} \\ 0 & \text{其余情况} \end{cases}$$

试建立该系统的动态模型。

根据题意,该系统应有 4 个状态:

S_0——系统收到过奇数个 1 和奇数个 2

S_1——系统收到过偶数个 1 和奇数个 2

S_2——系统收到过奇数个 1 和偶数个 2

S_3——系统收到过偶数个 1 和偶数个 2

系统的状态转换表和状态转换图如图 1-7(a)、(b)所示。这就是该系统的动态模型。

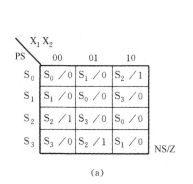

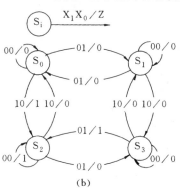

(a)　　　　　　　(b)

图 1-7 某系统动态模型(状态转换表和状态转换图)

鉴于数字系统的动态模型在"数字电路与逻辑设计"等课程中已有详细讨论,这里仅做了简要的回顾。

2. 数字系统的算法模型

设计数字系统的传统方法是建立在系统动态模型的基础上的,即用真值表、卡诺图、状态转换

图、状态转换表、时序图、状态方程和输出函数方程来建立系统模型。显然,对于较复杂的数字系统,因其输入变量数、输出函数数和状态数的急剧增加,而使传统的分析设计方法难以适用,甚至根本无法进行。为此,数字技术人员现今普遍采用系统算法模型来描述和设计数字系统。本书将采用这一模型。

系统算法模型的基本思想是:将系统实现的功能看做是应完成的某种运算。若运算太复杂,可把它分解成一系列子运算(子功能)。如果子运算还较复杂,可以继续分解,直到分解为一系列简单运算。然后按一定的规律,顺序地或并行地进行这些简单的基本运算,从而,实现原来复杂系统的功能。算法就是对这种有规律、有序分解的一种描述。事实证明,任何一个系统都可以用算法模型来进行描述。

系统的算法模型通常具有两大特征:

(1) 含有若干子运算,这些子运算实现对欲处理数据或信息的传输、存储或加工处理。

(2) 具有相应的控制序列,控制子运算按一定的规律有序地进行。

【例1.3】 试给出图1-5所示序列检测系统的算法模型。

根据题意,实现该系统功能应有两个存储单元 R_1 和 R_2,分别存放输入信号 X 相邻两个时刻的值,系统还应有一个比较器 COMP,用以对 X 相邻两次的值进行比较,按比较结果的不同使 Z 输出不同的值:

(1) 当 X 相邻值相同时,输出 Z=0。

(2) 当 X 相邻值不同时,输出 Z=1。

每比较过一次,则将后进入的数据取代先进入的数据,又送进一个新的数据,此过程周而复始地进行。

上述算法可以用图1-8所示的流程图来描述。它形象地给出了需要进行的操作,以及进行这些操作的条件和顺序。它与软件设计中的流程图十分相似,称为算法流程图。下面还将进一步讨论算法流程图,并指出它与软件设计中的流程图的不同之处。

【例1.4】 试推导从 m 个 n 位二进制数中找出最大值和最小值系统的算法模型。

从题意出发,假设 m 个 n 位二进制数存放于一个存储器 STORAGE 中,该存储器的容量应大于(或等于) $m \times n$。运算结果的最大值存放于寄存器 MAX $(1 \times n)$ 中;最小值存放于寄存器 MIN $(1 \times n)$ 中。另外设置一个寄存器 TEMP $(1 \times n)$、两个比较器 COMP1 与 COMP2 和一个计数器 COUNT,COUNT 用来记录循环处理的次数。实现这一系统要进行的基本操作有:

(1) RESET　COUNT　　　设置计数器的初值(即计数器清零)

(2) READ　FIRST　　　从存储器 STORAGE 中读取一个数,且将其存入 MAX 和 MIN 中

(3) READ　NEXT　　　从存储器 STORAGE 中读取下一个数,且将其存入 TEMP 中

(4) COMPARE　MAX　　比较 MAX 和 TEMP

　　　　　　　　　　　若　TEMP>MAX,则 COMP1 输出 1

　　　　　　　　　　　若　TEMP≤MAX,则 COMP1 输出 0

(5) EXCHANGE　MAX　若　COMP1=1,则用 TEMP 替换 MAX 的内容

(6) COMPARE　MIN　　比较 MIN 和 TEMP

　　　　　　　　　　　若　TEMP<MIN,则 COMP2 输出 1

　　　　　　　　　　　若　TEMP≥MIN,则 COMP2 输出 0

(7) EXCHANGE　MIN　　若　COMP2=1,则用 TEMP 替换 MIN 的内容

现在可以画出图1-9所示的数据判别系统的算法流程图,即系统算法模型。它完整地描述了该系统的功能和实现系统功能的过程。

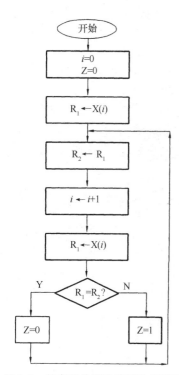

图 1-8 某序列检测系统算法流程图

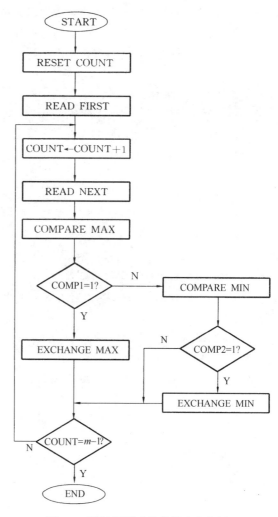

图 1-9 数据判别系统的算法流程图

1.1.3 数字系统的基本结构

从上节讨论中已知,为实现系统预定的功能,其算法模型总具有两个特征,即含有若干子运算和控制子运算有规律、有秩序进行的相应控制序列。因此系统的基本结构应保证完成两方面的工作:一是实现所有的子运算,即数据的传输、存储、加工和处理;二是产生特定的控制序列,对各子运算实施有效的管理和调度,使之按预定的次序进行操作。

上述两方面的工作使数字系统在结构上也分为数据处理单元(完成各个子运算的受控电路)和控制单元(产生控制序列的控制器)两大部分,如图 1-10 所示。这就是数字系统的基本结构。它的工作过程是:控制单元根据外部输入控制信号及反映数据处理单元当前工作状况的反馈应答信号,发出对数据处理单元的控制序列信号;在此控制信号的作用下,数据处理单元对待处理的输入数据进行分解、组合、传输、存储和变换,产生相应的输出数据信号,并向控制单元送去反馈应答信号,用于表明它当前的工作状态和处理数据的结果。控制单元在收到反馈应答信号后,再决定发出新的控制信号,使数据处理单元进行新一轮的数据处理。控制单元和数据处理单元密切配合、协调工作,成为一个实现预定功能的有机整体。

系统控制单元对系统外部的输出控制信号使本系统与其他系统协调一致地工作。控制单元的输入控制信号也可能是其他系统的输出控制信号。

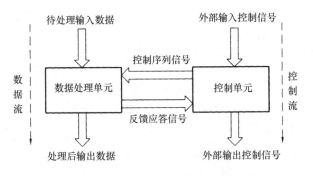

图 1-10 数字系统基本结构

数字系统的基本结构表明,该系统内部总存在有反映从输入数据到输出数据变化过程的数据流和控制数据变化过程的控制信号流(简称控制流),在图 1-10 中用虚线表示。数据流和控制流统称为数字系统的信息流。

1.2 数字系统设计的一般步骤

系统设计是从系统功能的确定开始的。算法模型将系统功能视为某种复杂运算,然后把此运算分解为若干子运算,并由反映这些分解和变换序列的算法来描述。在此基础上,进而选定恰当的电路结构,直接运用组合或时序模块(标准的 SSI、MSI、LSI),或者运用 PLD 来实现。这种设计方法的核心是求出系统算法模型,而获得算法模型要考虑的主要问题是:

（1）如何将系统运算划分为相对独立又相互联系的子运算。

（2）各子运算之间信息的流通。

（3）如何有规则地控制各子运算。

下面以实例来说明系统设计的基本概念和基本方法,力求揭示设计方法的基本思想。

1.2.1 引例

试设计一个如图 1-11 所示的乘法电路 C,图中输入信号 $A = a_3 a_2 a_1 a_0$,$B = b_3 b_2 b_1 b_0$,它们都是 4 位二进制数,M 是输出乘积信号。

对于这样一个乘法电路,其功能可用下式描述:

$$M = A \times B \qquad (1-5)$$

且 M 为一个 8 位二进制数。根据二进制数乘法的运算规则,运算过程为:

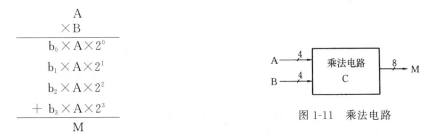

图 1-11 乘法电路

若 $A = 1011$,$B = 1101$,则运算过程和运算结果是:

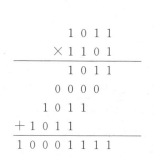

$$
\begin{array}{r}
1\,0\,1\,1 \\
\times\,1\,1\,0\,1 \\
\hline
1\,0\,1\,1 \\
0\,0\,0\,0 \\
1\,0\,1\,1 \\
+\,1\,0\,1\,1 \\
\hline
1\,0\,0\,0\,1\,1\,1\,1
\end{array}
$$

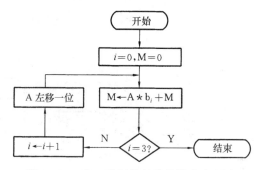

图 1-12 4 位二进制数相乘的算法流程图

上述运算过程中,$A \times 2^i$ 可用 A 左移 i 位来实现。因此,乘法运算就转变为被乘数 A 左移及部分乘积求和的运算过程,并用图 1-12 所示算法流程图来描述。

在图 1-12 中,相乘运算的总功能已经分解成为逻辑与、累加和移位等子功能(子运算),而这些子功能均属基本的算术或逻辑运算。除此之外,尚有存数、比较和计数操作来控制各子运算的执行顺序和执行次数。

算法流程图中,各个子运算由数据处理单元来完成。图 1-12 中的存数、累加和移位分别选用存储器、加法器、移位寄存器和计数器等功能部件来实现,相应的逻辑框图如图 1-13 所示。图中虚线框内的电路就是系统的数据处理单元,其中:R_M 为 8 位寄存器,其输出即为乘积 M。R_A 为具有移位功能的 8 位移位寄存器,其初始状态 $R_A = 0000a_3a_2a_1a_0$。MUX 是 4 选 1 数据选择器,COUNT 是模 4 计数器,ADD 是 8 位加法器。

乘法器控制器 CONTROL 产生必要的控制信号序列。图中 C_A、C_M 分别是 R_A 和 R_M 实现预定操作的控制信号;C_R 是控制器给 COUNT 的总清零信号,也是 R_M 的清零信号;CP 为时钟;信号 CON=3 是 COUNT 馈送给控制单元的运算反馈信号,此信号表征了电路当前的工作状态,供控制单元判别决策。

在逻辑框图中,每一个方框均为一个模块或功能块,这里仅规定了这些功能块的逻辑功能。因此,在它们的具体电路尚未确定之前,控制单元送出的控制信号 C_A、C_R 和 C_M 的极性和变化规律是不能确定的,从而控制单元的逻辑功能也不是完全的确定。

进一步的工作就是选择市售的适当的 SSI 和 MSI 来构成乘法器的具体逻辑电路。选择的方案

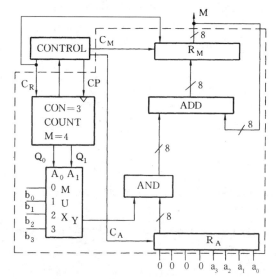

图 1-13 乘法器逻辑框图

可以有多种,且有一定原则遵循,这些在第 2 章中将有详细讨论。

这里,假设有如下一种选择:R_A 选择 2 片 74LS194,R_M 选用 74LS273,ADD 选择 2 片 7483,AND 选用 4 片 74LS00,MUX 选择 1 片 74LS153(双 4 选 1 数据选择器),COUNT 选用 74LS161。这样,控制信号就具体化为 C_R(开机清零)、S_1 和 S_0(74LS194 功能控制)、CP_1(74LS273 的时钟)、CP_2(74LS194 和 74LS161 构成的模 4 计数器的时钟)等。数据处理单元给控制器的反馈应答信号 CON=3,也由计数器的两个状态变量 Q_1 和 Q_0 经 74LS00 相与运算而产生。

由此可得乘法器数据处理单元逻辑电路图如图 1-14 所示。根据已确定的具体电路,就可以画出控制单元各输出控制信号的时间关系图如图 1-15 所示。在完成初始化(清零)后,进入累加与计数移位交替的循环。

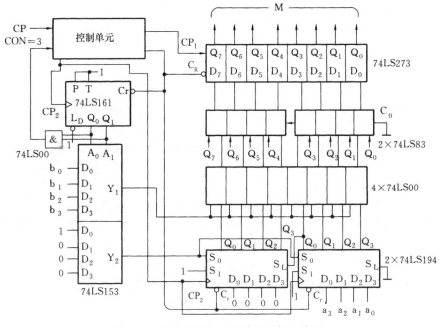

图 1-14　乘法器数据处理单元逻辑电路图

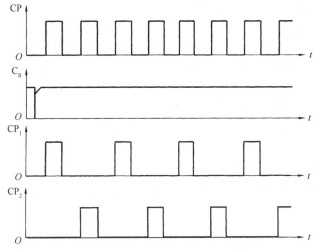

图 1-15　乘法器控制单元工作波形图

至此,乘法器的算法设计和数据处理单元的硬件实现已基本完成,控制单元的设计将在第 2 章详述。

1.2.2　数字系统设计的基本步骤

由引例可见,数字系统的设计过程通常有如下几个步骤:功能的确定、系统的描述、算法的设计、结构的选择、电路的实现。

1. 系统逻辑功能的确定

逻辑功能的确定是设计的首要任务,即根据用户要求,经反复磋商和分析,明确设计内容和指标要求,具体化为三个方面:

(1) 待设计系统有哪些输入、输出信息,它们的特征、格式及传送方式。

(2) 所有控制信号的作用、格式及控制信号之间、控制信号与输入/输出数据之间的关系。

(3) 数据处理或控制过程的技术指标。

2. 系统的描述

系统的描述是指用某种形式,如文字、图形、符号、表达式及类似于程序设计的形式语言来正确地描述用户要求及系统应具有的逻辑功能。例如在本节引例中,题目是文字形式表示的用户要求,式(1-5)是描述系统的表达式。

3. 算法的设计

算法的设计是指寻求一个可以实现系统功能的方法。前已指出,算法是通过对系统的功能分析、分解而得到的。算法设计的本质实际上就是把系统要实现的复杂运算分解成一组有序进行的子运算。为确切表示设计师所构思的算法,也需要适当的描述工具,以便把算法用适当的形式表示出来,供分析和下一步设计之用。到目前为止,本书都是采用算法流程图描述算法。此法有较为直观的优点,但也有许多不足之处,本书第3章将详细讨论另一种重要的描述工具——硬件描述语言。

这里需要说明的是,在确定待设计系统的功能后,实现该功能的算法并不是唯一的。设计者可视需要来寻求合适的算法。例如本节引例所述4位二进制数乘法器的设计,既可采用"被乘数左移、部分积累加"的算法(如图1-12所示),也可采用"被乘数累加乘数次"的算法,相应算法流程图详见图2-1。它们各有利弊,按需要加以选择。

4. 电路结构选择

电路结构选择是指寻求一个可以实现上述算法的电路结构。在引例中,根据算法的需要,数据处理单元采用了寄存器、加法器、计数器、数据选择器等功能块组成的电路结构。这一结构是用顺序方式来完成乘法运算的,它是一个时序系统。如果时钟CP的周期为T,则完成n位的乘法所需的时间为KnT(K为常数)。

算法设计与电路结构选择密切相关。不同的算法可以实现同一系统功能,但将有不同的电路结构。同一算法在不同情况下也可以对应不同的电路结构。下例将说明这一点。

【例1.5】 试设计一个高速乘法器。该乘法器仍具有图1-11所示的输入、输出关系及式(1-5)所描述的功能。

在前面所述的设计过程中,图1-13对应了一个时序结构的电路,运算是通过左移操作一位一位地进行的,不适合高速运算。若设想左移操作不是通过移位寄存器在时钟信号驱动下进行,而是硬件直接连接而成,则运算速度可以大大加快。根据这一思想,又根据图1-12所设计的算法,确定另一种乘法器的框图如图1-16所示。显然,这种结构的运算速度将仅和加法器产生进位信号的延时时间有关。通常加法器的延时时间是若干级门电路的延时时间,即十几纳秒至几十纳秒,因此这一结构的运算速度将非常快。当然,随着乘法器位数的增加,器件量会急剧增加,故此高速的获得是以增加硬件数量(即价格)为代价的。因此,实际采用何种结构将视用户要求和拟采用硬件类型而定。

由此也可以看出,在数字系统设计中,不但要考虑用户对系统的逻辑功能的要求,而且要考虑许多非逻辑因素。除这里所说的运算速度和成本价格两个因素外,还有可靠性、可测试性、功耗、体积、工艺及其他许多非逻辑因素。有关这些内容,本书不做详述,将在后面各章中结合设计做简要说明。

5. 电路的实现

本步骤即根据设计、生产的条件,选择适当的器件来实现电路。并导出详细的逻辑电路图。这里只采用传统的通用集成电路来实现,故逻辑电路图的导出过程通常归纳为两步:

(1)选择适当的集成电路芯片实现各子运算,并连接成数据处理单元。

(2)根据数据处理单元中各集成电路及其实现的运算,提出控制信号的变化规律。从而规定控制单元的逻辑功能,进而设计这个控制电路。控制单元的设计将在第 2 章中讨论。

从以上 5 个步骤的讨论中不难看出,一旦确定了待设计系统的逻辑功能,可以用不同的算法来实现;而每一种算法又可以选择不同的电路结构;进而同一种结构又可以采用不同的电路,最终设计结果是多种多样的,以满足实际需要和性能价格比。

上述设计过程通常称为数字系统的逻辑设计。图 1-17 描述了这个过程。它的任务是把用户的各种逻辑和非逻辑要求变换成一张实现这些要求的详细逻辑图。在此之后将是工程设计阶段——包括印制电路板的设计(印制板的布局、布线)、接插件的选择及形成整机的工艺文件。逻辑设计所提供的逻辑图应充分提供全部工程设计所需的信息。本书将主要讨论数字系统逻辑设计方法,有关印制电路板设计等工程设计问题请参考有关书籍。

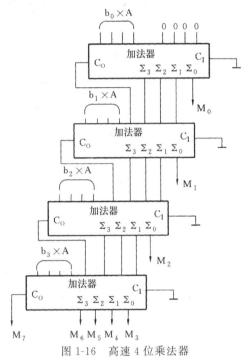

图 1-16　高速 4 位乘法器

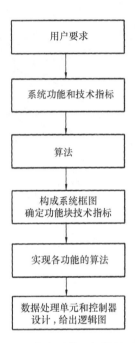

图 1-17　数字系统逻辑设计过程

1.2.3　层次化设计

在导出系统逻辑电路图的过程中,经常会遇到某些功能块仍然很复杂、不可能用单片通用集成电路来实现的情况。

【例 1.6】　设计一个如图 1-18 所示的最大公约数(GCD)产生电路。图中 X、Y 为二进制正整数,G 为 X、Y 的最大公约数。

图 1-18　最大公约
数电路示意图

由分析题意可知,该电路的逻辑功能可用下式描述:

$$G = GCD(X, Y)$$

若 X>Y,则 $GCD(X,Y) = GCD((X-Y), Y)$

由此可得 GCD 产生电路算法流程图如图 1-19 所示。其中用 R_X、R_Y 分别存放待处理数据 X 和 Y,R_G 存放运算结果 G,数据 M 为 X 和 Y 中的大者,N 为 X 和 Y 中的小者,且

$$D = M - N$$

与此算法相对应的逻辑框图如图 1-20 所示。图中大数减小数的减法器显然不能用单片通用集成电路实现,为此需进一步设计此减法电路。

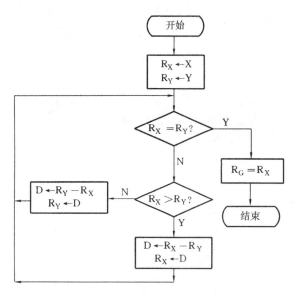

图 1-19　GCD 电路算法流程图

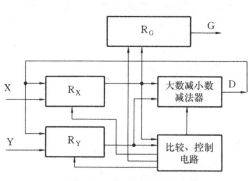

图 1-20　GCD 逻辑框图

　　实现大数减小数的减法器电路仍然遵循数字系统设计步骤进行。首先确定减法器的算法,其算法流程图如图 1-21 所示。从而有实现大数减小数的减法器逻辑框图如图 1-22 所示,适当地选择市售的 IC,即可由图 1-20 和图 1-22 导出 GCD 电路的详细逻辑电路图。

　　由本例可见,实际数字系统的设计过程,可以用图 1-23 来表示。图中 S 为用户要求,经过功能描述、算法设计、硬件结构选择等步骤后,确定系统将由 A、B、C、D 4 个子系统组成,并规定了各个子系统的详细技术指标。进而对各子系统进行逻辑设计,例如其中 D 又被确定为由 E、F、G 3 个模块组成。此后又对这些模块进行逻辑设计,该过程一直进行到详细的逻辑图 DLD 为止。这就是数字系统的层次化设计过程。

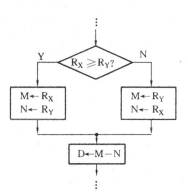

图 1-21　大数减小数减法
器算法流程图

　　任何一个复杂的数字系统总可以通过上述途径,导出它的硬、软件实现方案。

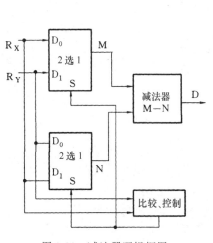

图 1-22　减法器逻辑框图

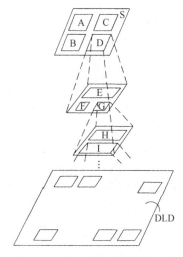

图 1-23　数字系统实际设计过程

1.3 数字系统设计方法

1.3.1 自上而下的设计方法

上节引例的设计和图 1-17 所示的数字系统设计过程，即称为自上而下（Top-Down）的设计方法。根据这种设计方法，可以将系统设计分成几个不同的级别。在不同的级别中，对系统的描述，即反映的系统的特征也不一样。通常把对系统总的技术指标的描述称为系统级的描述，这是最高一级的描述。由此导出的算法也是系统功能的一种描述，由于它给出实现系统功能的方法，故亦称为算法级描述。逻辑框图说明了系统经分解后各功能模块的组成和相互联系，故称为功能级描述。最后，详细逻辑电路图称为器件级（门级）描述，它详细地给出了实现系统的各集成块及它们之间的连线。在逻辑设计阶段中，这是最低级别的描述。

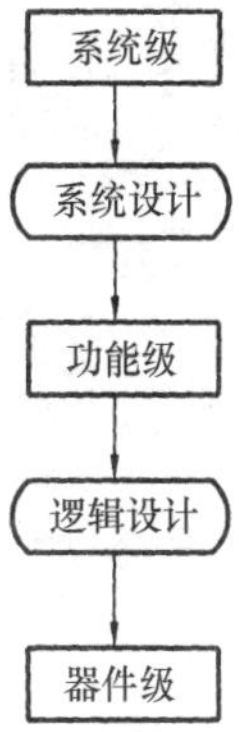

因此，自上而下的设计过程表现为由最高一级（或最高层次）描述变换成最低一级（或最低层次）描述的过程，如图 1-24 所示。

实际的设计过程往往比图 1-17 和图 1-24 所示过程还要复杂。因为在把上一级描述变换成它的下一级描述的过程中，不能保证正确无误。为了能及时发现变换中的这些错误，减少不必要的返工，在每次变换之后，都要进行仔细的检查。如果发现错误，立即修改设计加以更正。为提高效率，这些检查常借助计算机完成，这种检查称逻辑验证。

由系统级到功能级的验证是为了检查在变换过程中是否发生了逻辑错误，即下一级的描述是否完全实现了上一级描述的全部逻辑功能。由功能级到器

图 1-24 自上而下设计描述过程

件级的验证除了验证是否发生逻辑错误外，还要验证严格的时间关系，即验证电路中各点波形是否与预期的完全一致，其中包括检验有无毛刺或险象。有关逻辑验证的原理和方法请参阅有关书籍。

总之，自上而下的设计方法是一种由抽象的定义到具体的实现，由高层次到低层次的转换，逐步求精的设计方法。由于本章前述各例大都按自上而下的方法设计，这里不再另外举例。

1.3.2 自下而上的设计方法

与自上而下的设计方法相反的方法称为自下而上（Bottom-Up）的设计方法，它也是一种多层次的设计方法。这种方法是从现成的数字器件或子系统开始的。它的基本过程是：根据用户要求，对现有的器件或较小的系统或相似的系统加以修改、扩大和相互连接，直到构成能满足用户要求的新系统为止，此过程如图 1-25 所示。

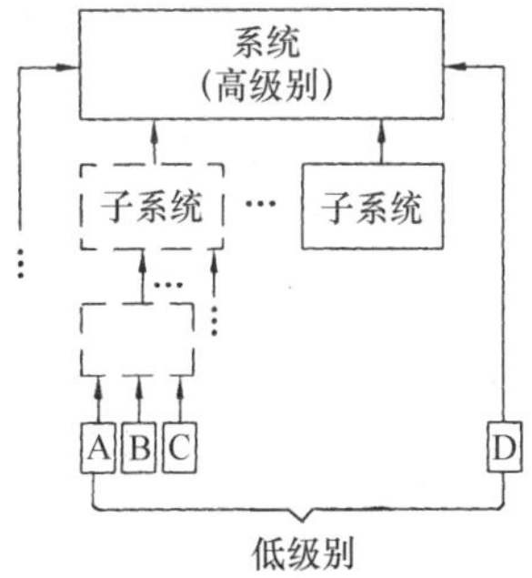

【例 1.7】 试设计一个乘法器，其乘数和被乘数分别为：

$$A = a_s a_7 a_6 a_5 a_4 a_3 a_2 a_1 a_0$$

$$B = b_s b_7 b_6 b_5 b_4 b_3 b_2 b_1 b_0$$

乘积为：

$$M = m_s m_{15} m_{14} \cdots m_1 m_0$$

其中，a_s、b_s 和 m_s 依次为 A、B 和 M 的符号位。

显然，这一乘法器的功能比 1.2.1 节引例中乘法器功能来得复杂，但利用已有的设计成果，并加以扩充，就可使之成为带符号位的 8 位乘法运算器，关键在于符号位 m_s 的产生电路和增加运算位数。

图 1-25 自下而上的设计过程

根据带符号位乘法的规则，同符号数相乘为正，不同符号数相乘为负，所以

$$m_s = a_s \oplus b_s$$

故加入一只异或门即可实现，位数增加引起电路的变化也不难做到，详细逻辑电路图请自行画出。

从例 1.7 中不难看出，自下而上和自上而下设计在子系统的选择和组合方面均无严格的规则可

以遵循。在子系统的功能确定之后,用何种器件实现这些子系统也几乎全凭设计者的智慧和经验,一个有丰富经验的设计师常常乐于采用自下而上的设计方法。

自上而下的设计过程遵循"设计—验证—修改设计—再验证"的原则,通常认为所获得的设计结果将能与所要求的完全一致。但是,这种方法较难在设计之初预测所要采用的电路结构和何种器件。因此,为满足逻辑功能与运算速度、价格、功耗和可靠性等非逻辑约束因素,往往不得不反复地修改设计和权衡利弊。自下而上的设计方法是从具体的器件和部件开始的,这些器件和部件的逻辑性能和非逻辑特性都是已知的,设计者凭经验和知识加以修改,能够较快地设计出所要求的系统,因此设计成本较低,且可充分利用已有设计成果。但是,自下而上设计的系统结构有时不是最佳的,因为设计是从低级别开始,在这一级别上所做出的判别和决策,从全局或高级别来看未必是最佳的。

1.3.3 基于关键部件的设计方法

许多设计是从所谓关键部件开始进行设计的。因为对于一个有经验的设计者来说,往往从设计的开始阶段就可以做出判断:待设计系统中,必然要配置某个决定整个系统性能和结构的关键或核心部件,这一部件的性能、价格将决定这种系统结构是否可行。

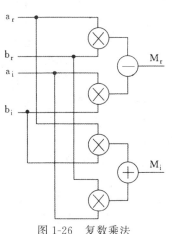

图 1-26 复数乘法
运算电路的一种结构

【例 1.8】 试设计一个复数乘法运算电路。它接收的被乘数 A 及乘数 B 为:

$$A = a_r + ja_i$$
$$B = b_r + jb_i$$

它的输出为: $M = A \times B$

应该指出,有多种不同的方案可实现复数的乘法运算。这里考虑的是比较直观的一种,如图 1-26 所示。

在这种方案中,需要 4 个乘法器。乘法器的性能和结构将决定整个运算电路的性能,因此,乘法器将是个关键部件。要实现乘法器,高速加法器又是关键,因此本例中当图 1-26 所示的总体结构决定之后,应精心地设计高速加法器。仅当高速加法器的结构和性能确定之后,才有可能讨论实现图 1-26 所示方案的具体电路结构。比如,如果有了一个低价且体积小的加法器,那么,就可能在此基础上用 6 个加法器实现此系统,其中用 4 个加法器构成 4 个乘法器。如果已有一个超高速的加法器,那么就可能会另外设计一个控制电路。在它的控制下依次完成 $a_r \times b_r$、$a_i \times b_i$、$a_i \times b_r$ 及 $a_r \times b_i$ 等 4 个乘法运算及产生 M_r 及 M_i 的减法、加法运算。这也就是说,如图 1-26 所示方案的实现,需根据系统的总体指标(包括价格、运算速度等)及加法器的性能、价格而定。

这种方法实际上是自上而下和自下而上两种方法的结合和变形。自上而下地考虑系统可能采用的方案和总体结构,在关键部件设计完成之后,配以适当的辅助电路及控制电路,从而实现整个系统。

1.3.4 信息流驱动的设计方法

在前面讨论的例子中,除图 1-16 所示的高速乘法器为组合系统外,其余均是时序系统。事实上,复杂的数字系统都是时序系统,这种系统在结构上总可以分成数据处理单元和控制单元两部分,存在着数据流和控制流两种信息流。信息流驱动设计方法是根据数据处理单元的数据流或根据控制单元的控制流的状况和流向进行系统设计的总称。

1. 系统数据流驱动设计

所谓数据流驱动设计就是根据系统技术要求,分析为实现这一要求,待处理数据所需进行的各种变换,即以数据的变换为思路来推动系统设计的进行。数据采集系统的设计是一个典型的例子。

【例 1.9】 试设计一个如图 1-27(a)所示的数据采集系统,图中 $M_1, M_2, \cdots, M_8$ 是 8 路模拟量; N_1 和 N_2 是两路 8 位数字量;OUT 是系统的串行输出端,每 0.1s 输出一个记录。每个记录有 A_i、N_1 和 N_2 三个 8 位串行数字量组成,其中 A_i 与模拟量 M_i 对应。每 8 个记录依次输出 $M_1 \sim M_8$ 一次。

在设计这一数据采集系统时,首先考虑到的是依次把模拟量 $M_1 \sim M_8$ 信号经 A/D 转换成 8 位并行的数字量 $D_0 \sim D_7$。这样,采集系统就有了 24 路并行的输入信息:N_1(8 位)、N_2(8 位)和 $D_0 \sim D_7$。为满足设计要求,还必须按规定的顺序将这些并行量转换为串行量依次输出,从而得到如图 1-27(b)所示的逻辑框图。

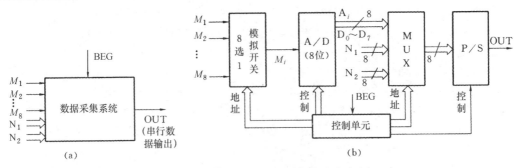

图 1-27 某数据采集系统示意图和逻辑框图

图 1-27 中 A/D 是 8 位模/数转换器,MUX 是 8 位 3 选 1 数据选择器,P/S 是 8 位并行/串行变换器,它们均在控制单元的控制下,实现各自的功能。至此,每 0.1s 输出一个记录也由控制器时钟速率来决定。

在此基础上,设计者就不难跟踪待处理数据的变换和被处理过程,一步一步地设计出这个数据采集系统的详细逻辑电路图。

2. 系统控制流驱动设计

所谓控制流驱动设计是以控制过程为系统设计的中心。设计者从用户要求出发,由控制单元应该实施的控制过程入手,确定系统控制流程。这种方法适用于控制类型的系统。

【例 1.10】 某医院有一台备用交流发电机,该机应该在市电突然发生停电故障时,立即启动并发电,以确保医院的有关部门继续供电。该发电机是以柴油为燃料的。

对发电机的控制过程是:在市电停电时自动启动,启动后两分钟测量发电机的转速,如果转速未达到规定值则告警。反之,进入正常发电阶段。此时,不断测量转速和输出电压,以此调整供油量,使该发电机给出一定频率和电压的交流电。如果转速或输出电压发生异常,则告警,并在三分钟内停机。试设计该发电机的控制电路。

题意详细地提供了所需实施控制过程,设计者直接由此出发,可以画出如图 1-28 所示该备用发电机系统的控制流程图。

由流程图,不难根据控制信号的要求和格式,逐步导出系统的实施方案。

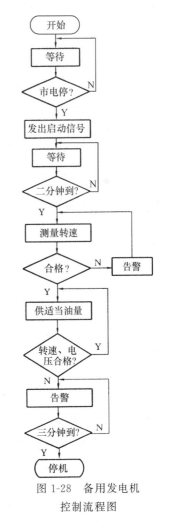

图 1-28 备用发电机
控制流程图

1.4 数字系统的描述方法之一——算法流程图

前已指出,数字系统设计的过程表现为不同层次的描述间的转化,因此选用适当的描述方法对于简化和加速设计过程是十分重要的。适用于数字系统设计的描述方法通常应具有以下特征:

(1) 应有一组符号和规则,利用这些符号和规则可描述系统的各种运算或操作,以及进行这些操作的条件和顺序;可用以描述组成系统的部件(如功能块或市售的集成电路)及它们之间的连接关系。

(2) 应适用于不同的设计层次,使在整个设计过程中尽可能用同一种描述工具。

(3) 本层次的描述应为变换成下一层次的描述提供足够的信息。

(4) 描述方法应简明易学,使之成为设计人员之间的交流工具。

(5) 描述的结果应能为计算机所接受,以便在设计的各个阶段均能验证设计的正确性。

但是,一种描述工具同时具有上述特征是很不容易的,具有部分特征而又广泛使用的工具却不少,本书将介绍其中的两种:算法流程图和硬件描述语言。前者已在前面几节得到应用,这里进一步做出详细介绍。后者将在第 3 章详细讨论。

算法流程图是描述数字系统功能最普通且常用的工具。它用约定的几何图形、指向线(箭头线)和简练的文字说明来描述系统的基本工作过程,即描述系统的算法。

1.4.1 算法流程图的符号与规则

算法流程图由工作块、判别块、条件块、开始块、结束块及指向线组成。

1. 工作块

工作块是一个矩形块,如图 1-29(a)所示。块内用简要的文字来说明应进行的一个或若干个操作及应输出的信号。图示工作块表示将计数器 CNT 清零。工作块中的操作与实现这一操作的硬件有着良好的对应关系。与图示工作块对应的硬件电路如图 1-29(b)所示,这是通过复位端作用使计数器清零。但同一工作块规定的操作可对应不同的硬件实现方案。图示工作块所规定的操作也可通过图 1-29(c)所示电路加以实现。图中采用了置数达到清零的目的。显然同一工作块的操作可对应不同的硬件实现方法。

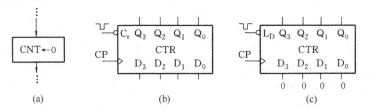

(a) (b) (c)

图 1-29 工作块与硬件实现的对应关系之一

图 1-30(a)、(b)给出另一个工作块和硬件实现的对应关系,图(a)工作块表示进行两个置数操作:B 存入 R_B 和 M 存入 R_M,而且在此工作块输出信号 TERM 为逻辑 1。图(b)是置数操作的对应硬件电路。

工作块内规定的操作,用时序部件实现时,未必在一个时钟周期内完成,也可以在若干个时钟周期内完成。由此可以联想到,同一算法流程图中,

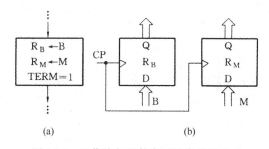

(a) (b)

图 1-30 工作块与硬件实现对应关系之二

为完成不同工作块所需的时间是不相同的,这样做的好处是使算法流程图既简单明晰,又能对硬件设计提出明确的要求。

注意:尽管系统设计中的算法流程图与软件设计中的流程图在形式上极为相似,但算法流程图与硬件(可以是抽象的逻辑模块,也可以是具体的器件)的功能有良好的对应关系,这是两者之间的显著区别。为此在求导算法流程图时也应充分考虑到各工作块在硬件实现时的可能性。

2. 判别块

判别块的符号为菱形,如图1-31(a)、(b)所示。块内给出了判别变量及判别条件。判别条件满足与否决定系统将进行不同的后续操作,这称为分支。图(a)中判别变量是CNT,判别条件为CNT=8。有时,判别块中有多个判别变量,从而可能构成两个以上的分支,如图(b)所示。

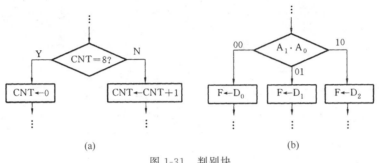

图1-31 判别块

3. 条件块

条件块为一个带横杠的矩形块,如图1-32(a)所示。条件块总源于判别块的一个分支。仅当该分支条件满足时,条件块中标明的操作才执行,而且是在分支条件满足时立即执行。条件块规定的操作与特定条件有关,故称为条件操作。工作块规定的操作无前提条件,故称为无条件操作。这是两者的不同之处。条件块是硬件设计中算法流程图所特有的,也是与软件流

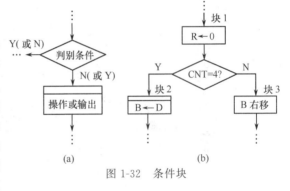

图1-32 条件块

程图的主要区别之一。图1-32(b)中,块1和块3内的操作均为独立的操作,当算法执行到块1和块3时,其块内操作将被执行。而块2内的操作仅相当于是块1的延伸,当执行到块1且CNT=4时,便执行块2内的操作。从时序上看,块2内的操作有可能与块1内的操作同时进行,而块3内的操作则只可能在块1内的操作完成后才进行。

4. 开始块和结束块

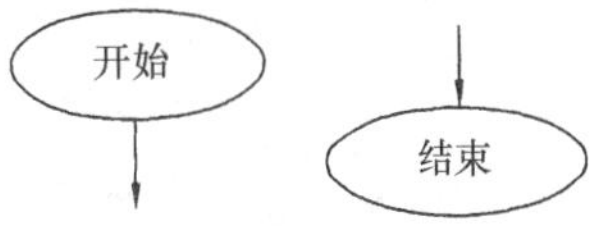

开始块与结束块的符号如图1-33所示,它们均是椭圆块,用于标注算法流程图的首、尾。当流程图的首、尾比较明确时,也可省略开始块和结束块。

图1-33 开始块与结束块

1.4.2 设计举例

【**例1.11**】 试设计一个带极性位的8位二进制数的补码变换器,导出该变换器的算法流程图。

如前所述,同一个系统,可以采用不同的算法加以实现,算法不同,算法流程图也将随之不同。这里给出一种移位变换型的算法。移位变换型算法遵循补码变换的基本规则:正数的补码等于原码;负数的补码其极性位不变,数值位是各位求反且末位加1。

图 1-34 给出补码变换器的示意图。其中待变换的数是原码 A，$A = a_s a_6 a_5 a_4 a_3 a_2 a_1 a_0$。变换后的补码是 B，$B = b_s b_6 b_5 b_4 b_3 b_2 b_1 b_0$。$a_s$ 和 b_s 均是极性位，$a_6 \sim a_0$ 和 $b_6 \sim b_0$ 是数值位。START 是外部对变换器的控制信号，当 START=1 时，送入数据有效，变换器开始对送入数据进行变换。DONE 是一次变换结束后对外部输出的标志信号。

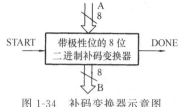

图 1-34 补码变换器示意图

移位变换型算法的具体做法如下：

若 a_k 是由低位到高位依次考察 A 的各数值位时第一次遇到的 1，则

$$b_i = \begin{cases} a_i, & i \leqslant k \\ \overline{a_i}, & i > k \end{cases} (i = 6 \sim 0); b_s = a_s$$

例如　　　A＝11011000

$$\underset{\longleftarrow\!\!\!\!\!\!\!\!\uparrow}{} k = 3$$

则　　　　B＝10101000

因此，可利用移位寄存器按表 1-2 所示的步骤将 A 变成它的补码 B。

由此，可设计出该补码变换器的算法，如图 1-35(a) 所示。由图可见，若 A 为正数，则不做任何变换，直接输出。

表 1-2　移位变换型补码变换的步骤

步骤	寄存器状态	注　释
1	1 1 0 1 1 0 0 0	置入 A
2	0 1 1 0 1 1 0 0	最右位未遇 1，寄存器循环右移一位
3	0 0 1 1 0 1 1 0	同上
4	0 0 0 1 1 0 1 1	同上
5	1 0 0 0 1 1 0 1	最右位刚遇 1，操作同上
6	0 1 0 0 0 1 1 0	最右位已遇到过 1，最右位求反并循环右移一位
7	1 0 1 0 0 0 1 1	同上
8	0 1 0 1 0 0 0 1	同上
9	1 0 1 0 1 0 0 0	极性位不求反，仅循环右移一位

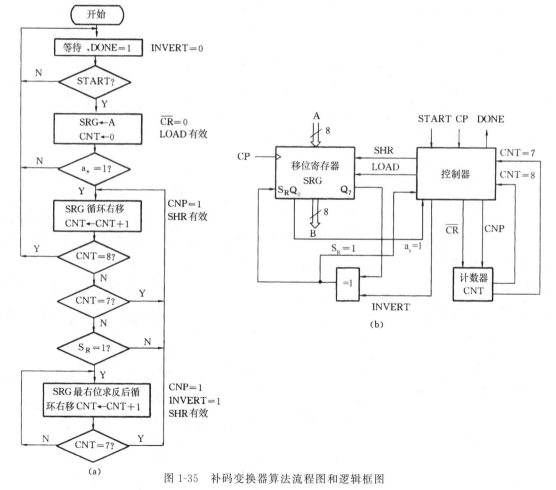

(a)

(b)

图 1-35　补码变换器算法流程图和逻辑框图

为实现数据寄存与循环右移,需采用 8 位的移位寄存器;为统计右移次数需要一个模 9 加法计数器;实现循环右移数据的求反与否,需采用一个异或门加以控制。实现图 1-35(a)算法流程图的完整的逻辑框图如图 1-35(b)所示。

在系统各工作步骤下,控制器需产生的内部控制信号在图 1-35(a)中做了标注。

在上述逻辑框图中,尚未明确各功能部件选用何种具体型号的芯片,为此控制器和受控的数据处理单元之间相互作用信号的特征也未具体化,仅用 SHR、LOAD、$S_R = 1$ 和 CNT = 8 等分别表示移位寄存器右移与加载、右移中已接收到第一个 1 和计算器已计满的有效信号。只要设计选定了器件,上述抽象信号将转成具体的信号。

【例 1.12】 试导出前述例 1.9 数据采集系统的算法流程图和相应的逻辑电路图。

图 1-27 已给出某数据采集系统的示意图和逻辑框图,如果信号 BEG 是控制每 0.1s 输出一个符合要求记录的外部输入控制信号,则可以画出该系统算法流程图如图 1-36 所示。

图 1-36 中新增对外部输出信号 DONE,表明系统刚上电或已送出一个完整记录后,等待 BEG 来启动新一轮记录的输出。

由于 8 路模拟量应轮流输出,为此设置模拟开关地址计数器 CNT1,它由控制单元管理,是个模数 M = 8 的加计数器,其状态变量 Q_2、Q_1、Q_0 分别控制模拟开关的地址端 A_2、A_1 和 A_0。此外设置 8 位 3 选 1 MUX 地址计数器 CNT2,其模数为 3,从而使 MUX 依次选择三个信号:经 A/D 转换后的 M_i 对应的 8 位数字量、直接输入的数字量 N_1 及 N_2。依次经并/串变换器变换为串行码输出,实现一个完整且正确的记录的输出。数据采集系统的逻辑电路图如图 1-37 所示。

本设计中,0.1s 输出一个记录由 BEG 控制,为此控制器时钟速率应仔细计算和选择,保证在 0.1s 内按算法实现产生一个记录的全部工作。

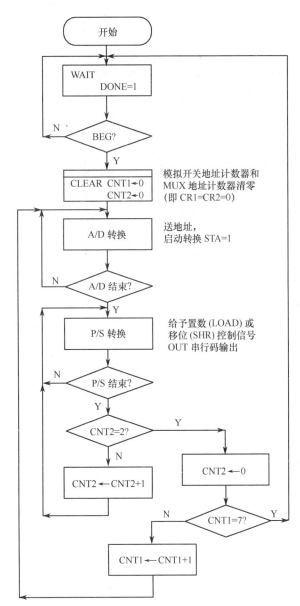

图 1-36 某数据采集系统算法流程图

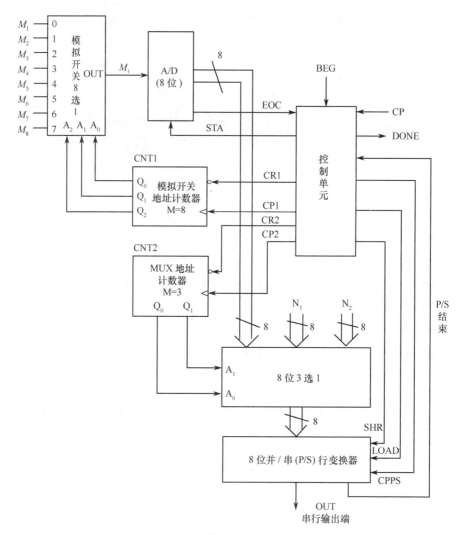

图 1-37　数据采集系统逻辑电路图

习　题　1

1.1　某数字系统的输入 X_1、X_0 和输出函数 Z 的时间关系如图 E1-1 所示。试求:

(1) 用状态转换图、状态转换表建立系统的动态模型。

(2) 导出系统算法模型。

1.2　试导出例 1-2 序列检测系统的算法模型。

1.3　某数字系统有表 E1-1 所示的状态转换表,试用流程图表达该系统的工作过程。

1.4　试将图 E1-2 所示某系统的莫尔型状态图改画为算法流程图。

1.5　系统动态模型和算法模型各有什么特点,适用于什么场合?

1.6　试导出一种区别于本章 1.2.1 节引例中所述 4 位乘法器的算法模型。

1.7　试导出图 E1-3 所示除法器的算法流程图。示意图中输入 A(8 位),它是被除数;B(4 位)是除数;输出 D 是商,C 是余数。

1.8　一个 16 位乘法器的算法模型与图 1-12 所示 4 位乘法器的算法模型有何区别?

1.9　试对本章中图 1-14 所示乘法器数据处理单元做出不同种类器件的选择,并说明原因和两种选择的区别和优缺点。

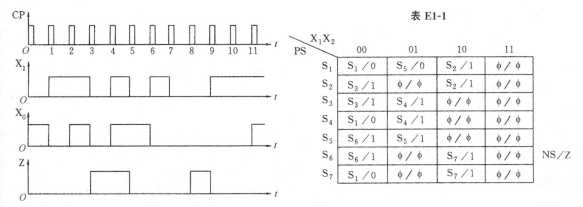

表 E1-1

X₁X₂ PS	00	01	10	11	
S_1	$S_1/0$	$S_5/0$	$S_2/1$	ϕ/ϕ	
S_2	$S_3/1$	ϕ/ϕ	$S_2/1$	ϕ/ϕ	
S_3	$S_3/1$	$S_4/1$	ϕ/ϕ	ϕ/ϕ	
S_4	$S_1/0$	$S_4/1$	ϕ/ϕ	ϕ/ϕ	
S_5	$S_6/1$	$S_5/1$	ϕ/ϕ	ϕ/ϕ	
S_6	$S_6/1$	ϕ/ϕ	$S_7/1$	ϕ/ϕ	NS/Z
S_7	$S_1/0$	ϕ/ϕ	$S_7/1$	ϕ/ϕ	

图 E1-1 某系统输入、输出波形图

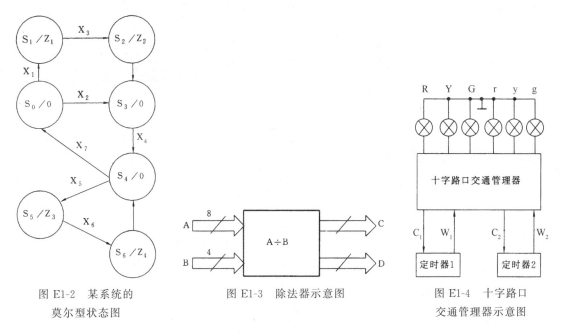

图 E1-2 某系统的莫尔型状态图　　图 E1-3 除法器示意图　　图 E1-4 十字路口交通管理器示意图

1.10 试用不同于本章中图 1-19 所示的算法实现 GCD 电路。

1.11 试用不同于本章中图 1-22 所示的方法实现 GCD 电路中的大数减小数减法器,画出流程图和逻辑框图。

1.12 试述时序电路设计中的状态转换图和系统设计中的流程图的相异和相同点。

1.13 数字系统设计方法有哪几种? 各自的特点是什么?

1.14 概述自上而下和自下而上设计方法的主要区别。

1.15 概述系统信息流驱动设计的主要内容和步骤。

1.16 导出下列逻辑运算的算法流程图。

(1) n 位串行数的奇偶检验。

(2) n 位自然二进制码转换为对应的 n 位 Gray 码。

(3) 二进制补码串行加法。

1.17 试画出例 1.7 带符号位乘法器的详细逻辑电路图。

1.18 图 E1-4 给出一个简易的十字路口交通管理器的示意图,其中 R、Y、G 和 r、y、g 分别是管理 A 道和 B 道的红、黄、绿交通指示灯。两个定时器分别确定通行(绿灯亮)和停车(黄灯亮)时间、C_1、C_2 是管理器对定时器的启动信号,W_1 和 W_2 是定时时间结束的反馈信号。试求:

(1) 选择一种设计方法来设计该系统。

（2）画出系统算法流程图。

（3）画出该系统数据处理单元详细逻辑电路图。

1.19　试设计本章中图 1-27 中 8 位串/并行变换器。

1.20　如果本章图 1-27 中采用的 8 位 A/D 是 NSC 公司生产的型号为 ADC0809 芯片,试给出控制器对该器件的控制流程,并画出时序图。NSC0809 是 8 位单片逐次比较式 ADC,其逻辑框图、引脚图和工作时序图如图 E1-5(a)、(b)、(c)所示。

1.21　试设计例 1.10 中的定时器,给出方案和具体电路。

1.22　试述系统算法流程图和软件流程图的主要区别。

1.23　改变本章 1.4.2 节设计举例中带极性位 8 位补码变换器的算法,并画出完整的算法流程图和相应的逻辑框图。

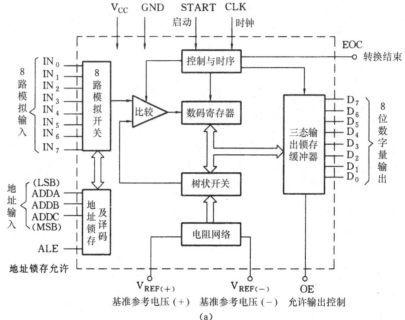

(a)

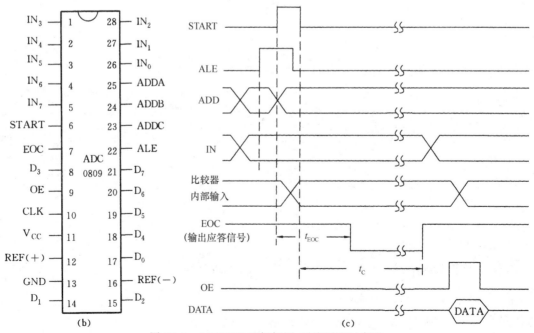

(b)　(c)

图 E1-5　ADC0809 逻辑框图、引脚图和时序图

第 2 章 数字系统的算法设计和硬件实现

数字系统设计的第一步,就是确定系统功能。设计人员必须仔细地研究和分析用户提出的要求,并与用户一起,制定出一张精确的、无二义性的系统设计任务书。该任务书详细规定了系统的逻辑功能和技术指标,它是设计人员进行设计、研制、测试及用户进行验收的依据。

在系统的逻辑功能确定之后,设计人员面临的任务就是考虑如何实现这些功能。本章将重点讨论如何导出实现逻辑功能的算法,以及采用通用集成电路实现系统的方法。

2.1 算 法 设 计

由于待设计系统的逻辑功能是各种各样的,至今还没有找到可以导出各种算法的通用且严格的规则、方法和步骤。然而,凭借设计人员的技巧、经验和智慧,仍可按照常用的方法和途径来进行算法设计。

2.1.1 算法设计综述

1. 算法推导的主要考虑因素

算法设计之初,设计人员和用户协同对用户要求进行分析,并论证这些要求的可行性。在此阶段,设计者根据经验来确定实现该系统可能采用的技术路线,并依托对当前数字技术领域技术水平的了解,对系统功能要求做出判断和评价,由此向用户提出建议,从而一起确定设计者认为可行、用户可以接受的系统主要技术指标。总之,本阶段的中心任务是进行系统的可行性分析。

算法推导的主要考虑因素包括两部分内容:

(1) 逻辑指标。这是数字系统最重要的指标,表达系统应完成的逻辑功能。本章乃至本书将以逻辑指标为中心进行讨论。

(2) 非逻辑指标。系指逻辑功能以外的其他非逻辑约束因素,例如工作速度、系统功耗、可靠性、成本价格等。

合理地定义逻辑指标和非逻辑指标,直接关系到待设计系统能否设计和实现,并影响或决定了最终设计的性能/价格比。应该指出,两种指标往往是相互制约的,必须同时考虑,互相协调,寻找较佳的折中。

【例 2.1】 试给出区别于第 1 章所述多位乘法器算法模型的另一种算法流程图。

在第 1 章中,采用了被乘数左移、同乘数逐位相与,然后部分积累加的算法(如图 1-12 所示)。这里改用被乘数逐次累加的算法来实现乘法器,其算法流程图如图 2-1 所示。此算法同样可以实现两个多位二进制数的乘法,优点是硬件开销较少,成本较低;但其缺点是完成运算的速度较低。显然,在进行算法设计时,应同时考虑逻辑功能和速度要求等非逻辑因素,才能获得既满足用户要求的逻辑指标,又使性能/价格比优良的算法设计方案。

2. 硬件结构对算法推导的影响

系统最终是要用硬件来实现的,因此采用何种硬件结构对算法推导有重要的影响,表现在以下两个方面:

(1) 采用不同规模、不同性质的器件时,将有不同的算法设计对策。在采用常规的 MSI、SSI 通用集成电路设计时,往往考虑硬件结构尽量简单,使用芯片尽量少;而在采用 PLD 时,因器件的逻辑资源相当丰富,可采用"拼硬件"换取其他优越性的做法,为此算法设计不尽相同。这在后面几章的讨论中,将做进一步介绍。

(2) 系统算法设计与软件算法设计的区别。系统算法的目的是用硬件来实现,为此算法与硬件结构应有很好的对应性,即具有可实现性(也称可操作性)。为此算法流程图中的所有运算、操作、判别、输出均应有合适的器件来实现。而软件算法完全由计算机实现,某些运算或操作是硬件系统难以直接实现的,设计者应予重视。

例如,设计一个求 $OUT=\sqrt[3]{x}$ 的电路时,设计人员就不能像软件算法流程设计那样,直接运用求立方根的运算函数,而要寻求一种能用基本逻辑运算和基本算术运算(均有对应的器件)的有机组合来实现上述运算电路。

算法推导的典型方法有几种,常用的是跟踪法、归纳法、划分法、解析法及上述各种方法的组合——综合法。以下通过若干实例来说明这几种典型的推导方法。

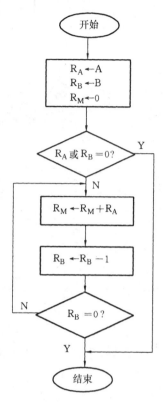

图 2-1　逐次累加实现乘法的算法流程图

2.1.2　跟踪法

跟踪法就是按照已确定的系统功能,由控制要求逐步细化、逐步具体化,从而导出系统算法。

【例 2.2】 试设计一个简易的 5 位串行码数字锁,该锁在收到 5 位与规定相符的二进制数码时打开,使相应的灯点亮。试导出该串行码数字锁的算法流程图。

假设数字锁的基本功能已在确定逻辑指标阶段给出,其示意图和简单算法流程图如图 2-2(a)、(b)所示。

其中,SETUP 和 START 是外部输入控制信号,灯 LT 在操作过程正确且输入 5 位串行码正确的情况下点亮,否则显示错误的灯 LF 点亮,且喇叭报警。

当设计者面对上述简单的逻辑流程时,会按照已定的初步思路进一步思考一连串的问题:

(1) 二进制代码如何送入?

(2) 该数字锁应规定怎样的正确使用规程?

(3) 如果用户送错了代码或者连续不断地送入代码,则锁电路应有何反应?

(4) 一次开锁过程结束后,无论正确与否,应如何进入下一次准备开锁状态?

这些问题将把基本的逻辑要求具体化,导出算法的过程也在逐步地进行。经设计人员和用户反复磋商,假设选定了如下方案:

(1) 设置置数开关(乒乓开关)S 以便置 0 或置 1,又设置读数开关(按钮开关)READ,当用户按动一次 READ 时,即把当时 S 所置的二进制数送入数字锁。

(2) 设定正确使用数字锁的规程为:

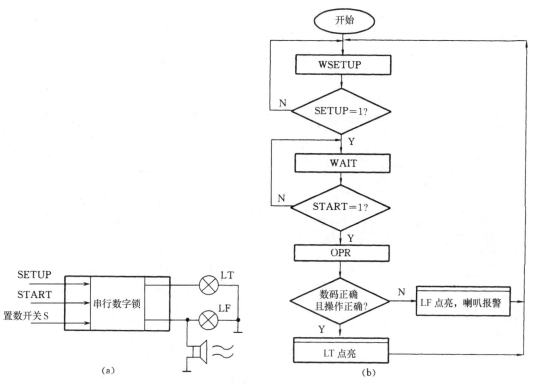

图 2-2 串行码数字锁示意图和简单算法流程图

① 该锁接通电源后,首先按下 SETUP 按钮,启动锁电路。

② 按下 START 按钮表示即将送入一组新的代码。未按 START 以前,送入的任何代码都是无效的。

③ 交替使用 S 和 READ,依次送入正确的代码(设正确代码为 11001)。

④ 按下另一个按钮 TRY,则锁打开,表示正确开锁的灯 LT 点亮。

(3) 在 START 和 TRY 之间,如果送入的代码与正确的代码不相符合,则表示错误的灯 LF 点亮,在此之后送入的任何数码都是无效的。

(4) 在按 START 之后,如果送入 5 个以上的数字,虽然前 5 个是正确的,但在第 6 次按 READ 时,灯 LF 点亮,表示操作程序出错。

(5) 一次操作过程结束后,无论操作正确与否,灯 LT 和 LF 中总只有一只点亮,这时按下 SETUP 按钮,则灯 LT 或 LF 熄灭,数字锁又自动进入等待开锁状态。

(6) 喇叭报警可按用户要求执行。此功能作为习题,请自行完成。

现在,画出串行数字锁面板示意图和详细算法流程图如图 2-3(a)、(b)所示。图 2-4(a)、(b)、(c)分别给出使用正确、输入串行码不正确和操作程序不正确三种情况下输入和输出各信号之间的时间关系图。

从图 2-3(b)所示详细算法流程图中可以看出,它比图 2-2(b)更加明确地描述了串行数字锁系统的详细工作过程,更加具体地规定了各工作块应完成的操作。图中增加了计数器 CNT(模 6 加计数器),用以记录送入的代码位数。

本例表明,由比较抽象的、概略的系统功能到具体的、详尽的工作规程(算法流程)有一个跟踪控制要求并逐步细化的过程,这就是跟踪法的基本思想。

2.1.3 归纳法

归纳法就是先把比较抽象的设计要求具体化,而后再进行一般规律的归纳,由此导出系统算法。具体的做法是首先假设一组特定的数据,从解决具体数据处理和数据变换入手,从中发现普遍规律,最后求导待设计系统的完整的算法流程图。

【例 2.3】 试设计一个正数顺序排队电路的算法流程图。

该排队电路的示意图如图 2-5 所示。其中 D 是一个输入序列,它是由 D_1、$\cdots$、D_n 组成的 8 位二进制数据流。在 START 信号作用下,D_1、D_2、$\cdots$、D_n 依次输入电路并按它们的数值大小存入电路中的 RAM。RAM 也由 n 个字组成,即 RAM(1)、RAM(2)、$\cdots$、RAM(n),它们均是 8 位,要求 RAM(1) 中存放 $D_1 \sim D_n$ 中的最小数,RAM(n) 中存放最大的数,其余按数的大小依次放入对应的 RAM(j)。

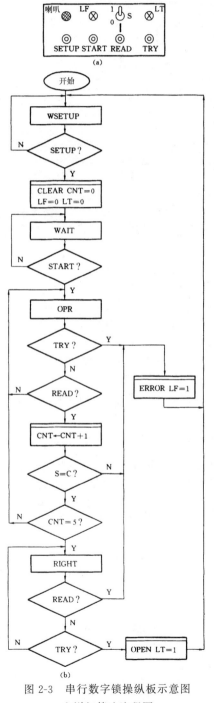

图 2-3 串行数字锁操纵板示意图
和详细算法流程图

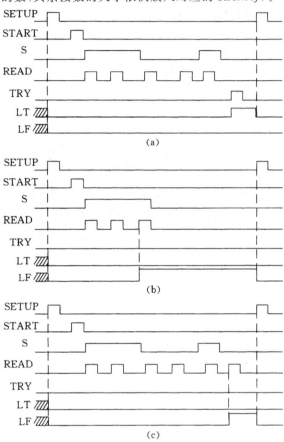

图 2-4 (11001)₂ 串行码数字锁简单时间关系图

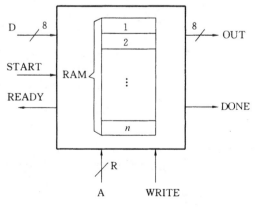

图 2-5 顺序排队电路示意图

在数据存放完毕后,输出信号 DONE 有效(高电平),表示排队结束。这时,若地址 A(R 位)为 i,则在 WRITE 变低的情况下(即低有效),把 RAM(i)中的内容送到输出端 OUT(8 位)。

分析上述题意,会发现还有些问题需要确定:

(1)不论排队电路采用何种方案,D_i 从输入到存放于 RAM 中某个字,其处理过程总要经过一段时间,为保证仅当 D_i 已稳定存放在 RAM 中之后,D_{i+1} 才允许到来,从而使电路可靠地工作,增加一个应答信号 READY。

当 START 到来后,READY 被置为 0,接收 D_1,在处理 D_1 并存放于 RAM 过程中,READY 为 1,此时外部信号源送来的数据信号是无效的。仅当 D_1 稳定存入 RAM,且 READY 为 0 后,才表示可以接收随后的 D_2。因此 READY 的状态成为输入数据信号源是否可以送入新数据的标志,也可以说是本系统与数据信号源的握手信号。如此重复 n 次,确保每一组数据均能稳定地放入 RAM。

(2)在一组数据排队结束后,如果需要对另一组新的数据进行排队,系统应如何工作呢?设计者建议:一旦 DONE=1,首先判别 WRITE,只要 WRITE 为低,总将地址信息 A 指定的 RAM 的内容从 OUT 输出;只有在 WRITE 为高时,电路才判别 START,若 START 为高,则开始新一轮的数据流排队。

在用户确认了这两个要求之后,排队电路的技术指标才制定完毕,现在可以画出排队电路的算法流程图如图 2-6 所示。排队电路各信号之间的时间关系如图 2-7 所示,此图中数据流长度 $n=6$。以上两张图将成为进一步设计的依据。

现在介绍用归纳法进行 n 个数排队电路的算法设计。为导出该电路的算法流程图,设计者可以先把问题具体化为若干个数(n 个)的排队问题。假设 $n=6$,且这些数的输入序列为 D_1、D_2、D_3、D_4、D_5、D_6,它们分别是 4、6、5、8、9、0。

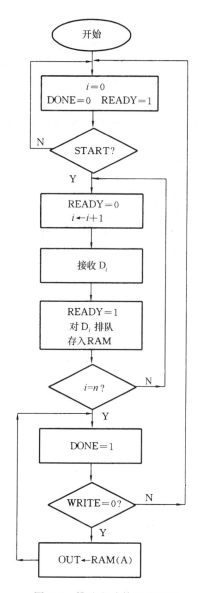

图 2-6 排队电路算法流程图

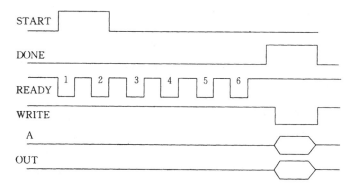

图 2-7 排队电路时间关系图

排队电路的工作过程大致为:在接通电源以后,RAM(1)、RAM(2)、…、RAM(6)的内容可以是任意值,但在 START 信号到来之后必须全部清零,即RAM(1)~RAM(6)为 0、0、0、0、0、0。而在 D_1 到来后,经排队处理,RAM 内容应为RAM(1)~RAM(6)是 0、0、0、0、0、4。在 D_2 到来后,由于 $D_2 > D_1$,故应将RAM(6)中的内容移入 RAM(5),D_2 放在 RAM(6)。此时 RAM 内容为 0、0、0、0、4、6。当 D_3 来到时,由于 $D_3 > D_1$,而 $D_3 < D_2$,故将 RAM(5) 的内容移入 RAM(4),同时将 D_3 放入 RAM(5),RAM(6) 的内容不变,此时 RAM 内容为 0、0、0、4、5、6。其他 D_4、D_5、D_6 输入和排队情况依次类推。由此推广到一般情况:当 D_i 输入时,它将依次与RAM(j)进行比较,$j = 2 \sim 6$(RAM(0)中总是清零的值)。在与 RAM(j)相比较时,可能会遇到两种情况:

当 $D_i \leqslant$ RAM(j)时,则将 D_i 放入 RAM($j-1$);

当 $D_i >$ RAM(j)时,则 RAM(j)移入 RAM($j-1$)。D_i 与 RAM(j)后面的数据继续比较。

由此一般规律,画出如图 2-8 所示排队电路中数据排队的算法流程图。

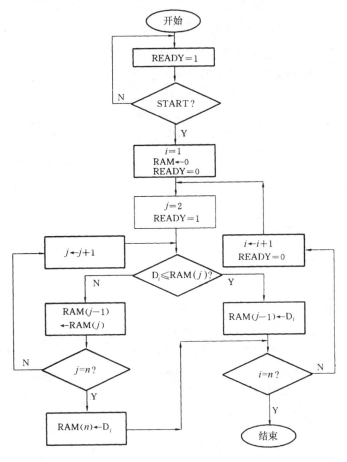

图 2-8　n 个数排队电路的算法流程图

在本例中,首先把 n 个数具体为 6 个数,且均有确定的取值 4、6、5、8、9、0,然后找出它们之间排队的规律,再扩展推广到 n 个数排队的算法,并导出算法流程图。这就是由点到面,进而归纳出一般规律的方法,即归纳法。

2.1.4　划分法

划分法的基本原则,就是把一个运算比较复杂的系统划分成一系列简单的运算,而后通过基本的算术运算和基本的逻辑运算来完成。

【例 2.4】 试导出实现算式 $z=(a-b)\times(c+d)$ 的算法流程图。

这是一个较为简单而又典型的例子。算式 $(a-b)\times(c+d)$ 相对而言是较复杂的运算,它可以分解为 3 个基本运算－、＋、×,它的算法流程如图 2-9(a)所示。该图仅说明了一组 a、b、c、d 的数据运算,如果 a、b、c、d 是连续的数据流输入,则算法流程图就如图 2-9(b)所示。请注意,当系统输入为连续不断的数据流时,总设有外部控制信号(如本例的 BEG 信号),使本系统与外系统正确配合,读取有效的待处理数据。

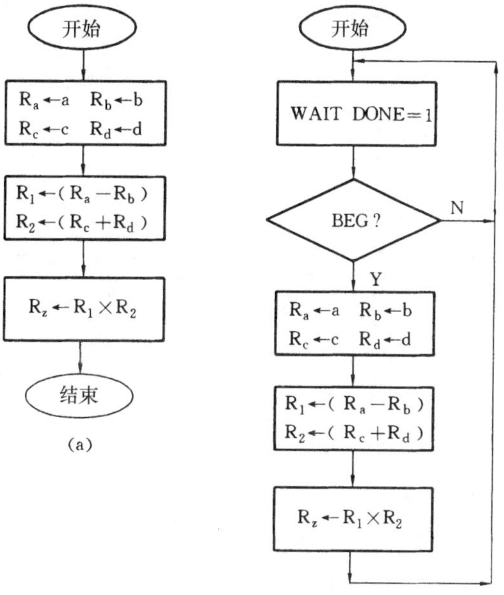

【例 2.5】 在 1.4.2 节中介绍了带符号的 8 位二进制数的补码变换器,该例采用了一种移位判别方式的算法。试设计另一种算法来实现带符号的 n 位补码变换器。

根据题意,设待变换的数为 A,且

$$A=a_s\ a_{n-2}\ \cdots a_1\ a_0$$

式中,a_s 是符号位,$a_{n-2}\sim a_0$ 是数值位。A 的补码为 B,且

$$B=b_s\ b_{n-2}\ \cdots b_1\ b_0$$

式中,b_s 是符号位,$b_{n-2}\sim b_0$ 是数值位。补码变换器的示意图如图 2-10(a)所示。图中 START 为变换启动信号,DONE 为变换结束信号。

根据补码的定义,当符号位 $a_s=0$ 时,A 为正的二进制数;当 $a_s=1$ 时,A 为负的二进制数,无论 A 是正数还是负数,变换过程中 a_s 保持不变,即 $b_s=a_s$。

$a_{n-2}\sim a_0$ 是 A 的数值位,当 A 为正数时,其补码与原码相同,不仅 $b_s=a_s$,而且满足 $b_i=a_i[i=(n-2)\sim0]$,总之 B＝A,不用变换,可以直接给出结果。当 A 为负数时,除了符号位 $b_s=a_s$ 外,数值位 $a_{n-2}\sim a_0$ 必须遵照补码变换规则:各数值位求反、且末位加 1,从而获得相应的补码数值位。

因此,补码变换划分成判别、寄存、求反、加 1 计数等基本逻辑运算,从而有图 2-10(b)所示补码变换器的算法流程图。

从上述两个例子可以看出,把较复杂的计算过程或控制过程分解成若干个简单的分量,或者说,任何一个复杂的过程总可以分解为若干个相互联系的子过程,这些子过程又可以进一步分解,这种导出算法的方法称为划分法,也称分解法。

事实上,在讨论跟踪法例 2.2 串行数字锁时,已经运用了划分的方法,把数字锁的开锁过程分解为判别(SETUP、START)、采样(READ)、比较、校核(TRY)、动作(开锁)等基本操作。因此,各种算法导出方法并不是孤立的,往往结合起来使用。

图 2-9 算法流程图

2.1.5 解析法

对于一些难以划分(分解)的计算过程,往往采用解析法来进行算法设计,这里首先举例说明。

【例 2.6】 试设计一个求平方根的电路,其输入为 x,输出 y 的算术表达式是:

$$y=\sqrt{x}$$

对于逻辑电路而言,这是一个比较复杂的运算,难以直接进行分解,如何求取 x 的平方根值呢?一种常用的方法是运用牛顿逐次逼近法。这种方法的核心是:如果给出一个 $\sqrt{x}$ 的估算值 y。且用子运算

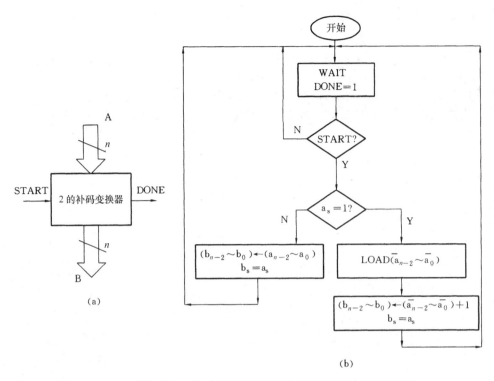

图 2-10 带符号的 n 位二进制数补码变换器示意图和算法流程图

$$y_1 = \frac{y_0 + x/y_0}{2}$$

求出 y_1，将可使 y_1 比 y_0 更接近实际值。用同样的方法，由 y_1 求 y_2，y_2 又比 y_1 更加逼近实际值。不断使用此法，即可求出 x 平方根值的近似值。只要规定了计算结果的误差要求，通过若干次迭代，总可求出足够精确的结果。

设 $x=3$，且令 $y_0=1$，则计算过程如下：

序号	y	$w=x/y$	$v=y+w$	$u=v/2$
0	1	3	4	2
1	2	1.5	3.5	1.75
2	1.75	1.714	3.464	1.7321
3	1.7321	1.73200	3.4641	1.73205

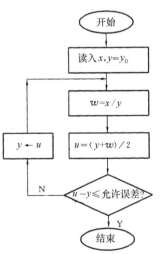

图 2-11 求平方根电路的算法流程图

由此，通过解析，将平方根的计算转换成 $w=x/y$，$v=y+w$，以及 $u=v/2$ 三个基本运算，由此导出算法流程图如图 2-11 所示。

这种方法称为解析法，其特点是当遇到难以分解的计算过程时，则用数学分析对其进行数值近似，转换成多项式或某种迭代过程，进而画出其算法流程图。如果在算法流程图中仍然包括许多复杂的运算，那么解析过程可以继续进行。

2.1.6　综合法

综合法就是把上述几种推导算法的方法组合起来应用。实际上，大部分数字系统的算法，总是综合地考虑，逐步推导而获得的。

【例 2.7】　试设计一个倒数变换器，求数 A 的倒数 $1/A$ 的近似值 Z。A 的数值为：

$$1/2 \leqslant A < 1$$

要求变换结果满足
$$\left| Z - \frac{1}{A} \right| \leqslant 10^{-4}$$

即该变换器的允许误差 $E \leqslant 10^{-4}$。这里要申明，该变换器不允许用除法进行变换。

根据题意，首先从系统级的这一层次，对倒数变换器的功能和技术要求做出如下规定：

（1）十进制数 A，用 16 位二进制数 ARG 表示（采用定点表示法，默认整数部分占 1 位），并行输入变换器。

（2）允许误差 E 也用 16 位二进制数 ERR 表示，并行输入变换器。

（3）A 的倒数 $1/A$，用 16 位二进制数 Z 表示，由变换器并行输出。

（4）变换器在收到外部输入控制信号 START 后，开始工作；一旦变换结束，给出信号 DONE，此时从数据输出端获得变换结果。上述过程可由图 2-12(a)、(b)所示的倒数变换器示意图和简单算法流程图给出。

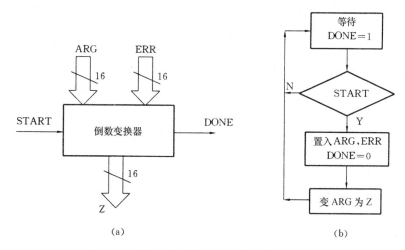

图 2-12　倒数变换器示意图和简单算法流程图

变换器的详细算法难以直接划分，这里首先采用解析法来寻求迭代运算公式。根据 NEWTON-RAPHSON 的迭代算法，该变换可按下式进行：
$$Z_{i+1} = Z_i(2 - AZ_i)$$
可由 Z_i 迭代计算 Z_{i+1}。

因为 Z 的最小值是 1，最大值是 2，为此令起始值 $Z_0 = 1$，只要满足
$$|AZ_i - 1| \leqslant 0.5E$$

必有
$$\left| Z_i - \frac{1}{A} \right| \leqslant E, \quad 即 \left| Z_i - \frac{1}{A} \right| \leqslant 10^{-4}$$

根据解析式，进而采用划分法，把较复杂的算法分解为相乘、相减、比较等简单的子运算，从而有图 2-13 所示倒数变换器算法流程图。图中详细表明了各子运算的顺序及子运算结果的缓冲存储（存储器包括 A、E、Z、W、Y），因此使设计从系统级的描述变换为实现的细节，为后续数据处理单元和控制单元的设计提供了详尽的依据。

在以上各种算法推导方法的讨论中，所举实例均较简单，以便于理解基本方法和基本思路。事实上，实际的数字系统均有一定规模和一定难度。下面给出一个较复杂的数字系统的算法设计实例。

【例 2.8】　试设计一个人体电子秤控制装置的算法流程。该人体电子秤控制装置应能有序、正确地管理以下功能的实现：

(1) 进行人体体重的测量,并能以3位十进制数字显示体重的千克数。

(2) 进行人体身高的测量,并能以3位十进制数字显示高度的厘米数。体重和身高显示器公用。

(3) 由体重和身高的实测信息,并根据被测对象的具体状况(男性或女性,成人或儿童等),自动计算并显示被测对象属于偏瘦、适中、偏胖3种类型的哪一种。

(4) 为简化设计,允许不考虑消除电子秤自重的功能(常称去皮重功能)。

设计按下列步骤进行:

(1) 导出逻辑框图。根据上述功能,在体重和身高测试中,所要检测的物理量是非电量,因此首先要将非电量转换为电量。图2-14是人体电子秤测量系统原理框图,它包括信息的获得、放大、转换、处理和显示。

图2-14中的虚线把测量系统划分为模拟、数字和打印三部分。显然,测量系统不是单纯的数字系统,事实上,各种实际的电气装置均极少为纯粹的数字电路,总是模拟和数字的混合系统,设计人员必须具备模拟和数字电路设计的全面知识。如果测量系统欲配置打印用户卡片的功能,还需要具备打印机方面的知识。

现在简化模拟电路的设计,假设已配置适当的荷重传感器和位移传感器,把体重和身高转换为电信号(几毫伏至几十毫伏);并配用放大器,使传感器输出信号转变为一定比例的较强信号,以便于记录、控制、处理和显示。

由此可给出电子秤控制装置逻辑框图如图2-15所示。

(2) 模/数转换器量化和编码的约定。A/D转换器实现把连续变化的模拟电压信号转换为数字信号,转换的过程包括量化和编码。本设计采用8位二进制码输出的 ADC(如 ADC0809),并做如下约定:

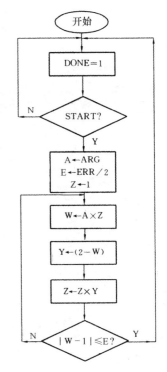

图 2-13　倒数变换器算法流程图

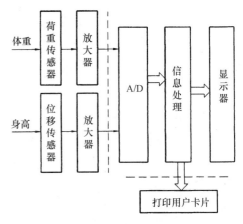

图 2-14　电子秤测量系统原理框图

① 用8位二进制数字量表示体重信息,量化的单位量(即 A/D 最低有效位 LSB 代表的量值)为1kg。数字量 D＝00H 时,表示体重为 0kg;D＝FFH 时,表示体重为 255kg。

② 用8位二进制数字量作为身高信息,量化的单位量为1cm。数字量 D＝00H 时,表示身高为 0cm;D＝FFH 时,表示身高为 255cm,即 2.55m。

(3) 电子秤控制装置算法流程图。根据逻辑框图和量化、编码的约定,该装置的工作过程大致是:

① 电子秤未进行测量时,控制装置处于等待状态;只有当按动 BEG1 按钮、接收到 BEG1＝1 信号时,开始一次人体身高和体重的测量。

② 接收到 BEG1＝1 信号,首先测量身高,表示身高的模拟信息 V_L 经 A/D 转换为数字量,并经寄存、码制转换,由8段显示器显示出3位十进制数表示的身高数据,此时单位显示 cm(也可

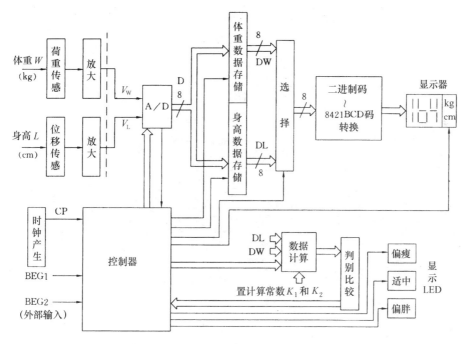

图 2-15　电子秤控制装置逻辑框图

显示 m)。

③ 按动 BEG2 按钮,产生 BEG2＝1 信号,系统进行体重测量。表示体重的模拟信息 V_W 经 A/D 转换为另一组数字量,经存储、码制变换和处理,显示 3 位十进制数表示的体重数据,此时单位显示 kg。

④ 对于上述测得的身高、体重两组数字量,进行数据计算和判别,由计算结果判别出被测对象胖、瘦程度,并正确显示偏胖、适中或偏瘦 3 种情况之一。

这里,计算被测对象体重和身高比例关系,并做出胖、瘦情况的判别应该有一定的规则可遵循。

假设 L(或 DL)为实测身高的数字量;W(或 DW)为实测体重的数字量。K_1 和 K_2 为某常数的数字量表示。而且随着被测对象情况的不同,K_1 和 K_2 有不同的取值。

K_1 的取值为:

① 男性成人。K_1 值约为 105cm 的数字量表示;

② 女性成人。K_1 值约为 100cm 的数字量表示;

③ 青少年及儿童。按医学标准确定实际的数值(数字量表示)。

K_2 的取值为:

① 成人。K_2 约为 3～8cm 的数字量表示;

② 青少年和儿童。按医学标准确定实际的数值(数字量表示)。

计算胖、瘦程度的方法大致归纳为下列规则:

① 当 $L-K_1$(K_1 是常数,不同被测对象有不同的 K_1 值)＝W 时,被测者具有标准体型。

② 当 $[L-(K_1+K_2)]<W<[L-(K_1-K_2)]$ 时,被测者体形适中。

③ 当 $[L-(K_1+K_2)] \geqslant W$ 时,被测者体形偏瘦。

④ 当 $[L-(K_1-K_2)] \leqslant W$ 时,被测者体形偏胖。

现在,可以画出电子秤控制装置算法流程图如图 2-16 所示。

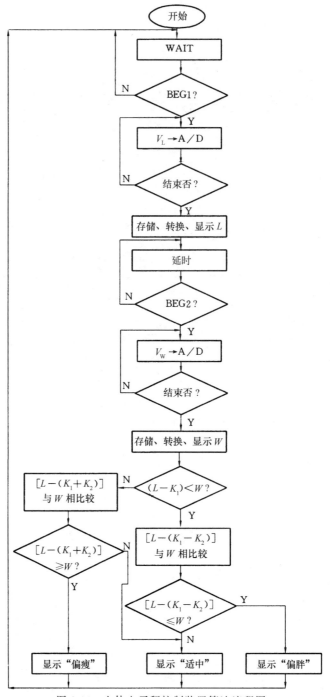

图 2-16　人体电子秤控制装置算法流程图

2.2　算 法 结 构

　　算法是由许多子运算组成的。在各子运算之间存在着一个执行方法和次序问题,这就是本节要讨论的算法结构问题。

　　在此介绍 3 种常用的算法结构:顺序算法结构、并行算法结构和流水线算法结构。

2.2.1 顺序算法结构

顺序算法结构的特点是:在执行算法的整个过程中,同一时间只进行一种或一组相关的子运算,如图 2-17(a)、(b)所示。图(a)中每一时间仅有一个子运算操作,各子运算之间逐个按规定的次序进行。图(b)中,在同一时间里,有时仅有一个子运算操作,但有时有一组操作,同一组各个操作之间相互关联,在它们完成后再进行新的一种或一组操作,上述两种情况都称为顺序算法。

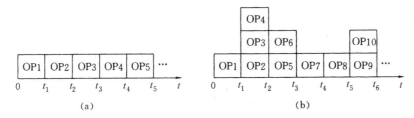

图 2-17　顺序算法结构

前述例 2.3 顺序排队电路就是一个顺序算法结构的典型例子。送入电路的数据 D_i,只与 RAM 中的一个字 $RAM(j)$ 进行比较,在进行 $D_i \leqslant RAM(j)$ 的判别以后,才实现条件转移,要么进行 $RAM(j-1) \leftarrow RAM(j)$ 操作,要么进行 $RAM(j-1) \leftarrow D_i$ 的操作。总之,只进行其中之一,决不会有多于一个后续操作路径。因此送入一个 D_i,要与 $RAM(2) \sim RAM(n)$ 中的内容按序比较一次,找到 D_i 的合适位置,完成 D_i 的排队。n 个数据排队就要经历 n 次这样逐一比较的排队过程。

在顺序算法结构中,如果待处理数据是单个元素 D(可以是若干位二进制数),假设它完成算法流程需经历 l 段,而每段平均时间为 Δ,则所需的运算时间为

$$\tau = l \cdot \Delta \tag{2-1}$$

但在许多数字系统中,待处理的数据是连续输入的数据流,数据流中的每个元素均完成同样的运算,必须对前一个数据元素计算完成后,再进入后一个数据元素的计算,则含有 n 个元素的数据流,其总的运算时间为

$$T_s = n \cdot \tau = n \cdot l \cdot \Delta \tag{2-2}$$

显然,顺序算法结构的工作速度不高。但是,顺序算法是最基本的算法结构,本书前面的举例几乎都属于此范畴。它最本质地反映了执行算法的结构。尽管执行速度较慢,但实现系统的硬件配置简单,成本较低。本书也主要讨论顺序算法的算法结构。

2.2.2 并行算法结构

并行算法的特点是:执行算法的同一时间有多于一条路径在进行运算,而这些同时执行的运算操作之间几乎没有依赖关系,如图 2-18 所示。图中 OP_1 操作之后有 3 个后继操作 OP_2、OP_3、OP_4 同时进行,这 3 个操作之间没有关联,这就是并行算法结构。请注意:这里由 OP_1 到 OP_2、OP_3、OP_4 的转移决不是顺序算法中的条件转移。条件转移由判别条件决定,总只有一个后继操作路径;此外,OP_2、OP_3、OP_4 也不是顺序算法中同时执行的一组操作,因为它们之间互不关联。图中 OP_5 和 OP_6,以及 OP_{10} 和 OP_{11} 却各自为顺序运算路径中的一组相互关联的操作。

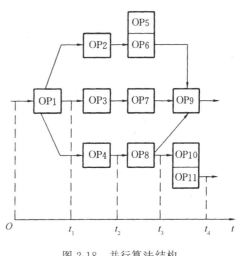

图 2-18　并行算法结构

为说明并行算法结构,仍用前述数据排队电路为例进行详细讨论。

【例 2.9】 改进例 2.3 所述 n 个数排队电路的算法,求出提高排队速度的并行算法。

为加快排队电路的工作速度,可以设想能否将 D_i 同时与 RAM 中的各个字进行比较。若

$$D_i > RAM(j)$$

则有

$$RAM(j-1) \leftarrow RAM(j)$$

但是,在此情况下,必然还有

$$RAM(j-2) \leftarrow RAM(j-1)$$

再若

$$RAM(j-1) < D_i \leqslant RAM(j)$$

则将有

$$RAM(j-1) \leftarrow D_i$$

因此对于 $RAM(j-1)$ 而言,其内容可以归纳为以下 3 种情况:

(1) $D_i > RAM(j)$ 时,则 $RAM(j-1) \leftarrow RAM(j)$。

(2) $RAM(j-1) < D_i \leqslant RAM(j)$ 时,则 $RAM(j-1) \leftarrow D_i$。

(3) $D_i \leqslant RAM(j-1)$ 时,则 $RAM(j-1) \leftarrow RAM(j-1)$。

以上情况可以选择如图 2-19 所示电路结构来实现,其中数据选择器 MUX 的控制信号 C_1、C_0 取值为:

(1) $D_i > RAM(j)$ 时,$C_1 C_0 = 00$。

(2) $RAM(j-1) < D_i \leqslant RAM(j)$ 时,$C_1 C_0 = 01$。

(3) $D_i \leqslant RAM(j-1)$ 时,$C_1 C_0 = 10$。

实现这个设想的算法流程图如图 2-20 所示。

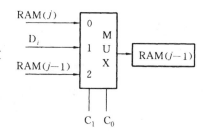

图 2-19　$RAM(j-1)$ 的产生电路

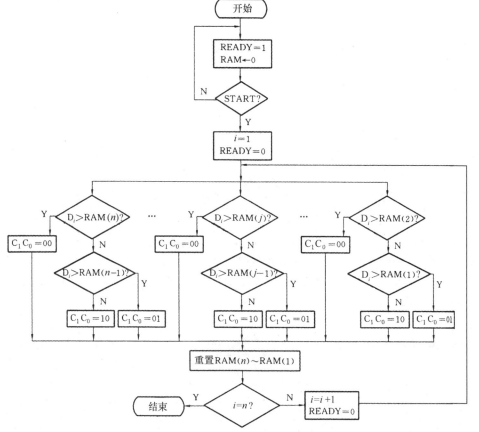

图 2-20　排队电路并行算法结构算法流程图

关于图 2-20 还要说明一点:对于存储器最后一个字 RAM(n)而言,其硬件电路结构应如图 2-21 所示配置。

当 D_i>RAM(n)时,$C_1 C_0=00$,则 RAM(n)←D_i,因为原来 RAM(n)中的数据已送至 RAM($n-1$)。

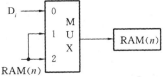

图 2-21　第 n 位电路结构

当 RAM($n-1$)<D_i≤RAM(n)和 D_i≤RAM($n-1$)两种情况时,也就是 $C_1 C_0$ 为 01 或 10 时,均有 RAM(n)←RAM(n),也就是说 RAM(n)中保持原来数据,它已经是 n 个数中的最大数。

在这个例子中,D_i 与 RAM 中的每个字的比较是同时进行的,也几乎是同时完成的。比较结果同时驱动 n 个 MUX 工作,完成一个数的排队过程,因此属于并行算法结构。

在更为一般的情况下,同时进行一组互不相关的操作的算法是并行算法结构,显然这种算法执行速度较快,但是,它是以增加硬件成本为代价的。

在并行算法结构中,如果待处理数据是单个元素 D_i(若干位),它完成运算时间仍满足

$$\tau = l' \cdot \Delta \tag{2-3}$$

式中,l' 是并行算法流程经历的运算段数,这里的 l' 显然比同一系统的顺序算法流程的运算段数 l 要小得多,因此提高了速度。

含有 n 个元素的数据流输入时,并行结构算法总的运算时间为:

$$T_P = n \cdot \tau = n \cdot l' \cdot \Delta \tag{2-4}$$

【例 2.10】　试计算 R 个数据排队电路采用顺序结构算法和并行结构算法的运算时间。假设顺序结构中每个 D_i 与一个 RAM(j)比较且存放需经历 h 段,每段平均时间为 Δ。

根据顺序算法结构的含义,可得输入一个 D_i 的最长运算时间为:

$$T_{s1} = R \cdot h \cdot \Delta = l \cdot \Delta \qquad (l = R \cdot h)$$

输入 R 个数据元素总的运算时间为:

$$T_{SR} = R \cdot R \cdot h \cdot \Delta = R \cdot l \cdot \Delta$$

根据并行结构算法的特点,输入 R 个数据元素的总的运算时间为:

$$T_{PR} = R \cdot h \cdot \Delta = R \cdot l' \cdot \Delta \qquad (l' = h)$$

并行算法需要一定的硬件条件,上例中若采用真正的 RAM 存放数据,则无法实现 D_i 与 RAM 中各个字同时比较的算法,因为 RAM 只允许每次访问一个字。所以要想实现并行算法,需要将 RAM 更换为 n 个独立的寄存器。

显然,并行结构的工作速度比之顺序结构为高。但不难看出,并行算法也仅是缩短了单个数据元素运算时间 τ,仍然改变不了在完成一个数据元素的运算后才能进行下一个数据元素运算的基本结构。为此又提出了速度更快的流水线算法结构。

2.2.3　流水线算法结构

流水线算法结构是针对连续输入数据流的系统而言的。它的主要含义是把整个运算过程分解成若干段,系统在同一时间可对先后输入的数据流元素进行不同段的运算。系统在对输入的第 j 个数据元素进行第 i 段运算的同时,还在对第 $j+1$ 个数据元素进行 $i-1$ 段的运算,因此对于有 l 段运算的流水线结构,可以同时对 l 个数据元素进行不同段的运算,从而大大提高了运算速率。

【例 2.11】　试设计一个实现 $Z=\sqrt{AB+C}$ 运算的流水线操作算法。其中 A、B、C 均是数据流,长度为 m,且均是 n 位。

分析题意可知,给定数据流共有 m 个元素,它们是

$$(a_1 、b_1 、c_1)、(a_2 、b_2 、c_2)、\cdots、(a_i 、b_i 、c_i)、\cdots、(a_m 、b_m 、c_m)$$

其中　　　　　　　　　　$a_i = a_i^1 a_i^2 \cdots a_i^n \qquad b_i = b_i^1 b_i^2 \cdots b_i^n \qquad c_i = c_i^1 c_i^2 \cdots c_i^n$

从而这一运算的算法可用图 2-22 所示的算法流程图来表示，系统运算分解为"相乘"、"相加"、"开方"共三个运算段（为使问题简化，流程图中未给出取数、存数、判别数据流长度等辅助环节）。

本例若采用顺序算法结构，其时间关系图如图 2-23 所示，其中，Δ_1、Δ_2 和 Δ_3 分别是完成 $a_i \times b_i$、$a_i \times b_i + C_i$ 和 $\sqrt{a_i \times b_i + C_i}$ 运算所需的时间。

为便于分析，假设 $\Delta_1 = \Delta_2 = \Delta_3$。不难看出，第 i 个数据元素，在完成前两步运算之后，只有求平方根电路在工作，而乘法和加法电路均处在闲置的等待状态，待求平方根运算完成后再接受数据流中的下一个（即 $i+1$ 个）数据元素，因此完成整个运算的时间是 $3 \times m \times \Delta$。

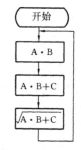

图 2-22 例 2.11 的简单算法流程图

为提高运算速度，可将图 2-23 所示顺序算法结构改为图 2-24 所示流水线算法结构，由图可见，完成全部数据计算所需的时间为：

$$3\Delta + (m-1)\Delta$$

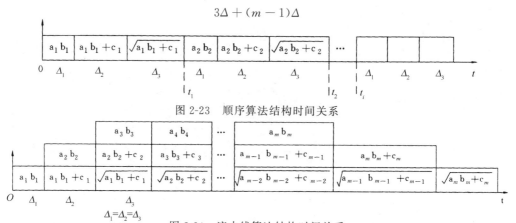

图 2-23 顺序算法结构时间关系

图 2-24 流水线算法结构时间关系

从上例可以推广到一般情况。若系统输入数据流的待处理数据元素为 m 个，每一元素运算共计 l 段，每段历经时间为 Δ，则流水线算法结构共需运算时间为：

$$T = l \cdot \Delta + (m-1)\Delta \tag{2-5}$$

显然，流水线算法结构比之顺序算法（或并行算法）结构所需运算时间 $m \cdot l \cdot \Delta$ 为少，且随着 l 的增加，流水线操作时间急剧减少（但控制运算稍微复杂）。

【例 2.12】 某系统待处理数据元素为 100 个，每个元素需进行 16 段运算，且每段所需运算时间为 $0.2\mu s$，试求顺序算法结构和流水线操作算法结构所需运算时间。

顺序算法结构共需时间

$$T_s = 100 \times 16 \times 0.2 = 320(\mu s)$$

若采用流水线算法结构，则

$$T = 16 \times 0.2 + (100-1) \times 0.2 = 23(\mu s)$$

当然，流水线算法要想发挥其效率需具备 3 个条件：数据连续输入、各段运算时间相等、各段运算电路不共享。

2.3 数据处理单元的设计

2.3.1 系统硬件实现概述

在确定了系统的算法结构、并导出了相应的算法以后，面临的任务是选择适当的硬件、并辅以软件来实现系统。当前，实现系统的途径主要有 4 条：

（1）用市售标准的 SSI、MSI 和 LSI 构成。

（2）以微处理器为核心、辅以必要的辅助器件,在固化于存储器内的软件的控制下实现系统功能。

（3）将整个系统配置在一片或数片 PLD 芯片内。

（4）研制相应的 ASIC,构成单片系统。

上述 4 种方法中,第一种方法是最经典的方法。第二种方法的价格便宜,实现方便,适用于运行速度要求不高的场合,得到广泛应用。随着集成电路制造工艺的发展,第三种方法在 PLD 出现之后,越来越显示出它的潜力和优越性:价廉、运行速度高、体积小、易于修改设计等。第四种方法是系统设计师面临的新技术和新挑战,将得到越来越多的应用。本章将详细讨论最基础性的第一种方法。第三种方法将在后续章节中介绍。而以微处理器为核心和 ASIC 的数字系统设计方法,请参阅有关书籍,本书不再详述。

正如第 1 章所述,数字系统由两大部分组成:数据处理单元和控制单元。就数据处理单元的设计而言,主要是根据已确定的算法,选择适当的市售通用集成电路芯片,实现算法规定的数据存储、传输和变换,且在此基础上导出为实现算法而必须加于实现数据处理单元的这些芯片的控制信号及其时序。在数据处理单元设计完成以后,与算法相适应的控制序列也就确定,这个控制序列也就是控制单元设计的依据。

本节后续部分将简要介绍数据处理单元的设计。2.4 节将介绍控制单元(有时简称为控制器)设计的基本概念和方法。

数据处理单元又称受控电路。系统算法已为它规定了明确的逻辑功能,这些功能概括起来有数据存储、算术和逻辑运算、数据传送和变换。事实上,集成电路制造厂商已经为此生产并提供了许多品种规格不同的通用集成电路芯片可供选择。设计人员的任务就是选择适当的芯片,实现规定的逻辑功能,且同时满足预定的非逻辑约束。

2.3.2　器件选择

在实现数据处理单元时,选择器件主要考虑如下两个方面的因素。

1. 易于控制

各受控电路的控制方式和控制信号要尽可能简单,从而使产生这些控制信号的逻辑也趋简单,以便于实现。

2. 满足非逻辑约束的要求

非逻辑约束要求主要是:

（1）性能因素。系统性能除了前述的逻辑功能外,还有许多非逻辑因素影响着系统的性能。

① 运行速度。系统运行速度关系到能否在规定时间内实现预定的逻辑功能。设计时应充分考虑到不同工艺的集成电路有着不同的工作速度。总的来说,CMOS 电路速度较低,TTL 集成电路速度较高,而 ECL 集成电路的运算速度最高,可视具体情况选用不同规格的集成电路芯片,以满足运行速度的要求。

② 可靠性。系统功能的完善、运行速度的提高、系统容量的增加,通常会使系统更加复杂,甚至使元器件处于极限条件下运行,显然,这将会降低系统的可靠性。因此,必须在充分保证可靠性的条件下提高系统的其他性能。在选择器件时应注意这些芯片的工作延时、脉冲工作特征、功耗、驱动能力,以及各器件之间的电平匹配等。如果器件选择不当,即使逻辑设计正确,系统也不能可靠工作。

此外,抗干扰性是可靠性的一个重要方面,这方面的内容请参考有关书籍。

③ 可测试性。随着系统的日益复杂,测试已成为设计工作的一个重要组成部分。在设计之初就

应考虑到系统的可测试性,为日后的系统自检和被检做好准备。

（2）物理因素。系统物理因素包括尺寸、重量、功耗、散热、安装和抗震等诸多方面。这些因素也影响着系统质量的优劣。除在逻辑设计阶段应充分考虑这些因素外,器件的集成度和制造工艺（通常 CMOS 芯片功耗较小）将是器件选择时应考虑的方面。

（3）经济因素。成本是个复杂函数,包括设计成本、制造成本、维护成本和运行成本等。系统成本的下降取决于多方面的技术进步,也取决于设计人员的经验和水平。例如采用 SSI、MSI 器件,价格低廉,但印制板尺寸大,连线繁琐,维护困难,可靠性差。采用 LSI 或 VLSI 范畴的可编程逻辑器件,乃至全定制的 ASIC,则器件少（甚至单片系统）,体积小,PLD 组成系统还便于修改设计和维护,但价格和技术支持要求颇高。

实现优良的性能/价格比指标,总是设计人员千方百计追求的目标。

2.3.3　数据处理单元设计步骤

采用通用集成电路进行数据处理单元设计时,其基本步骤大致可归纳为三步:组成数据处理单元逻辑框图,构成数据处理单元详细逻辑电路图和确定控制信号时序。

1. 组成数据处理单元逻辑框图

根据系统算法和结构选择方案,用抽象的逻辑模块组成数据处理单元逻辑框图,并由此明确它与控制单元之间必须交换的信息及规定这些信息之间的时间关系。但是,这一步骤中所规定的控制信号和应答信号还只是对抽象模块完成规定操作的约定信号,尚未具体确定各信号的特征和有效电平（或有效作用边沿）。

2. 构成数据处理单元详细逻辑电路图

选择具体型号的集成器件实现第 1 步中的抽象模块,且应力求模块数少,由此求得数据处理单元详细逻辑电路图。根据逻辑电路图中所用器件的特性,明确它们和控制器之间交换信息的全部特征,它包括信号名称、有效作用电平或有效作用边沿等。

3. 确定控制信号时序

在明确各控制信号的基础上,对它们进行排序,列出控制信号排序表,从而归纳并确定控制信号时序,作为对控制单元设计的技术要求,使系统正确执行算法流程。

有时,上述前两步可以合并进行,亦即直接根据系统算法和结构选择具体型号的集成器件实现,这决定于设计者的经验和技巧。

这里还要指出:在数据处理单元中,除了常用的各种 SSI、MSI 或 LSI 数字集成器件外,有时还会配置多种辅助电路,例如振荡器、定时电路、整形电路等;有时还会用到 A/D 和 D/A 转换器、集成运算放大器、锁相环及其他辅助器件,这时应查阅有关书籍和手册,熟悉这些器件的使用方法。

2.3.4　数据处理单元设计实例

【例 2.13】　按照本章例 2.7 的倒数变换器算法流程图（见图 2-13）,设计其数据处理单元。

第一步,导出数据处理单元的逻辑框图。

（1）存储器的选择。存储器是数据处理单元中的重要器件,用以存储待处理的数据、中间结果、输出数据及条件反馈信息等。由图 2-13 算法流程图可知,为实现倒数变换器各子运算,需选择和配置 5 个存储器,且应分别由相应的控制信号管理,它们是:

① A（16 位）,存储待变换数据 ARG。控制信号 C_1,实现 A←ARG。

② E(16 位),存储规定误差数据 ERR。控制信号也是 C_1,实现 E←ERR/2。

③ Z(16 位),存储变换结果 Z。控制信号 C_1 实现 Z←1;控制信号 C_2 实现 Z←(Y×Z)。

④ W(16 位),存放运算的中间结果(A×Z)。控制信号 C_3 实现 W←(A×Z)。

⑤ Y(16 位),存放中间结果(2—A×Z)数据,控制信号 C_4 实现 Y←(2—A×Z)。

以上 5 个存储器均是 16 位存储器,可以分别选择 MSI 寄存器实现。

(2) 运算器的选择。运算器是完成系统算法中各个子运算器件的总称。运算器的设计和选择有若干种情况:第一种情况是子运算已属于基本的算术、逻辑运算,如逻辑与、逻辑或、逻辑非、异或、同或、加法、减法、比较、计数、移位等,则可直接采用相应的逻辑器件实现,也可以用一个或若干现成的多功能算术逻辑运算单元(ALU)芯片实现。第二种情况是子运算仍然是基本运算的组合,没有现成的器件供选用。这时子运算又将转化为子系统的设计。例如"乘法"运算。第三种情况是子运算中有若干功能相同的运算,则既可以用多个相同电路分别实现,也可以用一个电路、并辅以适当的控制电路分时实现,视系统算法结构而定。

倒数变换器算法流程图中,包括三种子运算:乘法运算、减法运算和比较运算。为此,运算器和相应的控制信号做如下选择和规定。

① 乘法器 MUL:用以实现(A×Z)或 Z×(2—A×Z)运算。由于用一个乘法器实现两组不同数据的乘法运算,因此用数据选择器 MUX 辅助,并选用控制信号 $C_2=1$ 时,选择 A×Z;$C_2=0$ 时,选择 Z×(2—A×Z)。

② 减法器 SUB1:完成(2—A×Z)运算,采用组合电路实现。

③ 减法器 SUB2:完成|A×Z—1|运算,同样采用组合电路实现。

④ 比较器 COMP:实现|A×Z—1|和 E 的比较,比较结果可由变量 K 标志,当 K=0 时,计算精度已达要求,则变换结束;当 K=1 时,迭代运算继续进行。

在以上选择模块的基础上,画出如图 2-25 所示倒数变换器数据处理单元的逻辑框图。图中均为抽象的模块,尚未涉及任何具体型号的集成芯片。

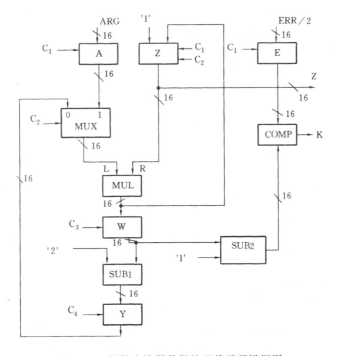

图 2-25 倒数变换器数据处理单元逻辑框图

第二步,导出数据处理单元的逻辑电路图。

根据上述逻辑框图,选择实现数据处理单元各模块的具体器件,表 2-1 给出了详细的器件清单。应该说明的是,可供选择的方案可能是多种多样的,这里仅是其中的一种。表 2-1 中的控制信号也因为器件的选择而具体化。

由已经做出的选择出发,画出倒数变换器数据处理单元逻辑电路图如图 2-26 所示。

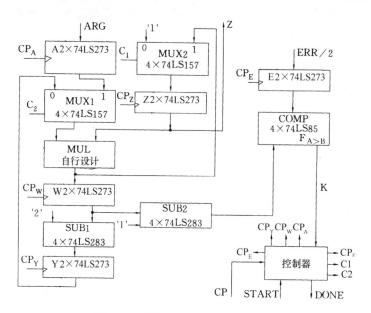

图 2-26　数据处理单元逻辑电路图

第三步,控制信号时序的确定。

在画出数据处理单元逻辑电路图的基础上,列出如表 2-2 所示控制信号时序表。

表 2-1　倒数变换器数据处理单元器件清单

序　号	功能模块名称	采用器件	数量	控制信号	说　　明
1	存储器 A	74LS273	2	CP_A	
2	存储器 E	74LS273	2	CP_E	
3	存储器 Z	74LS273	2	CP_Z	
4	存储器 W	74LS273	2	CP_W	
5	存储器 Y	74LS273	2	CP_Y	
6	乘法器 MUL	自行设计			
7	MUX	74LS157	8	C_1,C_2	
8	SUB1	74LS283	4		
		74LS04	4		
9	SUB2	74LS283	4		
		74LS04	4		
10	比较器 COMP	74LS85	4		送出 K(即芯片 $F_{A>B}$ 输出端)

表 2-2　控制信号时序表

序　号	操　　作	控制信号
1	DONE←'1'	控制器送出 DONE=1
2	A←ARG	CP_A
	MUX2 选择	$C_1=0$
	Z←'1'	CP_Z
	MUX1 选择	$C_2=1$
	E←ERR/2	CP_E
	DONE←'0'	控制器送出 DONE=0
3	W←MUL(A,Z)	CP_W
4	Y←SUB1('2',W)	CP_Y
5	Z←MUL(Y,Z)	CP_Z
	MUX1 选择	$C_2=0$
	MUX2 选择	$C_1=1$

上述控制信号排序表,明确规定了数据处理单元要求控制单元提供的控制信号及正确时序,并将成为控制器设计的依据。

【例 2.14】 试导出例 2.2 中 5 位串行码数字锁的数据处理单元逻辑电路图。

（1）导出逻辑框图。由图 2-3 所示串行数字锁算法流程图出发,导出锁电路数据处理单元逻辑框图如图 2-27 所示。图中 LT—FF 和 LF—FF 是两只 D 触发器,分别记忆并驱动 LT 和 LF,它们接收来自控制器的复位信号 RESET、置位 LT 的信号 SLT 和置位 LF 的信号 SLF。SEL 是代码选择电路,C_1、C_2、C_3、C_4、C_5 表示正确的解锁代码(如 $(11001)_2$),由 SEL 选出当前正确的码位 C,与由 S 输入的码位进行比较,判别收到的码位正确与否。计数器 CNT 记录锁电路已收到的码位数,并把状态变量 CNT_0、CNT_1 和 CNT_2 反馈给控制器,以供后者判别决策。CNP 为控制器送给计数器的计数脉冲。

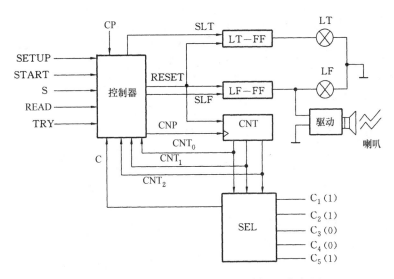

图 2-27 串行数字锁电路数据处理单元逻辑框图

（2）选择器件。按照上述数据处理单元逻辑框图,即可对图中所示抽象逻辑模块进行具体设计。根据市售通用集成电路的情况,又根据对型号的熟悉程度,做出如下选择:

① 选用双 D 触发器 74LS74 组成 LT—FF 及 LF—FF,用它们驱动 LED 灯 LT 和 LF,SLT 和 SLF 分别加于 74LS74 的两个异步置 1 端,当 SLT 或 SLF 为低电平时,可使相应的 Q 输出高电平,点亮相应的 LED。RESET 则接至 74LS74 两个异步置 0 端,也是低电平有效。

② 选用 74LS161。2-N-16 进制同步计数器组成模 6 计数器。这时 CNP 上升沿有效,该器件清零信号也是 RESET(低电平有效)。

③ 选用 74LS157。8 选 1 数据选择器实现 SEL,且规定 $S_2 S_1 S_0 = 001$ 时选择 C_1,$S_2 S_1 S_0 = 010$ 时选择 C_2,$S_2 S_1 S_0 = 011$ 时选择 C_3,$S_2 S_1 S_0 = 100$ 时选择 C_4,$S_2 S_1 S_0 = 101$ 时选择 C_5。

④ 由钮子开关产生异步输入信号 SETUP、START、READ、TRY,这些信号均经消抖动开关和同步化电路处理(同步化问题将在后文讨论),转变为正极性的且与系统时钟同步的正脉冲信号。

由此得到串行数字锁数据处理单元详细逻辑电路图如图 2-28 所示。

（3）串行数字锁控制信号序列的确定。算法流程图和已经确定的数据处理单元逻辑电路图提供了各个控制信号的具体名称、有效电平或有效作用沿,并且明确了各信号之间的时序关系。表 2-3 为串行数字锁操作—控制信号时序表。

以上以两个不同类型系统的数据处理单元设计为例,详细介绍了设计和实现过程。倒数变换器是数据处理类型的系统,串行数字锁属控制类型的系统,它们的数据处理单元带有各自的特点,只要理解了设计过程,就不难面对各种设计问题。

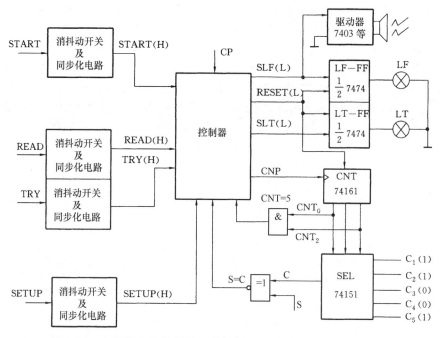

图 2-28 串行数字锁数据处理单元详细逻辑电路图

表 2-3 串行数字锁操作—控制信号时序表

次　序	操　　作	控制信号	说　明
1	$CNT=0$	RESET	条件操作,低电平有效
	$LT-FF=0$, $LF-FF=0$	RESET	条件操作,低电平有效
2	$LF-FF=1$	SLF	低电平
	$CNT \leftarrow CNT+1$	$CNP(\uparrow)$	上升沿有效
3	$LT-FF=1$	SLT	低电平
	$LF-FF=1$	SLF	低电平

2.4 控制单元的设计

前面讨论了数据处理单元的设计和硬件实现。数据处理单元正确有序地工作是在控制单元的管理下进行的。在完成了数据处理单元的设计之后,相应的控制时序就已经确定。用硬件构成电路以生成上述的控制时序信号就是控制器设计人员要完成的任务。这里将详细讨论控制器的结构和硬件实现方法。

2.4.1 系统控制方式

系统控制的实质是控制系统中的数据处理单元以预定的时序进行工作。这种控制功能可集中于一个控制器执行,也可以分散于各数据处理单元内部进行,或者是两者的组合。因此,控制方式有三种类型:集中控制、分散控制和半集中控制。

1. 集中控制

数字系统中,如果仅有一个控制器,由它控制整个算法的执行,则称为集中控制型,如图 2-29(a)所示。

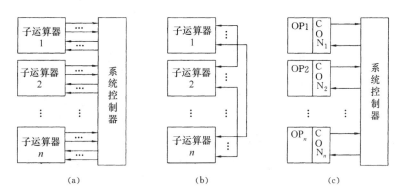

图 2-29　控制器的三种控制类型

这种控制方式由系统控制器集中管理各个子运算执行的顺序。控制器发出控制信号,使一个或多个子运算器进行工作,同时接收各子运算器馈送来的条件信息,以便确定后续的控制信号。

集中控制方式经常有一个同步时钟信号 CP。子运算的执行时间可能只需一个时钟信号的周期,也可能需要若干个时钟周期。在某些情况下,子运算执行时间并不固定,而由数据状态来决定。

在控制器控制下,同一时间可能只进行一种子运算,也可能同时进行若干个子运算,前者称为串行工作方式或顺序工作方式,这种控制器的设计较为简单,但运算速度较慢;后者称为并行工作方式,运算速度快,但电路较复杂。

2. 分散控制

系统中没有统一的控制器,全部控制功能分散在各个子运算中完成,称做分散控制型,如图 2-29(b)所示。在这种控制方式中,各子运算器之间的输出、输入信号及系统信号相互关联。子运算可以同时进行,也可以在关联的控制信号作用下顺序地进行。

分散控制的时序可以是同步的,也可以是异步的。前者与集中控制类似,但各子运算间需交换有关运算进程的信息。

分散控制为异步时序时,没有统一的时钟信号,执行顺序由子运算器产生的进程信号或信息控制。

3. 半集中控制

系统中配有系统控制器,但各子运算器又在各自的控制器控制下进行工作。系统控制器集中控制各子运算之间总的执行顺序。这是介于集中控制和分散控制之间的中间状况,称为半集中控制型或集散型控制器,如图 2-29(c)所示。

图 2-30 是某系统算法流程图的局部,它给出了半集中控制方式的实例。图中子运算 3 可以分解为若干个更简单的子运算,因此,子运算 3 又成为一个子系统。该子系统就有自己的控制器。这样的分解还可以多重地进行,算法流程图就会有多重的嵌套。这是在复杂系统中经常出现的情况。

在工业控制中,集散型测控系统就是半集中控制型的一个典型例子。图 2-31 给出某工厂生产过程测控系统示意图。整个系统的中央控制器位于总调度室,它控制各车间生产现场的子控制器,然后各子控制器分别控制各自的数据采集器和受控部件,对现场的生产过程实现自动管理、测试和反馈控制。

根据前面讨论可知,顺序算法是系统设计中最常用的算法结构,这种算法仅需配置一个控制器,即集中控制型控制单元。为此这里仅详细讨论顺序算法的控制器。并行算法和流水线算法控制器的设计结合某些实例给予介绍,详情请参考有关书籍。

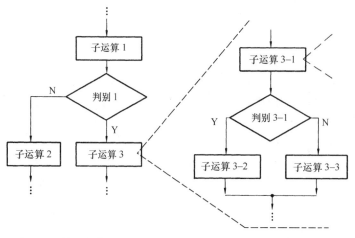

图 2-30 某系统算法流程图的局部(半集中控制型或集散控制型)

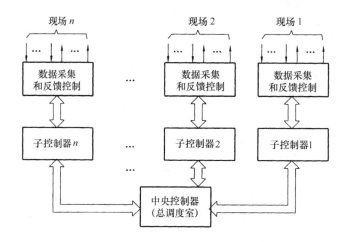

图 2-31 某工厂集散型测控系统示意图

2.4.2 控制器的基本结构和系统同步

1. 控制器的基本结构

控制器的输入信号有:外部对系统的输入(即外输入信号)和数据处理单元所产生的条件反馈信息。控制器的输出信号有对数据处理单元的控制信号和对外部的输出。控制器的基本结构如图 2-32 所示。其中状态寄存器用以记录算法的执行过程。组合网络的作用是根据两类输入信号及算法的当前状态生成要求的两类输出信号及算法次态信息。显然,此结构与同步时序电路是一致的。

2. 系统同步

系统同步是指控制器与外部输入信号和来自数据处理单元的反馈信号之间的同步问题。系统控制器应能毫无遗漏地、正确地接收这些信号,并根据所有这些输入信号做出正确的响应,向数据处理单元发出相应的控制信号,同时,向系统外部输出必要的信息,使整个系统配合密切、协调一致地工作。因此,这里将讨论两个问题:第一,控制器与外部输入信号之间的同步,即异步输入信号的同步化;第二,系统控制器的输出同步。

(1)异步输入信号的同步化

① 异步输入同步化的必要性。外部输入信号有同步的,也有异步的。对于后者而言,必须进行

同步化处理,这主要基于两个方面的考虑:

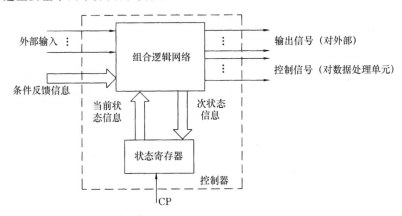

图 2-32　控制器的基本结构

第一,异步信号的捕获。如果异步输入信号的有效期 t_p 与系统时钟脉冲周期 T_{CP} 之间满足关系

$$t_p \geq T_{CP}$$

则控制器能够及时鉴别到这一异步输入信号的变化,做出相应的响应。如果

$$t_p < T_{CP}$$

则此输入信号的变化可能未被控制器所觉察,而没有做出正确的响应,这种情况如图 2-33 所示。从图中看出,由于异步输入信号有效期与时钟周期相比较,只是一个很短暂的时间间隔,可能会被控制器所忽略,就像输入未发生一样,从而控制器没有进行本应进行的操作。当然提高时钟频率,可以避免这样的遗漏,但是,单纯依靠这种办法是不实际的,有时是不可能做到的,因此要寻求途径捕获并保存这些短暂的异步输入信号,直至控制器做出响应。

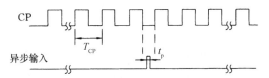

图 2-33　异步输入信号 $t_p < T_{CP}$

第二,输入信号有变化时间。加到控制器的输入信号总要有个建立过程。显然,系统应在这一信号达到稳定值后才动作,否则会发生误动作;此外,系统的任何一个动作总要有一个动作时间,需要有从一个状态向另一个状态过渡的转换时间,外加信号仅允许在系统处于稳定状态时起作用。否则也会出现错误的动作,因此也必须对异步输入信号进行同步化处理。

② 同步化电路。这里介绍两种实现异步信号同步化的电路。图 2-34(a)所示电路由门电路构成的基本捕获单元(基本 R-S 触发器)和 D 触发器组成。其工作波形如图 2-34(b)所示。图 2-35(a)、(b)给出另一种异步输入同步化电路和相应的工作波形。这两种电路的共同点是:

第一,异步输入信号是短暂的,$t_p < T_{CP}$,且与时钟脉冲无直接关系。

第二,输入信号的同步化时间发生在时钟的上升沿。

实际上,同步化时间也可以发生在时钟的下降沿。对于系统来讲,同步化和控制器状态变化可以分别发生在一个时钟脉冲的上、下跳沿(或下、上跳沿),也可发生在接连两个时钟脉冲的对应跳变沿。这由设计者决定。

此外,当异步输入信号 $t_p \gg T_{CP}$ 时,仍然有同步化的问题,称为电平同步。这类信号有效期持续较长,但从时间关系而言,它与时钟仍然是异步的,为了同步化这类异步电平信号,可用 D 触发器或保持寄存器做同步电路,控制器从同步电路获得稳定的同步输入。

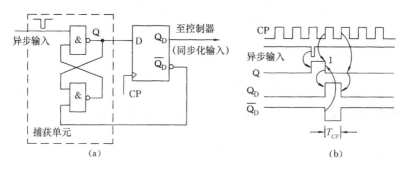

图 2-34　第一种异步信号同步化电路及工作波形

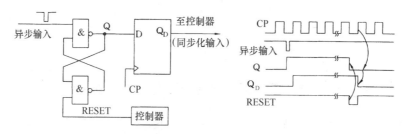

图 2-35　第二种异步信号同步化电路及工作波形

（2）控制器输出同步

控制器的输出信号由组合网络生成，但是由于以下两个方面的原因，输出将会出现毛刺。

① 状态寄存器的各个状态变量不会同时改变，总是有先后。对组合网络而言，先后变化的输入就可能引起瞬时的毛刺输出。

② 即使各个状态变量的变化同时发生，由于它们从组合网络的输入端到输出端所经途径不同，仍然会出现毛刺。

毛刺会引起数据处理单元的误动作，为此在控制器输出端增加输出保持寄存器和合适的输出选通信号，避开输出可能产生毛刺的不确定区间，而在输出稳定后，用选通信号更新输出保持寄存器，使它输出稳定的信号。图 2-36 所示为完善的控制器结构模式，有时可依据系统功能及输入、输出的具体情况简化之。

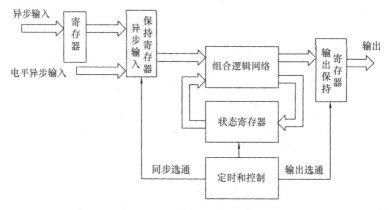

图 2-36　完善的控制器结构

2.4.3　算法状态机图（ASM 图）

在前面章节的讨论中，用算法流程图来描述系统仅规定了操作顺序，并未严格规定各操作的时间及操作之间的时序关系。采用同步时序结构的控制器，它在时钟脉冲的驱动下完成各种操作,为此应该对各操作之间的时间关系做出严格的描述。此外,算法流程图也没有对控制器的输出信号做具体的规定。在设计控制器时,设计师关心的是控制器的状态转换和相应的输出,这里介绍一种描述时钟驱动的控制器工作流程的方法——算法状态机图(Algorithmic State Machine Chart,ASM 图)。

ASM 图的图形符号及符号的意义与算法流程图相似,但 ASM 图用来描述控制器在不同时间内应完成的一系列操作,指出控制器状态转换、转换条件及控制器的输出。它与控制器硬件实现有很好的对应关系。

ASM 图与算法流程图除了应用场合不同外,主要差别有两点:

(1) 算法流程图是一种事件驱动的流程图,而 ASM 图已具体为时钟 CP 驱动的流程图。前者的工作块可能对应 ASM 图中的一个或几个状态块,即控制器的状态。

ASM 图状态块的名称和二进制代码分别标注在状态块的左、右上角。

(2) ASM 图是用以描述控制器控制过程的,它强调的不是系统进行的操作,而是控制器为进行这些操作应该产生的对数据处理单元的控制信号或对系统外部的输出。为此,在 ASM 图的状态块中,往往不再说明操作,只明确标明应有的输出。

一旦数据处理单元设计完成后,对它的控制序列就完全确定,并已给出控制信号时序表,从而可以方便地从算法流程图和规定的控制信号导出控制器的 ASM 图。关键在于如何由算法流程图导出 ASM 图。

ASM 图和算法流程图的相互关系和转换规则可用图 2-37、图 2-38 和图 2-39 来说明。可以看出,两者之间工作块(状态块)、判别块、条件操作块(条

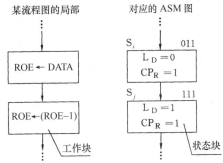

图 2-37　工作块和状态块

件输出块)均一一对应。确切地说,算法流程图规定了系统应进行的操作及操作顺序,ASM 图规定了为完成该操作顺序所需的时间和控制器应输出的信号。其中图 2-39(a)所示的流程图的操作块,要求实现 RE←D,并将 RE 的内容增大 8 倍。图 2-39(b)是与之对应的控制器的 ASM 图,完成上述操作分解为两个状态,且需要 4 个时钟周期。图中当状态为 S_1 时,LOAD=0,在 CP 作用下,实现 RE←D,然后进入状态 S_2,经 3 个 CP 周期将 RE 的内容左移 3 次,使之扩大 8 倍。SHL=1 是 RE 左移的控制信号。

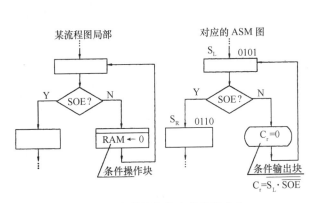

图 2-38　条件操作块和条件输出块

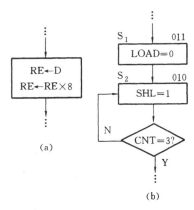

图 2-39　某算法流程图的局部和对应的 ASM 图

图 2-40(a)、(b)分别给出一个完整的算法流程图和相对应的 ASM 图。

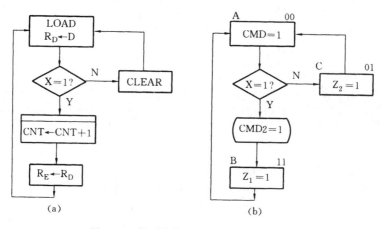

图 2-40　某系统算法流程图和 ASM 图

【例 2.15】　将图 2-41(a)所示某系统算法流程图转换为 ASM 图,图中 RE×16 用 RE 数据左移 4 次实现,并用计数器 CNT 记录移位次数。流程图对应的算法和控制信号表如表 2-4 所示。

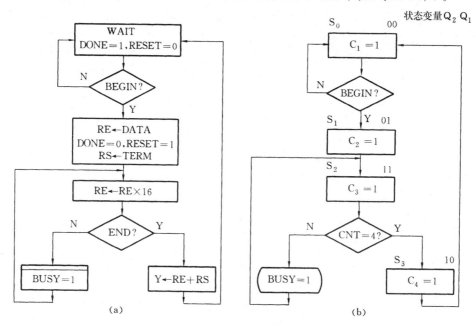

图 2-41　某系统算法流程图转换为 ASM 图

表 2-4　算法和控制信号表

序　号	算法操作	控制信号	意　义
1	DONE=1	C_1	系统对外部输出
2	RESET=0	$\overline{C_1}$	清计数器,即 CNT←0
3	RE←DATA	C_2	置数
4	RS←TERM	C_2	置数
5	RE←SHL(RE)	C_3	RE 左移一位操作,即 RE×2
6	CNT←CNT+1	C_3	计数器加 1 操作
7	Y←RE+RS	C_4	相加并寄存
8	条件操作 BUSY=1	$S_2 \cdot \overline{CNT=4}$	系统对外部输出,表示运算尚未结束

根据上述规则,图 2-41(a)所示算法流程图,转换为图 2-41(b)所示控制器的 ASM 图,且该 ASM 图中各状态已赋予二进制代码。

【例 2.16】 画出例 2.7 倒数变换器的 ASM 图。

根据图 2-13 所示算法流程图及表 2-2 所示倒数变换器控制信号时序表可以方便地画出倒数变换器的 ASM 图如图 2-42 所示。

2.4.4 控制器的硬件逻辑设计方法

从前面讨论已知,系统控制器具有与同步时序电路相似的结构,因此同步时序电路的设计方法应基本上适用于控制器的硬件设计,两者的差别表现在:

(1) 关于设计依据。同步时序电路用状态转换图(或状态转换表)设计逻辑电路。控制器的设计可以用本书介绍的各种描述工具,如算法流程图、ASM 图、硬件描述语言等。

(2) 关于状态化简。控制器设计是在反复优化算法结构、导出符合某些优化标准的描述模型后进行的,而且此时已经完成了数据处理单元的设计,一般不再进行状态化简。

(3) 关于状态分配。如果施加于控制器的输入信号均为同步输入或者同步化以后的输入,则时序电路的状态分配规则原则上也适用于控制器描述模型的状态分配。

(4) 关于硬件实现。控制器硬件设计的途径有多种:传统的方法采用以触发器(寄存器)为核心,并辅以适当组合部件来实现;现今更多地采用 PLD 来实现。本章主要介绍前者,它对后者有借鉴作用,后者将在后续章节中详述。

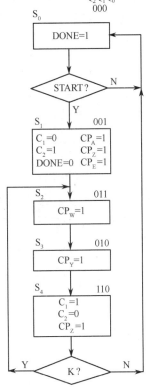

图 2-42 倒数变换器
控制器的 ASM 图

在已经确定了待设计系统算法结构及确定了数据处理单元硬件实现方案以后,控制器硬件设计步骤大致归纳如下:

(1) 把各种描述模型归一化为描述控制器工作过程的 ASM 图。明确系统的工作状态、判别分支、状态输出和条件输出。

有时,直接由算法流程图、用硬件描述语言编写代码来设计控制器也很方便,设计者可根据具体情况处理。

(2) 选择控制器硬件结构类型,包括状态寄存器的类型及次态激励电路和输出电路的类型。

(3) 状态分配。

(4) 导出激励函数和输出函数。

(5) 画出逻辑电路图。

下面举例来说明如何从已知的 ASM 图出发,导出系统控制器的逻辑电路图。

【例 2.17】 导出如图 2-26 所示倒数变换器控制器的 ASM 图和相应的逻辑电路图。

(1)导出倒数变换器控制器的 ASM 图。根据 2.3.4 节倒数变换器数据处理单元设计的详情和结果,可直接由图 2-26 数据处理单元逻辑电路图和表 2-2 所示控制信号时序表出发,画出倒数变换器控制器的 ASM 图,如图 2-42 所示。

(2)对 ASM 图进行状态分配。参照时序电路状态分配的原则,用 3 位状态变量 Q_2、Q_1、Q_0 的二进制编码赋给 ASM 图中的 S_0、S_1、S_2、S_3 和 S_4 五个状态:

S_0 —— 000 S_1 —— 001 S_2 —— 011 S_3 —— 010 S_4 —— 110

上述分配情况已在 ASM 图中标明。倒数变换器控制器状态分配图如图 2-43 所示。

（3）填写激励表。若选择 D 触发器作为控制器的状态寄存器，则由编码 ASM 图填写三只 D 触发器激励函数卡诺图是设计中的重要步骤，在此简略介绍填写的方法。

在图 2-42 给定的 ASM 图中，状态 S_0（000）有状态分支：当 START 到来时，状态 S_0 转换到状态 S_1（001），否则状态 S_0 保持。由此看出，无论 START 来到与否，Q_2 和 Q_1 总保持为 0，因此 D_2

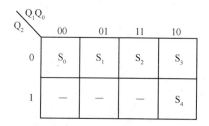

图 2-43　倒数变换器控制器状态分配图

和 D_1 激励函数卡诺图上与状态 S_0 对应的小方格中均填写 0，而 S_0 在满足 START＝1 时，D_0 由 0→ 1，否则保持 0。因此 D_0 卡诺图上状态 S_0 对应的小方格中应填写 D_0 置 1 的条件：START。显然，当 START＝0 时，由于 $D_2=D_1=D_0=0$，在下一个时钟作用下，$Q_2=Q_1=Q_0=0$，控制器保持在状态 S_0，只有当 START＝1 时，下一时钟检查到 $D_2=D_1=0$，而 $D_0=1$，则使 $Q_2Q_1Q_0=001$，控制器由状态 S_0 转换为状态 S_1。D_2、D_1、D_0 的激励函数卡诺图如图 2-44 所示。

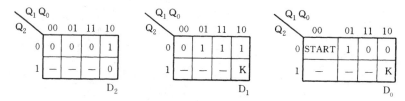

图 2-44　激励函数卡诺图

ASM 图中 $S_1 \rightarrow S_2$，$S_2 \rightarrow S_3$，$S_3 \rightarrow S_4$ 均为无判别条件的状态转换，只要时钟脉冲到来，自动按照激励信号进行变换，因此，于这些状态（S_1，S_2，S_3）相应的卡诺图小方格中，直接填入各自次态的二进制编码即可。

根据 ASM 图中状态 S_4（110）的分支情况，当满足条件 K＝1 时，转换为状态 S_2（011），即 Q_2 由 1→0，Q_1 保持为 1，Q_0 由 0→1，当满足条件 K＝0 时，转换为状态 S_0（000），亦即 Q_2 由 1→0，Q_1 由 1→ 0，Q_0 保持为 0，因此在 D_2 卡诺图上与状态 S_4 对应的小方格填写 0。因为无论 K 为什么逻辑值，次态 S_2 和 S_0 的 Q_2 均为 0，D_1 卡诺图上对应格填写 K，D_0 卡诺图上对应小方格上也填写 K。这些均已在图 2-44 中标明。

由卡诺图求得激励函数为：

$$D_2 = \overline{Q_2}Q_1\overline{Q_0}$$
$$D_1 = Q_2K + \overline{Q_2}Q_1 + Q_0$$
$$D_0 = \overline{Q_1}\overline{Q_0}START + \overline{Q_1}Q_0 + Q_2K = \overline{Q_1}START + \overline{Q_1}Q_0 + Q_2K$$

（4）输出函数方程。在 ASM 图中，每个状态块中表明了该状态的输出，条件输出由椭圆块表示。因此，从 ASM 图导出输出函数方程十分简便。这里应注意的是输出信号的极性问题、也就是输出信号是以高电平有效，还是以低电平有效。例如，进入 S_1 状态，$C_2=1$，说明 C_2 信号以高电平有效，进入 S_4 状态，$C_2=0$，表示 C_2 信号在此状态持续期间以低电平为有效等。

输出信号方程为：

$$DONE = S_0 = \overline{Q_2}\,\overline{Q_1}\,\overline{Q_0} \qquad C_1 = S_4 = Q_2Q_1\overline{Q_0} \qquad C_2 = S_1 = \overline{Q_2}\,\overline{Q_1}Q_0 \qquad CP_A = S_1 = \overline{Q_2}\,\overline{Q_0}Q_0$$

$$CP_Z = S_1 + S_4 = \overline{Q_2}\,\overline{Q_1}Q_0 + Q_2Q_1\overline{Q_0} \qquad CP_E = S_1 = \overline{Q_2}\,\overline{Q_1}Q_0 \qquad CP_W = S_2 = \overline{Q_2}Q_1Q_0 \qquad CP_Y = S_3 = \overline{Q_2}Q_1\overline{Q_0}$$

本例中，所有输出均为无条件输出，信号持续时间只与状态有关。

（5）逻辑电路图。本例控制器逻辑电路图如图 2-45(a)所示。图中 START 是系统外部的输入，已经过同步化处理，K 是数据处理单元送来的工作状况反馈信号。图中 Cr 信号为异步复位信号，开机复位，系统立即进入算法流程的初始状态。

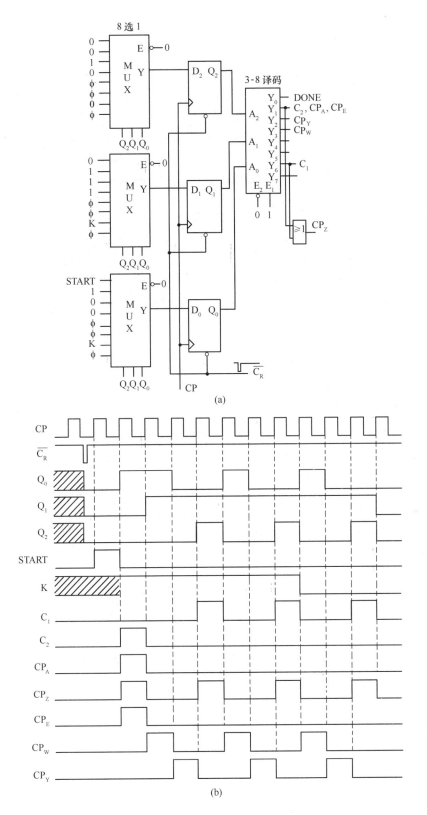

图 2-45　控制器逻辑电路图和工作波形图

为使 ASM 图的控制算法和控制器硬件结构有较明显的对应关系,采用了数据选择器(MUX)构成激励函数发生器,每个触发器配备一只适当容量的数据选择器,这种激励电路与控制算法一一对应,如果控制算法有所修改和变动,只要更改数据选择器有关通道的输入,不必更改激励电路硬件,为控制器设计提供了方便。

但是,该结构是以增加硬件成本为代价换取与算法对应这一特点的,不难设想,当控制器状态数增大时,作为次态激励电路的数据选择器的通道数就要急剧增加,有时也是难以实现的。

(6)控制器工作波形图。导出控制器逻辑电路图以后,该控制器的工作波形图如图 2-45(b)所示,其中外部输入 START 信号已经同步化处理,保证 CP 脉冲的有效作用沿能够检查到它的变化。并设定状态发生器记忆元件均响应 CP 脉冲的上升沿(状态变化发生在 CP 的哪个作用沿可由设计者自定)。

【例 2.18】 求导第 1 章图 1-35 所示的移位变换方式补码变换器控制器的 ASM 图和逻辑电路图。

(1)确定数据处理单元逻辑电路图

在已有的逻辑框图中,仅抽象地表示移位寄存器的加载和右移功能,控制信号 LOAD 和 SHR 也只是抽象的符号,因此,首先确定数据处理单元(即受控电路)中移位寄存器的具体器件及其实施加载、右移操作的具体控制信号。可供选择的方案多种多样,现选用两片 MSI 移位寄存器 74LS194 连接成如图 2-46 所示 8 位移位寄存器;用一片 74LS161 同步计数器连接成 M=9 的计数器;74LS86 异或门输出端给出 SR=1 信号,则原来的逻辑框图就具体化为如图2-46所示数据处理单元逻辑电路图。

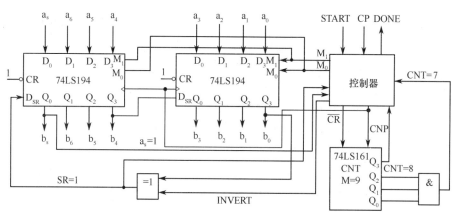

图 2-46 补码变换器数据处理单元逻辑电路图

(2)导出控制器 ASM 图

根据算法流程图到 ASM 图的转换规则,从图 1-35(a)出发,并设定等待状态为 A,移位寄存器加载状态为 B,移位寄存器循环右移一位状态为 C,而移位寄存器最右位求反并循环右移 1 位状态为 D,则导出补码变换器控制器的 ASM 图如图 2-47 所示。

图 2-47 中 M_1、M_0 是移位寄存器 74LS194 的逻辑操作功能控制端($M_1 M_0 =00$ 保持、01 右移 1 位、10 左移 1 位、11 并行置数),$\overline{C_R}$ 和 CNP 是计数器的清零信号和时钟信号,INVERT 是求反与否的控制信号,SR=1 是检验数据从右向左第一次为 1 的标志信号,CNT=8 则是计数器记满的标志信号,即表示移位寄存器已右移 8 位。

(3)控制器设计

① 对 ASM 图进行状态分配:用两位状态变量 Q_1 和 Q_0 的二进制代码赋给 A、B、C、D 4 个状态:A 为 00,B 为 01,C 为 11,D 为 10,图 2-48(a)为状态分配图(并已在图 2-47 所示 ASM 图中标注。)

② 填写激励函数卡诺图:选择双 D－FF 74LS74 作为记忆元件,则它们的激励函数卡诺图如图 2-48(b)所示。由激励函数卡诺图求得 D_1 和 D_0 的逻辑表达式为

$$D_1 = \overline{Q_1} Q_0 a_s + Q_1 \overline{Q_0} + Q_1 Q_0 \overline{CNT=8}$$

$$D_0 = \overline{Q_1}\, \overline{Q_0} \cdot START + \overline{Q_1} Q_0 a_s + Q_1 \overline{Q_0}(CNT=7) + Q_1 Q_0 \overline{CNT=8}(CNT=7+\overline{SR=1})$$

③ 求输出函数方程:由 ASM 图中规定的所有输出信号的逻辑方程为

$$DONE = \overline{Q_1}\,\overline{Q_0}$$

$$\overline{CR} = \overline{\overline{Q_1}\,\overline{Q_0}}$$

$$M_1 = \overline{Q_1} Q_0$$

$$M_0 = \overline{Q_1} Q_0 + Q_1 \overline{Q_0} + Q_1 \overline{Q_0} = Q_1 + Q_0 = \overline{\overline{Q_1}\,\overline{Q_0}}$$

$$INVERT = Q_1 \overline{Q_0}$$

$$CNP = \overline{Q_1} Q_0 \overline{CP} + Q_1 \overline{Q_0}\, \overline{CP} + Q_1 \overline{Q_0}\, \overline{CP} = \overline{Q_1 Q_0} \cdot \overline{CP}$$

④ 控制器逻辑电路图:这里提供一张参考电路图,它是采用"数据选择器＋D 触发器＋译码器"结构实现的逻辑电路图,如图 2-49 所示。

【例 2.19】 导出例 2.2 所述 5 位串行码数字锁控制器的逻辑电路图。其算法流程图如图 2-3 所示,数据处理单元详细逻辑电路图如图 2-28 所示。

(1)导出控制器 ASM 图。根据已确定的算法流程图和数据处理单元的硬件配置,控制器和受控电路之间的关联信号已经明确,控制信号的时序也已确定,为此画出该锁的 ASM 图如图 2-50 所示。其中 S_0、S_1、S_2 和 S_3 共 4 个状态分别对应算法流程图中的 WSETUP、WAIT、OPR 和RIGHT。图中还有 4 个条件输出块,块中标明了控制相应条件操作的条件输出。

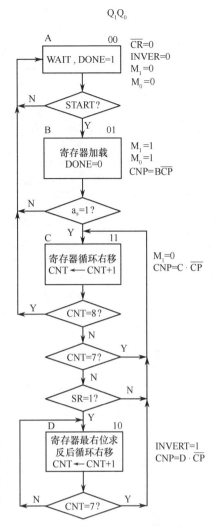

图 2-47 补码变换器控制器的 ASM 图

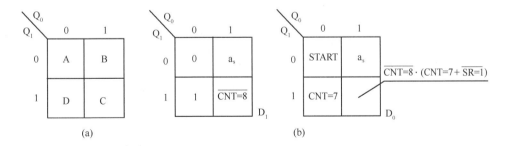

(a)   (b)

图 2-48 状态分配图和激励函数卡诺图

(2)对 ASM 图进行状态分配。四个状态仅需两位状态变量 Q_1、Q_0,将 00、01、10、11 依此分配给状态 $S_0 \sim S_3$。

(3)推导激励函数。选择双 D 触发器 74LS74,根据 ASM 图中各状态之间的转换关系,不难推出两个触发器的激励函数卡诺图,如图 2-51 所示。

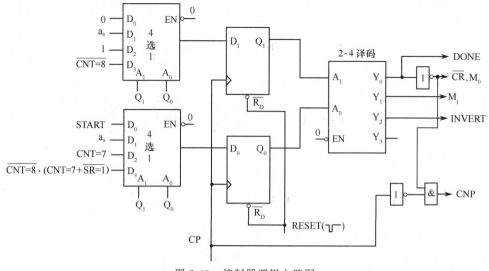

图 2-49 控制器逻辑电路图

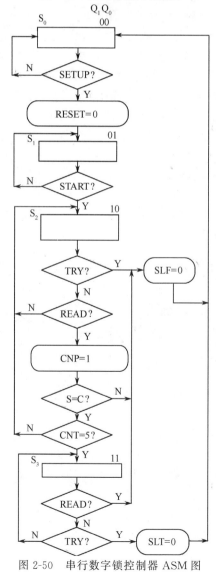

图 2-50 串行数字锁控制器 ASM 图

（4）推导输出函数。由 ASM 图可写出各输出信号的逻辑方程为

$$RESET = \overline{Q_1}\,\overline{Q_0}\,SETUP$$

$$CNP = Q_1\overline{Q_0}\,\overline{TRY}\,READ$$

$$SLT = Q_1 Q_0\,\overline{READ}\,TRY$$

$$SLF = \overline{Q_1}\,\overline{Q_0}\,(TRY + READ\,\overline{S=C}) + Q_1 Q_0\,READ$$

（5）画控制单元电路图。如图 2-52 所示，仍然采用了"数据选择器＋D 触发器＋译码器"的电路架构。

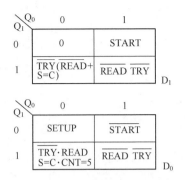

图 2-51 激励函数卡诺图

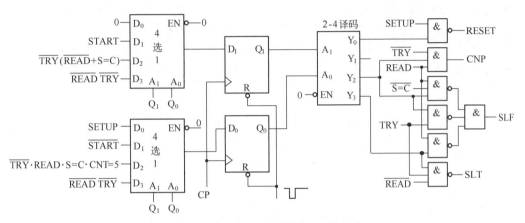

图 2-52 串行密码锁控制单元逻辑电路

习 题 2

2.1 试述系统算法设计时应考虑的主要因素。

2.2 算法推导方法有哪几种？各自有何特点？试举例说明之。

2.3 试设计例 2.2 串行码数字锁中报警喇叭的驱动电路，具体要求是：

（1）当开锁出现两次错误时，报警喇叭才执行报警功能。在用户发生偶然一次错误时，仅使报警灯 LF 点亮。

（2）驱动器应含两个功能：定时啸叫 3～5s；啸叫频率为合适的音频范围。

（3）解除报警后，能自动进入又一轮新的开锁流程。

2.4 若例 2.2 数字锁的串行代码位数改为 3、4、6、7、8…等位，则设计要做什么变化？算法流程图有何改变？

2.5 例 2.2 串行码数字锁方案有何缺点？有何改进意见？试画出改进方案的算法流程图。

2.6 若改变例 2.3 顺序排队电路中数据存放 RAM 单元的次序，即 $D_1 \sim D_n$ 的最小数放于 RAM(n)，而最大数存放于 RAM(1)，试设计系统的算法流程图。

2.7 试用解析法设计一个求解 $OUT = \sqrt[3]{x}$ 的电路，导出算法流程图。

2.8 比较例 2.5 和前述例"1.4.2 设计举例"中的补码变换器算法设计方案的优缺点，它们分别适用于何种场合？

2.9 试寻求不同于例 2.7 倒数变换器的算法流程，给出详细算法流程图。

2.10 某自动洗衣机控制器的示意图如图 E2-1 所示。

控制器的输入信号有：

START:洗衣机启动信号(洗衣者使用的控制开关)

EMPTY:洗衣缸内无水

FULL:缸内用水已达要求高度

TEM1:用肥皂水洗涤或清水洗涤时间结束(定时器1送来信号)

TEM2:脱水时间结束(定时器2送来信号)

AE:漂清洗涤次数达到要求

控制器输出信号有:

FILL:进水开始和控制(1—进水,0—不进水)

FOR:出水控制(1—出水,0—不出水)

AG:洗涤控制(1—洗涤,0—停止)(快速、中速、慢速由人工控制)

SPIN:脱水控制(1—脱水,0—停止)

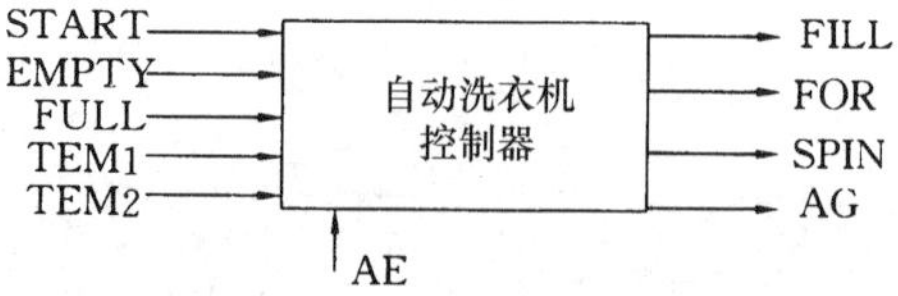

图 E2-1 洗衣机控制器示意图

洗衣机工作过程大致是:控制器收到启动信号后,进水,洗衣者放肥皂粉(亦可事先放入),进水到达要求高度即开始洗涤,定时器1时间到,放掉肥皂水。接着放进清水,漂清时间仍由定时器1控制,漂清次数 AE 由洗衣者设定。最后进入脱水甩干操作,脱水时间由定时器2管理。定时器1、2均预先设置定时时间。

试画出上述自动洗衣机控制器工作流程图。

2.11 某序列信号检测器有输入 x_1 和 x_2,输出为 z_1 和 z_2,当 x_1 连续输入 4 个 1 或 x_2 连续输入 4 个 0 时,z_1 输出为 1;当 x_2 连续输入两个 1,接着 x_1 输入位串 001 时则 z_2 输出为 1。试画出该检测器的算法流程图。

2.12 某顺序比较器,从三个连续输入的二进制矢量 A、B 和 C 中,选择一个最大的矢量作为输出,并 OUT 输出为 1 说明比较已经结束,直至新的一组数据来到。在进行比较时,OUT=0。试给出比较器的算法流程图。

2.13 常用的算法结构有哪几种?它们各自的特点是什么?

2.14 流水线算法结构适用于何种设计场合?提高运算速率的原因是什么?

2.15 试给出顺序结构算法、并行结构算法和流水线算法结构所需运算时间的一般公式。

2.16 试设计 $Z = \sqrt{AB + CD} \times (EF - G)$ 运算的流水线操作算法,其中 A、B、C、D、E、F、G 均是数据流,长度为 N,位数是 M。并计算总的运算时间。

2.17 某数字系统待处理数据流元素为 256 个,每一元素运算共计 18 段,且每段经历时间 $\Delta = 100$ns,试计算流水线操作结构所需全部时间。并与顺序算法结构所需时间相比较。

2.18 系统数据处理单元设计的前提是什么?设计任务是什么?

2.19 在数据处理单元的设计中,求出控制信号时序表的意义是什么?它对整个系统设计有何作用?

2.20 设计例 2.3 题中 n 个数排队电路的数据处理单元,画出逻辑框图和详细逻辑电路图。

2.21 设计例 2.6 题中求平方根电路的数据处理单元,给出电路图和控制信号时序表。

2.22 数据处理单元设计和控制器设计之间的关系如何?

2.23 设计例 2.8 人体电子秤控制装置数据处理单元。若给定使用器件明细表如表 E2-1 所示,则给出详细逻辑电路图和控制信号时序表。

表 E2-1 数据处理单元采用器件一览表

序号	电路名称	采用器件	数量	说明
1	身高传感器	电位器式大位移传感器	1	自制
2	体重传感器	电阻应变式荷重传感器	1	查阅传感器手册选择
3	放大器	集成运算放大器	若干	要求稳定的增益,合适的输入、输出阻抗,低零漂温漂
4	A/D	ADC0809(8bit)	1	
5	选通电路	74LS157 MUX	若干	
6	数据存储电路	74LS175 四 D 触发器	4	

序 号	电路名称	采用器件	数量	说 明
7	二进制码⇒8421 BCD码转换电路	74LS185A	3	专用的二进制转换为 8421BCD码的集成器件
8	数字显示	CL002(译码、显示二合一)	3	8段显示器
9	数据计算电路	74LS283 四位加法器	若干	
10	数据判别电路	74LS85 四位比较器	2	
11	单位 cm,kg 显示	发光二极管	2	
12	偏胖、适中、偏瘦显示	发光二极管	3	
13	时钟产生	555 时基电路(多谐振荡)	1	配以定时元件 R、C

2.24 系统控制方式有哪几种类型？各自的特点是什么？顺序算法结构的控制方式有何特性？

2.25 系统同步的含义是什么？它对控制器结构有何影响？

2.26 试将图 E2-2 所示状态转换图改画为 ASM 图。

2.27 试述系统算法流程图和控制器 ASM 图的相同和相异处,它们之间的关系如何？

2.28 根据例 2.8 题给出的电子秤算法流程图和上述习题 2.23 题数据处理单元设计的正确方案,画出该装置控制器的 ASM 图。

2.29 设计第 1 章引例两个 4 位二进制数乘法器的控制器。

2.30 某系统 ASM 图如图 E2-3 所示,试设计该图描述的控制器。

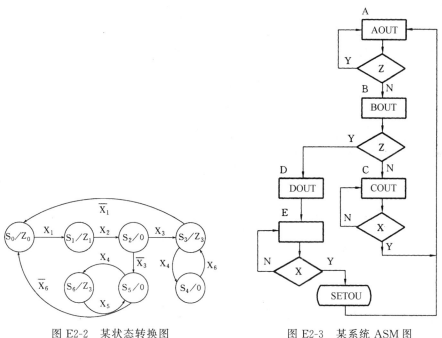

图 E2-2 某状态转换图   图 E2-3 某系统 ASM 图

2.31 试设计如图 E2-4(a)、(b)所示 ASM 图描述的控制器。

2.32 试设计如图 E2-5 所示 ASM 图描述的控制器,并画出该控制器的工作波形图。

2.33 查阅有关资料,了解 A/D 转换器 0809 的工作原理,确定正确的控制时序(提示:设计中已规定 A_1—ADC0809 地址控制,S_1—ADC0809 的 START 和 ALE 控制信号,S_2—ADC0809 的 OE 选通信号,结束信号—ADC0809 的 EOC 转换结束回答信号)。

2.34 画出电子秤控制装置的控制器逻辑电路图。

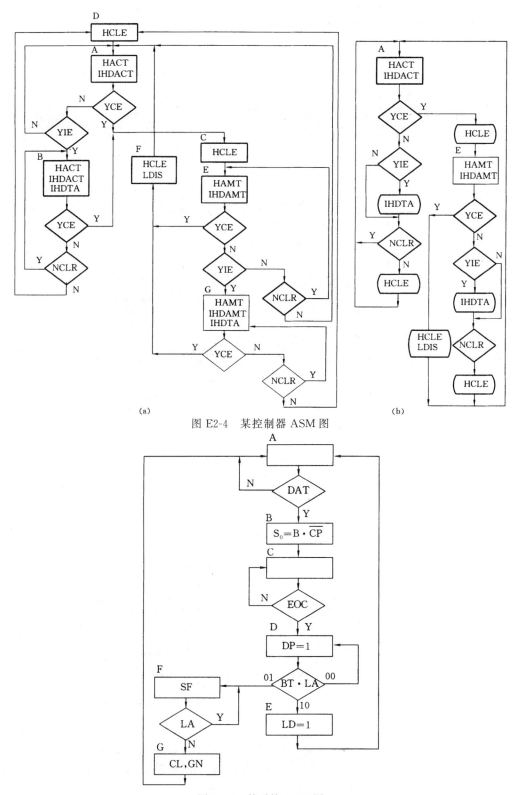

图 E2-4　某控制器 ASM 图

图 E2-5　某系统 ASM 图

　　2.35　在电子秤控制装置中,如果缺少 74LS185 码制变换器,能否用若干加法器,并辅以 SSI 门电路(或 MSI 组合器件)来实现 8 位二进制数到 3 位 BCD 码的转换?试进行具体的设计。

第 3 章　硬件描述语言 VHDL 和 Verilog HDL

3.1　概　　述

数字系统设计的过程实质上是系统高层次功能描述(又称为行为描述)向低层次结构描述的转换。就逻辑设计而言,则是由系统级行为描述出发,导出逻辑(门)级或寄存器传输级(Register Transfer Level,RTL)与门级混合的结构描述的过程。因此从系统级到门级必须有适当的描述工具(方法)对系统的行为和结构做出规范化的描述,以使设计工作能顺利进行。表 3-1 列出了各层次常用的描述方法。表中的描述方式适用于传统的手工逻辑设计。

表 3-1　数字系统的描述方式

设 计 层 次	行 为 描 述	结 构 描 述
系统级	算法流程图	CPU 或控制器、存储器等组成的逻辑框图
寄存器传输级 (RTL)	数据流图、真值表、有限状态机、状态图、状态表	寄存器、ALU、MUX 等组成的逻辑图
逻辑(门)级	布尔方程、真值表、卡诺图	逻辑门、触发器、锁存器构成的逻辑图(网表)

近年来,随着集成电路技术的不断发展和集成度的迅速提高,待设计系统的规模越来越大,传统的手工设计方法已无法适应设计复杂数字系统的要求,迫使人们转而借助计算机进行系统设计。与此同时,集成电路技术的发展也推动了计算机技术与数字技术的发展,使人们有可能开发出功能强大的电子设计自动化(EDA)软件,使计算机辅助数字系统设计成为可能,从而大大提高了设计效率。

为了把待设计系统的逻辑功能、实现该功能的算法、选用的电路结构和逻辑模块,以及系统的各种非逻辑约束输入计算机,就必须有相应的描述工具。硬件描述语言(Hardware Description Language,HDL)便应运而生了。硬件描述语言可以对数字系统建模,应支持从系统级至门级各个层次的行为描述和结构描述。

硬件描述语言与程序设计语言相似,也是一种无二义性的规范的形式语言。用它描述的设计要求和设计过程便于在客户、设计师、制造商及用户间进行交流,也便于重用已有的设计。与传统程序设计语言相比,硬件描述语言增加了并行语句及延时、功耗参数说明等语句,以便描述硬件电路的功能与结构。

EDA 工具通常允许设计师采用两类描述方式作为设计输入。一类是图形化输入方式,如逻辑图、状态图、流程图和波形图等,与手工设计时采用的描述形式相仿。另一类称为文本方式,采用易被计算机编译的硬件描述语言对设计进行描述。由于 HDL 适用于逻辑设计的各个层次,可贯穿逻辑设计的全过程,且便于对系统做高层次描述。因此,在借助 EDA 工具进行系统设计时,HDL 的文本输入方式比图形输入方式更为常用。

硬件描述语言最早出现于 20 世纪 60 年代,至今在工业生产和科学研究中得以应用的 HDL 有百余种之多,如 Texas 公司的 HIHDL、Carnegie-Mellon 大学的 ISP、Gateway Design Automation 公司的 Verilog HDL 和美国国防部提出的 VHDL 等。迄今已有三种 HDL 被 IEEE 列为标准,它们是 VHDL(IEEE 1076)、Verilog HDL(IEEE 1364)和 System Verilog(IEEE 1800)。其中,VHDL 和 Verilog HDL 被众多 EDA 工具所支持。

HDL 与 EDA 工具的出现改变了传统的设计思想和设计方法。图 3-1 为用 EDA 工具对数字系统进行逻辑设计的大致过程。不难发现,它与高级程序设计语言的编译系统颇为相似。

VHDL 语言是美国国防部在 20 世纪 80 年代初为实现其高速集成电路计划(Very High Speed Integrated Circuit,VHSIC)而提出的一种 HDL,其含义为超高速集成电路硬件描述语言(VHSIC Hardware Description Language,VHDL)。当初提出 VHDL 的目的是为了给数字电路的描述与模拟提供一个基本的标准。通过它为设计建立文档,并通过 VHDL 仿真器进行设计正确性验证。以后随着数字电路综合技术的提高,对 VHDL 综合的研究与开发逐步成熟。现今许多 EDA 工具中均包含有 VHDL 综合器。

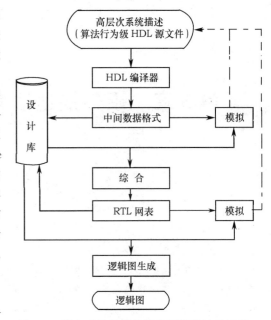

图 3-1　数字系统计算机辅助逻辑设计的过程

围绕 VHDL 先后出现了多个 IEEE 标准:

IEEE std 1076—1987　1987 年制定的第一个 VHDL 标准;

IEEE std 1076—1993　1993 年修订的 VHDL 标准;

IEEE std 1076—2002　2002 年修订的 VHDL 标准;

IEEE std 1076—2008　2008 年修订的 VHDL 最新版;

IEEE std 1076.1　VHDL 标准的模拟与混合信号扩展,简称 VHDL-AMS;

IEEE std 1076.2　标准 VHDL 数学程序包;

IEEE std 1076.3　标准 VHDL 综合用程序包;

IEEE std 1076.4　用 VHDL 描述的 ASIC 库模型标准;

IEEE std 1076.6　VHDL 寄存器传输级综合标准;

IEEE std 1029.1　波形与向量交换标准;

IEEE std 1164　VHDL 模型的多值逻辑系统标准。

Verilog HDL 语言最初是于 1983 年由 Gateway Design Automation 公司为其模拟器产品开发的硬件建模语言。那时它只是一种专用语言。由于相关模拟器产品的广泛使用,Verilog HDL 作为一种便于使用且实用的语言逐渐为众多设计者所接受。1990 年成立了促进 Verilog 发展的国际性组织(Open Verilog International,OVI)。并最终使 Verilog 语言于 1995 年成为 IEEE 标准 IEEE Std 1364—1995。Verilog HDL 从 C 编程语言中继承了多种操作符和结构,使其非常易于学习和使用。

Verilog HDL 和 VHDL 在行为级抽象建模的覆盖范围方面有所不同。一般认为 Verilog HDL 在系统级抽象方面要比 VHDL 略差一些,而在门级开关电路描述方面要强得多。

Verilog HDL 的相关标准有:

IEEE std 1364—1995　1995 年制定的第一个 Verilog HDL 标准;

IEEE std 1364—2001　2001 年修订的 Verilog HDL 标准,提高了系统级模拟的能力以及 ASIC 时序的精确度,以满足更高精度设计和亚微米设计的需要;

IEEE std 1364—2005　2005 年修订的最新的 Verilog HDL 标准,解决了原有标准中一些定义不清的问题并纠正了一些错误。

System Verilog(IEEE std 1800—2005),是针对 Verilog HDL 系统级描述偏弱的情况而提出的一种新的 HDL。它主要针对电子系统和半导体设计日益增加的复杂性,提高了硬件设计、仿真和验证的效率,尤其是对高门数、基于知识产权(IP)和总线密集的系统。它提供了更强大、集成度更高、更简练的设计与验证语言,使工程师能应对更复杂的设计配置,如较深的流水线、更强的逻辑功能和更高级别的设计抽象描述,而采用较少的寄存器传输级代码。

此外,同样于 2005 年被 IEEE 列为标准的 SystemC(IEEE std 1666—2005)也可以支持硬件系统设计。它是一种系统设计语言,本质上是一个能够描述系统和硬件的 C++ 类库。由于 C++ 同样也是一种适合软件开发的常用语言,这使得 SystemC 在软硬件协同设计方面具有其他硬件描述语言无法比拟的优势。和其他硬件描述语言(如 Verilog HDL、VHDL)一样,SystemC 支持 RTL 级建模,然而 SystemC 最擅长的却是描述比 RTL 更高层、更抽象的系统级和算法级。

本章将对 VHDL 和 Verilog HDL 两种语言的语法结构做简要介绍,并给出一些典型电路的描述,使读者对 HDL 有一个初步的了解。

3.2 VHDL 及其应用

3.2.1 VHDL 基本结构

在 VHDL 中,所有部件都用设计实体(Design Entity)来描述。实体可小至一个门,又可大致一个复杂的 CPU 芯片、一块印制电路板甚至整个系统。设计实体由两部分组成:实体说明和结构体。它们可以分开单独编译,并可分别被放入设计库中。

1. 实体说明

实体说明主要用来定义实体与外部的连接关系,以及需传给实体的参数。其一般格式为

ENTITY　实体名　IS
　　　　[GENERIC(类属表);]
　　　　[PORT(端口表);]
　　END [ENTITY][实体名];

上述[　]中的部分为可缺省内容。以下类同。

类属是 VHDL 的一个术语,用以将信息参数传递到实体。最常用的信息是器件的上升沿和下降沿这类的延时时间、负载电容和电阻、驱动能力及功耗等。其中的一些参数(如延时和负载等)可用于仿真,另一些参数(如驱动能力和功耗等)可用于综合。

端口表指明实体的输入、输出信号及其模式。

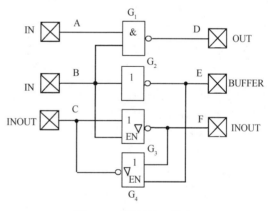

图 3-2　不同的端口模式

端口模式主要有四种。它们是 IN(输入)、OUT(输出)、INOUT(双向端口,信号既可流入,又可流出)和 BUFFER(输出端口,但同时还允许用做内部输入或反馈)。图 3-2 给出了不同端口模式的情况。图中 A、B 均为输入信号;D 为输出信号;E 既是输出信号,同时还作为三态门 G_4 的(内部)使能输入,所以其模式为 BUFFER;信号 C 和 F 在三态门 G_3 和 G_4 的控制下实现外部信号的双向流动,故为 INOUT 模式。

图 3-3(a)是半加器的示意图。a、b 为被加数与加数,s、c 分别为和数与进位。该模块的实体说明如下:

```
ENTITY half_adder IS              --实体说明
    GENERIC(tpd: Time:=2 ns);    --类属参数,表示延时时间
    PORT(a, b: IN Bit;
        s, c: OUT Bit);          --端口说明
END half_adder;
```

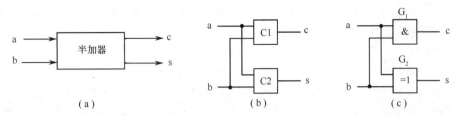

图 3-3　半加器及其逻辑电路

上述 VHDL 源程序中,为便于阅读,关键字(又称保留字)均采用大写,自定义标识符均采用小写,而以大写字母打头后跟小写字母的标识符为预定义的数据类型。VHDL 中标识符由英文字母、数字及下划线"_"组成,但必须以字母打头且不能以下划线结尾。以双连词符(——)开始直到行末的文字为注释。tpd 为表示器件平均传输延时的类属参数,其数据类型为物理类型 Time,默认值为 2ns。Bit 表示二值枚举型('0'、'1')数据类型。

2. 结构体

结构体通过若干并行语句来描述设计实体的逻辑功能(行为描述)或内部电路结构(结构描述),从而建立设计实体输出与输入之间的关系。结构体中的并行语句对应了硬件电路中的不同部件之间、不同数据流之间的并行工作特性。一个设计实体可以有多个结构体,分别代表该实体的不同实现方案。

结构体的格式为

　　　ARCHITECTURE　结构体名 OF　实体名 IS
　　　　［说明语句;］
　　　［BEGIN
　　　　　并行语句;］
　　　END［ARCHITECTURE］［结构体名］;

说明语句用以定义结构体中所用的数据对象和子程序,并对所引用的元件加以说明,但不能定义变量。

(1) 算法描述

行为描述表示输入与输出间转换的行为。一个实体的算法描述无须包含任何结构信息。对图 3-3(a)所示的半加器,其功能表(真值表)如表 3-2 所示。由此可得该半加器的算法描述。

```
ARCHITECTURE alg1_ha OF half_adder IS
BEGIN
c1：PROCESS (a,b)
    BEGIN
        IF a='1' AND b='1' THEN
            c<='1';
        ELSE
            c<= '0';
        END IF;
    END PROCESS c1;
c2：PROCESS (a,b)
    BEGIN
        IF a='0' AND b='0' THEN
            s<= '0';
```

表 3-2　半加器功能表

a	b	c	s
0	0	0	0
0	1	0	1
1	0	0	1
1	1	1	0

```
        ELSIF a='1' AND b='1' THEN
            s<='0';
        ELSE
            s<='1';
        END IF;
    END PROCESS c2;
END alg1_ha;
```

PROCESS 为进程语句,括号中的信号称为敏感信号,当任一敏感信号发生变化时进程被激活(执行)。进程常用来描述实体或其内部部分硬件的行为。该结构体将所描述的实体划分成图 3-3(b)所示的两个部件,分别用两个进程 c1 和 c2 加以描述。进程语句属并行语句,故进程 c1 和 c2 被并行执行,与部件 C1 和 C2 的并行工作特性相吻合。进程内部由顺序语句(如 IF 语句)构成,主要用来描述实体或部件的算法行为。IF 语句的格式与功能同程序设计语言中的 IF 语句相似。"=""、"AND"、"<="依次为关系运算符(相等)、逻辑运算符(与)和信号赋值符号。

因半加器功能很简单,故可不必将其划分成两个部件而作为一个整体,用一个进程语句加以描述。

```
ARCHITECTURE alg2_ha OF half_adder IS
BEGIN
    PROCESS(a,b)
    BEGIN
        IF a='0'   AND b='0' THEN
            c<= '0' ; s<= '0';
        ELSIF  a='1 ' AND b='1' THEN
            c<= '1' ; s<= '0';
        ELSE
            c<= '0' ; s<= '1';
        END IF;
    END PROCESS;
END alg2_ha;
```

（2）**数据流描述**

数据流描述表示行为,也隐含表示结构。它反映了从输入数据到输出数据之间所发生的逻辑变换。由半加器的真值表可导出输出函数

$$s = a \oplus b$$
$$c = ab$$

基于上述布尔方程的数据流描述如下:

```
ARCHITECTURE dataflow_ha OF half_adder IS
BEGIN
    s<= a XOR b AFTER tpd;
    c<= a AND b AFTER tpd;
END dataflow_ha;
```

上述结构体内的两条信号赋值语句与算法描述中进程内的信号赋值语句不同。前者为顺序语句,而后者为并行语句,每一赋值语句均相当于一个省略了"说明"的进程。上述信号赋值语句均规定了传输延时。若信号赋值时未指定延时,或指定的延时为 0,则仿真时自动给该信号规定一个最小

延时(δ延时)。

（3）结构描述

结构描述给出实体内部结构,即所包含的模块或元件及其互连关系,以及与实体外部引线的对应关系。图 3-3(a)的半加器可以用图 3-3(c)所示的逻辑电路加以实现。对该电路结构可做如下描述。

```
ARCHITECTURE struct_ha OF half_adder IS
    COMPONENT and_gate PORT (a1, a2：IN Bit;
                              a3：OUT Bit);           --元件说明
    END COMPONENT;
    COMPONENT xor_gate PORT (x1, x2：IN Bit;
                              x3：OUT Bit);
    END COMPONENT;
BEGIN
    g1：and_gate PORT MAP (a,b,c);                   --元件例化
    g2：xor_gate PORT MAP (a,b,s);
END struct_ha;
```

COMPONENT 为元件说明语句,说明元件的名称及端口特性。该结构体由两条并行的元件例化(引用)语句组成。PORT MAP 为端口映射,指明所含元件之间及元件与实体端口之间的连接关系。被例化的元件称为例元(此处为 and_gate 和 xor_gate)。and_gate 与 xor_gate 也是独立的实体,可另行描述放入设计库中。由于它们是标准的功能元件,往往已包含在 EDA 工具所带的设计库中。

（4）混合描述

在一个结构体中,行为描述与结构描述可以混合使用。即元件例化语句与其他并行语句共处于同一结构体内,这样便增加了描述的灵活性。对图 3-3(a)的半加器,用数据流描述 s、用结构描述 c 的混合描述如下:

```
ARCHITECTURE mix_ha OF half_adder IS
    COMPONENT and_gate PORT (a1, a2：IN Bit;
                              a3：OUT Bit);
    END COMPONENT;
BEGIN
    s<= a XOR b;
    g1：and_gate PORT MAP (a,b,c);
END mix_ha;
```

3.2.2　数据对象、类型及运算符

1. 对象类别与定义

VHDL 中有四类对象:SIGNAL(信号)、VARIABLE(变量)、CONSTANT(常量)和 FILE(文件)。常量可用于定义延时和功耗等参数,只能进行一次赋值。变量和信号则可以多次赋值。信号相当于元件之间的连线,因此,仿真时其赋值须经一段时间延时(最小为 δ 延时,由仿真器确定)后才能生效。而变量的赋值则是立即生效的。变量常用于高层次抽象的算法描述之中。文件类对象相当于文件指针,用于对文件的读/写操作,主要用于文档处理。

对象的说明格式为

对象类别 标识符表 ：类型标识[:= 初值];

例如:

```
SIGNAL clock：Bit；
VARIABLE i：Integer：= 13；
CONSTANT delay：Time：= 5 ns；
```

式中：= 为立即赋值符,用于给数据对象赋初值和对变量赋值。

端口说明中的对象均为信号类型,不必显式地说明,但必须指明信号的流向特性(IN、OUT、IN-OUT 及 BUFFER)。而在结构体中说明的信号则不指明其流向,由外部端口及内部元件的信号流向决定它们的流向。

若在说明信号或变量时未指定初始值,则取默认值,即该类型的最左值或最小值。如上述信号 clock 的默认初始值为'0'。

2. 数据类型

VHDL 中一个对象只能有一种类型,施加于该对象的操作必须与该类型相匹配。VHDL 的基本数据类型为标量类型,它包括整型(Integer)、实型(Real)、枚举型(如 Bit、Boolean 等)和物理型(如 Time)等预定义数据类型。在此基础上,还可以自定义复合类型(数组和记录)、子类型及枚举类型。

自定义数据类型的格式是

TYPE 标识符 IS 类型说明;

例如：

```
TYPE Bit IS （'0', '1'）;                              --预定义枚举类型
TYPE Boolean IS (False，True）;                        --预定义枚举类型
TYPE bit3 IS ('0', '1', 'Z')；                         --自定义枚举类型
TYPE Severity_ Level IS (Note，Warning，Error，Failure)； --预定义枚举类型
TYPE Natural IS Integer RANGE  0 TO Integer'High；      --预定义子类型
TYPE voltage IS RANGE 0.0 TO 5.0;                      --自定义子类型
TYPE word IS ARRAY (15 DOWNTO 0) OF Bit；              --自定义数组
TYPE matrix IS ARRAY (1 TO 8，1 TO 8) OF Real；         --自定义数组
TYPE Bit_ Vector IS ARRAY （Natural RANGE ＜ ＞) of Bit; --预定义数组
TYPE complex IS RECORD                                --自定义记录
        re：Real；
        im ：Real；
END RECORD;
```

其中, Bit、Boolean 和 Severity_ Level 为预定义枚举类型;Natural 为预定义的整数子类型, Integer'High是整数类型的一个属性,表示整数的最大值;Bit_ Vector 为预定义数组,"＜ ＞"作为数组下标的占位符,在以后用到该数组类型时再填入具体的下标范围。例如：

SIGNAL data_ bus：Bit_ Vector (7 DOWNTO 0);

物理类型的定义需规定一个取值范围、一个基本单位和若干次级单位。次级单位须是基本单位的整数倍。例如：

```
TYPE resistance IS RANGE 1 TO 1E9
UNITS
  ohm；                                               --基本单位
  Kohm=1000 ohm；                                     --次级单位
  Mohm=1000000 ohm；
END UNITS;
```

VHDL 中类型的转换必须通过类型标识符显式的进行。例如：

```
VARIABLE i：Integer；
VARIABLE r：Real；
SIGNAL s0：Bit：= '0';
SIGNAL sl：Bit：= '1';
SIGNAL s_array：Bit_Vector (0 TO 1)；
i：=Integer(r)；
r：=Real(i)；
s_array<=Bit_Vector (s0,s1)；
```

VHDL 开发工具中通常包含两个标准程序包：IEEE. Std_Logic_1164 和 STD. Standard。前者给出了 IEEE 标准1164 所规定的数据类型、运算符和函数。如基于三种逻辑状态('0'、'1'、'X')和三种驱动强度(强、弱、高阻)的一种多值逻辑类型 Std_Ulogic 的定义如下：

```
TYPE Std_ULogic IS ('U',        --未定
                    'X',        --强制未知
                    '0',        --强制 0
                    '1',        --强制 1
                    'Z',        --高阻
                    'W',        --弱未知
                    'L',        --弱 0
                    'H',        --弱 1
                    '—',        --无关
                    );
```

后者定义了常用的数据类型、子类型和函数,如 Boolean、Bit、Bit_Vector 等。

3. 常数的表示

VHDL 中的数有整数、浮点数、字符、字符串、位串及物理数六种类型。

整数与浮点数均可用十进制、十六进制、八进制和二进制表示。十六进制中会出现数符A~F。整数和浮点数均可含十进制指数,两者的区别仅在于,整数无小数点,浮点数含小数点。非十进制数的表示方法为

基数♯基于该基的整数[. 基于该基的整数]♯E 指数

其中,基数与指数必须为十进制形式的整数,"E 指数"表示 10 的幂。例如：

整数 1000 可表示为：   浮点数 312.5 可表示为：

1000	312.5
1E3	3.125E2
16♯3E8♯	16♯138.8♯
16♯1♯E3	16♯3.2♯E2
8♯1750♯	8♯470.4♯
8♯1♯E3	8♯3.1♯E2
2♯1111101000♯	2♯100111000.1♯
2♯1♯E3	2♯11.001♯E2

字符、字符串和位串均用 ASCII 字符表示。单个字符用单引号括起来,如 '0'、'1'、'Z'。字符串则用双引号括起来,如"abcd"。位串是用字符形式表示的多位数码,是用双引号括起来的一串数字序列,序列前冠以基数说明。可用二进制(B)、八进制(O)和十六进制(X)表示。例如：

```
B"101010101"
O"525"
X"155"
```

即为同一个位串的三种表示形式。二进制位串前可省略基数说明。

4. 运算符

VHDL 中预定义的运算符主要有四类，详见表 3-3。其中，除正"＋"、负"－"一元运算符外，其余均为二元运算符。

算术运算符中，MOD 和 REM 都是"取余数"运算，故运算数只能是整数。两者的区别是，REM 运算结果的符号与被除数相同；而 MOD 运算结果的符号与除数相同。无论是哪种"取余数"运算，其结果都必须满足两个条件。一是余数的绝对值小于除数的绝对值；二是总可以找到一个整数 N，使得

被除数＝除数 ＊ N＋余数

因此

$$13 \ \text{REM} \ (-4) = +1 \qquad (N=-3)$$
$$13 \ \text{MOD} \ (-4) = -3 \qquad (N=-4)$$

表 3-3　VHDL 中的预定义运算符

类别	运算符	功能	类别	运算符	功能
算术运算符	＋	加	关系运算符	＝	相等
	－	减		/＝	不等
	＊	乘		＜	小于
	/	除		＞	大于
	MOD	模运算		＜＝	小于等于
	REM	取余		＞＝	大于等于
	＊＊	乘方	逻辑运算符	AND	与
	SLL	逻辑左移		OR	或
	SRL	逻辑右移		NOT	非
	SLA	算术左移		NAND	与非
	SRA	算术右移		NOR	或非
	ROL	逻辑循环左移		XOR	异或
	ROR	逻辑循环右移		XNOR	符合
	ABS	绝对值	其他运算符	＋	正号
				－	负号
				＆	拼接

小于等于运算符与用于信号赋值的延时赋值符相同，均为"＜＝"，由其在语句中的位置区分。拼接运算符(＆)可用于将若干位信号拼接成位串，也可将多个位串或多个字符串进行拼接。

3.2.3 顺序语句

VHDL 提供了一系列的并行语句和顺序语句。有些语句既可作为并行语句，又可作为顺序语句（如信号赋值语句、断言语句和过程调用语句等），由所在的语句块决定。

顺序语句可用于进程和子程序中，为算法描述提供了方便。顺序语句块一旦被激活，则其中的所有语句将按顺序逐一地被执行。但从模拟时钟上看，所有语句又都是在该语句块被激活的那一时刻被执行的，信号的延时不会随语句的顺序而变。因为信号延时要么由表达式规定，要么取最小默认值 δ，且起始时刻均为语句块被激活的那一刻，故与语句的执行顺序无关。

VHDL 的顺序语句有赋值语句、IF 语句、CASE 语句、LOOP 语句和过程调用语句等。

1. 变量与信号赋值语句

对象通过赋值改变其保存的值。VHDL 有两种赋值符号：

:＝立即赋值符，将右边表达式的值立即赋给左边的对象；

＜＝延时赋值符，将右边表达式的值经一定时间间隔（最小为 δ）之后赋给左边的对象。

立即赋值符"：＝"用于对变量和常量赋值，以及对信号赋初值。延时赋值符"＜＝"用于在信号传播、变化过程中对信号赋值。对象只能被赋予与该对象数据类型相一致的数据。

2. IF 语句

IF 语句以一个布尔表达式作为分支条件实现两路分支判断。用 IF—ELSIF 语句则可以实现多路分支判断结构。

IF 语句的一般格式如下：

IF 布尔表达式 1 THEN
　　顺序语句 1；
［ELSIF 布尔表达式 2 THEN
　　　　顺序语句 2；]
　　　　　⋮
［ELSE
　　顺序语句 n；]
END IF；

例如：

IF mode='0' THEN
　　⋮
　d<=a OR b；
　f<=c AND d；
　　⋮
END IF；

上述两条信号赋值语句为顺序语句。当 mode='0'成立时将顺序地执行它们。

3. CASE 语句

CASE 语句适用于两路或多路分支判断结构，它以一个多值选择表达式为条件式，依条件式的不同取值实现多路分支。其一般格式为

CASE 选择表达式 IS
　　WHEN 选择值 1=>顺序语句 1；
　　［WHEN 选择值 2=>顺序语句 2；]
　　　　　　⋮
　　［WHEN OTHERS=>顺序语句 n；]
END CASE；

各选择值不能有重复。OTHERS 只能放在所有分支之后。若 CASE 语句中无 OTHERS 分支，则各选择值应涵盖选择表达式的所有可能取值。对图 1-31(a)所示流程图，可用 CASE 语句描述如下：

CASE cnt IS
　　WHEN 8=>
　　　　　cnt：=0；
　　WHEN OTHERS=>
　　　　　cnt：=cnt+1；
END CASE；

CASE 语句中的 WHEN 选择值可以是一个范围。例如：

CASE num IS
　WHEN 1 TO 6=> num：= num+1；　　　 --当 num 值为 1～6
　WHEN 7|10=>num：=0；　　　　　　　 --当 num 值为 7 或 10
　WHEN OTHERS=> num：=num+2；
END CASE；

4. LOOP 语句

LOOP 语句实现循环(重复执行)。其一般格式为

［LOOP 标号：]［重复模式] LOOP
　　　　顺序语句；
　　END LOOP ［LOOP 标号]；

重复模式有两种：WHILE 和 FOR，分别类似于程序设计语言中的 WHILE 与 FOR 循环。其重复模式分别表示成

WHILE 布尔表达式

和

FOR 循环变量 IN 范围

例如：

```
VARIABLE cnt: Integer :=1;
SIGNAL start : Bit:='0', a : Bit_ Vector (7 DOWNTO 0);
SIGNAL done : Bit;
            ⋮
loop1 : WHILE start/= '1' LOOP
        done<= '1';
END LOOP loop1;
            ⋮
loop2 : FOR cnt IN 1 TO 3 LOOP
        a<=a XOR cnt;
END LOOP loop2;
```

loop1 的循环条件为 start 信号不为'1'。loop2 的循环条件为 cnt 为 1~3,每循环一次 cnt 自动加 1。

若 LOOP 语句中无重复模式,则为无条件循环(无限循环)。但可以在循环中安排一个 EXIT 语句,退出循环。EXIT 语句的形式为

EXIT [循环标号] [WHEN 条件];

可实现有条件"跳出"和无条件"跳出"。若循环标号缺省,则指当前最内层循环。

上述 loop2 可改写成

```
cnt:=1;
loop2 : LOOP
    a<=a XOR cnt;
    cnt:=cnt+1;
    EXIT loop2 WHEN cnt=4;
END LOOP loop2;
```

在循环中还可以用 NEXT 语句中止一次循环的执行,重新开始下一次循环。其形式为

NEXT [循环标号] [WHEN 条件];

可实现有条件"中止"和无条件"中止"。若循环标号缺省,则指当前最内层循环。例如:

```
loop3 : FOR cnt IN 1 TO 3 LOOP
        NEXT WHEN cnt=2;
        var:=var +cnt;
END LOOP loop3;
```

上述循环中,当 cnt 为 2 时,不执行 var:=var +cnt 的运算。

3.2.4 并行语句

VHDL 的结构体由若干并行语句构成。并行语句的书写次序并不代表其执行的顺序。某一时刻只有被激活的语句才会被执行。以图 3-4(a)的基本 RS 触发器为例,其 VHDL 描述如下:

ENTITY rs_ ff IS

PORT（r，s：IN Bit；q，nq：BUFFER Bit）；
END rs_ff；
ARCHITECTURE funct_rsff OF rs_ff IS
BEGIN
    q<= s NAND nq；
    nq<= r NAND q；
END funct_rsff；

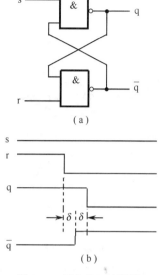

图 3-4　基本 RS 触发器

该结构体中的两条赋值语句是并行语句。设仿真时 r,s 起始值均为 1,q 的初始状态为 1(nq 为 0)。若某时刻 r 由 1 变为 0,则 nq 赋值语句被激活(执行),经过 δ 时间后 nq 由 0 变为 1。此时因 nq 变化才使 q 赋值语句被激活(执行),再经 δ 延时后 q 由 1 变为 0。其波形如图 3-4(b)所示。

若通过元件例化语句对图 3-4(a)所示电路进行结构描述,则执行过程与此类似。

VHDL 中的并行语句有信号赋值语句、进程语句、元件例化语句、生成语句和块语句等。

1. 并行信号赋值语句

并行信号赋值语句代表着对该信号赋值的等价的进程语句。其基本形式与顺序信号赋值语句相同。但是执行方式却有所不同。对于顺序信号赋值语句,只要所在语句块被激活,便会被执行。而对并行信号赋值语句,仅当表达式中所含的信号发生变化时,才会被执行。

并行信号赋值语句有两种扩展形式:条件型和选择型。

（1）条件信号赋值语句

条件信号赋值语句的格式为

    信号名<=表达式 1 WHEN(条件 1)　ELSE
           ⋮
        表达式 N−1 WHEN(条件 N−1)　ELSE
        表达式 N；

根据条件(布尔表达式)满足与否决定将哪个表达式的值赋给待赋值的信号。例如,对一个 4 选 1 数据选择器可做如下描述(设地址端为 A1、A0,数据输入端为 D0、D1、D2、D3,输出端为 F)。

    ENTITY mux41 IS
    PORT（a1，a0，d0，d1，d2，d3：IN Bit；
        f：OUT Bit）；
    END mux41；
    ARCHITECTURE condition_assign OF mux41 IS
    BEGIN
      f<=d0 WHEN a1='0' AND a0='0' ELSE
          d1 WHEN a1='0' AND a0='1' ELSE
          d2 WHEN a1='1' AND a0='0' ELSE
          d3；
    END condition_assign；

（2）选择信号赋值语句

选择信号赋值语句的格式为

WITH 选择表达式 SELECT

　　信号名<= 表达式 1 WHEN 选择值 1,

$$\vdots$$

　　　　　　表达式 N WHEN　选择值 N;

根据多值选择表达式的值进行相应的赋值,其功能与 CASE 语句相仿。其中的某个选择值既可以是单个值,也可以是多个值,最后一个选择值还可以是 OTHERS。

　　这种语句用来表示真值表式译码电路较为方便。以下是对 3-8 译码器的描述(设使能信号 EN 和输出信号均低电平有效)。

```
ENTITY decoder38 IS
    PORT (en : IN Bit;
          input : IN Bit_Vector (2 DOWNTO 0);
          output : OUT Bit_Vector (7 DOWNTO 0));
END decoder38;
ARCHITECTURE selected_assign OF decoder38 IS
BEGIN
    WITH (en & input) SELECT
        output <="11111110"    WHEN "0000",
                 "11111101"    WHEN "0001",
                 "11111011"    WHEN "0010",
                 "11110111"    WHEN "0011",
                 "11101111"    WHEN "0100",
                 "11011111"    WHEN "0101",
                 "10111111"    WHEN "0110",
                 "01111111"    WHEN "0111",
                 "11111111"    WHEN OTHERS;
END selected_assign;
```

2. 进程语句

　　进程语句是一个并行语句,即进程语句之间是并行执行的,但进程内部却是顺序执行的(由顺序语句组成)。进程语句用于描述一个操作过程。其语句格式如下:

　　［进程标号:］PROCESS［(敏感信号表)］［IS］

　　　　［说明语句;］

　　BEGIN

　　　　顺序语句;

　　END PROCESS［进程标号］;

说明语句用于说明数据类型、变量和子程序。敏感信号的作用是,对相互间独立执行的进程语句进行协调,传递消息,实现同步和异步操作。仅当敏感信号表中的信号发生变化时,进程才会被激活,其内部的顺序语句才会被执行;否则,进程处于挂起状态。也可用 WAIT 语句指定敏感信号。其格式为

　　WAIT［ON 敏感信号表］［UNTIL 条件］［FOR 时间表达式］;

　　WAIT ON　使进程暂停,直到某个敏感信号的值发生变化。WAIT UNTIL 使进程暂停,直到条件为真。WAIT FOR 使进程暂停一段由时间表达式指定的时间。

　　若进程带有敏感信号表,则其内部不能有 WAIT 语句。一个进程若没有敏感信号表,则其内部必须至少包含一条 WAIT 语句。否则仿真时该进程将陷入无限循环。仿真时钟不会前进。

进程内的变量在进程被挂起和重新被激活时,将保持原值。即进程内的变量仅在进程第一次被激活时才初始化。

下面是利用进程对边沿型 D 触发器的两种描述。第一种采用了敏感信号表,第二种则是用 WAIT 语句指定了敏感信号。

描述一:

```
ENTITY d_ff IS
    PORT (d, clk: IN Bit;
             q, nq: OUT Bit);
END d_ff;
ARCHITECTURE describ1_dff OF d_ff IS
BEGIN
    PROCESS(clk)
    BEGIN
       IF clk='1'   THEN
          q<=d;
          nq<=NOT d;
       END IF;
     END PROCESS;
END describ1_dff;
```

描述二(实体说明略):

```
ARCHITECTURE describ2_dff OF d_ff IS
BEGIN
   PROCESS
   BEGIN
      WAIT ON clk;
      IF clk='1'   THEN
         q<=d;
         nq<=NOT d;
      END IF;
   END PROCESS;
END describ2_dff;
```

上述 D 触发器仅当时钟 clk 变化且变化后的值为'1'时才被触发。显然,这是一个响应时钟上升沿的触发器。

3. 断言语句

断言(ASSERT)语句既可作为顺序语句,又可作为并行语句。前者位于进程或过程之内,而后者则位于进程和过程之外。

断言语句的格式为

    ASSERT 条件[REPORT 报告信息][SEVERITY 出错级别];

并行断言语句等价于一个进程语句,它不做任何操作,仅用于判断某一条件是否成立,若不成立则报告一串信息。显然,它是一个面向仿真的语句,无法用于综合。

若前述 D 触发器增加异步复位端 CLEAR 和置位端 PRESET(均为低电平有效),则相应的 VHDL 描述如下:

```
ENTITY d_ff IS
    PORT (preset, clear, d, clk : IN Bit;
             q, nq: OUT Bit);
END d_ff;
ARCHITECTURE describ3_dff OF d_ff IS
BEGIN
   ASSERT NOT ((preset='0') AND (clear='0'))
     REPORT "Control error "   SEVERITY Error;
   PROCESS(preset, clear, clk)
   BEGIN
       IF (preset='0' ) AND (clear='1') THEN
           q<='1';   nq<='0';
```

```
        ELSIF (preset='1') AND (clear='0') THEN
            q<='0';   nq<='1';
        ELSIF (clk 'Event AND clk='1') THEN
            q<=d；  nq<=NOT d;
        END IF；
      END PROCESS；
  END describ3_dff；
```

上述 ASSERT 语句用来判断是否会出现复位、置位信号同时有效的错误情况。clk'Event表示信号 clk 的事件属性,相当于执行函数 Event(clk),以检查 clk 信号是否发生了某个事件(值发生变化)。若发生了事件则函数返回 True;否则,返回 False。信号具有多种属性,事件属性(Event)是其中之一,可用于检测进程是否被某个敏感信号所激活。在具有多敏感信号的进程中,只有 clk'Event 与 clk='1'同时为 True 才说明出现了 clk 信号的上升沿。断言语句是不能综合的。下面给出一个可综合的带异步复位端和置位端的 D 触发器的功能描述(仅给出结构体)。

```
      ARCHITECTURE describ4_dff OF d_ff IS
      BEGIN
        PROCESS(preset，clear，clk)
        BEGIN
          IF (clear='0') THEN
            q<='0'；  nq<='1'；
          ELSIF (preset='0') THEN
            q<='1'；  nq<='0'；
          ELSIF (clk'Event AND clk='1') THEN
            q<=d；   nq<=NOT d；
          END IF；
        END PROCESS；
      END describ4_dff；
```

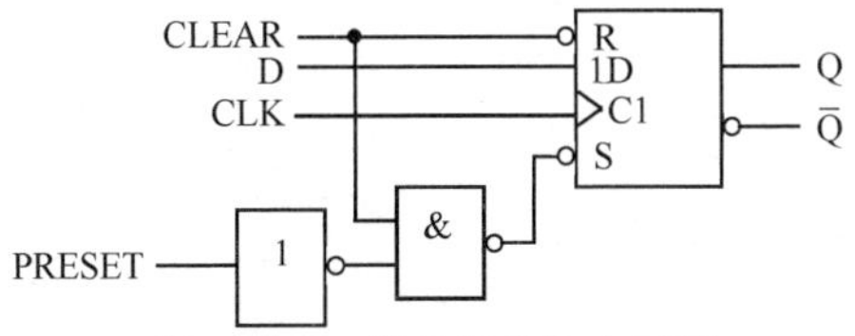

图 3-5 D 触发器的综合结果

由该描述可综合出图 3-5 所示的结果,在 D 触发器之外加了两个门。其效果是,CLEAR 信号比 PRESET 信号优先。目前还很难用 IF 语句写出使 PRESET 和 CLEAR 具有相同优先级的 VHDL 描述。

4. 元件例化语句

在描述一个实体的内部组成时,需要描述它所包含的下层元件及其连接关系。这时需要使用元件例化语句。元件例化提供了对系统进行结构描述和层次化设计的方法,并提供了重复利用设计库中已有设计的机制。

元件例化语句的一般格式如下:

〔元件标号:〕元件名〔GENERIC MAP(类属映射表)〕PORT MAP(信号映射表);

在结构体中对下层元件例化前,需要在结构体的说明部分通过 COMPONENT 语句对被引用的元件的类属参数和端口信号加以说明。前文 3.2.1 节中对半加器进行结构描述时,已应用过 COMPONENT 语句和元件例化语句,此处不再赘述。

5. 生成语句

当实体内部存在规则、重复的结构时,可用生成语句进行描述。生成语句为描述设计中的循环部分和条件部分提供了便利。生成语句的格式如下：

[生成标号：]生成方案 GENERATE

　　并行语句；

END GENERATE [生成标号]；

生成方案有两种：FOR 和 IF。FOR 方案用于描述重复模式；IF 方案用于描述条件模式。生成语句可以嵌套，且可结合类属参数描述可变的、参数化实体。现以图 3-6 所示级联型 n 位加法器（默认 $n=8$）为例说明这一点。

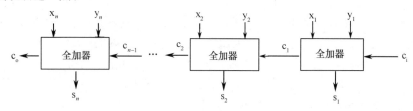

图 3-6　级联型 n 位加法器

```
ENTITY addern IS
    GENERIC(n: Integer:=8);                         - -由类属参数指定加法器位数
    PORT(x, y : IN Bit_ Vector(n DOWNTO 1);
            ci：IN Bit；
            s：OUT Bit_ Vector(n DOWNTO 1)；
            co：OUT Bit)；
END addern；
ARCHITECTURE struct_ addern OF addern IS
    COMPONENT full_ adder PORT(x, y, cin：IN Bit；sum, cout：OUT Bit)；
    END COMPONENT；
    SIGNAL c：Bit_ Vector(n-1 DOWNTO 1)；           - -内部信号定义
BEGIN
    gen：FOR i IN 1 To n GENERATE                    - -FOR 生成语句,n 次例化全加器
     lsb_ bit：IF i=1 GENERATE                       - -最低位 IF 生成语句
         lsb_ cell：full_ adder PORT MAP(x(i)，y(i)，ci, s(i),c(i))；
     END GENERATE lsb_ bit；
     mid_ bits：IF i>1 AND i<n GENERATE              - -中间位元件例化
         mid_ cells：full_ adder PORT MAP(x(i)，y(i)，c(i-1),s(i)，c(i))；
     END GENERATE mid_ bits；
     msb_ bit：IF i=n GENERATE                       - -最高位元件例化
         msb_ cell：full_ adder PORT MAP(x(i)，y(i)，c(i-1)，s(i)，co)；
     END GENERATE msb_ bit；
    END GENERATE gen；
END struct_ addern；
```

6. 块语句

块语句（BLOCK）把若干条并行语句包装在一起，表示一个子模块。结构体本身就等价于一个 BLOCK（功能块）。可以将一个较为复杂的结构体划分成几个块，分别进行描述，而且块中还可以嵌套更小的块。因此，BLOCK 语句提供了在一个实体（结构体）中进行层次化设计的方法。

块语句的格式为

块标号：BLOCK [(保护表达式)] [IS]

　　　　[类属说明与映射；]

　　　　[端口说明与映射；]

　　　　[说明语句；]

BEGIN

　　　　并行语句；

END BLOCK [块标号]；

例如，可以将图 3-3(b)半加器的结构体改写成

```
ARCHITECTURE describ_ha OF half_adder IS
BEGIN
    half_blk：BLOCK
        PORT(x, y ：IN Bit;
            z, f ：OUT Bit);            --定义块的局部端口
        PORT MAP (a, b, s, c);         --说明块端口与外部信号的连接关系
    BEGIN
        z<= x XOR y;
        f<= x AND y;
    END BLOCK half_blk;
END describ_ha;
```

通过 BLOCK 将两条并行语句封装成一个模块。

　　BLOCK 语句中保护表达式是布尔表达式，其作用是使块内的激励信号起作用或不起作用。若 BLOCK 语句带有保护表达式，则在其内部就会隐含定义一个名为 GUARD 的布尔类型的信号，其值为保护表达式的值。例如，利用 BLOCK 语句中的保护表达可以重新描述 D 触发器的功能。

```
ENTITY d_ff IS
    PORT (d, clk：IN Bit;
            q, nq：OUT Bit);
END d_ff;
ARCHITECTURE describ5_dff OF d_ff IS
BEGIN
    blk：BLOCK(clk'Event AND clk='1')
    BEGIN
        q<= GUARDED d;
        nq<= GUARDED NOT d;
    END BLOCK blk;
END describ5_dff;
```

　　在 BLOCK 语句中，有两条被保护的信号赋值语句，通过关键词 GUARDED 来识别。当 GUARD 为 True 时，信号赋值语句中的激励信号 d 起作用(相当于触发器被触发)，决定 q 和 nq 的值；当 GUARD 为 False 时，信号赋值语句中的激励信号 d 不起作用，q 和 nq 的值保持不变(触发器未被触发)。

3.2.5　子程序

　　子程序由一组顺序语句组成，便于在程序中重复引用。它常用于计算值或描述算法。子程序不是一个独立的编译单元，只能置于实体(被该实体专用)或程序包(可被多个实体公用)中。VHDL 中

子程序分过程与函数两类。

1. 函数定义与引用

函数的作用是求值,它有若干参数输入,但只有一个返回值作为输出。定义一个函数的一般格式为

```
FUNCTION  函数名(参数表)  RETURN  数据类型 IS
    [说明语句;]
BEGIN
    顺序语句;
END [FUNCTION][函数名];
```

参数表中需说明参数名、参数类别(信号或常量)及其数据类型。RETURN 之后的数据类型表示函数返回值的类型,也称为函数的类型。顺序语句为函数体,定义函数的功能。说明语句用以说明函数体内引用的对象和过程。

现定义一个函数 max,从两个整数中求取最大值。

```
FUNCTION max(a, b: Integer ) RETURN Integer IS
BEGIN
    IF a<b THEN
        RETURN b;
    ELSE
        RETURN a;
    END IF;
END max;
```

函数通常在一个顺序语句的表达式中被引用。如对 D 触发器功能的下列描述

```
ARCHITECTURE describ6_dff OF d_ff IS
    FUNCTION rising_edge(SIGNAL s: Bit) RETURN Boolean IS        --函数定义
    BEGIN
        RETURN(s'Event AND s='1');
    END rising_edge;
BEGIN
    PROCESS
    BEGIN
        WAIT ON clk UNTIL rising_edge(clk);
        q<= d;
        nq<= NOT d;
    END PROCESS;
END describ6_dff;
```

该结构体首先在说明部分定义了一个用以检测信号上升沿的 Boolean 型函数 rising_edge()。当信号上升沿出现时,该函数返回值为 True;否则,返回值为 False。然后在进程内的 WAIT 语句中通过条件表达式调用了该函数。

2. 过程定义与引用

过程通过参数进行内外信息的传递。参数需说明类别(信号、变量或常量)、类型及传递方向(IN、OUT 或 INOUT,默认方向为 IN)。过程定义的一般格式为

```
PROCEDURE  过程名(参数表) IS
    [说明语句；]
BEGIN
    顺序语句；
END [PROCEDURE] [过程名]；
```

过程的引用只需直接写过程名及相应的参数(实参)。

触发器的正常工作需要时钟与激励信号之间满足一定的时序条件,这称为触发器的脉冲工作特性。D 触发器的脉冲工作特性如图 3-7 所示。图中 t_{setup} 是 D 信号提前于 CLK 信号有效的建立时间。

下面是对 D 触发器功能的又一种描述,该描述包含了对建立时间的检测(通过过程实现)。

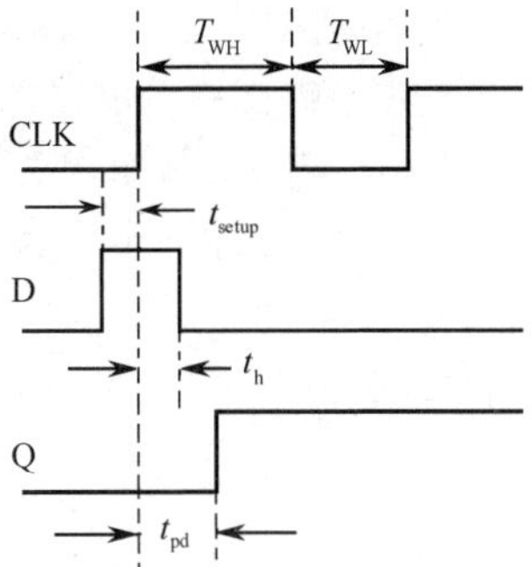

```
ARCHITECTURE describ7_dff OF d_ff IS
    PROCEDURE setup_check(SIGNAL cp, data：Bit；
                                    --过程定义
                    CONSTANT min_setup：Time；
                    VARIABLE result：OUT Boolean) IS
        VARIABLE t1：Time：=0 ns；
    BEGIN
        LOOP
            WAIT ON data, cp；
            IF data 'Event THEN
                t1：=NOW；
            END IF；
            IF cp 'Event AND cp='1' THEN
                IF (NOW=0 ns) OR (NOW-t1)>=min_setup THEN
                    result ：= True；
                ELSE
                    result ：= False；
                END IF；
                EXIT；
            END IF；
        END LOOP；
    END setup_check；
BEGIN
    PROCESS
        CONSTANT m_s1：Time：=1 ns；
        VARIABLE s_check ：Boolean；
    BEGIN
        setup_check(clk, d, m_s1, s_check)；
        ASSERT s_check REPORT "Min-setup-time violation" SEVERITY Error；
        IF (clk'Event AND clk='1')  THEN
            q<=d；nq<=NOT d；
        END IF；
    END PROCESS；
END describ7_dff；
```

图 3-7   D 触发器的脉冲工作特性

该结构体首先在说明部分定义了一个过程 setup_check(),然后在进程中调用了该过程。过程

setup_check()中的 NOW 为全局型变量,保存当前的时间。为调用该过程,在进程的说明部分还定义了常量 m_s1 和变量 s_check。过程定义时所带的参量称为形参,而过程调用时所带的参量则称为实参。从信息传递的方向看,该过程的前三个参数为 IN(采用了默认方式),第四个参数方向为 OUT,将处理结果传回调用该过程的进程。

子程序形参与实参的关联通常采用位置关联的形式。如上述的过程调用。此外还可以采用名字关联方式,由"形参名=>实参名"决定关联关系。此时参数的排列顺序可以任意。如上述进程中的过程调用可写为

    setup_check (data=>d, cp=>clk, result=>s_check, min_setup=>m_s1);

函数与过程的区别除有无返回值外,还有其他一些不同之处,如表 3-4 所示。

子程序中的变量在子程序退出执行后不能保持其值。当子系统下次被调用时,其中的变量将被再次初始化。这一点与进程中的变量不同。

表 3-4   函数与过程的区别

	函　数	过　　　程
形参允许的传递方式	IN	IN,OUT,INOUT
形参允许的对象类	常量,信号	常量,信号,变量
形参使用的默认对象类	常量	常量(对 IN 方式) 变量(对 OUT 和 INOUT 方式)
等待语句,顺序信号赋值	不允许	允许

3. 子程序重载

子程序的重载指两个或多个子程序使用相同的名字。当多个子程序重名时,下列因素将决定某次调用使用的是哪一个子程序。

- 子程序调用中出现的参数数目;
- 调用中出现的参数类型;
- 调用中参数采用名字关联方式时形参的名字;
- 子程序为函数时返回值的类型。

上文定义的 max()函数只能用于求两个整数的最大值。若欲求两个浮点数的最大值,可定义一个重载函数

```
FUNCTION max(a, b: Real) RETURN Real IS
BEGIN
    IF a<b THEN
        RETURN b;
    ELSE
        RETURN a;
    END IF;
END max;
```

VHDL 中,逻辑运算符、关系运算符和算术运算符等都是函数,且可重载。运算符的重载与重载函数遵循同样的规则。同运算符对应的函数名为

    "运算符符号"

如定义一种三态类型 bit3

    TYPE bit3 IS ('0', '1', 'Z');

并要给出这种类型对象的"与"运算规则,则可以不改变"与"运算符(AND),而通过重载(定义该运算符的重载函数)加以实现。

```
FUNCTION "AND" (a, b: bit3) RETURN bit3   IS
BEGIN
```

```
        IF a='1' AND b='1' THEN RETURN '1';           --运算数全为'1',结果为'1'
        ELSIF a='0' OR b='0' THEN RETURN '0';          --运算数有'0',结果为'0'
        ELSE RETURN 'Z';                               --其他情况,结果为'Z'
        END IF;
    END "AND";
```

3.2.6　程序包与设计库

1. 程序包

在实体说明和结构体内定义的数据类型、常量及子程序对其他设计实体是不可见的。为使它们对其他设计实体可见,VHDL 提供了程序包机制。用程序包可定义一些公用的子程序、常量及自定义数据类型等。各种 VHDL 编译系统往往都含有多个标准程序包,如 Std_Logic_1164 和 Standard 程序包。用户也可自编程序包。

程序包由两个独立的编译单位——说明单元和包体单元构成,其一般格式为

```
PACKAGE 程序包名 IS
  <说明单元>
END [程序包名];
PACKAGE BODY  程序包名 IS
  <包体单元>
END [程序包名];
```

前述的"三态"数据类型及其"与"运算规则可以通过程序包加以定义,以便被多个设计实体所共用。

```
PACKAGE three_state_logic IS
    TYPE bit3 IS ('0', '1', 'Z');
    FUNCTION "and"(a, b: bit3) RETURN bit3;
END three_state_logic;
PACKAGE BODY three_state_logic IS
    FUNCTION "and" (a, b: bit3) RETURN bit3 IS
    BEGIN
        IF a='1' AND b='1' THEN RETURN '1';
        ELSIF a='0' OR b='0' THEN RETURN '0';
        ELSE   RETURN 'Z';
        END IF;
    END "and";
END three_state_logic;
```

说明单元与包体单元可分开独立编译。在说明单元中,除定义数据类型和常量外,还需对包体单元中的子程序做出说明。因为只有说明单元中说明的标识符在程序包外才是可见的。仅在包体单元中说明的标识符在程序包外是不可见的。子程序体不能放在说明单元中,只能放在包体单元中。若程序包中不包含子程序,则包体单元可以缺省。

在其他设计单元中访问某个程序包时,只需加上 USE 语句,即

　　　　USE 库名．程序包名．项目名;

若项目名为 ALL,则表示可访问该程序包中的所有项目。

2. 设计库

库对应于一个或一组磁盘文件,用于保存 VHDL 的设计单元(实体说明、结构体、配置说明、程序包说明和程序包体)。这些设计单元可用做其他 VHDL 描述的资源。用户编写的设计单元既可以访问多个设计库,又可以加入到设计库中,被其他单元所访问。为访问某个设计库,可采用下述语句:

> LIBRARY 库名表;

其中,库名表为一系列由逗号分割的库名。

VHDL 有 Std 和 Work 两个预定义库。Std 库中含有两个程序包:标准包(Standard)和文本包(Textio)。Work 库接受用户自编的设计单元。这两个库对所有设计单元均隐含定义,即无须使用下述 LIBRARY 语句即可访问。

> LIBRARY Std,Work;

而且 Std 库中的程序包已用 USE 语句隐含说明,可直接引用。

除上述两个库之外的其他库均称为资源库。各种 VHDL 开发工具往往配有各自的资源库。用户也可以建立自己的资源库。例如,为每个设计项目建立一个单独的设计库。在众多资源库中,应用最广的为 IEEE 库。目前该库中包含 IEEE 标准程序包 Std_Logic_1164、Numeric_Bit 和 Numeric_Std 等。如欲访问 IEEE 库中的所有程序包,可用下述语句说明:

> LIBRARY IEEE;
> USE IEEE.ALL;

如仅想访问 IEEE 库中的 Std_Logic_1164 程序包,则可做如下说明:

> LIBRARY IEEE;
> USE IEEE.Std_Logic_1164.ALL;

3.2.7 元件配置

在 3.2.1 节中曾提及,一个实体可以有多个结构体。那么,当对某实体进行仿真或综合时,需将该实体与它的一个结构体连接起来;当某实体被其他实体引用时,需指定所生成的例元与该实体的哪个结构体相对应。这些工作将由元件配置来完成。

配置语句既可以放在引用被配置实体的上层实体内(称为体内配置),又可独立于实体说明与结构体,成为一个单独的编译单位。

配置语句的格式为

> FOR 元件标号:元件名
>   USE ENTITY 库名.实体名[(结构体名)];

其中,"元件标号"是在元件例化语句中用以标识例元的标志。可以用 OTHERS 和 ALL 来指定部分和全部例元。此语句表示:该标号的例元所引用的元件对应于某指定库中的某指定实体和某个特定的结构体。若不指定结构体名,则默认为最新编译的结构体。若该实体和结构体位于当前源文件中或默认设计库内,则库名省略。

元件配置的方法有体内配置(又称配置指定)、体外配置(又称配置说明)和默认配置三种。

若被引用的例元未做任何显示的配置,则默认此例元对应于与其同名的实体和该实体最后定义(或最新编译)的结构体。3.2.1 节中半加器结构描述所引用的例元 and_gate 和 xor_gate 即采用了默认配置。

下面将通过一个简单的例子来说明体内配置与体外配置的方法。

1. 体内配置指定

所谓体内配置是指在结构体内部对所引用的例元用配置语句进行配置。图 3-8(a)所示的全加器中，x、y、cin 依次表示被加数、加数和进位输入；sum 和 cout 分别表示和数与进位输出。图 3-8(b)为实现全加器的一种方案。其中的半加器已在 3.2.1 节中以多种方式做了描述。若在全加器描述时以数据流方式引用半加器 u1，以结构方式引用半加器 u2，则需对它们做相应的配置。

```
       ENTITY  full_adder IS
          PORT (x, y, cin: IN Bit;
                 sum, cout: OUT Bit);
       END full_adder;
       ARCHITECTURE describl_fa OF full_adder IS
          COMPONENT half_adder GENERIC (tpd: Time:＝2 ns);
                                PORT(a, b: IN Bit;
                                     s, c: OUT Bit);
          END COMPONENT;
          COMPONENT or_gate PORT(o1, o2: IN Bit;
                                o3: OUT Bit);
          END COMPONENT;
          SIGNAL c1, s1, c2: Bit;
          FOR u1: half_adder
             USE ENTITY half_adder (dataflow_ha);          --对 u1 配置
          FOR u2: half_adder
             USE ENTITY half_adder (struct_ha);            --对 u2 配置
       BEGIN
          u1: half_adder GENERIC MAP (4 ns)
                 PORT MAP (x, y, s1, c1);
          u2: half_adder GENERIC MAP (4 ns)
                 PORT MAP (s1, cin, sum, c2);
          u3: or_gate PORT MAP (c1, c2, cout);
       END describl_fa;
```

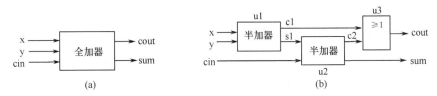

图 3-8　全加器及其电路

上述全加器结构描述中，对两个例元 u1 和 u2 采用了体内配置，对 u3 采用了默认配置。GENERIC MAP 为类属映射，指明半加器的传输延时为 4ns。若无类属映射，则元件的类属取默认值。

2. 体外配置说明

体外配置说明的格式为

```
CONFIGURATION  配置名 OF  实体名 IS
   FOR  结构体名
      [配置语句;]
```

```
              END FOR;
        END  配置名;
```
由于体外配置语句是一个独立的编译单位,故需给它指定一个单位名——配置名。实体名和结构体名为需对例元做配置的实体及相应的结构体。

现将上述全加器中的例元配置改为体外配置说明,全加器的结构体变为

```
        ARCHITECTURE describ2_fa OF full_adder IS
            COMPONENT half_adder  GENERIC (tpd: Time:=2 ns);
                                     PORT(a, b: IN Bit;
                                        s, c: OUT Bit);
            END COMPONENT;
            COMPONENT or_gate PORT(o1, o2: IN Bit;
                                        o3: OUT Bit);
            END COMPONENT;
            SIGNAL c1, s1, c2: Bit;
        BEGIN
            u1: half_adder GENERIC MAP (4 ns)
                    PORT MAP (x, y, s1, c1);
            u2: half_adder GENERIC MAP (4 ns)
                    PORT MAP (sl, cin, sum, c2);
            u3: or_gate PORT MAP (c1, c2, cout);
        END describ2_fa;
```
体外配置说明为

```
        CONFIGURATION config OF full_adder IS
            FOR describ2_fa
                FOR u1: half_adder
                    USE ENTITY half_adder (dataflow_ha);
                END FOR;
                FOR u2: half_adder
                    USE ENTITY half_adder (struct_ha);
                END FOR;
            END FOR;
        END config;
```
由上述描述可见,每条配置语句(FOR...USE 语句)之后,均需加上

```
        END FOR;
```
这一点与体内配置不同。

3. 直接例化

可以将元件说明、例化及配置结合在一起,以使描述更为简洁,这称为直接例化。其一般格式为

```
        元件标号: ENTITY [库名.]实体名[(结构体名)]
                [GENERIC MAP(类属映射表)]
                PORT MAP(信号映射表);
```
对全加器中的半加器例元采用直接例化的描述为

```
        ARCHITECTURE describ3_fa OF full_adder IS
```

```
    SIGNAL c1，s1，c2：Bit；
BEGIN
    u1：ENTITY  half－adder (dataflow－ha) GENERIC MAP(4 ns)
                            PORT MAP(x, y, s1, c1);    --直接例化
    u2：ENTITY  half－adder (struct－ha) GENERIC MAP(4 ns)
                          PORT MAP(sl, cin, sum, c2);    --直接例化
    u3：ENTITY  or－gate PORT MAP(c1, c2, cout);        --直接例化,默认配置
    END describ3－fa;
```

4. 顶层元件配置

上述元件配置均是针对例元而做。若欲对一个顶层实体(不作为被其他实体引用的元件)进行配置,则应采用体外配置,否则按默认配置处理。例如,对上述全加器可做如下配置:

```
    CONFIGURATION top－config OF full－adder IS
        FOR describl－fa
        END FOR;
    END top－config;
```

显然,此种 CONFIGURATION 语句中并无配置语句,仅说明要将实体 full－adder 与其结构体 de-scribl－fa 装配在一起。

3.2.8 VHDL 描述实例

1. 组合逻辑电路描述

(1) 多位加法器

被加数 A 和加数 B 均为 8 位二进制数,进位输入为 CIN,输出 S 为 9 位(含进位输出)。

```
    LIBRARY IEEE;
    USE IEEE. Std－Logic－1164. ALL；
    USE IEEE. Numeric－Std. ALL；
    ENTITY adder IS
        PORT ( a, b：IN Std－Logic－Vector (7 DOWNTO 0)；
              cin：IN Std－Logic；
              s：OUT Std－Logic－Vector (8 DOWNTO 0))；
    END adder；
    ARCHITECTURE behav－adder OF adder IS
    BEGIN
        s<=('0' & a)+( '0' & b)+( "00000000" & cin)；
    END behav－adder；
```

上述 Std－Logic 为工业标准的逻辑类型,由 Std－Logic－1164 程序包所定义。Numeric－Std 程序包中定义了算术运算(函数)及其相关的数据类型。若 VHDL 语句中含有算术运算,则需要打开该程序包。需要说明的是,各种 VHDL 开发工具所带的程序包名可能会有所差异。

(2) 多位比较器

待比较的两个数 A 和 B 均为 8 位二进制数,输出信号 A－EQUAL－B、A－GREATER－B 和 A－LESS－B 依次表示 A＝B,A＞B 和 A＜B。

    LIBRARY IEEE；

```
USE IEEE. Std_Logic_1164. ALL;
ENTITY compare IS
    PORT ( a, b: IN Std_Logic_Vector (7 DOWNTO 0);
            a_equal_b, a_greater_b, a_less_b: OUT Std_Logic);
END compare;
ARCHITECTURE behav_comp OF compare IS
BEGIN
    a_equal_b <= '1' WHEN a=b ELSE '0';
    a_greater_b <= '1' WHEN a>b ELSE '0';
    a_less_b <= '1' WHEN a<b ELSE '0';
END behav_comp;
```

（3）三态与门

三态与门的使能端为 EN，高电平有效。输入信号为 A、B，输出信号为 F。

```
LIBRARY IEEE;
USE IEEE. Std_Logic_1164. ALL;
ENTITY ts_andgate IS
    PORT (en, a, b: IN Std_Logic;
            f: OUT Std_Logic);
END ts_andgate;
ARCHITECTURE behav_tsgate OF ts_andgate IS
BEGIN
  PROCESS (en, a, b)
  BEGIN
    IF en= '1' THEN
       f<=a AND b;
    ELSE
       f<= 'Z';
    END IF;
  END PROCESS;
END behav_tsgate;
```

（4）双向总线驱动器

双向总线驱动器有两个 8 位数据输入/输出端 A 和 B，一个使能端 EN 和一个方向控制端 DIR。当 EN=1 时该总线驱动器选通，若 DIR=1，则信号由 A 传至 B；反之由 B 传至 A。

```
LIBRARY IEEE;
USE IEEE. Std_Logic_1164. ALL;
ENTITY bidir IS
    PORT ( a,b: INOUT Std_Logic_Vector (7 DOWNTO 0);
            en, dir: IN Std_Logic);
END bidir;
ARCHITECTURE behav_bidir OF bidir IS
BEGIN
  PROCESS (en, dir, a)
  BEGIN
    IF (en='0')   THEN
        b<=" ZZZZZZZZ";
```

```
            ELSIF (en='1' AND dir='1')    THEN
                b<=a;
            END IF;
        END PROCESS;
        PROCESS (en, dir, b)
        BEGIN
            IF (en='0')    THEN
                a<=" ZZZZZZZZ";
            ELSIF (en='1' AND dir='0')    THEN
                a<=b;
            END IF;
        END PROCESS;
    END behav_bidir;
```

2. 时序逻辑电路描述

（1）D 锁存器

触发器分为边沿触发型和电平触发型,后者又称为锁存器,响应时钟信号的电平。该 D 锁存器在时钟信号(CLK)为高电平时被触发。

```
        LIBRARY IEEE;
        USE IEEE. Std_Logic_1164. ALL;
        ENTITY d_latch IS
            PORT(clk, d: IN Std_Logic;
                 q, nq: OUT Std_Logic);
        END d_latch;
        ARCHITECTURE behav_dlatch OF d_latch IS
        BEGIN
            PROCESS(clk, d)
            BEGIN
                IF clk='1' THEN
                    q<=d;
                    nq<=NOT d;
                END IF;
            END PROCESS;
        END behav_dlatch;
```

（2）主从 JK 触发器

主从 JK 触发器在时钟脉冲(CLK)的上升沿被触发,但输出却要延时到时钟脉冲的下降沿才会发生变化。

```
        LIBRARY IEEE;
        USE IEEE. Std_Logic_1164. ALL;
        ENTITY msjk_ff IS
        PORT(clk, j, k: IN Std_Logic;
                 q, nq: BUFFER Std_Logic);
        END msjk_ff;
        ARCHITECTURE behav_msjkff OF msjk_ff IS
        BEGIN
```

```
        PROCESS(clk)
            VARIABLE mid_q: Std_Logic;
        BEGIN
            IF clk='1'  THEN
                mid_q:=(j AND nq) OR (NOT k AND q);
            ELSE
                q<=mid_q;
                nq<=NOT mid_q;
            END IF;
        END PROCESS;
    END behav_msjkff;
```

（3）双向移位寄存器

双向移位寄存器除具有 8 位二进制数据存储功能外,还具有左移、右移、并行置数和同步复位的功能。其复位端为 RESET(高电平有效),左移和右移数据输入端分别为 SL_IN 和 SR_IN,并行数据输入端为 DATA(8 位)。其工作模式由控制信号 MODE(2 位)确定。

```
        LIBRARY IEEE;
        USE IEEE. Std_Logic_1164. ALL;
        ENTITY srg IS
            PORT(reset, clk: IN Std_Logic;
                    data: IN Std_Logic_Vector(7 DOWNTO 0);
                    sl_in, sr_in: IN Std_Logic;
                    mode: IN Std_Logic_Vector(1 DOWNTO 0);
                    q: BUFFER Std_Logic_Vector(7 DOWNTO 0));
        END srg;
        ARCHITECTURE behav_srg OF srg IS
        BEGIN
            PROCESS
            BEGIN
                WAIT ON clk UNTIL Rising_edge(clk);
                IF reset='1' THEN
                    q<="00000000";                                 --同步复位
                ELSE
                    CASE mode IS
                        WHEN "01"=> q<=sr_in & q(7 DOWNTO 1);     --右移
                        WHEN "10"=> q<=q(6 DOWNTO 0)& sl_in;      --左移
                        WHEN "11"=> q<=data;                       --并行输入(同步预置)
                        WHEN OTHERS=>NULL;                         --空操作,即保持
                    END CASE;
                END IF;
            END PROCESS;
        END behav_srg;
```

上述 NULL 为空操作语句。Rising_edge( )是程序包 Std_Logic_1164 中预定义函数,用于检测信号的上升沿,被检测信号的类型必须是 Std_Logic。

（4）可逆计数器

计数器为异步复位(RESET 端,高电平有效)、异步预置(LD 端,高电平有效)的模 10 可逆计数

器。计数方式控制端 UP/DOWN＝1 进行加法计数，UP/DOWN＝0 进行减法计数。CO 和 BO 分别是进位输出和借位输出。

```
LIBRARY IEEE;
USE IEEE. Std_ Logic_ 1164. ALL；
USE IEEE. Numeric_ Std. ALL；
ENTITY counter IS
  PORT(reset, ld：IN Std_ Logic;
        clk, up_ down：IN Std_ Logic；
        data：IN Std_ Logic_ Vector(3 DOWNTO 0)；          --预置数据输入端
        q：BUFFER Std_ Logic_ Vector (3 DOWNTO 0)；
        bo, co：OUT Std_ Logic)；                          --依次为借位端和进位端
END counter；
ARCHITECTURE behav_ counter OF counter IS
BEGIN
  co<='1' WHEN （q="1001" AND up_ down='1'） ELSE '0'；      --进位输出的产生
  bo<='1' WHEN （q="0000" AND up_ down='0'） ELSE '0'；      --借位输出的产生
  PROCESS (clk, reset, ld)
  BEGIN
    IF reset='1' THEN
      q<="0000"；                                          --异步复位
    ELSIF ld='1' THEN
      q<=data；                                            --异步预置
    ELSIF (clk'Event AND clk='1') THEN
      IF up_ down='1'  THEN                                --加计数
          IF q="1001" THEN
            q<="0000"；
          ELSE
            q<=q+1；
          END IF；
      ELSE                                                --减计数
          IF q="0000" THEN
            q<="1001"；
          ELSE
            q<=q-1；
          END IF；
      END IF；
    END IF；
  END PROCESS；
END behav_ counter；
```

该计数器的描述用到了加、减法运算，所以需要打开算术运算程序包。

在描述多位逻辑信号时，既可以用数据类型 Std_ Logic_ Vector 定义对象，也可以用整数子类型进行定义。如该例中计数器的状态信号，可以定义成

q：BUFFER Integer RANGE 9 DOWNTO 0；

编译后该信号将自动被转换成 4 位二进制信号。

（5）异步计数器

一个时钟进程(以时钟为敏感信号的进程)只能构成单一时钟信号的时序电路。而异步时序电路含有多个时钟信号,因此需要多个时钟进程加以描述。

图 3-9 是由两个模 2 计数器级联而成的异步模 4 计数器,其 VHDL 描述如下:

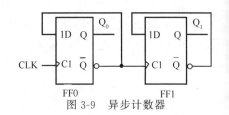

图 3-9　异步计数器

```
LIBRARY IEEE;
    USE IEEE. Std_ Logic_ 1164. ALL;
    ENTITY asyn_ counter IS
        PORT(clk: IN Std_ Logic;
            q0, q1: OUT Std_ Logic);
    END asyn_ counter;
    ARCHITECTURE behav_ asyncounter OF asyn_ counter IS
        SIGNAL nq0, nq1: Std_ Logic;
    BEGIN
        ff0: PROCESS(clk)
        BEGIN
            IF clk='1' THEN
                q0<= nq0;
                nq0<=NOT nq0;
            END IF;
        END PROCESS ff0;
        ff1: PROCESS(nq0)
        BEGIN
            IF nq0='1' THEN
                q1<= nq1;
                nq1<=NOT nq1;
            END IF;
        END PROCESS ff1;
    END behav_ asyncounter;
```

该电路也可以在对 D 触发器功能描述的基础上,通过结构描述说明其组成(即逻辑电路)。

```
LIBRARY IEEE;
USE IEEE. Std_ Logic_ 1164. ALL;
ENTITY asyn_ counter IS
    PORT(clk: IN Std_ Logic;
        q0, q1: OUT Std_ Logic);
END asyn_ counter;
ARCHITECTURE struct_ asyncounter OF asyn_ counter IS
    COMPONENT d_ ff PORT(d, clk: IN Std_Logic; q, nq: OUT Std_Logic);
    END COMPONENT;
    SIGNAL nq0, nq1: Std_ Logic;
BEGIN
    ff0: d_ ff PORT MAP(nq0, clk, q0, nq0);
    ff1: d_ ff PORT MAP(nq1, nq0, q1, nq1);
END struct_ asyncounter;
```

3. 状态机的描述

同步时序电路由有限个电路状态构成,故又称为有限状态机,简称状态机。状态机不仅可以构成各种时序模块,而且还可以构成数字系统中的控制单元。

状态机除了外部的输入、输出信号和时钟信号外,还有内部的状态信号。因此在描述时,需要在结构体中定义特殊的枚举数据类型(仅包括电路所具有的若干状态)和该类型的内部信号(用来表示电路状态)。

状态机的描述通常分成状态转换与电路输出两个部分。对表 3-5 所示的状态表,其 VHDL 描述如下:

表 3-5 用 VHDL 描述的状态表

PS＼x	0	1	
S0	S1/0	S3/1	
S1	S2/0	S0/0	
S2	S3/0	S1/0	
S3	S0/1	S2/0	NS/z

```
LIBRARY IEEE;
USE IEEE. Std_Logic_1164. ALL;
ENTITY fsm IS
    PORT(x, clk：IN Std_Logic;
            z：OUT Std_Logic);
END fsm;
ARCHITECTURE behav_fsm OF fsm IS
    TYPE state_type IS(s0, s1, s2, s3);        --状态类型定义
    SIGNAL state:state_type;                   --状态信号定义
BEGIN
  circuit_state:PROCESS
  BEGIN
    WAIT ON clk UNTIL Rising_edge(clk);
    CASE state IS
      WHEN s0=>  IF x='0' THEN
                    state<=s1;
                  ELSE
                    state<=s3;
                  END IF;
      WHEN s1=>  IF x='0' THEN
                    state<=s2;
                  ELSE
                    state<=s0;
                  END IF;
      WHEN s2=>  IF x='0' THEN
                    state<=s3;
                  ELSE
                    state<=s1;
                  END IF;
      WHEN s3=>  IF x='0' THEN
                    state<=s0;
                  ELSE
                    state<=s2;
                  END IF;
      END CASE;
    END PROCESS circuit_state;
```

z<='1' WHEN （（ state＝s3 AND x='0'） OR （ state＝s0 AND x='1'）） ELSE '0';
END behav－fsm；

4. 测试台

VHDL 的设计验证,通常需要设置输入激励信号,可以采用波形方式,也可以采用文本方式。文本方式就是所谓的测试台(Testbench)设计。若 Testbench 不仅产生激励也就是输入(相当于测试信号源),还验证响应也就是输出(通过 Assert 语句,相当于逻辑分析仪),那么整个验证过程可以全自动完成。若 Testbench 只产生激励,则需要人工方法通过波形窗口去检查输出波形的正确性。

例如,对前述 8 位加法器的 adder_testbench 如下：

```
LIBRARY IEEE;
USE IEEE. Std_Logic_1164. ALL;
ENTITY adder_testbench is
END adder_testbench;
ARCHITECTURE simulate OF adder_testbench IS
    COMPONENT adder
        PORT( a, b: IN Std_Logic_Vector (7 DOWNTO 0);
            cin: IN Std_Logic;
            s: OUT Std_Logic_Vector (8 DOWNTO 0));
    END COMPONENT;
    SIGNAL a_input : std_logic_vector(7 DOWNTO 0);
    SIGNAL b_input : std_logic_vector(7 DOWNTO 0);
    SIGNAL carry_in : std_logic;
    SIGNAL sum_out : std_logic_vector (8 DOWNTO 0);
BEGIN
    uut: adder PORT MAP ( a_input, b_input, carry_in, sum_out); --通过元件例化引用加法器
    signal_generator:PROCESS                                    --用进程描述信号源
    BEGIN
        a_input <=X"68";
        b_input <=X"5A";
        carry_in <= '1';
        WAIT FOR 20 ns;
        a_input <=X"C4";
        b_input <=X"97";
        carry_in <= '0';
        WAIT FOR 30 ns;
        a_input <=X"86";
        b_input <=X"A5";
        carry_in <= '1';
        WAIT FOR 30 ns;
    END PROCESS signal_generator;
END simulate;
```

首先,在 adder_testbench 结构体说明部分用 COMPONENT 语句说明了被测的加法器,并作为内部信号定义了加法器的输入、输出。然后,在结构体中对该加法器进行例化(使其与测试信号源相连),并通过进程定义测试信号源,其方法是采用信号赋值改变输入激励,通过 WAIT 语句规定信号电平的持续时间。

3.3 Verilog HDL 及其应用

3.3.1 Verilog HDL 基本结构

在 Verilog HDL 中,模块是基本的描述单位,用于描述某个设计的功能或结构及其与其他模块之间连接的外部端口。一个设计可以从系统级到开关级进行描述,既可以进行行为描述,也可以进行结构描述。开关级是比逻辑级更低的元件级描述层次,描述器件中晶体管和存储节点以及它们之间的互连。

模块的基本格式为

```
MODULE   模块名(端口表);
        模块项;
ENDMODULE
```

其中,模块项由说明部分和语句部分组成。说明部分用于定义不同的项,包括参数说明、端口说明、连线类型说明、寄存器类型说明、时间类型说明、数据类型说明、事件说明、任务说明、函数说明等。

语句部分定义设计的功能和结构,包括基本门及模块调用、连续赋值、INITIAL 语句、ALWAYS 语句等,它们并行执行,与硬件电路中各组成部分之间并行工作特性相一致。

说明部分和语句部分可以分布在模块中的任何地方。但是,变量、寄存器、线网和参数等的说明部分必须在使用前出现。为了使模块描述清晰、具有良好的可读性,最好将所有的说明部分放在语句部分之前。本书中的所有实例都遵循这一规范。

对 3.2 节图 3-3(a)所示半加器电路的模块描述如下:

```
MODULE half_adder (a, b, s, c);          //半加器模块
    INPUT a, b;                          //输入端口说明
    OUTPUT s, c;                         //输出端口说明
    PARAMETER ha_delay = 2;              //符号常量说明
    ASSIGN # ha_delay s = a ^ b;         //连续赋值语句
    ASSIGN # ha_delay c = a & b;         //连续赋值语句
ENDMODULE
```

half_adder 是模块名,属自定义标识符。Verilog HDL 中的标识符可以是任意一组字母、数字、\$ 符号和_(下划线)符号的组合,但标识符的第一个字符必须是字母或者下划线。另外,标识符是区分大小写的,但通常在模拟器中可以设置对大小写是否敏感。

值得注意的是,Verilog HDL 标准中规定关键词均为小写,但本节统一用大写表示关键词(其中,大写字母打头后跟小写字母表示数据类型),用小写表示自定义标识符,以突出关键词,增加可读性,并与 3.2 节中的表示方式保持一致。而从 3.3.8 节开始后续章节的描述实例中,所有关键词再采用小写,与标准相一致。

Verilog HDL 是自由格式的,即一条语句可以跨行写,也可以在一行内写多条语句,分号为语句结束符。

在 Verilog HDL 中有两种形式的注释。从//至行末;从/ * 开始至 * /结束(单行或多行均可)。

端口说明除输入(INPUT)和输出(OUTPUT)外,还有双向(INOUT)。该例中由于没有定义端口的位数,所有端口均为 1 位。同时,由于没有各端口的数据类型说明,这四个端口都是默认线网(Wire)数据类型。

PARAMETER 为符号参量定义语句,定义了延时参数,其单位为默认时间单位,具体大小可通过预编译时间尺度命令('TIMESCALE)进行定义。如果没有预编译时间尺度命令,则 Verilog HDL 模拟器会指定一个默认时间单位。

该模块的语句部分包含两条描述半加器数据流行为的连续赋值语句。这两条语句在模块中出现的顺序无关紧要,这些语句是并发的。每条语句的执行顺序依赖于发生在端口 a 和 b 上的事件。

连续赋值语句中的 #ha_delay 表示延时为 ha_delay 个时间单位。如果没有定义延时值,默认延时为 0。

模块也可以用宏模块(MACROMODULE)来定义,其格式与用 MODULE 来定义模块是一样的。但二者在编译时有所不同,如不必为 MACROMODULE 实例创建层次,因而在模拟速度和存储开销方面宏模块更高效。

在 Verilog HDL 模块中,可用下述方式描述一个设计:

(1) 数据流方式;

(2) 行为方式;

(3) 结构方式;

(4) 上述描述方式的混合。

用数据流描述方式对一个设计建模的最基本的机制就是使用连续赋值语句。

对半加器电路进行行为描述如下:

```
MODULE ha_beh (a, b, s, c);
    INPUT a, b;
    OUTPUT s, c;
    Reg s, c;                        //寄存器数据类型说明
    ALWAYS  @ (a OR b)               //ALWAYS 语句
    BEGIN
        s = #2 a ^ b;                //过程赋值语句
        #1 c = a & b;                //过程赋值语句
    END
ENDMODULE
```

由于 s 和 c 在 ALWAYS 语句中被赋值,它们被说明为 Reg 类型(Reg 是寄存器数据类型的一种)。值得注意的是,Reg 只是一种特定的数据类型,并不代表硬件电路中的寄存器。凡在 INITIAL 语句和 ALWAYS 语句中赋值的变量都必须是寄存器数据类型。该例中的变量 s 和 c 实际上都是组合电路的输出。

ALWAYS 语句中有一个与事件控制(紧跟在字符@后面的表达式)相关联的顺序过程(BEGIN 至 END)。这意味着只要 a 或 b 上发生事件,即 a 或 b 的值发生变化,顺序过程就执行。在顺序过程中的语句顺序执行,并且在顺序过程执行结束后被挂起。顺序过程执行完成后,ALWAYS 语句再次等待 a 或 b 上发生事件。

BEGIN...END 构成一个顺序语句块,其作用是将若干过程语句(顺序语句)在语法上等效成一条过程语句。如果其中只包含一条语句,则 BEGIN、END 可以省略。

在顺序过程中出现的语句是过程赋值语句,它们顺序执行,与连续赋值语句不同。

上例中第一条过程赋值语句中的延时称为语句内延时,即计算右边表达式的值,等待 2 个时间单位,然后赋值给 s。而第二条过程赋值语句中的延时称为语句间延时,就是说,在第一条语句执行后等待 1 个时间单位,然后执行第二条语句。

如果在过程赋值中未定义延时,默认值为 0 延时,也就是说,赋值立即发生。

在 Verilog HDL 中可使用如下方式描述结构:

（1）内置门原语（门级）；

（2）开关级原语（晶体管级）；

（3）用户定义的原语（门级）；

（4）模块实例（创建层次结构）。

并通过线网来表示电路内部互连。

对 3.2 节图 3-3(c)所示半加器电路的结构描述如下：

```
MODULE ha_struct（a，b，s，c）；
    INPUT a，b；
    OUTPUT s，c；
    XOR                          //内置门原语（异或门）
        x1（s，a，b）；            //门实例语句
    AND                          //内置门原语（与门）
        a1（c，a，b）；            //门实例语句
ENDMODULE
```

该例中，模块包含门的实例语句，也就是说包含内置门 XOR 和 AND 的实例语句。实例语句之间并行执行，可以按任何顺序出现。XOR 和 AND 是内置门原语，x1 和 a1 是实例名称。紧跟在每个门后的信号列表是它的互连，列表中的第一个信号是门输出，余下的信号是输入。

在模块中，结构描述和行为描述可以自由混合。也就是说，模块描述中可以包含实例化的门、模块实例化语句、连续赋值语句以及 ALWAYS 语句和 INITIAL 语句的混合。它们之间还可以相互包含。来自 ALWAYS 语句和 INITIAL 语句（只有寄存器类型数据可以在这两种语句中赋值）的值能够驱动门或开关，而来自于门或连续赋值语句（只能驱动线网）的值能够反过来用于触发 ALWAYS 语句和 INITIAL 语句。

下面是混合描述方式的半加器模块。

```
MODULE ha_mix（a，b，s，c）；
    INPUT a，b；
    OUTPUT s，c；
    Reg c；                       //寄存器数据类型说明
    XOR  x1（s，a，b）；           //门实例语句
    ALWAYS  @（a OR b）           //ALWAYS 语句
        c = a & b；               //过程赋值语句
ENDMODULE
```

3.3.2　数据类型、运算符与表达式

Verilog HDL 中的数据对象分为常量和变量两大类。而数据类型则有十余种，运算符达数十个。

1. 常数的表示

（1）整型数

整型数可以按十进制数格式和基数格式两种方式书写。

1）十进制格式

这种形式的整数定义为带有一个可选的"＋"或"－"（一元操作符）的数字序列。下面是这种简易十进制形式整数的例子。

1000　十进制数 1000

−500 十进制数−500

2）基数表示法

这种形式的整数格式为

[位长]'基数 值

"'"为单引号,基数为 d 或 D(表示十进制,若不指明位长,可以缺省)、b 或 B(表示二进制)、o 或 O(表示八进制)、h 或 H(表示十六进制)之一,而值则是基于该基数的数字序列。如整数 1000 可表示为

1000

16 'H 3E8

16 'O 1750

16 'B 1111101000

在二、八、十六进制表示形式中,数字序列可以出现 x 和 z,依次表示不定值和高阻。z 也可以用?表示。此外,数字序列中还可以加入下划线,以提高可读性。例如:

16 'H a_z_6_x

16 'B 1010_zzzz_0110_xxxx

基数格式计数形式的数通常为无符号数。

位长指存储数据的二进制位数。当不指明位数时,则根据数值来定义位数或采用默认位宽,由具体的系统确定。如果定义的位长比常数的长度长,通常在左边填 0 补位。但是如果数的最左边一位为 x 或 z,就相应地用 x 或 z 在左边补位。如果定义的位长比常数的长度小,那么最左边的位相应地被截断。

（2）实型数

实数可以用十进制计数法和科学计数法两种形式表示。十进制计数法中必须出现小数点,且小数点两侧必须都有数字。为增加可读性,实数中也可以有下划线。例如:

312.5

3.125E2

31_2.5

0.5

2.0

（3）字符串

字符串是双引号内的字符序列。字符串不能分成多行书写。例如:

"Digital System"

用 8 位 ASCII 值表示的字符可看做是无符号整数。因此字符串是 8 位 ASCII 值的序列。

反斜线(\ ) 用于对特殊字符转义。例如:

\n   换行符

\t   制表符

\\   字符\

\"   字符"

\o   1～3 位八进制数表示的字符

2. 常量

常量又称为参数或符号常量,通过标识符表示常数,可增加代码的可读性和可维护性。其定义

方法是

   PARAMETER 参数名 1＝表达式 1,参数名 2＝表达式 2,…,参数名 n＝表达式 n;

其中的表达式必须是常数表达式。例如:

   PARAMETER width ＝ 32, num ＝ 16'B1010, radix ＝ 5.0;
   PARAMETER pi ＝ 3.14;
   PARAMETER aera ＝ pi * radix * radix;

3. 变量

在定义变量的同时必须指定其数据类型。Verilog HDL 中的数据类型分线网和寄存器两大类。

(1) 线网类型

线网数据类型常用来表示以 ASSIGN 连续赋值语句指定的组合逻辑信号。模块端口的默认类型即为线网(Wire)类型。它包含下述不同种类的线网子类型:

- Wire   基本的线网
- Tri   三态线网
- Wor   线或线网
- Trior   三态线或线网
- Wand   线与线网
- Triand   三态线与线网
- Trireg   三态寄存线网(类似于寄存器)
- Tri0   线网有多于一个驱动源。若无驱动源驱动,其值为 0
- Tri1   线网有多于一个驱动源。若无驱动源驱动,其值为 1
- Supply0   表示"地",即低电平 0
- Supply1   表示电源,即高电平 1

简单的线网类型定义格式为

   线网子类型 [msb : lsb] 线网 1,线网 2,… , 线网 n;

在数字系统中,通常把一组功能相同的信号线称为总线,如地址总线、数据总线等。在 Verilog HDL 中用矢量表示总线,msb 和 lsb 是用于定义线网宽度(起止位)的常量表达式。如果没有定义范围,默认的线网类型为 1 位,称为标量。

一个变量未经定义也可以直接使用,此时默认其为 1 位 Wire 类型。

1) Wire 和 Tri 线网

用于表示单元之间的连线,是最常见的线网类型。连线(Wire)与三态线网(Tri)语法和语义一致,但三态线网可以用于描述多个驱动源驱动同一根线的线网类型。例如:

   Wire cp;
   Wire [7:0] addr, data_in;
   Tri [7:0] data_out;

如果多个驱动源驱动一个连线(或三态线网),线网的有效值由表 3-6 确定。

2) Wor 和 Trior 线网

线或是指如果某个驱动源为 1,那么线网的值也为 1。线或(Wor)和三态线或(Trior)在语法和功能上是一致的。

如果多个驱动源驱动这类线网,线网的有效值由表 3-7 决定。

表 3-6　多个驱动源作用下连线(三态线网)的值

Wire (Tri)	0	1	x	z
0	0	x	x	0
1	x	1	x	1
x	x	x	x	x
z	0	1	x	z

表 3-7　多个驱动源作用下线或(三态线或)的值

Wor(Trior)	0	1	x	z
0	0	1	x	0
1	1	1	1	1
x	x	1	x	x
z	0	1	x	z

3) Wand 和 Triand 线网

线与是指如果某个驱动源为 0,那么线网的值为 0。线与(Wand)和三态线与(Triand)在语法和功能上是一致的。

如果多个驱动源驱动这类线网,线网的有效值由表 3-8 决定。

4) Trireg 线网

此线网存储数值(类似于寄存器),并且用于电容节点的建模。当三态寄存器(Trireg)的所有驱动源都处于高阻态,也就是说,值为 z 时,三态寄存器线网保存作用在线网上的最后一个值。此外,三态寄存器线网的默认初始值为 x。

5) Tri0 和 Tri1 线网

这类线网可用于线逻辑的建模,即线网有多于一个驱动源。若无驱动源驱动,Tri0(Tri1)的值为 0(1)。表 3-9 为该类线网在多驱动源情况下的值。由表不难看出,该类线网与表 3-6 的 Wire 和 Tri 线网极其相似,只在无驱动源驱动时(表的最后一格,驱动源均为高阻),取值不同,Wire 和 Tri 线网的值为 z,而 Tri0 的值为 0,Tri1 的值为 1。

表 3-8　多个驱动源作用下线与(三态线与)的值

Wand(Triand)	0	1	x	z
0	0	0	0	0
1	0	1	x	1
x	0	x	x	x
z	0	1	x	z

表 3-9　多个驱动源作用下 Tri0 和 Tri1 的值

Tri0 (Tri1)	0	1	x	z
0	0	x	x	0
1	x	1	x	1
x	x	x	x	x
z	0	1	x	0(1)

(2) 寄存器类型

寄存器是数据储存单元的抽象,常用于在 ALWAYS 语句中表示触发器(锁存器)。Verilog HDL 有 5 种不同的寄存器类型。

- Reg　　　　　　寄存器类型
- Integer　　　　整数寄存器
- Time　　　　　时间类型的寄存器
- Real　　　　　实数寄存器
- Realtime　　　实数时间寄存器

1) Reg 寄存器类型

Reg 是最常见的数据类型。寄存器的定义形式如下:

　　　　Reg [msb:lsb] 寄存器 1,寄存器 2,…,寄存器 n;

msb 和 lsb 用于定义矢量寄存器(多位寄存器)宽度(起止位)的常量表达式。如果没有定义范围,则为 1 位标量寄存器。例如:

　　　　Reg d_ff, jk_ff;　　　　　　　　//1 位寄存器。

　　　　Reg [7:0] srg;　　　　　　　　//8 位寄存器。

寄存器可以取任意长度。寄存器中的值通常被解释为无符号数。Reg 寄存器类型可以按位访问和进行位操作。

2）存储器

存储器是一个寄存器数组。数组的维数不能大于 2。存储器的定义方式为

Reg［msb：lsb］存储器 1［upper1：lower1］，存储器 2［upper2：lower2］，…，存储器 n［uppern：lowern］；

例如：

    Reg[7:0] mem1[1023：0];   //字长 8 位的 1k 存储器

通过赋值语句对存储器赋值时，每条语句只能对存储器的一个单元进行赋值，如对上述 mem1 中部分单元赋值

    mem1[0] = 8 'H00;
    mem1[1] = 8 'H01;
    mem1[2] = 8 'H10;

当然，也可以通过系统任务将一批数据导入存储器，这将在后文中讨论。

3）Integer 寄存器类型

整型寄存器存储整数值。整数寄存器可以作为普通寄存器使用，主要应用于高层次行为描述。整型寄存器的定义方法如下：

    Integer 整型寄存器 1，整型寄存器 2 ，…，整型寄存器 n ［upper:lower］；

其中，upper 和 lower 是定义整型数组界限的常量表达式，数组界限的定义是可选的。整数的位数至少为 32。例如：

    Integer i1, i2, i_array[63:0];

就定义了 i1 和 i2 两个整型寄存器和一个长度 64 的整型寄存器数组 i_array。

整数不能按位访问和进行位操作。如果需要，可以先将整数赋值给一般的 Reg 类型变量，然后从中选取相应的位。例如：

    Reg[31:0] r1;
    Integer i1;
    r1 = i1;
    r1[7:0] = 8 'H10;
    i1 = r1;

借助 Reg 类型变量实现了整型寄存器变量的位操作（对其低 8 位进行专门的赋值）。Verilog HDL 中，不同类型变量之间进行赋值时，类型转换自动完成，不必显式的进行，这一点与 VHDL 正好相反。

4）Time 类型

Time 类型的寄存器用于存储和处理时间。该类型变量的定义方法如下：

    Time 时间变量 1，时间变量 2 ，…，时间变量 n［upper:lower］；

其中，upper 和 lower 是定义时间量数组界限的常量表达式，数组界限的定义是可选的。时间量的位数至少为 64。时间类型的寄存器只存储无符号数。例如：

    Time t1, t2, t_array[15:0];

5）Real 和 Realtime 类型

实数寄存器与实数时间寄存器的类型完全相同，其定义方式如下：

Real 实型量 1，实型量 2，…，实型量 n；

Realtime 实型时间量 1，实型时间量 2，…，实型时间量 n；

这类变量的默认值为 0。当被赋予值 x 和 z 时,这些值作 0 处理。

4. 运算符

Verilog HDL 中的运算符如表 3-10 所示。运算符的优先级按类分,由高至低依次为:一元运算符(正号、负号、非、按位求反)、归约运算符(也属一元运算符)、算术运算符、关系运算符、逻辑运算符、条件运算符。除条件运算符从右向左关联外,其余所有运算符均自左向右关联。

（1）算术运算符

如果算术运算符中的任意操作数是 x 或 z,那么最终结果为 x。

取余运算符求出与第一个操作数符号相同的余数。

算术表达式结果的位数由最长的操作数决定。

执行算术运算和赋值时,要注意哪些操作数为无符号数、哪些操作数为有符号数。无符号数存储在:线网、一般寄存器、基数格式形式的整数,而有符号数存储在:整数寄存器、十进制形式的整数。例如:

Integer i＝－4；   //32 位二进制整数,表示十进制数－4(补码)

Reg[7:0] r＝－4   //位形式为 11111100,表示十进制数 252(无符号数)

（2）关系运算符

关系运算符的结果为真(1)或假(0)。在逻辑比较中,如果两个操作数之一包含 x 或 z,结果为未知的值(x)。而在全等比较中,值 x 和 z 严格按位比较。

如果操作数的长度不相等,长度较小的操作数在左侧添 0 补位。

（3）逻辑运算符

非按位逻辑运算的运算符对于矢量(多位数)运算,非全 0 矢量均为 1 处理。如果有一个操作数包含 x,结果也为 x。

无论是否按位运算,各种逻辑运算规则如表 3-11 所示。

表 3-10　运算符

类别	运算符	功能	类别	运算符	功能
算术运算符	＋	加(正号)	逻辑运算符	！	非
	－	减(负号)		&&	与
	*	乘		‖	或
	/	除		～	按位求反
	%	取余		&	按位与
	<<	左移		｜	按位或
	>>	右移		^	按位异或
				～^或^～	按位异或非
关系运算符	<	小于	归约运算符	&	归约与
	<=	小于等于		～&	归约与非
	>	大于		｜	归约或
	>=	大于等于		～｜	归约或非
	==	相等		^	归约异或
	!=	不等		～^或^～	归约异或非
	===	全等	三元运算符	？:	条件运算符
	!==	非全等			

表 3-11　逻辑运算规则

操作数		与运算	或运算	异或运算
0	0	0	0	0
0	1	0	1	1
0	x	0	x	x
0	z	0	x	x
1	0	0	1	1
1	1	1	1	0
1	x	x	1	x
1	z	x	1	x
x	0	0	x	x
x	1	x	1	x
x	x	x	x	x
x	z	x	x	x
z	0	0	x	x
z	1	x	1	x
z	z	x	x	x

对于与运算,若操作数中有 0,那么结果为 0;若操作数均为 1 则结果为 1;否则结果为 x。

对于或运算,若操作数中有 1,那么结果为 1;若操作数均为 0 则结果为 0;否则结果为 x。

对于异或运算,若有操作数为 x 或 z,那么结果为 x;否则,若操作数中有偶数个 1,结果为 0,操作数中有奇数个 1,结果为 1。

对于一元运算符"非",0 的运算结果为 1,1 的运算结果为 0,x 和 z 的运算结果都是 x。

与非、或非和异或非依次看作是与、或和异或运算同非运算的复合运算,从而确定其运算结果。

（4）归约运算符

归约运算符均为一元运算符,在操作数的所有位之间进行运算,并产生 1 位结果,即真(1)或假(0)。其运算规则同一般逻辑运算。如归约与运算,若操作数有位值为 0,那么结果为 0;若所有位均为 1,则结果为 1,否则结果为 x。

（5）移位运算符

移位运算符均为逻辑移位,其左侧操作数为被移位数据,右侧操作数表示移位的位数。移位时空出的位添 0。

如果右侧操作数的值为 x 或 z,移位操作的结果为 x。

（6）条件运算符

条件运算符是三元运算符,其用法与 C 语言类似。该语句形式如下:

   条件表达式? 表达式 1 : 表达式 2

根据条件表达式的值选择表达式 1 或选择表达式 2 的值作为结果。如果条件表达式为真(即值为 1),则选择表达式 1;如果条件表达式为假(即值为 0),则选择表达式 2;如果条件表达式为 x 或 z,则将表达式 1 和表达式 2 的值进行按位处理:同为 0 得 0,同为 1 得 1,其余情况为 x。例如:

   con ? 8 'B0101x0z1 : 8 'B00111z0x

若条件表达式 con 为 1,则结果为 8 'B0101x0z1;若 con 为 0,则结果为 8 'B00111z0x;若 con 为 x 或 z,则结果为 8 'B0xx1xxxx。

（7）拼接运算

拼接运算形式如下:

   {重复次数 {表达式 1,表达式 2,…,表达式 n} }

如果无重复次数,则仅表示单纯的拼接运算。例如:

   {4 'B0101, 4 'B1101, 4 'B0111}
   {2{6'B010111}}

的结果均为 12 'B010111010111。

5. 表达式

表达式一般由运算符和操作数组成。常量表达式中的操作数均为常数(符号常量),故在编译时就计算出其值。

标量表达式是计算结果为 1 位的表达式。如果希望产生标量结果,但是表达式产生的结果为矢量,则最终结果为矢量最右位的位值。

3.3.3 行为描述语句

Verilog HDL 中的语句按其执行方式也可以分为顺序语句和并行语句。直接放在模块(MODULE)之中的只能是并行语句。

顺序语句又称为过程(性)语句,可用于进程语句(INITIAL 和 ALWAYS)和任务与函数中,而任务与函数也在进程语句中被调用。顺序语句主要用于算法行为描述。

Verilog HDL 中顺序语句有:条件语句、循环语句、过程赋值语句、语句块等。

1. 条件语句

条件语句包括 IF 语句和 CASE 语句,其用法与 C 语言类似。

(1) IF 语句

条件语句的格式如下:

    IF (条件表达式 1)
        过程语句 1
    〔ELSE IF (条件表达式 2)
        过程语句 2〕
          ⋮
    〔ELSE
        过程语句 n〕

如果条件表达式 1 求值的结果为一个非零值,那么执行过程语句 1;如果条件表达式 1 的值为 0、x 或 z,则过程语句 1 将不被执行。

当所有条件表达式的值都为 0、x 或 z,且存在 ELSE 分支,那么过程语句 n 被执行。

上述每个分支所执行的要么是单条语句,要么是多条语句组成的语句块(前后用 BEGIN…END 框住)。后者在语法上等同于单条语句。

(2) CASE 语句

CASE 语句是一种多路分支判断形式,其格式如下:

    CASE (多值表达式)
        分支 1 :过程语句 1
        〔分支 2 :过程语句 2〕
          ⋮
        〔DEFAULT :过程语句 n〕
    ENDCASE

一个分支可定义多个分支项,用逗号隔开。CASE 语句首先计算多值表达式的值,然后依次与各分支项进行比较,第一个与多值表达式的值相匹配的分支项所对应的过程语句将被执行。

各分支项的值不需要互斥。DEFAULT 分支覆盖所有没有被分支项覆盖的其他分支。

分支表达式和各分支项不必都是常量表达式。在 CASE 语句中,x 和 z 值也进行比较。

除 CASE 语句外,还有 CASEZ 和 CASEX 两种语句,它们与 CASE 语句格式相同,区别在于,CASEZ 语句忽略 z(不对其进行比较),而 CASEX 语句则忽略 x 和 z。

2. 循环语句

Verilog HDL 中有四类循环语句:FOREVER 循环、REPEAT 循环、WHILE 循环和 FOR 循环。

(1) FOREVER 循环

这种循环语句格式为

    FOREVER
        过程语句

这是一个无限循环语句。为跳出循环,过程语句中一般含有中止语句(DISABLE 语句,还可以中止块语句和任务）。同时,在过程语句中必须使用某种形式的时序控制。否则,循环将在 0 延时后永远循环下去。

用这种循环可以描述时钟信号。

```
INITIAL
BEGIN
    clock = 0;
    ♯ 10 FOREVER
        ♯10 clock = ～ clock;

END
```

clock 首先初始化为 0,并一直保持到第 10 个时间单位。此后每隔 10 个时间单位,clock 反相一次。

（2）REPEAT 循环

这种循环语句格式为

```
REPEAT(循环次数)
    过程语句
```

若循环次数为 x 或 z,则循环次数按 0 处理。例如:

```
srg>> 5;
```

相当于

```
REPEAT （5）
    srg>> 1;
```

（3）WHILE 循环语句

该循环语句格式为

```
WHILE(条件表达式)
    过程语句
```

当条件表达式为真时,循环执行过程语句;当条件表达式为假时,中止循环执行。如果条件表达式为 x 或 z,则按 0(假)处理。例如:

```
WHILE(start ! = 1)
    done = 1;
```

（4）FOR 循环语句

FOR 循环语句的形式如下:

```
FOR(表达式 1;表达式 2;表达式 3)
    过程语句
```

FOR 循环语句的执行过程是:首先通过表达式 1 给循环变量赋初值,然后若表达式 2 循环条件为真,则执行过程语句,最后执行表达式 3,改变循环变量的值。完成一次循环后,再判断循环条件,确定是否继续循环。当循环条件为假时,中止循环。例如:

```
FOR （k = 0 ; k<5 ; k = k + 1)
    srg>> 1;
```

其作用是,通过 5 次循环,将 srg 右移 5 位。

3. 时序控制

时序控制与过程语句关联。有 2 种时序控制形式:延时控制和事件控制。

（1）延时控制

延时控制的格式如下：

　　♯延时表达式 过程语句

延时控制表示在语句执行前的"等待延时"。如下列语句块：

BEGIN
　　wav= 4 'B0000;
　　♯5 wav= 4 'B0001;
　　♯5 wav= 4 'B0010;
　　♯5 wav= 4 'B0100;
　　♯5 wav= 4 'B1000;
　　♯5 wav= 4 'B0000;
　　END

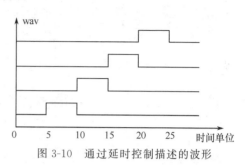

图 3-10　通过延时控制描述的波形

第一条语句在 0 时刻执行，wav 被清 0；接着执行第二条语句，使 wav 在 5 个时间单位后被赋值
4 'B0001；然后再执行第三条语句使 5 个时间单位后 wav 被赋值为 4"B0010（从 0 时刻开始为第 10 个
时间单位）。依次类推，从而得到图 3-10 所示波形。

　　延时控制也可以用另一种形式（单独的延时语句）定义。

　　　　♯延时表达式；

这一语句使下一条语句执行前等待给定的延时。

　　如果延时表达式的值为 0，则称为显式零延时。显式零延时触发一个等待，等待所有其他在当前
模拟时间被执行的事件执行完毕后，才将其唤醒，模拟时间不前进。

　　如果延时表达式的值为 x 或 z，其与零延时等效。如果延时表达式计算结果为负值，那么其二进
制的补码值被作为延时。

（2）事件控制

　　ALWAYS 中的过程语句基于事件执行。有两种类型的事件控制方式：边沿触发事件控制和电
平敏感事件控制。

　　边沿触发事件控制如下：

　　　　@ 事件表达式 过程语句

　　带有事件控制的进程或过程语句的执行，需等到指定事件发生（表达式为真）；否则进程被挂起。

　　显然一个事件表达式可包含多个简单事件相或。例如：

　　　　@（POSEDGE clk1 OR NEGEDGE clk2）

只要 clk1 出现上升沿（POSEDGE 表示上升沿）或者 clk2 出现下降沿（NEGEDGE 表示下降沿），都表
明事件发生。

　　也可使用如下（单独的事件语句）形式：

　　　　@ 事件表达式；

该语句触发一个等待，直到指定的事件发生，其后续语句方可继续执行。

　　电平敏感事件控制以如下形式给出：

　　　　WAIT（条件表达式）过程语句

　　在电平敏感事件控制中，语句一直延时（等待）到条件变为真后才执行。

　　也可使用如下（单独的 WAIT 语句）形式：

WAIT(条件表达式);

表示延时至条件表达式为真时,其后续语句方可继续执行。

4. 过程赋值

过程赋值是在 INITIAL 语句或 ALWAYS 语句内的赋值,顺序执行,且只能对寄存器数据类型的变量进行赋值。

过程赋值分为阻塞性过程赋值和非阻塞性过程赋值两类。为分清这两类过程赋值的不同,先简要说明语句内部延时的概念。

（1）语句内部延时

在赋值语句中表达式右端出现的延时是语句内部延时。通过语句内部延时表达式,右边的值在赋给左边目标前被延时。例如:

```
wav= ♯5 4 'B0001;              //语句内部延时控制
```

先计算表达式,再进入延时等待,当等待时间到时,才对左边目标赋值。可以用语句间延时的方式进行等效。

```
BEGIN
    temp  = 4 'B0001;
    ♯5 wav  = temp;            //语句间延时控制
END
```

同样,语句内事件控制

```
q  = @(  POSEDGE clk ) d;
```

与

```
BEGIN
    temp = d;
    @ (POSEDGE clk) q  = temp;     //语句间事件控制
END
```

也是等价的。

除以上两种时序控制(延时控制和事件控制)可用于定义语句内部延时外,还有另一种重复事件控制的语句内部延时表示形式。

```
REPEAT(表达式)@ (事件表达式)
```

这种控制形式用于根据 1 个或多个相同事件来定义延时。例如:

```
q  =  REPEAT(2)@(POSEDGE clk ) d;
```

d 的值要等待时钟 clk 上的两个上升沿才能赋给 q。

（2）阻塞性过程赋值

阻塞性过程赋值以"="为赋值符。其含义是在下一语句执行前该赋值语句完成执行。换言之,只有当前赋值语句执行完,后续语句才能执行。

以下是使用语句内部延时控制的阻塞性过程赋值语句块。

```
BEGIN
    wav= 4 'B0000;
    wav= ♯5 4 'B0001;
```

```
                wav＝♯5 4 'B0010;
                wav＝♯5 4 'B0100;
                wav＝♯5 4 'B1000;
                wav＝♯5 4 'B0000;
        END
```

其描述的 wav 波形与图 3-10 完全相同。

（3）非阻塞性过程赋值

非阻塞性过程赋值使用赋值符号"＜ ＝"。当非阻塞性过程赋值被执行时,计算右边表达式,如果该赋值语句中没有规定延时,则该赋值生效的时间为当前时间步结束时;如果该赋值语句中规定了延时,则该赋值在延时时间到时生效。在计算右边表达式的值和左边目标等待赋值期间,后续语句照常执行,相当于同时执行,这就是"非阻塞"的含义。

例如,为生成图 3-10 所示波形,用非阻塞性过程赋值的描述如下:

```
        BEGIN
                wav＜＝ 4 'B0000;
                wav＜＝ ♯5 4 'B0001;
                wav＜＝ ♯10 4 'B0010;
                wav＜＝ ♯15 4 'B0100;
                wav＜＝ ♯20 4 'B1000;
                wav＜＝ ♯25 4 'B0000;
        END
```

第一条语句的执行使 wav 在所有语句执行完后的当前时间步(即 0 时刻)生效,第二条语句的执行在第 5 个时间单位生效(从 0 时刻开始的第 5 个时间单位),第 3 条语句的执行在第 10 个时间单位生效(从 0 时刻开始的第 10 个时间单位),依次类推。实际上,6 条语句都是在 0 时刻执行的,只是延时(生效)时间不同。因此,这 6 条非阻塞赋值语句的书写(执行)次序可以任意。

为得到正确的综合结果,一般对组合电路输出采用阻塞性过程赋值,而对时序电路输出采用非阻塞性过程赋值。

5. 语句块

语句块提供将两条或更多条语句组合成语法结构上相当于一条语句的机制。有顺序语句块和并行语句块两类。顺序语句块中的语句按给定次序顺序执行。而并行语句块中的语句同时执行。

语句块有可选的标号,如果有标号,寄存器变量可在语句块内部声明,且语句块可被引用。

（1）顺序语句块

顺序语句块中的语句按顺序方式执行。每条语句中的延时都是相对于前一条语句的仿真时间而言的。顺序语句块的格式如下:

```
BEGIN  [标号]                            例如：
    [｛块内说明语句｝]                       BEGIN ：blk1
    过程语句 1;                                 REG[7：0] temp;
    过程语句 2;                                 temp ＝ x ＋y;
        ⋮                                       z＝temp＜＜4;
    过程语句 n;                          END
END
```

该顺序语句块带有标号 blk1,并且定义了一个局部寄存器变量,该变量只在 blk1 中有效。执行 blk1 时,首先执行第 1 条语句,然后执行第 2 条语句。

本节前述各语句块都是顺序语句块。

（2）并行语句块

并行语句块中的各语句同时执行。语句的执行次序与书写顺序无关。并行语句块内的各条语句指定的延时值都是相对于语句块开始执行的时间而言的。

并行语句块格式如下：

```
FORK   ［标号］
    ［〈块内说明语句〉］
    过程语句 1；
    过程语句 2；
        ⋮
    过程语句 n；
JOIN
```

例如,图 3-10 的波形也可以用并行语句块来描述。

```
FORK
    wav＝ 4 'B0000；
    ♯5 wav＝ 4 'B0001；
    ♯10 wav＝ 4 'B0010；
    ♯15 wav＝ 4 'B0100；
    ♯20 wav＝ 4 'B1000；
    ♯25 wav＝ 4 'B0000；
JOIN
```

顺序语句块和并行语句块可以相互嵌套。下列代码仍然描述了图 3-10 所示的波形。

```
BEGIN sblk1
    wav＝ 4 'B0000；
    ♯5 wav＝ 4 'B0001；
    FORK pblk
        ♯5 wav＝ 4 'B0010；
        BEGIN sblk2
            ♯10 wav＝ 4 'B0100；
            ♯5 wav＝ 4 'B1000；
        END
        ♯20 wav＝ 4 'B0000；
    JOIN
END
```

wav 在顺序语句块的 0 时刻首先被清 0,在第 5 个时间单位后变为 4 'B0001,然后执行并行语句块 pblk。pblk 块中的所有语句(包括其中的 sblk2)均在第 5 个时间单位同时执行。因此,wav 在第(5＋5)个时间单位被置为 4 'B0010,在第(5＋10)个 时间单位被置为 4 'B0100,在第(5＋10＋5)个时间单位被置为 4 'B1000,而在第(5＋20)个时间单位再次被清 0。

值得注意的是,无论是顺序语句块还是并行语句块,在语法上都只相当于一条语句,而且是一条顺序语句。因为,它们是由若干过程语句构成,且只能用在进程语句(INITIAL 和 ALWAYS)和任务与函数中。而且,并行语句块中的语句所谓"并行执行",仅指各语句的延时值都是相对于语句块开始执行的时间而言,不像顺序语句块那样,按序累进。

3.3.4 并行语句

Verilog HDL 的模块(MODULE)由若干并行语句构成。并行语句书写顺序并不代表其执行次序。某一时刻只有被激活的语句才会被执行。如对 3.2 节图 3-4(a)所示的基本 RS 触发器,其描述如下：

```
MODULE rs_ff1(r, s, q, nq)；
    INPUT r, s；
    OUTPUT q, nq；
```

```
        ASSIGN #2 q=! (s && nq);
        ASSIGN #2 nq=! (r && q);
    ENDMODULE
```

该模块通过两条并行的连续赋值语句进行描述。若按图 3-4(b)给定的输入信号进行仿真,r、s 起始值为1,触发器初态为1(q 为1,nq 为0)。则在 r 变化时,先执行第2条连续赋值语句。经2个单位时间延时后,nq 由0变1,将第1条连续赋值语句激活。再经过2个单位时间延时后,q 由1变0,再次将第2条连续赋值语句激活。

若采用门实例语句对该电路进行结构描述,其执行过程与此相似。

Verilog HDL 中的并行语句有连续赋值语句、INITIAL 语句、ALWAYS 语句、实例语句等。本节讨论前三种语句,实例语句将结合模块的结构描述在3.3.5节讨论。

1. 连续赋值语句

连续赋值语句主要用于数据流描述,将值赋给线网(不能给寄存器赋值),它的简单形式如下:

        ASSIGN 目标线网=表达式;

当表达式中的操作数上有事件(即操作数的值发生变化)时,则该赋值语句被执行。此时计算表达式的值,若值有变化,则将新值赋给左边的线网。

例如半加器描述中

```
        ASSIGN #2 s = a ^ b;
        ASSIGN #2 c = a & b;
```

当 a 或 b 变化时,这两条语句才会被执行。显然连续赋值语句是并行执行的,与其书写的顺序无关。只要连续赋值语句右端表达式中操作数的值变化(即有事件发生),连续赋值语句即被执行。

连续赋值语句中的目标线网类型有:标量线网、矢量线网、矢量的常数型位选择、矢量的常数型部分选择,以及上述类型的任意的拼接运算结果。如一个4位加法器,被加数、加数和进位输入依次为 x、y、cin,和数及进位输出为 s 和 cout。

```
        MODULE fadder (x, y, cin, s, cout);              //加法器模块
            INPUT x, y, cin;
            OUTPUT s, cout;
            Wire cout, cin ;
            Wire [3:0] x, y, s;
            ASSIGN #2 {cout, s} = x + y + cin;
        ENDMODULE
```

连续赋值语句将1位的标量(cout)和4位矢量(s)拼接在一起,接受表达式的值(5位)。

线网可以在定义时就进行连续赋值。例如:

        Wire [3:0] s = 4'B0000;

连续赋值语句中可以规定延时,如果没有定义,则右边表达式的值立即赋给目标线网,延时为 0。如果定义了延时,则从计算右边表达式的值到将其赋给左边目标需经过规定的延时。如上述4位加法器的描述中,就定义了输出相对于输入有2个时间单位的延时。

延时也可以在线网定义时指定,例如:

        Wire #4 cout;
        Wire [3:0] #4 s;

该延时表示驱动源值改变与线网自身变化之间的延时。在此情况下连续赋值语句

      ASSIGN #2 {cout，s} = x + y + cin;

的实际延时将为线网延时和赋值延时两者之和(4+2)。

2. INITIAL 语句

INITIAL 语句和 ALWAYS 语句提供了对模块进行行为描述的主要机制。一个模块中可以包含任意多个 INITIAL 或 ALWAYS 语句。这些语句相互并行执行，即这些语句的执行顺序与其在模块中的顺序无关。

每个 INITIAL 语句或 ALWAYS 语句的执行产生一个单独的控制流(进程)，所有的INITIAL和 ALWAYS 语句在 0 时刻开始并行执行。

INITIAL 语句只在模拟开始时执行一次，即在 0 时刻开始执行。INITIAL 语句的格式如下：

      INITIAL
        [延时控制语句] 过程语句

过程语句包括：块语句、过程赋值语句(阻塞或非阻塞)、条件语句、循环语句等。其中，顺序块语句(BEGIN...END)最为常用。

INITIAL 中各过程语句仅执行一次，根据 INITIAL 中出现的时间控制在某个特定时间完成执行。例如：

      INITIAL
      BEGIN
         wav= 4 'B0000；
         #5 wav= 4 'B0001；
         #5 wav= 4 'B0010；
         #5 wav= 4 'B0100；
         #5 wav= 4 'B1000；
         #5 wav= 4 'B0000；
      END

上述语句中，wav 先在 0 时刻被赋值全 0，然后每过 5 个时间单位都被赋新值，以模拟图 3-10 所示的波形。

INITIAL 语句主要用于初始化和波形生成。

3. ALWAYS 语句

ALWAYS 语句与 INITIAL 语句相反，需反复执行。其语句格式则与 INITIAL 语句类似。

      ALWAYS
        [延时控制语句] 过程语句

例如对上升沿触发的 D 触发器，设时钟信号和输入信号分别为 clk 和 d，状态输出为 q 和 nq。

      MODULE d_ff1 (clk, d, q, nq)；
        INPUT clk, d ；
        OUTPUT q, nq ；
        Reg q, nq ；
        ALWAYS @(POSEDGE clk)
        BEGIN

```
                q<=d;
                nq<= ~d;
        END
    ENDMODULE
```

这是一个由事件控制的顺序过程的 ALWAYS 语句。只要有事件发生(此处为 clk 上升沿),就执行顺序过程中的语句。

在 ALWAYS 语句中也可以通过 WAIT 语句进行事件控制。下例为 RS 触发器的行为描述。

```
    MODULE rs_ff2 (r, s, q, nq);
        INPUT r, s;
        OUTPUT q, nq ;
        Reg q, nq ;
        ALWAYS
        BEGIN
            WAIT (r==0 ‖ s==0);
            IF(r==0 && s==0)
            BEGIN
                q=1;
                nq=1;
            END
            ELSE IF(r==0)
            BEGIN
                q=0;
                nq=1;
            END
            ELSE
            BEGIN
                q=1;
                nq=0;
            END
        END
    ENDMODULE
```

ALWAYS 语句中顺序过程的执行由 WAIT 语句表示的电平敏感事件控制,当 r 或 s 为 0 时,激活这一过程,而当 r 和 s 均不为 0 时,终止该过程。

3.3.5 结构描述语句

结构描述是数字系统层次化设计的重要方式。Verilog HDL 中通过实例语句进行结构描述。有三种不同的实例语句:门级实例语句、用户定义原语实例语句和模块实例语句。

1. 内置基本门

门级实例语句用于门级电路结构的描述。内置基本门有多输入门、多输出门、三态门、上拉与下拉电阻、MOS 开关、双向开关等。

简单的门实例语句的格式为

    门类型名［延时］［实例名］(端口表);

同一门类型的多个实例能够在一个结构形式中定义。即

门类型名［延时］［实例名 1］（端口表），

　　　　　　　［实例名 2］（端口表），

　　　　　　　　⋮

　　　　　　　［实例名 n］（端口表）；

门延时除可以在实例语句中定义外,还可以在程序块中定义。门延时的默认值为 0。

（1）多输入门

内置的多输入门只有单个输出,1 个或多个输入,包括与门（AND）、或门（OR）、与非门（NAND）、或非门（NOR）、异或门（XOR）和异或非门（XNOR）等。

多输入门实例语句中的第一个端口是输出,其他端口是输入。如前述半加器中的异或门

　　　XOR x1(s, a, b);

s 为输出端,而 a 和 b 均为输入端。

（2）多输出门

内置的多输出门只有单个输入,一个或多个输出。有缓冲门（BUF）和非门（NOT）。

多输出门的最后一个端口是输入,其他端口为输出。例如:

　　　BUF b1 (o1, o2, o3, x);

　　　NOT n1 (no1, no2, no3, x);

x 为输入,而 o1~o3 为缓冲门的输出,no1~no3 为非门的输出。

（3）三态门

三态门有一个输出、一个数据输入和一个控制输入,包括控制端低电平有效的三态缓冲门（BUFIF0）、控制端高电平有效的三态缓冲门（BUFIF1）、控制端低电平有效的三态非门（NOTIF0）、控制端高电平有效的三态非门（NOTIF1）。

三态门的第一个端口是输出,第二个端口是数据输入,第三个端口则是控制输入。

（4）实例数组

当需要描述重复性的实例时,在实例描述语句中可以有选择地加上范围说明。其形式如下:

　　　门类型名［延时］实例名［左界 : 右界］（端口表）;

左界和右界可以是任意的常量表达式。重复实例的个数为二者之差绝对值＋1。例如:

　　　Wire ［3:0］a, b, s;

　　　XOR x[3:0](s, a, b);

相当于

　　　Wire ［3:0］a, b, s;

　　　XOR x3(s[3], a[3], b[3]);

　　　XOR x2(s[2], a[2], b[2]);

　　　XOR x1(s[1], a[1], b[1]);

　　　XOR x0(s[0], a[0], b[0]);

注意:定义实例数组时,实例名不可缺省。

2. 用户定义原语

用户定义原语（User Defined Primitive,UDP）的实例语句与基本门的实例语句的格式完全相同。

（1）UDP 的定义

定义 UDP 的形式如下:

```
PRIMITIVE UDP 名（输出名，输入列表）；
    输出说明
    输入列表说明
    ［寄存器说明］
    ［INITIAL 语句］
    TABLE
        功能表
    ENDTABLE
ENDPRIMITIVE
```

UDP 只能有一个输出和一个或多个输入。第一个端口必须是输出端口。此外，输出可以取值 0、1 或 x(不允许取 z 值)。输入中出现值 z 按 x 处理。

UDP 的行为以功能表的形式描述，其可能出现的表述形式见表 3-12。

在 UDP 中可以描述组合电路和时序电路(边沿触发和电平触发)。

(2) 组合电路 UDP

在组合电路 UDP 中，通过功能表定义不同的输入组合下电路对应的输出值。没有指定的输入组合输出为 x。下面以 2 选 1 数据选择器(a、b 为数据输入，s 为选择控制端，y 为输出)为例加以说明。

```
PRIMITIVE mux2to1（y，a，b，s）；
OUTPUT y；
INPUT a，b，s；
    TABLE
    // 信号顺序 a  b  s：y
        0 ? 0：0；
        1 ? 0：1；
        ? 0 1：0；
        ? 1 1：1；
        0 0 x：0；
        1 1 x：1；
    ENDTABLE
ENDPRIMITIVE
```

表 3-12 UPD 功能表常用符号

符号	含　义	说　明
0	逻辑 0	
1	逻辑 1	
x	未知	
?	0、1、x 任选	不能表示输出
b	0 或 1 任选	同上
—	保持不变	只用于时序模块输出
(a b)	由 a 变为 b	
*	相当于(??)	表示输入有任何变化
r	同(01)	上升沿
f	同(10)	下降沿
p	(01)、(0 x)或(x 1)	包含 x 态的上升沿
n	(1 0)、(1 x)或(x 0)	包含 x 态的下降沿

功能表按

    输入列表：输出字符

的方式表示，输入列表的顺序不能改变(a、b、s)。

在功能表中没有输入组合 0 1 x，1 0 x 项，即表示在这些输入组合下输出值为 x。

可以在 2 选 1 数据选择器的基础上通过 UDP 实例描述图 3-11 所示的 4 选 1 数据选择器。

```
MODULE mux4to1 （f，d0，d1，d2，d3，s1，s0）；
    INPUT d0，d1，d2，d3，s1，s0；
    OUTPUT f；
    Wire y1，y2；                          //内部信号
    mux2to1 ♯5 (y1，d0，d1，s0 )，
              (y2，d2，d3，s0 )，
              (f，y1，y2，s1 )；
ENDMODULE
```

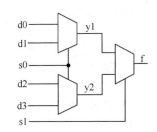

图 3-11 4 选 1 数据选择器

（3）时序电路 UDP

在时序电路 UDP 中，使用 1 位寄存器描述电路内部状态，且该寄存器的值也是时序电路 UDP 的输出值。寄存器当前值（现态）和输入信号决定了寄存器的下一状态（输出）。寄存器状态初始化可以使用包含过程赋值语句的 INITIAL 语句实现。

时序电路 UDP 有两种类型：电平触发和边沿触发。

对响应时钟高电平的 D 锁存器可进行如下 UDP 描述。

```
PRIMITIVE d_latch(q, clk, d);
    OUTPUT q;
    INPUT clk, d;
    Reg q;
    INITIAL q = 0;
    TABLE
    // 信号顺序 clk d : q(现态) : q(次态)
        0 ?  : ? : - ;
        1 0  : ? : 0 ;
        1 1  : ? : 1 ;
    ENDTABLE
ENDPRIMITIVE
```

INITIAL 语句为锁存器定义了初态。显然仅当 clk 为 1 时，d 的值才能存入 q 端，其他情况下 q 保持不变。

而对响应时钟上升沿的 D 触发器，其 UDP 描述如下：

```
PRIMITIVE d_ff2(q, clk, d) ;
    OUTPUT q;
    INPUT clk, d;
    Reg q;
    TABLE
    // 信号顺序 clk d : q(现态) : q(次态)
        (01)  0  : ? : 0 ;
        (01)  1  : ? : 1 ;
        (1?)  ?  : ? : - ;
         ?  (??) : ? : - ;
    ENDTABLE
ENDPRIMITIVE
```

功能表中，(01)表示由 0 变 1（上升沿），(1?)表示从 1 变为任意值（0、1 或 x）。功能表最后一行表示：当 clk 不出现跳变为稳定值(0、1、x)时，无论 d 的值如何变化(??)，q 保持不变。由功能表可以看出，仅当 clk 出现上升沿时，d 的值才能存入 q 端，其他情况下 q 保持不变。

3. 模块实例语句

模块的定义方法已在 3.3.1 节作了介绍。一个模块可以被另一模块所引用，以实现层次化的设计。

（1）模块引用

模块通过实例语句加以引用，其形式为

　　　　模块名 实例名（端口关联）；

信号端口可以通过位置或名字关联。在位置关联中，端口表达式按指定的顺序与模块中的端口关联；而在名字关联中，端口顺序可以任意。

前文已定义了半加器模块 half_adder（a，b，s，c），若采用图 3-8(b)所示的电路构成一位全加器，则代码如下：

```
MODULE full_adder(x, y, cin, sum, cout);
    INPUT x, y, cin;
    OUTPUT sum, cout;
    Wire c1, s1, c2;                            //定义内部信号
    half_adder h1 (x, y, s1, c1),               //模块实例语句，位置关联
        h2 (.b(cin), .a(s1), .c(c2), .s(sum));  //模块实例语句，名字关联
    OR  #2  o1 (cout, c1, c2);                   //门实例语句
ENDMODULE
```

在实例语句中，悬空端口可通过将端口表达式表示为空白来指定为悬空端口，但逗号要保留。例如，若已定义了带复位(CR)和预置端(PS)的 D 触发器 d_ff（cr，ps，clk，d，q，nq）做如下引用时

```
d_ff d1(.cr(), .ps(), .clk(cp), .d(data), .q(q), .nq());    //名字关联
d_ff d2(, , cp, data, q, );            //位置关联
```

在这两个实例语句中，输入端口 cr 和 ps 悬空，输出端口 nq 也悬空。若模块的输入端悬空，则其值为高阻态 z；若模块的输出端口悬空，表示该输出端口废弃不用。

当相互关联的端口长度不同时，端口通过无符号数的右对齐或截断方式进行匹配。

(2) 模块参数值

当某个模块在另一个模块内被引用时，高层模块能够改变低层模块的参数值。模块参数值的改变可采用参数定义语句(DEFPARAM)和带参数值的模块引用两种方式。

参数定义语句形式如下：

```
DEFPARAM 层次路径名 1＝值 1，层次路径名 2＝值 2，…，层次路径名 n＝值 n；
```

例如在半加器 ha_adder 中定义了参数 ha_delay，则上例全加器中可以对 ha_delay 进行修改。

```
MODULE full_adder(x, y, cin, sum, cout);
    INPUT x, y, cin;
    OUTPUT sum, cout;
    Wire c1, s1, c2;                            //定义内部信号
    DEFPARAM   h1.ha_delay = 4,                 //更改实例 h1 中的 ha_delay
               h2.ha_delay = 5;                 //更改实例 h2 中的 ha_delay
    half_adder h1 (x, y, s1, c1),               //模块实例语句，位置关联
        h2 (.b(cin), .a(s1), .c(c2), .s(sum));  //模块实例语句，名字关联
    OR  #2  o1 (cout, c1, c2);                   //门实例语句
ENDMODULE
```

(3) 带参数值的模块引用

模块实例语句自身可以包含新的参数值。如上例也可等效地表示为

```
MODULE full_adder(x, y, cin, sum, cout);
    INPUT x, y, cin;
    OUTPUT sum, cout;
    Wire c1, s1, c2;                                   //定义内部信号
    half_adder #(4) h1 (x, y, s1, c1);                 //更改实例中的 ha_delay 为 4
```

```
        half_adder #(5) h2 ( .b(cin), .a(s1), .c(c2) , .s(sum));    //更改实例中的 ha_delay 为 5
        OR  #2  o1 (cout, c1, c2);                              //门实例语句
    ENDMODULE
```

通过#()依次更改实例中的参数。若实例中有多个参数则用逗号分开,且实例语句中参数值的顺序必须与被引用的模块中说明的参数顺序一致。

若定义了一个 n 位加法器(默认 n=4)

```
    MODULE addern (x, y, cin, s, cout);                    //加法器模块
        INPUT x, y, cin;
        OUTPUT s, cout;
        Wire cout, cin ;
        PARAMETER n=4, delay1=5;
        Wire [n:1] x, y, s;
        ASSIGN #delay1 {cout, s} = x + y + cin;
    ENDMODULE
```

对其引用时,可根据需要再规定其位数和延时。

```
    ⋮
    Wire [8:1] aug1, aug2, sum;
    Wire c0, c8;
    ⋮
    addern #(8, 6) adder8(aug1, aug2, c0, sum, c8);
    ⋮
```

实例语句的第一个参数将加法器位数规定为 8 位,而第二个值则将延时改为 6。

3.3.6 任务与函数

任务(TASK)和函数(FUNCTION)类似于子程序,可以把相同的代码段封装起来,便于多次引用,同时也简化了代码结构,增加代码的可读性与可维护性。任务与函数的不同之处在于:

(1) 函数至少要有一个输入变量,而任务可以没有输入变量;

(2) 函数有一个返回值,而任务则无返回值;

(3) 函数不能引用任务,而任务可以引用函数;

(4) 函数不能包含任何时序控制(必须立即执行),而任务可以包含时序控制,或等待特定事件的发生。

(5) 函数只能与引用它的模块共用同一个仿真时间单位,而任务可以定义自身的仿真时间单位。

1. 任务

(1) 任务定义

任务定义的形式如下:

```
    TASK  任务名;
        [说明语句]
        过程语句
    ENDTASK
```

任务可以没有也可以有一个或多个参数。值通过参数传入和传出任务。参数可以是输入,也可以是输出,还可以是双向(输入/输出)。任务的输入和输出在任务开始处声明。这些输入和输出的顺序

决定了它们在任务调用中的顺序。

任务的定义放在模块说明部分。任务除内部可以定义变量外,还能使用模块中定义的变量。当然,任务内部变量只能在任务中使用。

例如:

```
MODULE some_module;
    PARAMETER num=10;
    ⋮
    TASK max;                      //任务定义
        INPUT x[num:1];
        OUTPUT z;
        Integer i;
        BEGIN
            z=x[1];
            FOR(i=2;i<=num;i=i+1)
                IF (x[i]>z)
                    z = x[i];
        END
    ENDTASK
    ⋮
ENDMODULE
```

max 是任务名,i 是任务内部定义的局部寄存器,只能在任务中使用。而任务外模块中定义的 num 也可以在任务中使用。x、z 则依次为任务的输入、输出变量。

(2) 任务调用

任务调用语句给出传入任务的参数值和接收结果的变量值。形式如下:

任务名[(参量表)];

任务调用语句是顺序语句,可以在 INITIAL 语句和 ALWATS 语句中使用。因此,任务调用中的输出和输入参数必须是寄存器类型。

任务调用语句中参量列表必须与任务定义中参数说明的顺序一致。

上例所定义的任务可以在模块中进行如下调用:

```
MODULE some_module;
    PARAMETER num=10;
    Integer data[num:1], result;
    ⋮
    max(data, result);            //任务调用
        ⋮
ENDMODULE
```

任务所处理的数据可以是模块的全局变量,这样就不必通过参数表进行数据传递。如上述 max 任务可以改为

```
MODULE some_module;
    PARAMETER num=10;
    Integer data[num:1], result;
    ⋮
```

```
    TASK max;                    //任务定义
        Integer i;
        BEGIN
            result＝data[1];
            FOR(i＝2;i＜＝num;i＝i+1)
                IF（data[i]＞result）
                    result ＝ data[i];
        END
    ENDTASK
        ⋮
    max;                         //任务调用
        ⋮
ENDMODULE
```

任务由顺序语句构成,也可以包含时序控制,或等待特定事件的发生。任务可在被调用后再经过一定延时才返回值。但是值得注意的是,任务的输出参数的值直到任务退出时才传递给调用参数。例如,前述生成波形的代码可以定义成一个任务。

```
    ⋮
Reg [3:0] wavout;
TASK wavgen;                    //任务定义
    OUTPUT [3:0] wav;
    BEGIN
        wav＝ 4 'B0000;
        ♯5 wav＝ 4 'B0001;
        ♯5 wav＝ 4 'B0010;
        ♯5 wav＝ 4 'B0100;
        ♯5 wav＝ 4 'B1000;
        ♯5 wav＝ 4 'B0000;
    END
ENDTASK
⋮
INITIAL
    wavgen(wavout);             //任务调用
    ⋮
```

实际上,wavout 并没有产生预期的波形,因为任务中 wav 的一系列变化并没有实时的反映在 wavout 上(对 wavout 的赋值只能在任务返回后才能进行,而且赋的值是 wav 最后的结果 4 'B0000)。可以通过在任务中直接处理全局变量的方法解决这一问题。

```
    ⋮
Reg [3:0] wavout;
TASK wavgen;                    //任务定义
    BEGIN
        wavout＝4 'B0000;
        ♯5 wavout＝4 'B0001;
        ♯5 wavout＝4 'B0010;
        ♯5 wavout＝4 'B0100;
```

```
            #5 wavout= 4 'B1000;
            #5 wavout= 4 'B0000;
        END
    ENDTASK
    ⋮
    INITIAL
        wavgen;                        //任务调用
    ⋮
```

2. 函数

（1）函数定义

函数在模块的说明部分定义，形式为

```
    FUNCTION［返回值位宽］函数名；
        输入说明
        其他说明
        过程语句
    ENDFUNCTION
```

函数定义时隐含声明了一个与函数同名的局部寄存器，用于保存函数返回值。在函数定义中需显式地对该寄存器赋值来产生返回值。返回值位宽指明函数返回值的位数，缺省时为 1 位寄存器类型数据。

前述 max 任务也可改写成函数。

```
    MODULE some_module；
        PARAMETER num=10；
          ⋮
        FUNCTION[31:0] max；                //函数定义
            INPUT x[num:1]；
            Integer i；
            BEGIN
                max=x[1]；
                FOR(i=2;i<=num;i=i+1)
                    IF（x[i]>max）
                        max = x[i]；
            END
        ENDFUNCTION
          ⋮
    ENDMODULE
```

（2）函数调用

函数只能作为操作数在表达式中被调用，其形式如下：

```
    函数名［（参量表）］；
```

例如，对 max 函数的调用

```
    MODULE some_module；
        PARAMETER num=10；
```

```
        Integer data[num:1]，result；
          ⋮
        result= max(data)；                    //函数调用
            ⋮
      ENDMODULE
```

3. 系统任务和系统函数

Verilog HDL 提供了一些预定义的系统任务和系统函数,分为显示、文件输入/输出、时间标度、模拟控制、时序验证、随机建模、实数变换、概率分布等。在此,主要讨论显示和文件输入/输出。

(1) 显示任务

显示系统任务用于信息显示(＄DISPLAY)和输出(＄WRITE),其格式如下:

任务名(格式说明 1 ,参数表 1 ,格式说明 2 ,参数表 2 ,…,格式说明 n ,参数表 n);

显示任务将特定信息输出到标准输出设备,并且带有行结束字符;而写入任务输出特定信息时不带有行结束符。常用格式说明有

%h 或%H:十六进制

%d 或%D:十进制

%o 或%O:八进制

%b 或%B:二进制

%c 或%C:ASCII 字符

%s 或%S:字符串

%t 或%T:当前时间格式

%e 或%E:指数形式的实数

%f 或%F:十进制形式的实数

%g 或%G:以指数形式或十进制形式中较短一种输出实数

在没有格式说明的情况下, ＄DISPLAY 和 ＄WRITE 输出为十进制数; ＄DISPLAYB 和 ＄WRITEB 输出为二进制数、 ＄DISPLAYO 和 ＄WRITEO 输出为八进制数、 ＄DISPLAYH 和 ＄WRITEH 输出为十六进制数。

特殊字符与 3.3.2 节中常数特殊字符的表示方法基本相同,只是增加了符号"%"的表示方法——%%。

(2) 文件输入/输出

系统函数

＄FOPEN(文件名)

用于打开一个文件。该函数的返回值为整型(文件指针)。

而关闭文件则是个系统任务

＄FCLOSE(文件指针);

前述的 ＄DISPLAY 和 ＄WRITE 等显示任务中,若添加文件指针作为第一个参数,则可将信息写入文件,而不是输出到标准的输出设备。

从文本文件中读取数据并将数据加载到存储器的系统任务是: ＄READMEMB 和 ＄READ-MEMH。

文本文件包含空白符、注释和二进制(对于 ＄READMEMB)或十六进制(对于 ＄READMEMH)数字。每个数据由空白符隔离。该系统任务带有两个参数,第一个是文件名(用双引号括起来),第

二个是存储器地址。例如：

```
REG[7:0] mem1[1023:0];
⋮
INITIAL
    $READMEMH（"table_value.txt", mem1）;
⋮
```

（3）其他系统任务与函数

　　$FINISH　　使模拟器结束运行。

　　$STOP　　　使模拟被挂起。此时,交互命令可以被发送到模拟器。

　　$SETUP(数据事件,参考事件,门限值)　建立时间检查。参考事件(如时钟信号某种边沿)为时间基准,数据事件为被查对象。

　　$HOLD(参考事件,数据事件,门限值)　保持时间检查。参考事件为时间基准,数据事件为被查对象。

　　$TIME　　返回 64 位的整型模拟时间。

　　$STIME　　返回 32 位的整型模拟时间。

　　$REALTIME　　返回实型模拟时间。

　　$RTOI(实数值)　通过截断小数将实数变换为整数。

　　$ITOR(整数值)　将整数变换为实数。

　　$RANDOM[(种子)]　返回随机数,为 32 位的带符号整数。

3.3.7　编译预处理

　　Verilog HDL 中有一些特殊的命令,在编译时先进行处理,然后再将处理结果同其他的代码一道进行常规的编译,这些命令称为编译预处理命令。

　　编译预处理命令的作用范围从它在源代码中出现的地方开始直到被其他命令取代或文件的结束处。

　　编译预处理命令以特殊的"`"字符打头(该字符不是单引号,其上位键为"～"),且命令末尾不必加逗号。

1. `DEFINE 和`UNDEF 命令

　　`DEFINE 为宏定义命令,其作用是用一个标识符(宏名)替代一个字符串(宏内容)。编译时,该标识符逐一还原成它所表示的字符串,称为宏展开。宏定义命令的格式为

　　`DEFINE　标识符　字符串

例如：

```
`DEFINE num 32
`DEFINE some_xor XOR #2
`DEFINE add(a,b) a + b
⋮
MODULE some_module;
    Reg [31:0] mem1[`num:1];
    `some_xor sx1(o1, i1, i2);
    f=`add(10,5);            //f=10+5;
⋮
```

第一个宏定义将存储器的长度 32 用 num 表示,若长度需要修改,只要改这条宏定义命令。第二个宏定义则用 some_xor 表示 XOR ♯2,在实例语句中通过宏展开还原成

XOR ♯2 sx1(o1, i1, i2);

而第三个宏定义则代表了一个表达式。

宏定义命令既可以放在模块内,也可以置于模块外。在使用宏名时,前面同样要加上"`"字符。

宏定义命令可以通过宏取消命令`UNDEF 终止使用。

2. `INCLUDE 命令

`INCLUDE 为文件包含命令,其作用是在一个源文件中将另一个源文件的内容包含(嵌入)到该命令所在位置。其形式为

`INCLUDE   "文件名"

可以将一些常用的宏定义、参量与变量说明语句、任务与函数等放在一个头文件中,然后通过文件包含命令将其引入到源文件中,提高了设计效率和可维护性。

3. 条件编译命令

通常情况下,源文件中的所有代码都参加编译。但有些情况下,希望部分代码在满足特定条件时才参加编译,这称为条件编译,可以通过条件编译命令进行控制。

条件编译命令的格式为

`IFDEF   宏名(标识符)
    代码段 1
[`ELSE
    代码段 2]
`ENDIF

其作用是当宏名已定义过(通过`DEFINE 命令定义),则对代码段 1 进行编译,代码段 2 被忽略;反之,忽略代码段 1,编译代码段 2。ELSE 和代码段 2 可以缺省。

通过条件编译命令,可以在一个模块的多种描述中进行选择,还可以选择不同的时序和结构描述。

4. 时间尺度命令

前文所有的延时都是基于某种时间单位,而时间单位的具体大小及其精度(最小增量)则需通过时间尺度命令加以定义。其形式为

`TIMESCALE 时间单位/ 精度单位

其中,时间单位表示仿真时间和延时时间的基准单位,而精度单位则表示仿真时间的精确程度。如果同一设计中存在多个时间尺度命令,则用最小的时间精度来确定仿真的时间单位。时间精度值不能大于时间单位值。

`TIMESCALE 命令中时间单位和时间精度都必须是整数,单位有秒(s)、毫秒(ms)、微秒(μs)、纳秒(ns)、皮秒(ps)。

例如:

`TIMESCALE 5ns/1ns

    ⋮

```
#3.5 wav= 4 'B0001;
#3.5 wav= 4 'B0010;
    ⋮
```

时间单位和时间精度依次是 5ns 和 1ns,而 wav 波形每隔 3.5 个时间单位(相当于 17.5ns)变化,但由于时间精度是 1ns,所以该延时将按四舍五入取整为 18ns。

3.3.8　Verilog HDL 描述实例

1. 组合逻辑电路描述

(1) 多位减法器

被减数 A、减数 B 和差 D 均为 8 位二进制数,借位输入和输出依次为 Bin 和 Bout。

```
module sub8(a, b, bin, d, bout);
    input [7:0] a, b;
    input bin;
    output [7:0] d;
    output bout;
    assign {bout, d} = a-b-bin;
endmodule
```

(2) 多位比较器

待比较的两个数 A 和 B 均为 8 位二进制数,输出信号 A_EQUAL_B、A_GREATER_B 和 A_LESS_B 依次表示 A=B、A>B 和 A<B。

```
module comp8(a, b, a_equal_b, a_greater_b, a_less_b);
    input [7:0] a, b;
    output a_equal_b, a_greater_b, a_less_b;
    assign a_equal_b= (a==b)? 1:0;
    assign a_greater_b= (a>b)? 1:0;
    assign a_less_b= (a<b)? 1:0;
endmodule
```

(3) 数据选择器

4 选 1 数据选择器的数据输入为 D0~D3,地址选择信号为 A1、A0,输出为 F。

```
module mux4to1(a, d, f);
    input [1:0] a;
    input [3:0] d;
    output f;
    reg f;
    always @(a or d)
        case(a)
            2 'b 00 : f = d[0];
            2 'b 01 : f = d[1];
            2 'b 10 : f = d[2];
            2 'b 11 : f = d[3];
            default: f= 1'bx;
        endcase
```

```
endmodule
```

（4）译码器

2—4 译码器的输入为 A1、A0,输出为 Y3~Y0,均为高电平有效。

```
module decoder2to4(a, y);
    input [1:0] a;
    output [3:0] y;
    assign y=4 'b1 << a;
endmodule
```

当 A1、A0 为 00~11 时,通过移位使 Y3~Y0 依次输出 0001、0010、0100、1000。

（5）双向总线驱动器

两个 8 位双向数据线为 A 和 B,使能端为 EN,方向控制端为 DIR。当 EN 为 0 时,A、B 端口均呈高阻态。当 EN 为 1 时该总线驱动器被选通,若 DIR=1,则信号由 A 传至 B;反之信号由 B 传至 A。

```
module bidir(a, b, en, dir);
    input en, dir;
    inout [7:0] a, b;
    assign b = en ? (dir? a:b) : 8 'bzzzzzzzz;
    assign a = en ? (! dir? b:a) : 8 'bzzzzzzzz;
endmodule
```

2. 时序逻辑电路描述

（1）带异步复位、预置端的 D 触发器

CR 和 PS 依次为异步复位和预置端,均低电平有效,触发器响应时钟 CLK 的上升沿。

```
moule d_ff (cr, ps, clk, d, q, nq);
    input cr, ps, clk, d;
    output q, nq;
    reg q, nq;
    always @ (negedge cr or negedge ps or posedge clk)
        if (! cr)
        begin                       //复位
            q<=0;
            nq<=1;
        end
        else if (! ps)
        begin                       //预置
            q<=1;
            nq<=0;
        end
        else
        begin                       //触发
            q<=d;
            nq<= ~d;
        end
endmoule
```

（2）双向移位寄存器

双向移位寄存器除具有 8 位数据存储功能外,还具有左移、右移、同步复位和预置功能。其复位端为 RESET,高电平有效;左移和右移串行数据输入端分别是 SL_IN 和 SR_IN。

预置数据输入端为 DATA(8 位)。两位模式控制端 MODE 为 00、01、10、11 时,寄存器工作方式依次为保持、右移、左移和预置。

```verilog
module srg8 (reset, sl_in, sr_in, clk, data, mode, q);
    input reset, sl_in, sr_in, clk ;
    input [7:0] data;
    input [1:0] mode;
    output[7:0] q;
    reg[7:0] q;
    always @(posedge clk)
        if (reset)
            q<=8 'b 0;                          //复位
        else
            case(mode)
                2 'b 00 : q<=q;                 //保持
                2 'b 01 : q<= {sr_in, q[7:1]};  //右移
                2 'b 10 : q<= {q[6:0], sl_in};  //左移
                2 'b 11 : q<= data;             //置数
                default: q<=8 'Bx;
            endcase
endmodule
```

（3）可逆计数器

模 10 可逆计数器的异步复位(RESET)和预置(LD)均高电平有效。置数数据输入为 DATA(4位)。计数方式控制端 UP/DOWN＝1 进行加法计数,否则进行减法计数。除状态输出外,还有进位输出 CO 和借位输出 BO。

```verilog
module counter10 (reset, ld, up_down, clk, data, q, co, bo);
    input reset, ld, up_down, clk;
    input [3:0] data;
    output[3:0] q;
    output co, bo;
    reg[3:0] q;
    assign co= up_down && (q==4 'b1001);
    assign bo= ! up_down && (q==4 'b0);
    always @ (posedge reset or posedge ld or posedge clk)
        if (reset)
            q<=4 'b0;                           //复位
        else if(ld)
            q<=data;                            //置数
        else
            if (up_down)
                if (q==4 'b1001)                //加法计数
                    q<=4 'b0;
```

```
                 else
                     q<=q+1;
             else
                 if (q==4 'b0)                       //减法计数
                     q<=4 'b1001；
                 else
                     q<=q-1;
     endmodule
```

（4）异步计数器

异步时序电路具有多个时钟信号,所以需要通过多个过程进行描述。3.2 节中的图 3-9 所示的是一个由两个 D 触发器构成的异步模 4 计数器。首先对其进行行为描述。

```
     module asyn_ctr4(clk, q0, q1)；
         input clk；
         output q0, q1；
         reg q0, q1；
         always @ （posedge clk）
             q0<= ~q0；
         always @ （negedge q0）
             q1<= ~q1；
     endmodule
```

该电路也可在前文定义的 D 触发器模块 d_ff1（clk, d, q, nq)的基础上,通过结构描述说明其组成。

```
     module asyn_ctr4(clk, q0, q1)；
         input clk；
         output q0, q1；
         wire nq0, nq1；
         d_ff1 d1(clk, nq0, q0, nq0),
                 d2(nq0, nq1, q1, nq1)；
     endmodule
```

3. 状态机的描述

状态机既可以构成各种时序模块,又可以实现数字系统中的控制单元。状态机除了外部输入、输出信号外,还有内部状态信号。因此在描述时,需要在模块中定义表示电路状态的变量。电路的输出既可以同状态变化置于同一过程进行描述,又可以通过单独的过程加以描述。

对 3.2 节表 3-5 所示的状态机,其描述如下:

```
     module fsm （x, clk, z)；
         input x, clk；
         output z；
         reg [1:0] state；
         parameter s0=2 'b 00, s1=2 'b 01, s2=2 'b 10, s3=2 'b 11；
         assign z= (! x && state==s3) || (x && state==s0)；
         always @ （posedge clk）
             case(state)
```

```
        s0 : if（！x）
                state＜＝s1;
            else
                state＜＝s3;
        s1 : if（！x）
                state＜＝s2;
            else
                state＜＝s0;
        s2 : if（！x）
                state＜＝s3;
            else
                state＜＝s1;
        s3 : if（！x）
                state＜＝s0;
            else
                state＜＝s2;
        default：state＜＝2 'bx;
    endcase
endmodule
```

4. 测试台

类似于 VHDL,在进行设计验证时,也可以通过测试台(Testbench)产生测试激励。
例如,对前述 8 位减法器的 sub_testbench 如下：

```
module sub_testbench();
    reg［7:0］a_input;
    reg［7:0］b_input;
    reg bin;
    wire［7:0］d_out;
    wire bout;
    sub8  uut(a_input, b_input, bin, d_out, bout);  //通过模块实例引用减法器
    initial                                          //用 initial 语句描述信号源
    begin
        a_input＝8'h68; b_input＝8'h5a; bin＝1'b1;
        #20 a_input＝8'hc4; b_input＝8'h97; bin＝1'b0;
        #30 a_input＝8'h86; b_input＝8'ha5; bin＝1'b1;
        #30 $ finish;
    end
endmodule
```

首先,在 sub_testbench 中定义了测试用的输入、输出信号。然后,对减法器进行实例引用(使其
与测试信号源相连),并通过 INITIAL 语句定义测试信号源,其方法是通过信号赋值改变输入激励,
通过延迟规定信号电平的持续时间。

习 题 3

3.1 试说明 VHDL 实体端口模式 INOUT 与 BUFFER 的不同之处。

3.2 试给出一位全减器的 VHDL 算法描述、数据流描述、结构描述和混合描述。

3.3 用 VHDL 定义关于电流、电压和频率的物理类型。它们的基本单位依次为微安(μA)、微伏(μV)和赫兹(Hz)。

3.4 用 VHDL 描述下列器件的功能：

(1) 十进制-BCD 码编码器,输入、输出均为低电平有效。

(2) 时钟 RS 触发器。

(3) 带复位端、置位端、延时为 15ns 的响应 CP 下降沿的 JK 触发器。

(4) 集成计数器 74161。

(5) 集成移位寄存器 74194。

3.5 用 VHDL 分别描述第 2 章所述若干数字系统的算法流程图。

(1) 补码变换器(图 2-10)。

(2) 倒数变换器(图 2-13)。

3.6 试用 VHDL 描述下列电路结构：

(1) 由两输入端与非门构成的一位全加器。

(2) 由 D 触发器构成的异步二进制模 8 减法计数器。

(3) 由 JK 触发器和三输入端与非门构成的同步格雷码模 8 计数器。

3.7 用 VHDL 描述一个 BCD—七段码译码器。输入、输出均为高电平有效。

3.8 用 VHDL 描述一个三态输出的双 4 选 1 数据选择器。其地址信号共用,且各有一个低电平有效的使能端。

3.9 试用 VHDL 并行信号赋值语句分别描述下列器件的功能：

(1) 3-8 译码器。

(2) 8 选 1 数据选择器。

3.10 利用 VHDL 生成语句描述一个由 n 个一位全减器构成的 n 位减法器。n 的默认值为 4。

3.11 用 VHDL 描述一个 N 分频器。N 的默认值为 10。

3.12 用 VHDL 描述一个单稳态触发器。定时时间由类属参数决定。该触发器有 A、B 两个触发信号输入端,A 为上升沿触发(当 B=1 时),B 为下降沿触发(当 A=0 时);有 Q 和 $\overline{\text{Q}}$ 两个输出端,分别输出正、负两种脉冲信号。

3.13 用 VHDL 分别描述第 2 章中所列的若干 ASM 图。

(1) 倒数变换器控制单元(图 2-42)。

(2) 题 2.32 给出的某系统控制单元(图 E2-5)。

3.14 Verilog HDL 中,Reg 型和 Wire 型变量的区别是什么？

3.15 简述 Verilog HDL 中 $DISPLAY 和 $WRITE 的不同之处。

3.16 给出一位全减器的 Verilog HDL 算法描述、数据流描述、结构描述和混合描述。

3.17 用 Verilog HDL 描述题 3.4 中各模块的功能。

3.18 用 Verilog HDL 描述题 3.5 中的算法流程图。

3.19 用 Verilog HDL 描述题 3.6 中各电路的结构。

3.20 用 Verilog HDL 描述题 3.7 的译码器。

3.21 用 Verilog HDL 描述题 3.8 的数据选择器。

3.22 用 Verilog HDL 连续赋值语句描述题 3.9 的电路。

3.23 用 Verilog HDL 描述题 3.11 的分频器。

3.24 用 Verilog HDL 描述题 3.12 的单稳态触发器。

3.25 用 Verilog HDL 描述题 3.13 的 ASM 图。

第4章 可编程逻辑器件基础

4.1 PLD 概述

自 20 世纪 60 年代初集成电路诞生以来,经历了 SSI、MSI、LSI 的发展过程,目前已进入超大规模(VLSI)和甚大规模(ULSI)阶段,数字系统设计技术也随之发生了崭新的变化。

前已指出,数字系统是由许多子系统或逻辑模块构成的。设计者可根据各模块的功能选择适当的 SSI、MSI 及 LSI 芯片拼接成预定的数字系统,也可把系统的全部或部分模块集成在一个芯片内,称为专用集成电路 ASIC。使用 ASIC 不仅可以极大地减少系统的硬件规模(芯片数、占用的面积及体积等),而且可以降低功耗、提高系统的可靠性、保密性及工作速度。

ASIC 是一种由用户定制的集成电路。按制造过程的不同又可分为两大类:全定制和半定制。全定制电路(Full Custom design IC)是由制造厂按用户提出的逻辑要求,专门设计和制造的芯片。这一类芯片专业性强,适合在大批量定型生产的产品中使用。常见的电子表机芯、存储器、中央处理器 CPU 芯片等,都是全定制电路的典型例子。

早期的半定制电路(Semi-Custom design IC)的生产可分为两步。首先由制造厂制成标准的半成品;然后由制造厂根据用户提出的逻辑要求,再对半成品进行加工,实现预定的数字系统芯片。典型的半定制器件是 20 世纪 70 年代出现的门阵列(Gate Array,GA)和标准单元阵列(Standand Cell Array,SCA)。它们分别在芯片上集成了大量逻辑门和具有一定功能的逻辑单元,通过布线把这些硬件资源连接起来实现数字系统。这两种结构的 ASIC 的布线工作都是由集成电路制造厂完成的。

随着集成电路制造工艺和编程技术的提高,针对 GA 和 SCA 这两类产品的应用设计和半成品加工都离不开制造厂的缺点,从 20 世纪 70 年代末开始,发展了一种称为可编程逻辑器件(PLD)的半定制芯片。PLD 芯片内的硬件资源和连线资源也是由制造厂生产好的,但用户可以借助功能强大的设计自动化软件(也称设计开发软件)和编程器,自行在实验室内、研究室内,甚至车间等生产现场,按图 4-1 所示的过程,进行设计和编程,实现所希望的数字系统。在这种情况下,设计师的主要工作将是:

(1)根据设计对象的逻辑功能进行算法设计和电路划分,进而给出相应的行为描述或结构描述。

(2)利用制造厂提供的编辑工具以文本方式(例如 VHDL、Verilog HDL 源文件)或图形方式(例如逻辑图、工作波形图)把上述描述输入计算机。

(3)给出适当的输入信号,启动设计自动化软件中的仿真器,进行逻辑模拟,检查逻辑设计的正确性和进行时序分析。

(4)选择 PLD 芯片。

图 4-1 中的"设计实现"由设计自动化软件来完成,包括按设计要求在 PLD 内部硬件资源上进行

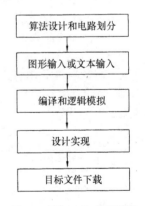

算法设计和电路划分

↓

图形输入或文本输入

↓

编译和逻辑模拟

↓

设计实现

↓

目标文件下载

图 4-1 用 PLD 实现数字系统的基本过程

布局和布线,进而形成表示这些设计结果的目标文件。最后将上述目标文件写入给定的器件(即编程或下载),使该器件实现预定的数字系统。

PLD 及其设计工具的出现,一方面极大地改变了传统的手工设计方法,使设计人员可从繁杂的手工劳作中解放出来而致力于最具有创造性的算法设计和系统优化工作,也使系统设计师可以在自己的工作场所制成所需的 IC;另一方面,极大地提高了系统的可靠性,降低了系统的成本,缩短了产品的开发周期,因此受到了系统设计人员和系统设备制造厂的极大欢迎。

近年来,PLD 作为 ASIC 的一个重要分支,其制造技术和应用技术都取得了飞速的发展,主要表现在如下几个方面。

(1) 电路结构

由"数字电路"学习可知,任何组合函数都可表示为与或表达式,并用两级与—或电路实现。最早的 PLD 就是根据这一原理,在芯片上集成了大量的两级与—或结构的单元电路,通过编程,即修改各与门及或门的输入引线,从而实现任意组合逻辑函数。这就是通常所说的简单 PLD(SPLD)的基本结构,随着集成技术的发展,在有效扩展 SPLD 和吸取 SCA 的构思的基础上,构成了称为复杂 PLD(CPLD)的新一代可编程器件。这类 PLD 的内部结构已不再完全局限于简单的由两级与—或电路构成的与—或阵列,也可以是更加灵活、更加通用的逻辑单元的阵列。这些逻辑单元本身既可能是一个与—或阵列,也可能是一个功能完善的逻辑模块。另一类 PLD 器件是从 GA 的基础上发展的,称为现场可编程门阵列(Field Programmable Gate Array,FPGA)。

PLD 电路结构的发展使芯片内硬件资源的利用更加灵活,设计师可在同样容量的芯片上配置入更加强大的数字系统。

(2) 高密度

CPLD 和 FPGA 内包含的等效门电路的数量均相当大,统称为高密度 PLD —— HDPLD。图 4-2 给出了 PLD 的基本分类的情况。现在,多种 HDPLD 的单片密度已达十万门、几十万门,甚至几百万门。更高密度的芯片还在不断出现,这为把更大的数字系统集成在一个芯片内提供了可能。

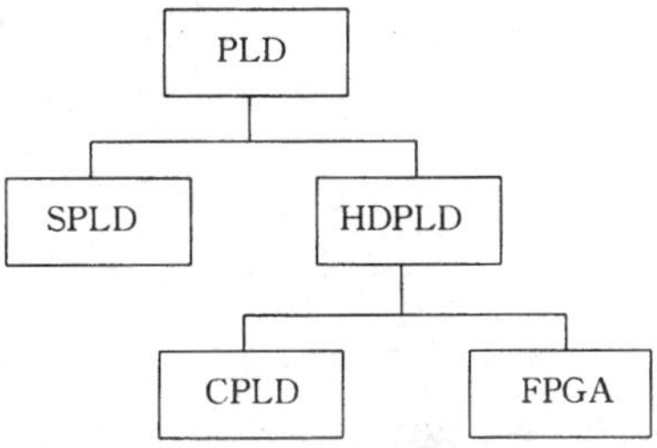

图 4-2　PLD 基本分类

(3) 工作速度高

现在许多 PLD 器件由引脚到引脚(pin-to-pin)间的传输延时时间仅有数纳秒。这将使由 PLD 构成的系统具有更高的运行速度。

(4) 多种编程技术

早期的 SPLD 芯片的编程是把芯片插在专门的编程器上进行的。如果编程后的芯片已被安装在印制板上,那么除非把它从印制板上拆下,否则就不能对它再编程。这就是说,安装在印制板上的芯片是不能对它再编程的。

在系统可编程技术(in-system programmablity, isp)和在电路可配置(或称可重构)技术(in-circuits reconfiguration, icr)就是为克服这一缺点而产生的。具有 isp 或 icr 功能的芯片,即使已经安装在目标系统的印制板上,仍可对其编程,以改变它的逻辑功能,改进系统性能,这为系统设计师提供了极大的方便。

此外,还有一种反熔丝(Antifuse)工艺的一次性非丢失编程技术,具此特性的 HDPLD 芯片具有高可靠性,适用特殊场合。

(5) 设计工具的不断完善

现有的设计自动化软件既支持功能完善的硬件描述语言如 VHDL、Verilog HDL 等作为文本输入,又支持逻辑电路图、工作波形图等作为图形输入。设计人员除了进行算法设计和建立描述外,设计软件将可以帮助设计人员完成其他相关工作。

鉴于 PLD 的规模、功能、速度和编程技术的不断提高及设计手段的不断完善,已经且必将在今后的数字系统设计中,愈来愈多地取代用多片 SSI、MSI 和 LSI 拼接构成系统的方法。

4.2 节将介绍 SPLD 的基本原理和结构及用 SPLD 实现逻辑电路的机理。4.3 节将讨论 SPLD 的组成和应用。

4.2 简单 PLD 原理

用户在设计开发软件的辅助下就可以对 PLD 器件编程,使之实现所需的组合或时序逻辑功能,这是 PLD 最基本的特征。为此,PLD 在工艺上必须做到允许用户编程,在电路结构上必须具有实现各种组合或时序函数的可能性。

4.2.1 PLD 的基本组成

如前所述,任何一个组合电路,总可以用一个或多个与或表达式来描述;任何一个时序电路,总可以用输出方程组和激励方程组来描述;输出方程和激励方程也都可以是与或表达式。如果 PLD 包含了实现与或表达式所需的两个阵列——与门阵列(简称与阵列)和或门阵列(简称或阵列),那就能够实现组合电路,如果再配置记忆元件还可以实现时序电路。SPLD 就根据此原理构成,图 4-3 给出了 SPLD 的基本组成框图。

图 4-3 SPLD 基本组成框图

图中的核心部分是具有一定规模的与阵列和或阵列。与阵列用以产生有关与项,或阵列把上述与项构成多个逻辑函数。图 4-3 中的输入电路起着缓冲的作用,且生成互补的输入信号,送至与阵列。输出电路既有缓冲作用,又可以提供不同的输出结构,如三态(TS)输出、OC 输出及寄存器输出等。不同的输出方式将可以满足不同的逻辑要求。

4.2.2 PLD 的编程

在以上讨论中,提出了一个编程的问题。图 4-4 将有助于理解这一概念。图 4-4(a)给出了一个有 4 输入的 TTL 与门,4 根输入线分别串入了熔丝 1,2,3,4。不难看出熔丝的通或断会直接改变输出函数 F 表达式的内容,如果熔丝 1,2,3,4 均接通,则 F＝ABCD。若熔丝 1 和 2 烧断,则 F＝CD,其余情况类推。这就是与门的一种可编程结构。通常,工厂提供的产品中熔丝是全部接通的,用户可按需要烧断某些熔丝,以满足输出函数的要求,这就是编程。用以产生必要的电信号将熔丝烧断的设备称为编程器。显然图 4-4(b)所示的或门是不可编程的。需要说明的是:若利用烧断熔丝的方法来编程,则编程总是一次性的。一旦编程,电路的逻辑功能将不能再改

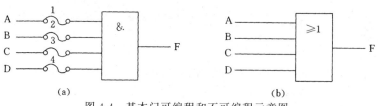

(a)   (b)

图 4-4 基本门可编程和不可编程示意图

变,这显然是不方便的。为此又开发出紫外线可擦除和电可擦除的 PLD,这两类器件允许用户重复编程和擦除,使用更为灵活方便。为使讨论方便起见,无论是何种编程和擦除结构,以下均采用熔丝这一名词。

4.2.3　阵列结构

SPLD 的与阵列和或阵列可以由晶体三极管组成(双极型),更多的是 MOS 场效应管组成(MOS型)。为明晰起见,以图 4-5 所示的由二级管构成的阵列为例来说明阵列的结构和编程原理。

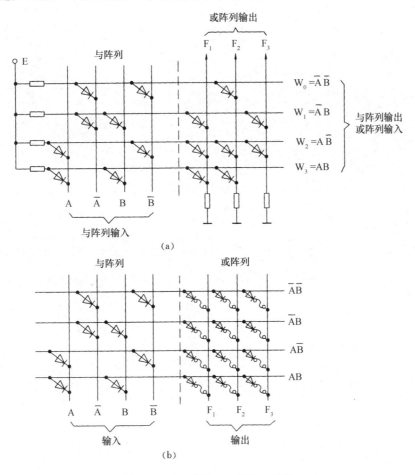

(a)

(b)

图 4-5　二极管构成的门阵列结构

图 4-5(a)是一个包括 4 个二极管与门,3 个二极管或门的门阵列结构。图中二极管常被称为耦合元件,它确定了门阵列各输出与输入之间的逻辑关系。图 4-5(a)中,与阵列的 4 个输出(即或阵列的输入)分别为

$$W_0 = \overline{A}\,\overline{B} \qquad\qquad W_1 = \overline{A}\,B$$
$$W_2 = A\,\overline{B} \qquad\qquad W_3 = AB$$

或阵列的输出为

$$F_1 = \overline{A}\,B + A\,\overline{B} + AB$$
$$F_2 = \overline{A}\,B + A\,\overline{B} + AB$$
$$F_3 = \overline{A}\,B + A\,\overline{B}$$

显然,在这两个阵列中,由于输入线和输出线之间的耦合元件(二极管)是固定的,阵列是不可编程的,它实现了固定的组合函数。

在图 4-5(b)给出的阵列中，与阵列耦合元件仍然是固定的，它们生成 4 个与项 $\overline{A}\,\overline{B}$、$\overline{A}\,B$、$A\,\overline{B}$ 和 AB；但或阵列中的耦合元件均串入了熔丝，从而构成可编程结构，因此输出函数 F_1、F_2、F_3 可由用户在编程时定义。通常所说的可编程还是不可编程就取决于阵列中输入、输出线交叉点处的耦合元件能否根据用户要求连接（即接通熔丝）或不连接（即断开熔丝）。

根据与阵列和或阵列各自可否编程及输出方式可否编程，SPLD 可分成四大类型：可编程只读存储器（Programmable Read Only Memory，PROM）、可编程逻辑阵列（Programmable Logic Array，PLA）、可编程阵列逻辑（Programmable Array Logic，PAL）及通用阵列逻辑（Generic Array Logic，GAL），如表 4-1 所示。表中 TS 表示三态输出；OC 为集电极开路输出；H、L 分别为输出高电平有效和低电平有效；I/O 为输入/输出；寄存器为寄存器输出。PROM、PLA 和 PAL 的输出方式是不可编程的，GAL 的输出方式是可编程的。

表 4-1　四种 SPLD 器件结构特点

类型	阵列		输出方式
	与	或	
PROM	固定	可编程	TS,OC
PLA	可编程	可编程	TS,OC,H,L,寄存器
PAL	可编程	固定	TS,H,L,I/O,寄存器
GAL	可编程	固定	可由用户编程定义

4.2.4　PLD 中阵列的表示方法

现行的 PLD 器件手册中采用的逻辑符号与本书前几章采用的逻辑符号有许多不同之处。本章将采用 PLD 常用符号，以便熟悉这些符号，便于阅读有关手册。

（1）输入缓冲器的表示方法

图 4-6(a)给出了 PLD 的典型的输入缓冲器，它的两个输出分别与输入的极性相同和相反。

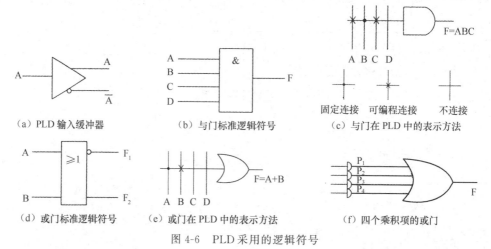

（a）PLD 输入缓冲器　　　（b）与门标准逻辑符号　　　（c）与门在 PLD 中的表示方法

（d）或门标准逻辑符号　　（e）或门在 PLD 中的表示方法　　（f）四个乘积项的或门

图 4-6　PLD 采用的逻辑符号

（2）与门的表示方法

图 4-6(b)给出了与门的标准逻辑符号，图 4-6(c)为与门在 PLD 中常用的表示方法。在这种描述方法中，四输入与门的输入部分只画一根线，通常称为乘积线，4 个输入分别用 4 根与乘积线相垂直的竖线送入，这种多输入的与门在 PLD 中构成乘积项。竖线和乘积线的交叉点均有一个耦合元件，交叉点的'·'表示固定连接，'×'表示可编程连接；交叉点处无任何标记则表示不接连。图 4-6(c)中与门输出 $F=ABC$。

（3）或门的表示方法

图 4-6(d)和(e)分别给出或门的标准逻辑符号和 PLD 中采用的表示方法。图 4-6(f)表示该或门有 4 个输入乘积项 P_1、P_2、P_3、P_4，因此有

$$F=P_1+P_2+P_3+P_4$$

（4）与门的简化表示法

图 4-7 给出了与门的三种特殊情况。对于输出为 E 的与门，两个输入缓冲器的互补输出全部接到对应的乘积线，所以该与门的输出总为逻辑 0。这是一种经常遇到的情况，为此用与门符号内打"×"来简化表示，如输出为 F 的与门所示，显然 F=0，门 G 没有任何输入连到它的乘积线，表示门 G 的输出总为逻辑 1。

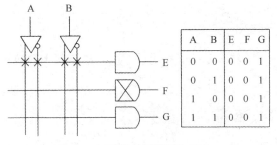

A	B	E	F	G
0	0	0	0	1
0	1	0	0	1
1	0	0	0	1
1	1	0	0	1

图 4-7　与门的三种简化表示法

（5）阵列图

阵列图是用以描述 PLD 内部元件连接关系的一种特殊的逻辑电路图。图4-8(a)给出了图 4-5(b)所示阵列的阵列图。图中清楚地表明了不可编程的与阵列和可编程的或阵列。有时为简明起见，也可以把阵列图简化成图4-8(b)所示的形式。

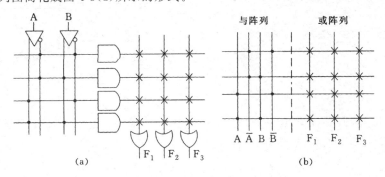

图 4-8　图 4-5(b)所示阵列的阵列图

【例 4.1】　图 4-9(a)给出了函数 F 的逻辑图。试画出相应的 PLD 阵列图。

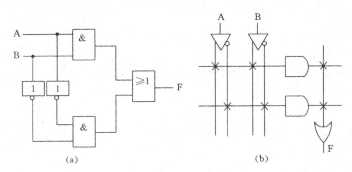

图 4-9　函数 F 的逻辑电路图和 PLD 阵列图

根据给定电路写出函数 F 的逻辑表达式为

$$F=AB+\overline{A}\,\overline{B}$$

遵循 PLD 的逻辑约定和描述方法，画出相应的 PLD 阵列图如图 4-9(b)所示。

所有的 PLD 器件均可用上述阵列图来表示，并用约定的连接符号来区分它们的与、或阵列是否允许编程。

PLD 中各种触发器和锁存器的逻辑符号也与前文不完全相同，但根据已有的知识均不难理解其含义，这里不再详述。

4.3　SPLD 组成

简单可编程逻辑器件 SPLD 是出现最早的 PLD。无论是 PROM、PLA、PAL 或 GAL，它们共同的特征是把 4.2 节所述与—或门阵列结构作为片内基本逻辑资源。本节简要介绍它们的基本组成和应用。

4.3.1 可编程只读存储器(PROM)

PROM 是首先出现的 PLD,作为入门,这里就其组成原理、分类和应用做一介绍。

1. PROM 的组成

由表 4-1 可知,PROM 包含一个不可编程的与阵列和一个可编程的或阵列。图 4-10(a)是它的基本结构框图。图中 $A_{n-1} \sim A_0$ 是与阵列的 n 个输入变量,经不可编程的与阵列产生输入变量的 2^n 个最小项(乘积项)$W_{2^n-1} \sim W_0$。可编程的或阵列可按编程的结果产生 m 个输出函数 $F_{m-1} \sim F_0$。

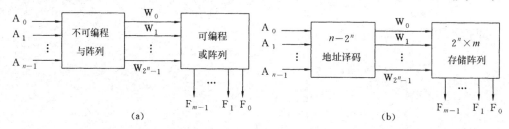

图 4-10 PROM 的基本结构

图 4-11(a)给出一个 4(积项数)×3(输出函数)PROM 未编程时的阵列图,图 4-11(b)是该 4×3 PROM 经编程后的阵列图。显然有

$$W_0 = \overline{A_1}\,\overline{A_0} \quad W_1 = \overline{A_1} A_0 \quad W_2 = A_1 \overline{A_0} \quad W_3 = A_1 A_0$$

从而该 ROM 实现了 3 个两输入变量的逻辑函数为

$$F_0 = \overline{A_1} A_0 + A_1 \overline{A_0} \quad F_1 = \overline{A_1}\,\overline{A_0} + A_1 \overline{A_0} + A_1 A_0 \quad F_2 = \overline{A_1} A_0 + A_1 \overline{A_0} + A_1 A_0$$

显然,对于图 4-11(a)所示的 PROM,只要对或阵列进行适当的编程,就可以实现任意两输入三输出逻辑函数。所以,PROM 是一个可编程逻辑器件。

现在从另一个角度来考察图 4-11(b)所示的 PROM,并把 $A_1 A_0$ 看做是地址信号,输出 $F_2 F_1 F_0$ 看做为某一信息。显然当 $A_1 A_0 = 00$ 时,输出 $F_2 F_1 F_0 = 010$,也就是说在地址为 00 时,可以从 PROM 的输出取得信息 010,也可以说在 ROM 的 00 这个信息单元内存储有信息 010;同理,当地址码分别为 01、10、11 时,可以依次读出相应信息单元中存储的信息 101、111 和 110。因此,从这个意义上讲,PROM 是一个存储器,图 4-11(c)给出了该 PROM 各信息单元存储的信息的示意图。因为对存储单元存入信息实质就是在可编程或阵列中接入或者不接入耦合元件,这是在编程时决定的,因此,在 PROM 工作过程中只能"读出",不能"写入",它与既可"读出"又可"写入"的 RAM 是不同的。

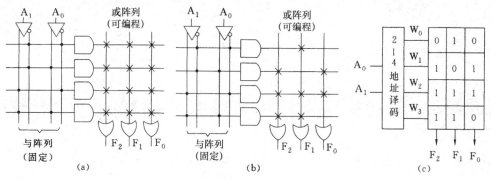

图 4-11 4×3 PROM 编程前后阵列图和作为存储器的示意图

若从存储器的角度来分析 PROM 的结构,又可以发现,不可编程的与阵列可以看做是全地址译码器,可编程的或阵列可视为信息存储阵列,从而有图 4-10(b)所示 PROM 结构图。这里的 A_{n-1} ～ A_0 就是 PROM 的 n 位地址输入,经地址译码产生 2^n 根字线 W_{2^n-1} ～ W_0,它们分别指向存储阵列中的 2^n 个信息存储单元(字),存储阵列中每个存储单元有 m 位,共有 $2^n \times m$ 个记忆单元,每个记忆单元中存放着 0 或 1 信息。当某个字线 W_i 有效时,对应存储单元被选中,该单元的 m 位二进制信息经 m 根位线 F_{m-1} ～ F_0 输出。

人们用存储阵列中的记忆单元的个数 $2^n \times m$ 来表示 PROM 的存储容量,它表征了 PROM 能够存储信息的数量,也恰好等同于作为 PLD 的与门数和或门数的乘积。

PROM 在计算机中有着广泛的应用,用以存储固定的数据或代码。本节仅从可编程器件的角度出发讨论 PROM 及其应用。

2. PROM 的分类

根据或阵列编程或擦除方法的不同,PROM 可分成三种类型。

(1) 固定只读存储器 ROM 和可编程只读存储器 PROM

固定只读存储器存储内容是由制造厂按用户要求制造的,它常用于大批量的定型产品。事实上,用户欲存储的内容是千变万化的,因此在产品批量较小时,希望 ROM 能够由用户自己编程,这就产生了 PROM。工厂提供用户的 PROM 的存储阵列是全'0'或全'1',并没有存入任何有效信息。用户可用工厂提供的编程器进行编程,编程器根据用户要求产生一定规格的电流或电压,使交叉点上的耦合元件接通或断开,从而使阵列成为存储特定信息的阵列。不过,PROM 中写入的信息也是不可逆的,一旦编程完毕,就无法再改变其内容。

(2) 紫外线照射擦除的 EPROM(UVEPROM)

上述 PROM 允许用户现场编程,但仍然是一次性的,使用有局限性。可编程可擦除只读存储器 EPROM 的内容可以改编若干次,用途广泛。

重复编程的关键是既可擦除又可写入,这就要求一定的工艺结构来保证,目前常用的可编程可擦除 ROM 有两种。UVEPROM 是其中一种。这类器件采用浮置栅雪崩结 MOS 电荷工艺,简称 UVCMOS,这种 EPROM 器件有一个石英窗口,供紫外线射入。在石英窗口被强烈的紫外线照射 10～30 分钟后,原存信息即被擦除,又可以再一次编程。该器件的编程方法遵循前述图 4-1 所示流程,借助适当的设计开发软件、编程器和紫外线擦除器就可以反复现场编程。

(3) 电擦除的 EPROM(E^2PROM)

此器件同样采用浮置栅工艺,但可利用一定宽度电脉冲擦除。具体做法是在 MOS 管源漏极之间施加原来编程时相反的高压电脉冲,使浮置栅电子释放出来,恢复初始全'1'状态。这就是 E^2PROM 可重复电编程、电擦除的基本工作原理。

E^2CMOS 电擦除特性比之 UVCMOS 紫外线可擦除工艺方便且经济,后者必须封装在带石英窗口的组件中,擦除要有专门的紫外线发生器,且费时间。E^2CMOS 工艺的电擦除特性不仅保证擦除和编程的快速可靠,而且不必采取石英窗口等特殊封装。

20 世纪 80 年代中期出现一种闪速存储器(Flash Memory),它仍是 ROM,但具有 E^2PROM 的特点,既具有存储内容非丢失性,又具有快速擦写和读取的特性,已得到广泛应用。

3. PROM 在组合逻辑设计中的应用

【例 4.2】 试用适当容量的 PROM 实现 4 位二进制码到 Gray 码的变换器。

二进制码和 Gray 码的真值表如表 4-2 所示。若将二进制码转换为 Gray 码,则 B_3 ～ B_0 为 4 个输入变量,G_3 ～ G_0 为 4 个输出函数,用 PROM 实现转换器的示意图如图 4-12(a)所示。由真值表可得到 PROM 的阵列图如图 4-12(b)所示。显然,PROM 容量至少应有 16×4 位。

表 4-2 B-G 码真值表

十进制数	B_3	B_2	B_1	B_0	G_3	G_2	G_1	G_0
0	0	0	0	0	0	0	0	0
1	0	0	0	1	0	0	0	1
2	0	0	1	0	0	0	1	1
3	0	0	1	1	0	0	1	0
4	0	1	0	0	0	1	1	0
5	0	1	0	1	0	1	1	1
6	0	1	1	0	0	1	0	1
7	0	1	1	1	0	1	0	0
8	1	0	0	0	1	1	0	0
9	1	0	0	1	1	1	0	1
10	1	0	1	0	1	1	1	1
11	1	0	1	1	1	1	1	0
12	1	1	0	0	1	0	1	0
13	1	1	0	1	1	0	1	1
14	1	1	1	0	1	0	0	1
15	1	1	1	1	1	0	0	0

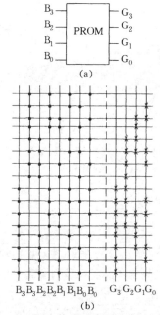

图 4-12 B-G 码变换器示意图和 PROM 阵列图

用 PROM 实现逻辑函数的本质是将函数真值表存于 PROM 之中,通过地址端的输入信号读取预存的函数值从数据端输出,这称为"查表法"。这种方法可推广应用于 RAM。

用 PROM 实现组合逻辑函数的主要不足之处是芯片面积的利用率不高,其原因是 PROM 的与阵列只能提供全部最小项,无法实现最简与或式。为提高芯片面积利用率,又开发了一种与阵列也可编程的 PLD —— PLA。

4.3.2 可编程逻辑阵列(PLA)

如前所述,PLA 的基本结构是与阵列和或阵列均可编程。图 4-13 是典型的 PLA 阵列图。该 PLA 有三个输入 I_2、I_1 和 I_0,但其乘积线是 6 根而不是 2^3 根。由于与阵列不再采用全译码的形式,从而减小了阵列规模。在采用 PLA 实现逻辑函数时,不运用标准与或表达式,而运用简化后的与或式,由与阵列构成与项,然后用或阵列实现这些与项的或运算。用 PLA 实现多输出函数时,仍应尽量用公共的与项,以便提高阵列的利用率。

PLA 的容量用"阵列与门数×或门数"表示,图 4-13 所示 PLA 的容量为 6×3。

PLA 有组合型和时序型两种类型,分别适用于实现组合电路和时序电路。

图 4-13 典型的 PLA 阵列图(6×3)

1. 组合 PLA 的应用

任何组合函数均可采用组合型 PLA 实现。为减小 PLA 的容量,需对表达式进行逻辑化简。

【例 4.3】 试用 PLA 实现例 4.2 要求的 4 位二进制码到 Gray 码的变换器。

(1)为尽可能地减少 PLA 的容量,应先化简多输出函数,并获得最简表达式

$$G_3 = B_3 \quad G_2 = \overline{B_3}B_2 + B_3\overline{B_2} \quad G_1 = \overline{B_2}B_1 + B_2\overline{B_1} \quad G_0 = \overline{B_1}B_0 + B_1\overline{B_0}$$

(2）选择 PLA 芯片实现变换器。化简后的多输出函数共有 7 个不同的与项和 4 个输出,可选用容量为 4 输入的 8×4 PLA 实现。

图 4-14 给出了实现二进制码到 Gray 码的 PLA 阵列图。

本例说明了两个问题。第一,图 4-12 所示 PROM 实现的电路和图 4-14 所示 PLA 实现的电路,两者逻辑功能完全相同,但前者 PROM 容量是 16×4,而后者 PLA 容量是 8×4(实际只需 7×4),充分表明了 PLA 和 PROM 的不同之处,证实了 PLA 阵列利用率较高的特点。第二,为简化逻辑函数,PLD 的设计自动化软件必须具有组合电路最小化的功能。

2. 时序 PLA 的应用

时序 PLA 又称做可编程逻辑时序机 PLS。它包含三个组成部分:与门阵列、或门阵列和时钟触发器网络,如图 4-15 所示。由或阵列所确定的当前状态被保存在触发器内,在下一个时钟脉冲 CP 的作用下,触发器当前状态和外部输入共同确定新的电路状态。

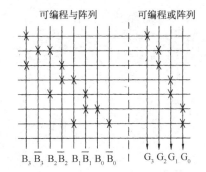

图 4-14　B—G 码变换器的 PLA 阵列图

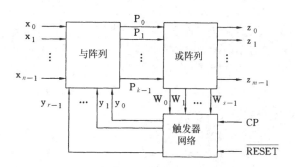

图 4-15　时序 PLA 基本结构图

采用时序 PLA 设计时序电路方法与经典的方法相似:根据逻辑功能导出触发器的激励函数和电路的输出函数,由此选择 PLA 与阵列和或阵列的规模。

【例 4.4】　试用适当的时序 PLA 器件实现模 8 可逆计数器。当输入变量 x=0 时,计数器为减计数;当 x=1 时,计数器实现加计数,$\overline{RESET}$ 为清零信号(低电平有效)。

(1)由给定功能导出模 8 可逆计数器的状态转换图如图 4-16(a)所示。

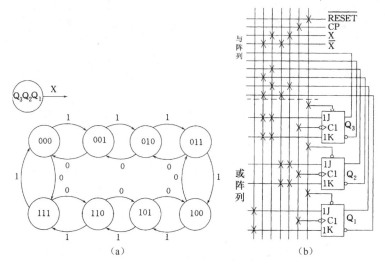

图 4-16　模 8 可逆计数器状态转换图和 PLA 阵列图

（2）若触发器为 JK 型，则根据电路的状态图，PLD 的设计自动化软件将产生三只 JK 触发器化简后的激励方程为

$$J_3 = K_3 = \overline{Q_2}\,\overline{Q_1}\,x + Q_2 Q_1 x \qquad J_2 = K_2 = \overline{Q_1}\,x + Q_1 x \qquad J_1 = K_1 = 1$$

（3）选择时序 PLA 器件。选择满足输入信号数（x、$\overline{\text{RESET}}$、CP）、与项数（4）和触发器数（3）要求的 PLA 器件即可。根据表达式可画出 PLA 阵列图如图 4-16（b）所示。其中已考虑了时钟 CP 和复位信号 $\overline{\text{RESET}}$。

由于 PLA 可以实现最简与或式，而最简与或式的项数往往较少，因此造成可编程或阵列的利用率偏低，由此出现了结构更为合理的 PAL。

4.3.3 可编程阵列逻辑（PAL）

PAL 与其他 PLD 器件一样包含一个与阵列和一个或阵列，主要特征是与阵列可编程，而或阵列固定不变。

图 4-17（a）是 PAL 的基本结构。这是一个有 4 输入、16 与项、4 输出的阵列结构的 PAL 器件。除此以外，器件还备有适当的输出电路。用户可根据待实现函数的与项和或项的个数以及输出要求，选择不同的 PAL 芯片。图 4-17（b）是许多生产厂家在产品手册中常用的 PAL 结构图。实质上图 4-17（a）和图 4-17（b）是等同的，但后者已成为通用的描述 PAL 阵列结构的形式。

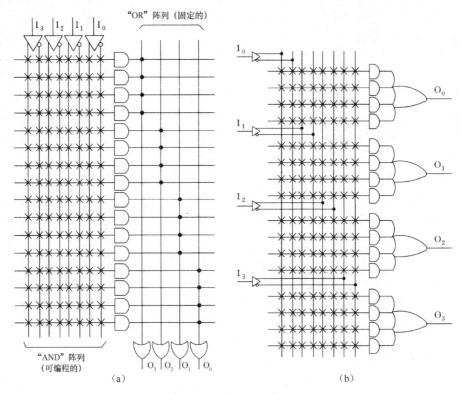

图 4-17　PAL 阵列结构图

PAL 除了有图 4-17 所示的与、或阵列外，各种型号的 PAL 器件输出结构也不尽相同，但大致可归纳为四种。

（1）专用输出结构

专用输出结构如图 4-18（a）所示。这是 12 输入×4 输出的与阵列。图中输出部分采用或非门，称做低电平有效 PAL 器件（L 型）；若采用或门输出，则就称做高电平有效 PAL 器件（H 型）；有的还

采用有互补输出的或门,并称为互补输出 PAL 器件(C 型)。

以上三种输出结构纯粹由门电路构成,为此适用于实现组合逻辑函数。

(2) 可编程 I/O 结构

图 4-18(b)是典型的 PAL I/O 结构。这种结构的输入/输出由编程规定,允许用一个与项信号控制其输出方式,且输出信号又可以作为一个反馈信号反馈到与阵列。当输出三态门使能时,I/O 引脚做输出使用;当三态门禁止时,I/O 引脚做输入使用,从而 I/O 端口具有双向功能。

(3) 带反馈的寄存器输出结构

图 4-18(c)给出了这种结构。该结构输出端有一只 D 触发器,在时钟的上升沿,或阵列的输出信号存入 D 触发器。触发器的 Q 输出端可以通过三态缓冲器送至输出引脚,而 $\overline{Q}$ 端输出信号可作为一个反馈信号反馈到阵列。该反馈使 PAL 器件具有了记忆先前状态的功能,并根据该状态改变当前的输出。具有这种输出结构的 PAL 器件(R 型)将易于构成各种时序电路,如计数、移位、跳转分支等。

(4) 异或型输出结构

图 4-18(d)所示的是异或型输出结构的 PAL(X 型)。由或阵列输出的信号在 D 触发器之前进行异或运算。

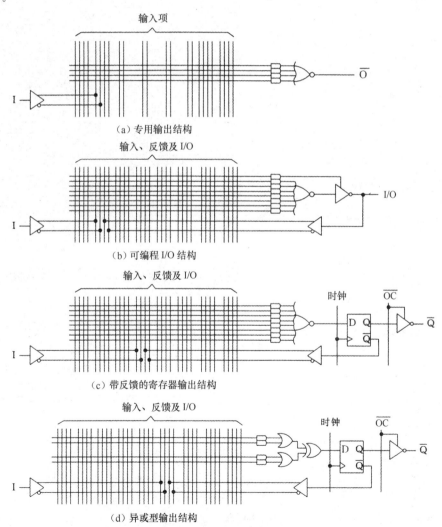

图 4-18　PAL 的四种输出结构

尽管 PAL 的输出方式多样化,但欲实现不同的逻辑电路要选择不同型号的 PAL 器件,其原因是 PAL 芯片的输出结构各不相同,这给设计带来诸多不便。用户期盼使用同一芯片实现不同电路。由此产生了 GAL 这种 PLD 器件。

4.3.4 通用阵列逻辑(GAL)

1. GAL 的组成

作为可编程器件的 GAL,它在基本阵列结构上沿袭了 PAL 的与—或结构,由可编程的与阵列驱动不可编程的或阵列。与 PAL 相比,GAL 的输出部分配置了输出逻辑宏单元(Output Logic Macro Cell,OLMC),对 OLMC 进行组态,可以得到不同的输出结构,使得这类器件比输出部分相对固定的 PAL 芯片更为灵活。GAL 的 OLMC,可由设计者组态为五种结构:专用组合输出、专用输入、组合 I/O、寄存器时序输出和寄存器 I/O。因此,同一 GAL 芯片,既可实现组合逻辑电路,也可实现时序逻辑电路,为逻辑设计提供了方便。GAL 器件的型号也主要以输入和输出的规模来区分。如 GAL16V8、GAL20V8、GAL22V10 等。

图 4-19 是普通型(V 型)GAL16V8 功能框图。它包括可编程与阵列(64×32)、输入缓冲器、输出三态缓冲器、输出反馈/输入缓冲器、输出逻辑宏单元和输出使能缓冲器(OE)等。8 个引脚(引脚 2~9)固定做输入引脚使用,另外 8 个引脚(引脚 1、11、12、13、14、17、18、19)也可以设置成输入引脚,因此输入最多可能为 16 个。每个输入缓冲器生成输入变量的原变量和反变量,并连接到与阵列。GAL16V8 的与阵列由 8×8 个与门构成,每个与门有 32 个输入,所以整个阵列规模为 64×32。每一输出均配有输出逻辑宏单元。最多可以配置 8 个输出引脚。GAL16V8 的阵列图如图 4-20 所示。

所有 GAL 器件均采用 E²CMOS 工艺,因此具有电可擦除重复可编程特性。

2. 输出逻辑宏单元 OLMC

OLMC 的组成如图 4-21 所示,它包括:

① 一个或门。或门的每个输入对应一个乘积项,或门的输出为各乘积项之和。

② 一个异或门。用来控制输出极性,当 XOR(n)=1 时,异或门起反相作用;当 XOR(n)=0 时,异或门起同相作用。

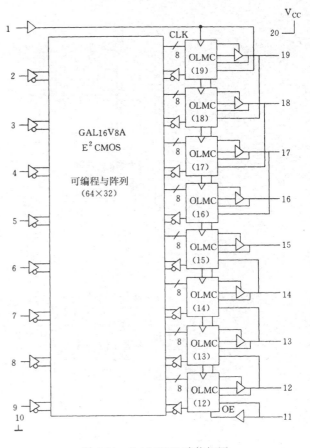

图 4-19 GAL16V8 功能框图

③ 一个 D 触发器。作为状态寄存器用,以使 GAL 器件可用于时序逻辑电路。

④ 4 个数据选择器(MUX):

乘积项数据选择器(PTMUX)——这是个 2 选 1 数据选择器,用以选择与阵列输出的第一个乘积项或者低电平。

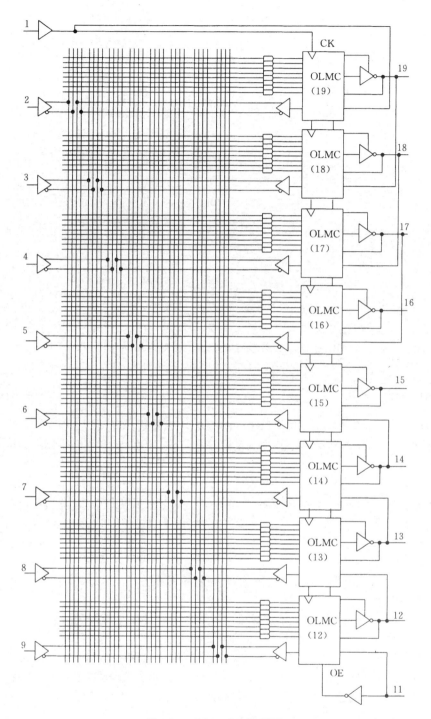

图 4-20 GAL16V8 阵列图

三态数据选择器(TSMUX)——这是个 4 选 1 数据选择器,用以选择输出三态缓冲器的控制信号,可供选择的信号有:芯片统一的 OE(选通)信号、与阵列输出的第一乘积项、固定低电平或固定高电平。

反馈数据选择器(FMUX)——这也是个 4 选 1 数据选择器,用以决定送到与阵列的反馈信号的来源,可供选择的来源有:触发器的反相输出 $\overline{Q}$、本单元输出、相邻单元输出或固定低电平。

输出数据选择器(OMUX)——这是个 2 选 1 数据选择器,从触发器输出 Q 或者不经过触发器、直接从异或门输出这两个信号中选择一个作为本单元的输出。

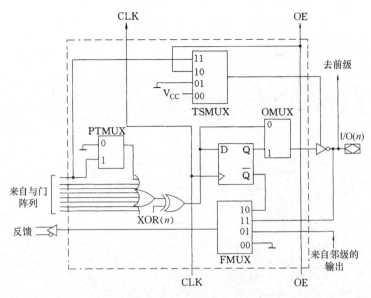

图 4-21　输出逻辑宏单元 OLMC 结构

GAL 器件片内设置有 82 位结构控制字,控制字内容的不同将使 OLMC 中的 4 个 MUX 处于不同的工作情况,从而使 OLMC 有 5 种不同的输出结构。控制字的内容是在编程时由编程器根据用户定义的引脚、以及实现的函数自动写入的,对于用户来说是透明的,这里不再细述。

3. OLMC 的输出结构

输出逻辑宏单元的 5 种输出结构隶属于 3 种模式:简单模式、复合模式和寄存器模式。每一种工作模式下,分别有一种或两种结构。一旦选定了某种模式,所有的 OLMC 都必须工作在同一个模式下。

(1) 简单模式

工作在简单模式下的 GAL 器件,其各 OLMC 可以被定义成两种结构:专用输入结构和专用输出结构。

1) 专用输入结构

图 4-22(a)为专用输入结构。图中三态门被禁止,该单元不具备输出功能,但可作为信号输入端。值得注意的是,输入并非直接来自本单元,而来自相邻单元。

2) 专用输出结构

图 4-22(b)为专用输出结构图。图中异或门的输出不经过触发器,直接由处于使能状态的三态门输出,因此属组合输出。本单元的输出可以通过相邻单元反馈。

请注意,从图 4-20 GAL16V8 阵列图中可以看出,它的'中间'两个输出逻辑宏单元,即 OLMC(15) 和 OLMC(16),没有向相邻单元反馈的连线,故不能实现专用输入结构和带反馈的专用输出结构。

上述专用输入结构和这里讨论的专用组合输出结构之所以称为简单模式,是因为这两种结构实现组合逻辑,无须公共的时钟和公共选通信号。

(2) 复合模式

工作在复合模式下的 GAL 器件的 OLMC 只有一种结构,即组合输入/输出(I/O)结构。图 4-22(c)给出该结构图。这种结构同样不需要时钟和公共选通信号 OE,故器件的时钟引脚和 OE 引脚可作为输入应用。由于输出三态门由与阵列的第一乘积项所控制,特别适合于三态的 I/O 缓冲等双向组合逻辑电路。

(3) 寄存器模式

寄存器模式下的输出逻辑宏单元包括寄存器输出和组合输入/输出两种结构,若选用此模式,任

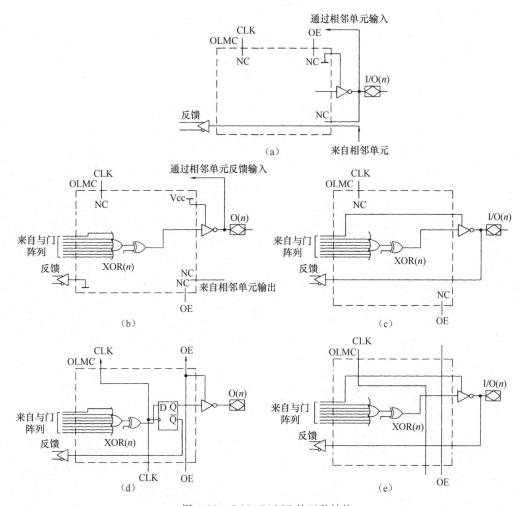

图 4-22 GAL OLMC 的五种结构

何一个 OLMC 都可以独立配置成这两种结构中的一种。

1）寄存器输出结构

图 4-22(d)给出了寄存器输出结构。图中时钟 CLK 和选通 OE 是公共的,分别连接到相应的公共引脚。这种输出结构特别适合于实现计数器,移位寄存器等各种时序逻辑电路。

2）寄存器模式组合 I/O 结构

图 4-22(e)是这种结构的示意图。这一结构与复合模式 I/O 结构相似,但两者存在差异。首先是使用场合不同。寄存器模式组合 I/O 本宏单元为组合方式,但其他宏单元中起码有一个是带寄存器的输出结构,因此适合于时序电路中的组合逻辑输出;而复合模式 I/O 适用于所有输出均为组合逻辑函数。其次是引脚使用不同,寄存器组合 I/O 的 CLK 和 OE 引脚公用,不可它用,而复合模式 I/O 中 CLK 引脚和 OE 引脚可用做输入。

习 题 4

4.1 用 PROM 实现下列多输出函数:

$$F_1 = \overline{A}B + \overline{B}\overline{C} + A\overline{C} \quad F_2 = A \oplus B \oplus C \quad F_3 = A + B + C \quad F_4 = \overline{(A \odot BC) + (B \oplus C) + (C \odot 0)}$$

4.2 函数 L、H 的逻辑图如图 E4-1(a)、(b)所示,试画出相应的 PLD 阵列图。

4.3 用适当规模的 PROM 设计下列电路:

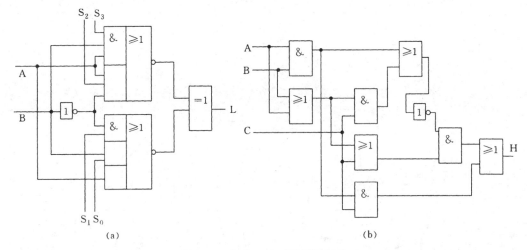

(a)　　　　　　　　　　　　　　　(b)

图 E4-1　函数 L、H 的逻辑图(1)

(1) 两位全加器:输入被加数和加数分别为 a_2a_1 和 b_2b_1,低位来的进位是 c_0,输出为本位和 s_2s_1 及向高位的进位 c_2。

(2) 一位全减器:输入为 x_i(被减数)、y_i(减数)和 b_{i-1}(低位借位),输出为 D_i(本位差)和 b_i(本位向高位借位)。

(3) 4 变量奇、偶校验器:输入变量为 A、B、C、D,当有奇数个 1 时,输出 $Z_1=1$、$Z_2=0$;当有偶数个 1 时,输出 $Z_1=0$、$Z_2=1$。

(4) 显示译码电路:译码器输入为 8421BCD 码,八段显示器字型如图 E4-2 所示。

4.4　用合适的 PLA 实现下列码制变换电路:

(1) 8421BCD 码至 5421BCD 码。

(2) 8421 余 3 码至 BCD Gray 码。

(3) 4 位二进制 Gray 码至 4 位自然二进制码。

4.5　试设计一灯光控制电路。应控制 A、B、C 三个灯按图 E4-3 所示规律变化,时钟信号周期为 10 秒,试用 D 触发器和 PLA 实现此电路(图中,空心圆表示灯燃亮,画斜线的圆表示灯熄灭)。

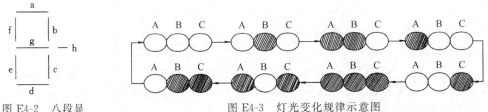

图 E4-2　八段显
示器字形

图 E4-3　灯光变化规律示意图

4.6　试用合适的 PLA 实现一个排队组合电路,电路的功能是输入信号 A、B、C 通过排队电路后分别由 Y_A、Y_B、Y_C 输出,但在同一时刻只能有一个信号通过,如果同时有两个或两个以上的信号输入时,则按 A、B、C 的优先顺序通过。信号输入为逻辑 1 时有效。

4.7　用 EPROM2732 和适当的计数器构成 8 路顺序脉冲发生器,工作波形如图 E4-4 所示。

4.8　用适当规模的 PLA 实现第 4.3 题。

4.9　试分析如图 E4-5 所示电路。

(1) 列出时序 PLA 的状态转换表和状态转换图;

(2) 画出时序图(初态全为 0);

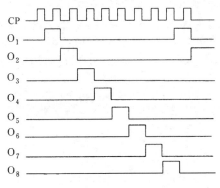

图 E4-4　8 路顺序脉冲发生器

（3）简述该时序 PLA 的逻辑功能。

4.10　分析如图 E4-6 所示组合 PLA 和 D 触发器构成的逻辑电路,画出该电路状态转换图、状态转换表、时序图,并概述电路功能。(电路初态 $Q_0 Q_1 Q_2 = 000$)

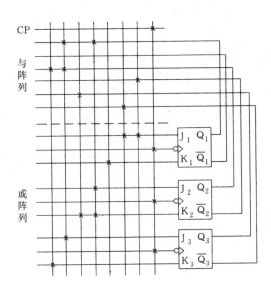

图 E4-5　某电路图

图 E4-6　组合 PLA 和 D 触发器构成的某电路图

表 E4-1　4 线-2 线优先编码器功能表

输　　入				输　　出		
I_0	I_1	I_2	I_3	O_2	O_1	O_0
×	×	×	0	1	1	1
×	×	0	1	1	1	0
×	0	1	1	1	0	1
0	1	1	1	1	0	0
1	1	1	1	0	0	0

表 E4-2　真值表

Q_3	Q_2	Q_1	Q_0	a	b	c	d	e	f	g
0	0	0	0	0	0	0	0	0	0	1
0	0	0	1	1	0	0	1	1	1	1
0	0	1	0	0	0	1	0	0	1	0
0	0	1	1	0	0	0	0	1	1	0
0	1	0	0	1	0	0	1	1	0	0
1	0	0	0	0	1	0	0	1	0	0
1	0	0	1	0	1	0	0	0	0	0
1	0	1	0	1	0	0	1	1	1	1
1	0	1	1	0	0	0	0	0	0	0
1	1	0	0	0	0	0	1	0	0	0

4.11　试用适当容量的 PLA 实现以下电路:

（1）2×2 高速乘法器。

（2）4 线-2 线优先编码器。编码器功能表如表 E4-1 所示。

4.12　试设计一个用 PLA 实现的比较器,用来比较两个 2 位二进制数 $A_1 A_0$ 和 $B_1 B_0$。当 $A_1 A_0 > B_1 B_0$ 时,$Y_1 = 1$; 当 $A_1 A_0 = B_1 B_0$ 时,$Y_2 = 1$; 当 $A_1 A_0 < B_1 B_0$ 时,$Y_3 = 1$。

4.13　试利用时序 PLA 设计一个 8421BCD 码同步计数器,画出 PLA 阵列图(时序 PLA 内带 JK 触发器)。

4.14　用时序 PLA(带 JK 触发器)设计一个 5421BCD 码计数器及七段显示译码器电路。表 E4-2 给出 5421BCD 码及七段显示译码器真值表。图 E4-7 给出七段显示器示意图。

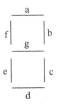

图 E4-7　七段显示器示意图

4.15　4 位移位寄存器电路如图 E4-8 所示,试用时序 PLA(带 D 触发器)实现这一电路的功能。要求:

(1) 画出电路图;

(2) 概述电路功能。

4.16　试用组合 PLA 和 74LS194 实现 001010 序列发生器。

4.17　用时序 PLA 设计一个 1001 和 110 双序列发生器。

4.18　分别用 ROM 和 PLA 设计 010111 和 1110 双序列检测器,并比较优缺点。

4.19　试用时序 PLA 设计如表 E4-3 所示时序电路。要求:

(1) 导出方程组;

(2) 时序图(初始状态为全 0)(按图 E4-9 要求画图);

(3) 逻辑电路图;

(4) 概述电路功能。

4.20　用适当的 PAL 器件实现第 4.1 题要求的多输出函数。

4.21　试用时序 PLA 设计 3 位可逆计数器,控制变量 CON=0 时,计数器减 1 计数;CON=1 时,计数器加 1 计数。计数器状态图如图 E4.10 所示。试写出次态方程,画出阵列图。

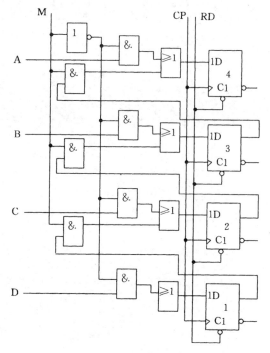

图 E4-8　某逻辑电路

表 E4-3

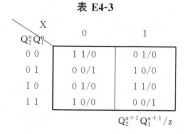

$Q_2^n Q_1^n$ \ X	0	1
0 0	1 1/0	0 1/0
0 1	0 0/1	1 0/0
1 0	0 1/0	1 1/0
1 1	1 0/0	0 0/1
	$Q_2^{n+1} Q_1^{n+1}/z$	

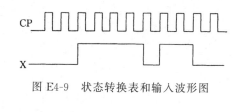

图 E4-9　状态转换表和输入波形图

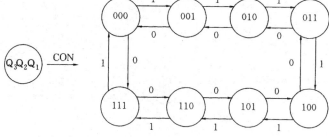

图 E4-10　可逆计数器状态图

4.22　GAL 和 PAL 有哪些异同之处? 各有哪些特点?

4.23　GAL 的 OLMC 有哪几种工作模式,每种模式又有哪些结构类型?

第 5 章　高密度 PLD 及其应用

5.1　HDPLD 分类

SPLD 的逻辑规模一般在千门以下,是 PLD 的初级阶段。随着集成电路工艺水平的提高,更大规模的 PLD 不断涌现,这类 PLD 称为高密度 PLD(High Density PLD,HDPLD),近年已有高达千万门的芯片推出。为能对品种繁多、结构各异、性能有别、应用场合不同的 HDPLD 有个概略的了解,以下按不同标准进行分类说明。

1. 按片内结构分类

为了提高单片密度,HDPLD 按片内结构分类大致分为两类:

(1) 阵列结构扩展型

这类器件是在 PAL 或 GAL 结构的基础上加以扩展或改进而成。如果说 SPLD 是由与—或阵列作为基本逻辑资源,那么这一类 HDPLD 的基本资源就是多个 SPLD(多个 PAL 或多个 GAL)的集合,经可编程互连结构来组成更大规模的单片系统。

(2) 逻辑单元型

这类 HDPLD 器件不再是 SPLD 的扩展,它们由许多基本逻辑单元(不是与—或结构)组成,因此它们本质上是这些逻辑单元的矩阵。围绕该矩阵设置输入/输出(I/O)单元,在逻辑单元之间及逻辑单元和 I/O 单元之间由可编程连线进行连接。

无论是阵列结构扩展型亦或逻辑单元型 HDPLD,都必须配有把各个阵列或各个单元连接起来的可编程互连资源。这些连线资源的特性直接关系到逻辑资源的互连灵活性和延时。

2. 按连线资源分类

HDPLD 按照连线资源分类也可分为两种:

(1) 确定型连线结构

这类器件内部有同样长度的连线,因此提供了具有固定延时的通路。也就是说信号通过器件的延时是固定的且可预知。第 4 章中 SPLD 的连线结构实际上亦属此种类型。

(2) 统计型连线结构

这类器件具有较复杂的可编程连线资源,内部包含多种不同长度的连线,从而使片内互连十分灵活,但由于同一个逻辑功能可以用不同的连线方式来实现,因此每次编程后的连线均不尽相同,故称统计型连线结构。现场可编程门阵列 FPGA 就是典型的统计型连线结构的 HDPLD。

上述两种连线类型的 HDPLD 各具特色,适用于不同使用场合。

3. 按照编程技术分类

HDPLD 编程技术有多种,以下列出三种:

（1）在系统可编程（isp）技术。具有 isp 功能的器件在下载时无须专门的编程器，可直接在已制成的系统（称为目标系统）中或印制板上对芯片下载。isp 技术为系统设计和制造带来了很大的灵活性。现在有很多 HDPLD 芯片均采用 isp 编程技术。

（2）在电路配置（重构）（icr）技术。具备 icr 功能的器件也可直接在目标系统中或印制电路板上编程，无须专门的编程器，但系统掉电后，芯片的编程信息会丢失，因为 icr 和 isp 编程技术器件采用的工艺是不一样的。

（3）一次性编程技术。具备这种编程技术的 HDPLD 采用反熔丝制造工艺，一旦编程就不可改变，特别适用于高可靠性使用场合。

5.3 节将详细介绍这三种编程技术。

5.2 经典的 HDPLD 组成

本节将介绍经典的阵列扩展型 CPLD 和现场可编程门阵列 FPGA 的基本结构和工作原理，以便了解 HDPLD 的概貌。

5.2.1 阵列扩展型 CPLD

前已指出，这类器件由 PAL 或 GAL 扩充或改进而成，因为 PAL、GAL 的基本结构均为与—或阵列和输出逻辑宏单元，并称为 SPLD，故称这类器件为阵列扩展型的复杂 PLD—CPLD。

扩展的途径不是简单地扩大总的与—或阵列的规模，而是采取分区结构扩展的方法。这种结构将有利于提高阵列资源的利用率、降低功耗。这类芯片包含若干个 SPLD，各 SPLD 有各自的与—或阵列，还有若干 I/O 端和专用输入端，再通过一定方式的全局性连线资源把这些 SPLD 互连起来，构成规模较大的 CPLD。

1. 典型阵列扩展型 CPLD 的结构组成

图 5-1 给出一种由 PAL 改进而成的典型阵列扩展型 CPLD 器件的结构组成框图。它由多个优化了的独立 PAL 块和一个可编程中央开关矩阵组成。

这里的每个 PAL 块相当于一个独立的 PAL 器件。每个块由与阵列、逻辑分配器、逻辑宏单元、I/O 单元、输出开关矩阵和输入开关矩阵组成。不同系列器件的 PAL 块基本结构相同，区别仅在于与阵列规模、乘积项数、宏单元数、I/O 数等容量的区别。例如某芯片的每个 PAL 块均包含一个 26 输入、64 乘积项和 6 个专用乘积项输出的与阵列，一个逻辑分配器，16 个性能更优的宏单元和 16 个 I/O 单元。其中逻辑分配器把 64 个乘积项按需要分配到 16 个宏单元中，使乘积项有较高的利用率。

可编程中央开关矩阵位于各个 PAL 块的中央及 PAL 块和输入之间，它提供互联网络，使各 PAL 块之间可以互相通信，从而把芯片上多个独立的 PAL 块组成一个较高密度的 CPLD 器件。

中央开关矩阵接收来自所有专用输入和各个 PAL 块输入开关矩阵的信号，并将它们连接到所要求的 PAL 块，对于返回到同一个 PAL 块本身的反馈信号也必须经过中央开关矩阵，正是这种确定型的互联机制，保证了该器件中各 PAL 块之间的相互通信都具有一致的、可预测的延时。通过编程对中央开关矩阵进行自动配置，完成各个 PAL 块及输入的连接。

2. CPLD 的宏单元（macro cell）

如前所述，因 SPLD 中宏单元的触发器功能欠灵活且数量不足，难以实现规模较大的设计对象。在如图 5-1 所示的 CPLD 中，除了对输出宏单元做了许多改进外，并引入了隐埋宏单元的概念，使之能适应各种电路的要求。因此图 5-1 中标明的宏单元包含输出宏单元和隐埋宏单元。

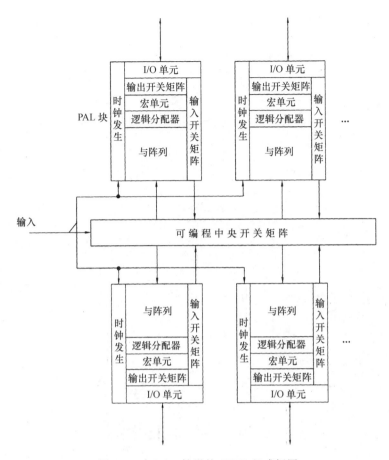

图 5-1 由 PAL 扩展的 CPLD 组成框图

（1）配置多触发器结构的宏单元。在 PAL 和 GAL 中，每个输出宏单元只有一只触发器，难以满足系统设计对触发器的要求。而在阵列扩展型 CPLD 及后面将要讨论的 FPGA 中，其宏单元中均有几只触发器，这为时序电路或系统设计提供了充裕的寄存器资源。尤其是FPGA，它们都有大量的逻辑单元，从而就有大量的触发器。

（2）配置隐埋宏单元(buried macro cell)。在阵列扩展型 CPLD 中，其基本结构仍是与一或阵列，若只用增加宏单元数来增加触发器数量，则势必导致芯片引脚数增加，从而增加芯片面积和成本。

事实上，很多待设计系统并不要求每个触发器均有对片外的输出，为此构思了隐埋宏单元结构。这种隐埋宏单元的输出并不送至 I/O 端，而只是为扩充内部宏单元资源之用。

图 5-2(a)、(b)分别给出如图 5-1 所示阵列扩展型 CPLD 的输出宏单元和隐埋宏单元结构图。从图 5-2(b)中不难看出，隐埋宏单元的输出经反馈送回中央开关矩阵。利用这种隐埋，可以在不增加引脚数的情况下，增加了宏单元的有效使用数目。通过编程，输出宏单元和隐埋宏单元均可配置为组合输出高、低有效，D、T 寄存器输出高、低有效和锁存器输出高、低有效输出等八种方式，只是隐埋宏单元不送至 I/O 单元，而送至开关矩阵，它还可以把 I/O 引脚送来的信号作为寄存器或锁存器的输入。

阵列扩展型 CPLD 用这种隐埋宏单元结构来增加触发器资源。但与 FPGA 相比，阵列扩展型的触发器资源相对还比较少。设计人员可根据设计对象的不同情况选择不同类型的芯片。

（3）异步复位/预置操作。CPLD 宏单元中的触发器均可异步复位和异步预置，比之不具异步输入端的 SPLD 有了本质的区别。在图 5-2 所示宏单元中，异步复位和异步置位均由与阵列中公共乘积项（复位乘积项和预置乘积项）进行控制。对于同一个 PAL 块的所有触发器。无论是输出宏单元还是隐埋宏单元,均同时初始化。

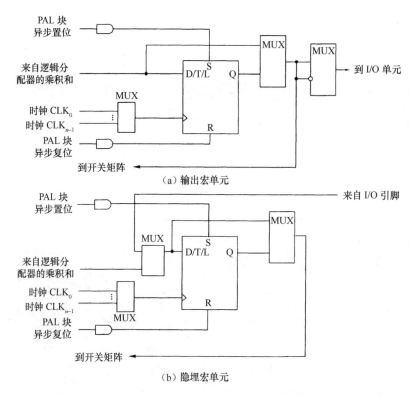

（a）输出宏单元

（b）隐埋宏单元

图 5-2 某种阵列扩展型 CPLD 的输出宏单元和隐埋宏单元

3. 由 GAL 扩展的阵列扩展型 CPLD

图 5-3 给出由 GAL 扩展、改进而来的另一种阵列扩展型 CPLD 的组成框图。该器件包含两个巨模块（Megablock）、一个时钟分配网络 CDN（Clock Distribution Network）和一个全局布线池 GRP（Global Routing Pool）。每个巨模块由 8 个通用逻辑块 GLB（Generic Logic Block）、16 个输入/输出单元 I/OC、输出布线池 ORP（Output Routing Pool）、输入总线和两个专用输入组成。

通用逻辑模块 GLB 是分布在 GRP 两边的小方块,每边 8 个,共 16 个（$A_0 \sim A_7$，$B_0 \sim B_7$）,它是该器件实现逻辑功能的基本单元。GLB 就是由 GAL 优化而来的,它的组成框图如图 5-4 所示。每个GLB 包括逻辑与阵列、乘积项共享阵列、四输出逻辑宏单元和控制逻辑。GLB 中的逻辑与阵列有 18个输入,可产生 20 个输出乘积项,乘积项共享阵列 PTSA（Product Term Sharing Array）通过一个可编程或阵列,把或门的四个输出（各含 4、4、5、7 个与项）组合起来,构成最多可达 20 个与项的或输出。输出逻辑宏单元与 GAL 中的 OLMC 相似,可配置五种工作模式。

图 5-5（a）、（b）、（c）、（d）、（e）分别给出 GLB 的五种工作模式的详细结构图。图 5-5（a）是标准模式。4 个或门的输入按 4、4、5、7 配置（图中所画阵列是未编程情况）,每个触发器的激励信号可以是或门中的一个或多个,故最多可以将所有 20 个乘积项集中于 1 个触发器使用,以满足复杂逻辑功能之需要。

图 5-5（b）是高速直通模式。4 个或门跨越了乘积项共享阵列 PTSA 和异或门,直接与 4 个触发器相连,也就避免了这两部分电路的延时,提供了高速的通道,可用来支持快速计数器设计,但每个或门只能有 4 个乘积项,且与触发器一一对应,不能任意调配。

图 5-5（c）是异或逻辑组态,采用了 4 个异或门,各异或门的 1 个输入分别为乘积项 0、4、8 和 13,

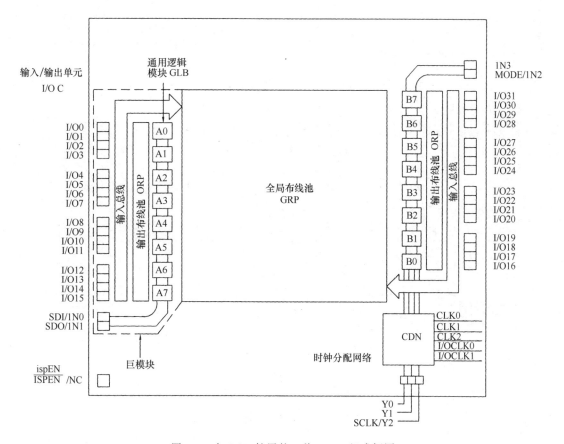

图 5-3　由 GAL 扩展的一种 CPLD 组成框图

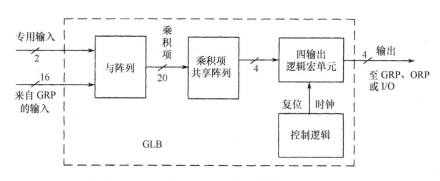

图 5-4　GLB 组成框图

另一个输入则从 4 个或门输出中任意组合。此模式尤其适用于计数器、比较器和 ALU 的设计,D 触发器要转换为 T 触发器或 JK 触发器,也依赖此工作模式。

图 5-5(d)是单乘积项模式。它将乘积项 0、4、8 和 13 分别跨越或门、PTSA 和异或门,直接输出,其逻辑功能虽简单,但比上述直通模式又减少了一组或门的延时,因此速度更高。

图 5-5(e)是多类型模式。前面各模式可以在同一个 GLB 混合使用,构成多类型模式。图 5-5(e)是该组态的一例,其中输出 O_3 采用的是 3 乘积项驱动的异或模式,O_2 采用的是 4 乘积项直通模式,O_1 采用单乘积项模式,O_0 采用 11 乘积项驱动的标准模式。

GLB 的控制逻辑,管理 D 触发器的复位信号来源、时钟信号的选择等。

这里若将 GLB 与前述 GAL 相比较,单就输入输出而言,一个 GLB 相当于 1/2 个 GAL18V8,且 GLB 的其他功能比 GAL 强得多,由此推算,如图 5-3 所示器件约相当于 8 片 GAL18V8。这类 CPLD

器件的不同系列不同型号的芯片也有相似的结构,区别在于巨模块数量的不同,从而 GLB、I/OC 的数量不同。

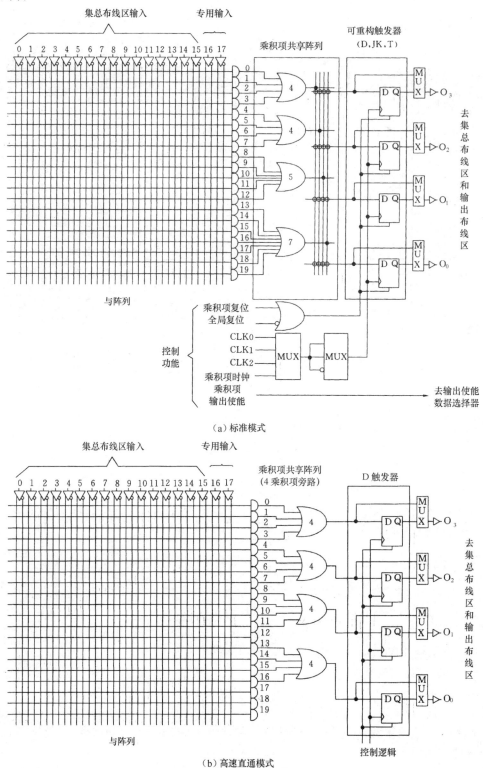

（a）标准模式

（b）高速直通模式

图 5-5　GLB 的五种工作模式

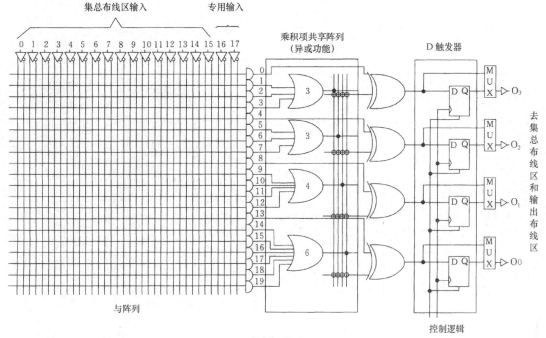

（c）异或逻辑模式

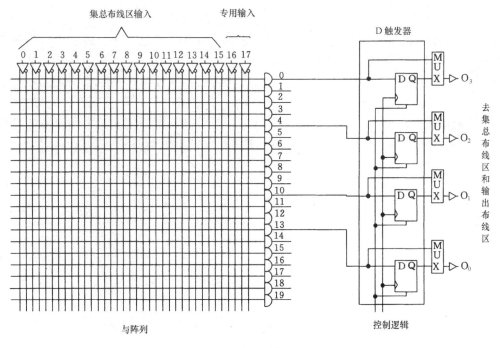

（d）单乘积项模式

图 5-5　GLB 的五种工作模式(续)

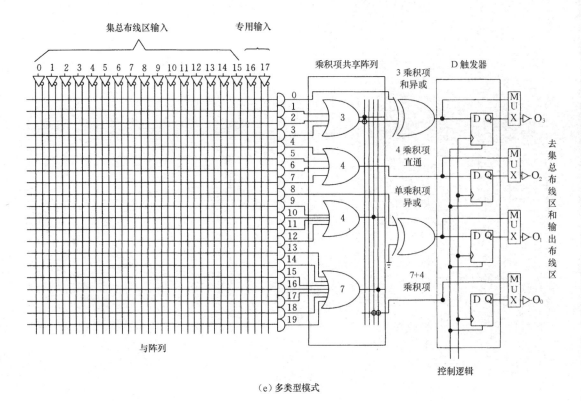

图 5-5　GLB 的五种工作模式(续)

全局布线池 GRP 位于芯片中央,实现片内逻辑的连接。其输入包括来自 I/OC 的输入和 GLB 的输出;其输出送到各 GLB 的输入,从而实现 I/OC 和 GLB,以及各 GLB 之间有效互连。输出布线池 ORP 是 GLB 和 I/OC 之间的可编程互连阵列。通过编程可将同一巨模块内任意一个 GLB 的输出灵活地送到 16 个 I/OC 中的某一个。上述 GRP 和 ORP 均有确定长度的连接线。在 ORP 的侧面还有 16 条通向 GRP 的总线,供 I/OC 输送信号至 GRP,常称为输入总线(IN BUS),增加了 I/O 复用功能。此外,有时 GLB 的输出也可跨越 ORP,直接与 I/OC 相连,从而提高工作速度。

时钟分配网络 CDN 把若干外部输入时钟信号分配到 GLB 或 I/OC,还可将片内指定专用时钟建立用户自定义的内部时钟。不同型号的器件,其 CDN 结构有差别,可查阅有关手册。

这类器件具有 isp 编程特性,编程和应用均十分方便。

4. CPLD 的输入/输出单元

I/O 单元是各种 CPLD 的重要组成部分,作为芯片内部逻辑和外部引脚相连的单元电路。各 CPLD 系列器件有着大致相同结构的 I/O 单元。

图 5-6 给出一种典型 CPLD 器件的 I/O 单元(I/OC)组成框图。它就是图 5-3 所示 CPLD 的 I/OC,该 I/OC 作为内外连接的桥梁有着完善的复用结构。图示 I/O 单元有输入、输出和 I/O 三种基本组态,组态实现由 6 个 MUX 完成。

(1) 专用输入方式。MUX1 的输出是三态门的使能信号 OE。对 MUX1 的编程将可把 I/OC 配置为输入、输出或双向总线方式,如表 5-1 所示。当 MUX1 的地址信号为 11 时,该 I/OC 设置为专用输入方式。

在这种工作方式下,引脚输入信号经输入缓冲后可通过 D 触发器,也可不通过 D 触发器直接去全局布线池。MUX4 的编程地址信号将决定输入信号的路径。触发器既可被定义为电平锁存器(L)

也可定义为边沿触发器(R)。锁存方式时,触发器响应时钟的高电平。寄存方式时,响应时钟信号上升沿。这两种方式通过对 R/L 端的编程确定。

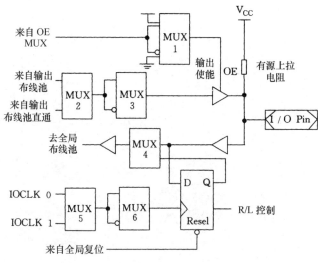

图 5-6　某 CPLD 器件的 I/O 单元组成框图

表 5-1　OE 信号、MUX1 地址和 I/OC 组态关系

OE 取值	MUX1 地址 $A_1 A_0$	I/OC 组态方式
V_{CC}	0 0	专用输出组态
GLB 产生使能信号	0 1	双向 I/O 组态或具有三态缓冲电路的输出组态(可改变控制极性)
GLB 产生使能信号	1 0	
地	1 1	专用输入组态

触发器的时钟信号由片内时钟分配网络 CDN 提供,并可通过 MUX5 和 MUX6 选择时钟源并调节时钟的极性。触发器的复位由芯片的全局复位信号 RESET 实现。

(2) 专用输出方式。有关的输出信号可经输出布线池或者跨越输出布线池直接输出,由 MUX2 进行选择。MUX3 可选择输出原码或反码。

(3) 双向 I/O 方式。在这种方式下,OE 信号由 GLB 产生,经 MUX1 选择来控制输出使能,使之处于双向 I/O 组态或具有三态缓冲电路的输出组态,且可改变三态控制信号的极性。

在上述三种基本组态的基础上,通过对 MUX2～MUX6 的编程可以构成几十种工作方式。图 5-7列举了其中的几种。

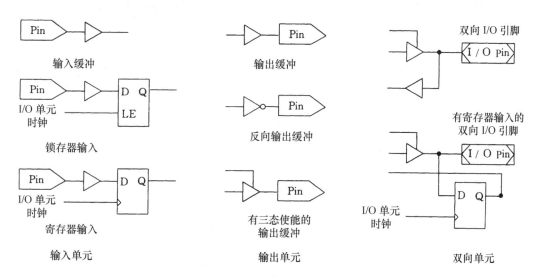

图 5-7　I/OC 组态举例

每个 I/OC 还有一个有源上拉电阻,当 I/O 端不使用时,该电阻自动接上电源电压,以避免因输入悬空引入的噪声,且可减小电源电流。正常工作时也产生同样的作用。

读者由上述介绍不难看出,GAL 的 OLMC 仅能配置五种结构,这里介绍的 I/O 单元可构成数十种结构,足以说明 I/O 单元的设置大大优化了芯片结构,扩充了功能。其他 CPLD 和 FPGA 器件均有类似的 I/O 结构和相应的复用功能,只是具体电路略有差别,不再赘述。

5. 阵列扩展型 CPLD 应用举例

【例 5.1】 试用阵列扩展型 CPLD 实现一个 16 位双向移位寄存器,其输入/输出如图 5-8 所示。图中 $Q_0 \sim Q_{15}$ 是 16 位状态变量输出。$D_0 \sim D_{15}$ 为 16 位并行置数输入,C_r 是低电平有效的异步清零端,S_R、S_L 分别是右移或左移串行数据输入端,S_1、S_0 为功能控制端,它们的取值和操作的对照关系如表 5-2 所示。

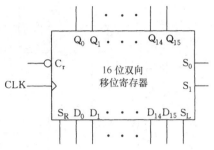

图 5-8　16 位双向移位寄存器

(1) 器件的选择。本例所欲实现的 16 位移位寄存器共有 1 个时钟 CLK 输入、16 个置数数据输入、2 个移位数据输入、3 个控制输入和 16 个状态变量输出。也就是说,除时钟外,共有 37 个输入、输出信号线,应该选择 I/O 单元的数量满足此要求的芯片,且应满足逻辑容量要求,这样就可以用一个芯片来实现该移位寄存器。

前述典型阵列扩展型 CPLD 和由 GAL 扩展的阵列扩展型 CPLD 均有多种系列多种型号器件,设计者可参照有关数据手册进行选择。

假若选择由 GAL 扩展的阵列扩展型 CPLD 芯片,其型号为 isp LSI 1024,它的结构与图 5-3 所示器件相似,但容量更大,含 3 个巨模块,且 I/O 单元数量达 16×3＝48 个。由此画出引脚分配图如图 5-9 所示。

表 5-2　$S_1 S_0$ 和操作对照表

S_1	S_0	实现的操作
0	0	保持
0	1	右移
1	0	左移
1	1	并行置数

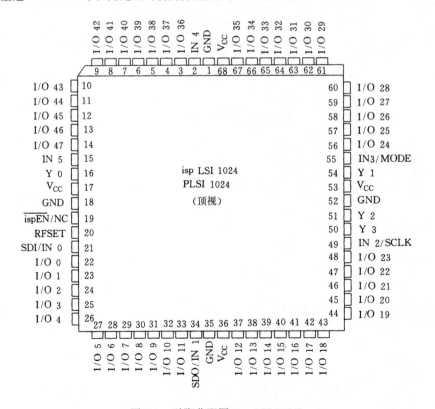

图 5-9　引脚分配图(isp LSI 1024)

（2）编写设计输入文件。本例采用文本输入方式。根据移位寄存器设计要求，编写 VHDL 源文件如下：

```
LIBRARY IEEE；
USE IEEE.Std_Logic_1164.ALL；

ENTITY  srg16  IS
        PORT(
                s1,s0,cr,clk  :IN   Bit；
                sr,sl         :IN   Std_Logic；
                d             :IN   Std_Logic_Vector(0 TO 15)；
                q             :OUT  Std_Logic_Vector(0 TO 15)
                )；
END srg16；

ARCHITECTURE  a  OF  srg16  IS
BEGIN
    PROCESS(clk,cr)                                    --进程语句,敏感信号为时钟
        VARIABLE  qq  :Std_Logic_Vector(0 TO 15)；
        BEGIN
        IF cr='0'  THEN
            qq:="0000000000000000"；                   --IF 语句,异步清零
            ELSIF (clk' EVENT AND clk='1') THEN        --响应时钟上升沿
            IF s1='1' THEN
                IF s0='1' THEN
                    qq:=d；                            --如果 s1s0=11,则并行置数
                ELSE
                    qq(0 TO 14):=qq(1 TO 15)；
                    qq(15):=sl；                       --如果 s1s0=10,则左移操作
                END IF；
            ELSE
                IF s0='1' THEN
                    qq(1 TO 15):=qq(0 TO 14)；
                    qq(0):=sr；                        --如果 s1s0=01,则右移操作
                ELSE
                    NULL；                             --否则保持
                END IF；
            END IF；
        END IF；
        q<=qq；
    END PROCESS；
END a；
```

5.2.2 现场可编程门阵列(FPGA)

在 PLD 发展过程中。人们从任何逻辑电路均可由门电路构成这一角度出发提出了 GA 的概念,门

阵列的基本结构如图 5-10 所示。它由基本逻辑单元、I/O 单元和内部连线三者组成。其中逻辑单元由各种基本门电路构成,通过编程把门阵列连接成任意逻辑电路,从而又称做可编程门阵列(PGA)。

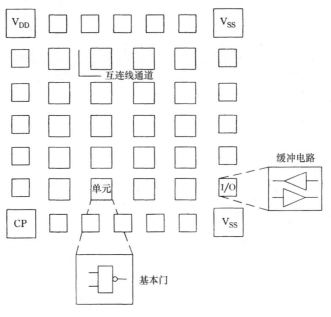

图 5-10　门阵列基本结构

随着集成技术的发展,基本单元的规模逐步扩大,功能不断完善,结构更加优化,基本单元不再仅局限于门电路,而且还有包括数据选择器,译码器,JK 触发器,D 触发器,缓冲器,甚至 SRAM 等功能更强的模块,但门阵列这一名称仍沿用至今。

早期的 PGA 需要用户提出设计要求,由制造厂家进行编程。现今一种用户现场可编程门阵列 FP-GA,不仅集成度高、工作速度快,基本逻辑单元功能特强,而且具有现场重复编程的优点,从而得到数字技术领域广泛重视。目前,FPGA 产品有多种,它们不仅在基本单元的规模、单元的逻辑功能、I/O 的结构和性能、连线的机制及工作参数等均各不相同,且在可编程特性和编程技术等方面大相径庭。但就基本结构而言,FPGA 亦应归属于单元型 HDPLD,只因其发展过程不同,加之具有统计型的连线结构,故常把它列为 HDPLD 的一个重要分支。

1. 典型单元型 FPGA 组成和特点

图 5-11 给出一种 FPGA 结构框图。它主要由三部分组成:可配置逻辑模块(Confi-gurable Logic Block,CLB),输入/输出模块 I/OB 和可编程连线(Programmable Interconnect,PI)。对于不同规格的芯片,可分别是包含 8×8、20×20、44×44、甚至 92×92 个 CLB 阵列,配有 64、160、352、甚至 448 个 I/OB,以及为实现可编程连线所必需的其他部件,它们等价于 2000、10000、52000,甚至 250000 个门的

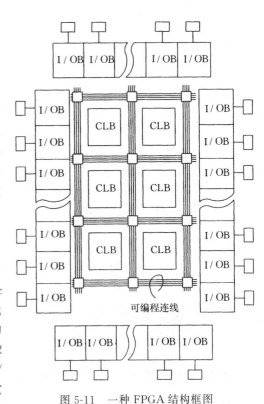

图 5-11　一种 FPGA 结构框图

电路。

　　可配置逻辑模块 CLB 与前述 PGA 中的基本逻辑单元的作用相同,但它本身就是较复杂的逻辑电路,包含多种逻辑功能部件,从而使得单个 FPGA 即可实现各种复杂的数字电路。输入/输出模块是器件内部信号和引脚之间的接口电路,该接口电路设计得使有关引脚均可通过编程成为输入线、输出线或 I/O 线,且有较强的负载能力。

　　可配置逻辑模块 CLB 是 FPGA 的主要组成部分。图 5-12 给出某芯片的 CLB 逻辑框图。从图中可以看出,该 CLB 主要由四部分组成,它们是逻辑函数发生器、多个编程控制的数据选择器、触发器和信号变换电路。

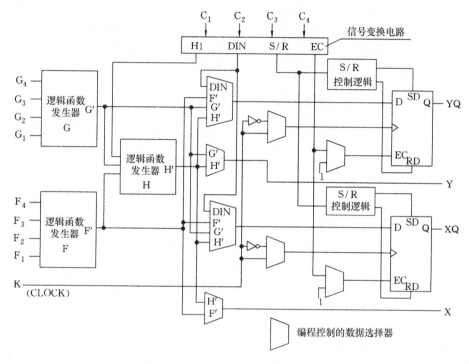

图 5-12　CLB 逻辑框图

　　(1) 三个函数发生器。所谓函数发生器实际上是一个有 n 输入的 $2^n \times 1$ 位静态存储器 SRAM,可实现 n 个变量的任意组合函数。因为 $2^n \times 1$ 容量的 SRAM 可以存放 n 个变量函数的真值表,故又习惯称做查找表式结构。三个函数发生器分别是 G、F 和 H,相应的输出是 G'、F' 和 H'。两个第一级的函数发生器 F 和 G 均为 4 变量输入,分别为 G_4、G_3、G_2、G_1 和 F_4、F_3、F_2 和 F_1,F 和 G 可以各自独立地输出相应 4 变量的任意组合函数。函数发生器 H 有三个输入信号:它们是前两个函数发生器的输出 G' 和 F',以及来自信号变换电路的输出 H1。H 和 G、F 三个函数发生器相结合可以实现 3 变量、5 变量、或者高达 9 变量的任意组合函数。也就是说实现了 $2^9 \times 1$ SRAM 查找表,从而使单个 CLB 就可实现较复杂的逻辑函数。

　　CLB 中的 SRAM 基本单元的读写速度快,使 FPGA 的工作速度得以提高。但 SRAM 在掉电时,所存储的信息会丢失。

　　通过对内部 MUX 的编程,函数发生器的输出 G'、F'、H' 可以连接到 CLB 内部的触发器,或者直接送到 CLB 的输出端 X 或 Y。

　　(2) 两只 D 触发器。CLB 中的两只触发器可以通过 MUX 的编程,从函数发生器输出(G'、F' 和 H')或者从外部输入(DIN)取得它的激励输入信号。触发器和函数发生器配合可以实现各种时序逻辑函数,触发器的输出分别为 YQ 和 XQ。

两只触发器均为边沿触发结构,它们的控制信号是共享的。通过编程确定为时钟上升沿触发或下降沿触发;时钟使能信号 EC 可以通过信号变换电路受外部信号控制或定为逻辑 1 电平;通过对 S/R 控制逻辑的编程,每只 D 触发器均可经信号变换电路,分别进行异步置位或异步清零操作,也可对一只触发器异步置位而对另一只触发器异步清零。CLB 的这种特殊结构,使触发器的时钟,时钟使能,置位和复位均可被独立设置,各触发器可独立工作,彼此之间没有约束关系,从而为实现不同功能时序电路提供可能性。

(3) 信号变换电路。该电路的基本功能是将 CLB 的输入信号 C_1、C_2、C_3 和 C_4 变换为 CLB 内部的 H1、DIN、S/R 和 EC 四个控制信号。但在 CLB 不同应用场合、不同构造时,信号变换电路可将 $C_1 \sim C_4$ 变换为相应的内部所需数据、地址或者控制信号。

除了上述主要组成部分以外,CLB 中还配备有快速进位电路,以实现高速运算和计数,由此可以看出,CLB 结构灵活、功能完善,一个或多个 CLB 可实现各种各样同步或异步逻辑函数。

2. FPGA 的可编程连线(PI)资源

可编程连线 PI 是各类 HDPLD 的必不可少的组成部分。5.1 节已讲述 HDPLD 片内 PI 有两类:确定型连线结构和统计型连线结构。前者金属连线有固定长度。所以有固定延时,相对较简单;后者有多种长度的金属连线,相对复杂,但互连灵活多变。

在此以 FPGA 可编程连线为例,介绍统计型连线结构概况。前述图 5-11 所示 FPGA 芯片内部单个 CLB 输入输出之间、各个 CLB 之间以及 CLB 和 I/OB 之间的连线是由许多金属线段构成的,这些金属线段带有可编程开关,通过自动布线实现所需功能的连接。

这类器件主要有三种不同长度的布线资源,由它们的线段长度来区分。

(1) 通用单长度线。图 5-13(a)是通用单长度线连接示意图,图中仅给出一个 CLB 及其周围单长度线的分布情况。这种单长度线是贯穿于 CLB 间隙的水平线和垂直线,由可编程开关矩阵把它们联系起来,可编程开关矩阵的示意图如图 5-13(b)所示,在水平线和垂直线的交叉点处有 6 只开关(晶体管),通过编程决定连接关系。

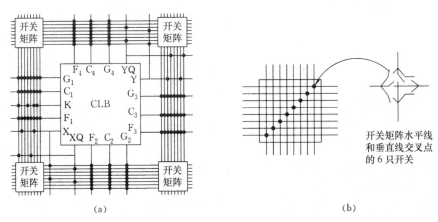

图 5-13　通用单长度线和可编程开关矩阵示意图

这种结构的连线长度总是两个开关矩阵之间的矩离,故称为单长度线。它提供了相邻功能块之间的快速布线,适用于一定区域内的信号传输和网络间的分支。但单长度线的长度较小,信号每通过一次开关矩阵就要增加一次延时,随着阵列中 CLB 的增加及互联关系复杂性的提高,信号通过开关的数量急剧增加,从而影响电路的工作速度。

(2) 通用双长度线。图 5-14(a)是通用双长度线的示意图。这种连接线的长度双倍于单长度线。双长度线可经过较少的开关矩阵实现不相邻的各 CLB 之间的连接,以减少由于连线引入的延时。

（3）长线和三态缓冲器。上述单长度线和双长度线因连线长度较小,若用做时钟、寄存器控制或其他多扇出信号的连线时,会产生显著的偏移现象（又称扭曲现象）,长线和三态缓冲器就是为解决此类连接而配置的。图 5-14(b)是长线连接的示意图。其中垂直长线由专门的驱动器驱动,用以连接时钟信号。水平长线通过三态缓冲器连接,可提供三态总线。

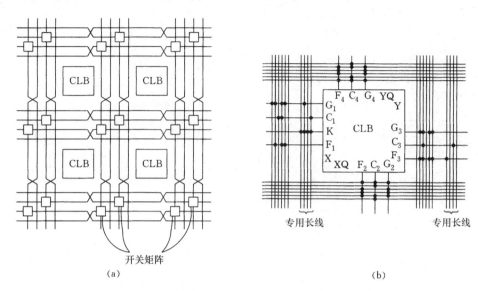

图 5-14　双长度线和长线示意图

每根长线的中心处都有一个可编程分离开关,可使长线分成两个独立的连线通路。

由连线资源的讨论可知,属于单元型 HDPLD 的 FPGA 有较复杂的连线结构,包含多种长度的连线。由此带来的优点是片内互连十分灵活,且可人为干预,使某些信号的传递特别快速。但是由于连线的灵活性,使同一设计对象可由不同的连线方式实现,导致延时时间的不确定。设计者应使用开发软件检查实际的延时时间是否满足设计要求。

这类器件的 I/OB 与前述 CPLD 的 I/OC 类似,不再赘述。

SRAM 工艺的 FPGA 具有 icr 编程特性。

5.2.3　延时确定型 FPGA

一般的 FPGA 由于连线规格多样,往往造成延时不确定,但也有一些 FPGA 具有延时确定的特性。

图 5-15 是一种典型的延时确定型 FPGA 的组成框图。片内逻辑阵列块 LAB 按行与列排列。位于行和列两端的输入/输出单元(IOE)提供 I/O 引脚。

器件内部信号的互连是由快速通道连线提供。

1. 逻辑单元 LE(Logic Element)

LE 是该 FPGA 中最小的逻辑单位,是构成 LAB 的基本单元。每个 LE 含有一个 4 输入的查找表 LUT(Look-Up Table)、一个可编程的触发器、进位链和级联链,如图 5-16 所示。

LUT 本质上是一张真值表。4 输入 LUT 由 $2^4 \times 1$ 的静态 RAM 构成,用以实现 4 输入的任意逻辑函数。LE 中的可编程触发器也可设置成 D、T、JK 或 RS 触发器。对于组合逻辑函数,LUT 输出将跨越触发器直接连到 LE 的输出。

逻辑单元可通过编程配置为四种工作模式:正常模式、运算模式、加/减计数模式和可清除的计

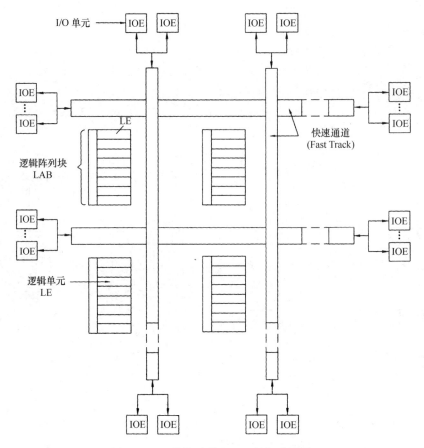

图 5-15　一种单元型 CPLD 的组成框图

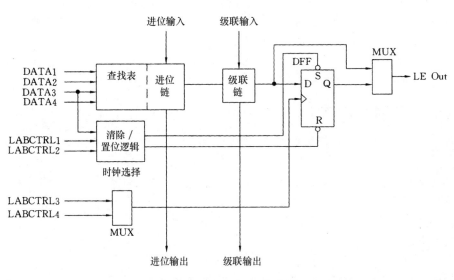

图 5-16　逻辑单元 LE 组成图

数模式,如图 5-17 所示。

（1）正常模式。来自 LAB 局部互连的四个数据输入和进位输入是 4 输入 LUT 的输入信号,通过编程自动地从进位输入和 DATA3 中选择一个作为输入。LUT 的输出可与级联输入组合产生级联链,给出级联输出信号。LE 的输出可以是 LUT 的输出也可以是可编程触发器 Q 端输出。本模式

正常模式

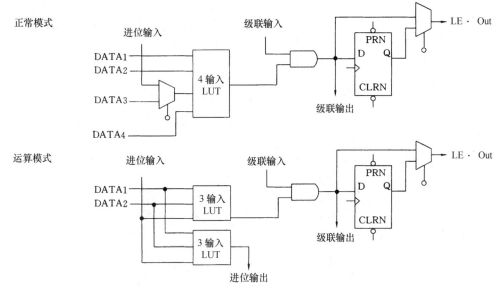

运算模式

加/减计数模式

可清除的计数模式

图 5-17　LE 的四种工作模式

适合于通常的逻辑应用和各种译码功能。

（2）运算模式。该模式提供两个 3 输入 LUT。第 1 个 LUT 生成输入变量的逻辑函数,第 2 个 LUT 生成进位位。适用于实现加法器和累加器等。

（3）加/减计数模式。本模式提供计数使能、同步的加/减控制和数据加载选择。第 1 个 LUT 产生计数数据,第 2 个 LUT 产生快速进位位。

（4）可清除的计数模式。此模式与加/减计数模式类似,但它支持同步清零而不是加/减控制。

2. 逻辑阵列块 LAB(Logic Array Block)

一个逻辑阵列块包括 8 个 LE、与 LE 相连的进位链和级联链、LAB 控制信号及 LAB 局部互连线。图 5-18 给出 LAB 的结构组成图。

每个 LAB 提供 4 个可供所有 8 个 LE 使用的控制信号,其中 2 个可用作时钟信号,另外 2 个用作清除/置位控制。LAB 的控制信号可由专用输入引脚、I/O 引脚或借助 LAB 局部互连的任何内部信号直接驱动。专用输入端一般用做公共的时钟、清除或置位信号,因为它们通过该器件时引起的偏移很小,可以提供同步控制。如果控制信号还需要某种逻辑,则可用任何 LAB 中的一个或多个 LE 形成,并经驱动后送到目的 LAB 的局部互连线上。LAB 的 4 个控制信号通过编程可选择同相信号或反相信号。

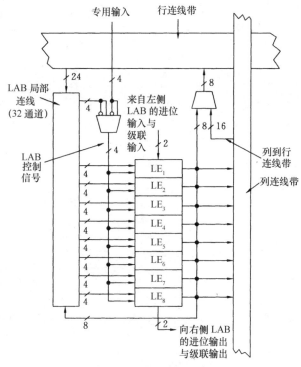

图 5-18 LAB 的结构组成图

3. 进位链和级联链

芯片含有两条专用高速通路,即进位链和级联链,成为连接相邻的 LE 高速数据通道,但不占用通用互连通路。进位链支持高速计数器和加法器,级联链可在最小延时的情况下实现多输入逻辑函数。级联链和进位链连接同一 LAB 中所有 LE 和同一行中的所有 LAB。这成为区别于其他类型 HDPLD 的一个主要特征。

4. 快速通道(Fast Track)

快速通道提供 LE 与器件 I/O 引脚间的连接。它是遍布整个器件全部长、宽的一系列水平和垂直的连续式布线通道,由"行连线带"和"列连线带"组成,采用这种布线结构,即使对于复杂的设计也可预测其性能,它也属于确定型连线结构。

片内 LAB 排成很多行与列的矩阵,每行 LAB 有一个专用的"行连线带",它由上百条"行通道"组成,这些通道水平地贯通整个器件,它们承载进、出这一行中 LAB 的信号。行连接带可以驱动 I/O 引脚或馈送到器件中的其他 LAB。

"列连线带"由 16 条"列通道"组成。LAB 中的每个 LE 最多可驱动两条独立的列通道,因此,一个 LAB 可以驱动 16 条列通道。列通道垂直地贯通于整个器件,不同行中的 LAB 借助局部的 MUX 共享这些资源。

每列 LAB 有一个专用列连线带承载这一列中的 LAB 的输出。列连线带可驱动 I/O 引脚或馈送到行连线带以便把信号送到其他 LAB。来自列连线带的信号,可能是 LE 的输出,也可能是 I/O 引脚的输入。在将列连线带信号送入 LAB 之前必须传送到行连线带。列连线带和行连线带统称为这类器件中可利用的快速通道互连资源。

这类器件的 I/O 单元与前述 CPLD 的 I/OC 相似,这里不再复述。

这里讨论的 FPGA,也属 SRAM 制造工艺,故具 icr 编程特性。

5. 应用举例

【例5.2】 某系统控制器的 ASM 图如图 5-19 所示，试用延时确定型 FPGA 实现。

图示 ASM 图含四个状态：S_0、S_1、S_2 和 S_3，三个输入 BEG、SW 和 DJ，3 个状态输出 AEN、CUT 和 EO，值得关注的是有个条件输出 BP。

选择合适的 FPGA 器件后，就可根据 ASM 图规定的控制过程，编写 VHDL 源文件如下：

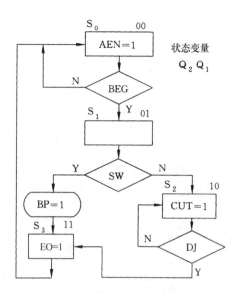

图 5-19 某控制器的 ASM 图

```vhdl
LIBRARY IEEE;
USE IEEE.Std _ Logic _ 1164.ALL;
ENTITY   control  IS
    PORT(
        clk            :IN     Std _ Logic;
        beg,sw,dj      :IN     Std _ Logic;
        aen,bp,eo,cut  :OUT Std _ Logic;
        reset          :IN     Std _ LOGIC;    --设置清零信号,以便开机进入 s₀ 状态
END   control;


ARCHITECTURE  a  OF   control  IS
    TYPE  state _ space  IS(s0,s1,s2,s3);       --定义信号类型
    SIGNAL   state :    state _ space;
BEGIN
    PROCESS(clk,reset)
    BEGIN
        IF reset='1' THEN
            state<=s0;                          --异步清零
        ELSIF(clk' EVENT AND clk='1') THEN
            CASE   state  IS
              WHEN s0=>
                IF   beg='1' THEN
                    state<=s1;                  --若满足 beg=1,则次态为 s₁
                END IF;                         --否则保持为 s₀
              WHEN s1=>
                IF sw='1' THEN                  --状态分支,分支条件是 sw
                    state<=s3
                ELSE
                    state<=s2;
                END IF;
              WHEN s2=>
                IF   dj='1' THEN
                    state<=s3;
                END IF;
              WHEN s3=>
                state<=s0;
```

```
        END CASE;
            END IF;
    END PROCESS;
    aen<='1' WHEN state=s0 ELSE '0';                                    --状态输出
    cut<='1' WHEN state=s2 ELSE '0';
    eo<='1'  WHEN state=s3 ELSE '0';
    bp<='1'  WHEN state=s1 AND sw='1' ELSE '0';                         --条件输出
END a;
```

【**例 5.3**】 试用 FPGA 系列产品实现一个 12 位数字比较器,其输入、输出如图 5-20 所示。图中 A 和 B 为两个 12 位二进制数输入,而 $F_{A>B}$,$F_{A=B}$ 和 $F_{A<B}$ 分别为比较结果输出,逻辑'1'有效。

本例可以采用不同的方式描述这一比较器,这里给出文本输入方式 VHDL 描述。

根据比较器设计要求和 VHDL 语言规则,编写VHDL 源文件如下:

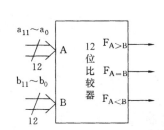

图 5-20　12 位数字比较器示意图

```
LIBRARY IEEE;
USE IEEE.Std_Logic_1164. ALL;
ENTITY   compare   IS
  PORT(                                              --端口说明
    a,b   :IN Std_Logic_Vector(11 DOWNTO 0);         --a,b 是输入,且均是 12 位
    altb,aeqb,agtb  : OUT   Std_Logic);              --3 个输出,默认表示 1 位
END  compare;
ARCHITECTURE   one   OF   compare   IS
BEGIN
  PROCESS (a,b)                                      --进程语句,括号内是敏感信号表
  VARIABLE   alb,aeb,agb  :Std_Logic;                --进程说明
  BEGIN
    IF  a<b THEN                                     --IF 语句
      alb:='1';
      aeb:=' 0';                                     --变量赋值语句
      agb:='0';
    ELSIF  a=b THEN
      alb:='0';
      aeb:='1';
      agb:='0';
    ELSE
      alb:='0';
      aeb:='0';
      agb:='1';
    END IF;
    altb<=alb;                                       --信号赋值语句,进程中的变量赋给实体中的信号
    aeqb<=aeb;
    agtb<=agb;
  END PROCESS;
END  one;
```

开发软件自动把上述源文件转化为 SRAM 目标文件——数据配置文件(BIT 文件),通过主动或被动配置方式对芯片编程,即可实现预定的 12 位数据比较器。

5.2.4 多路开关型 FPGA

前述的 FPGA 均基于静态存储器(SRAM)查找表机理。现今还有一种多路开关型(MUX 型)的 FPGA,在这种 FPGA 中,同样包含有基本逻辑模块阵列、布线资源、时钟网络、I/O 模块,从而可实现高速运行的逻辑设计。但是,这种 FPGA 最基本的积木块是一个多路开关的配置,利用多路开关的特性,在其各个输入端连接固定电平或连接输入信号时,可实现不同的逻辑功能。例如,图 5-21 所示具有地址输入 S 和数据输入 A 和 B 的 2 选 1 多路开关,它的输出为

$$F = SA + \overline{S} B$$

当 B 为逻辑 0 时,多路开关实现与的功能

$$F = SA$$

当 A 为逻辑 1 时,多路开关实现或的功能

$$F = S + B$$

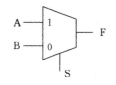

图 5-21 2 选 1 多路开关

大量的多路开关和逻辑门连接起来,就可以构成实现大量函数的逻辑块。

1. 基本逻辑模块

多路开关型 FPGA 包括有多种基本逻辑模块,以下分别介绍。

(1) 组合逻辑模块(C-module)

某种多路开关型 FPGA 的基本组合逻辑模块如图 5-22 所示。它由三个两输入多路开关和一个或门组成。这个基本的逻辑模块能实现组合函数,故称为组合模块。它共有 8 个输入:S_1、S_2、S_3、S_4、W、X、Y、Z 和一个输出 F,可以实现的函数为:

$$F = \overline{S_3 + S_4}(\overline{S_1} W + S_1 X) + (S_3 + S_4)(\overline{S_2} Y + S_2 Z)$$

当设置每个变量为一个输入信号或一个固定电平时,可以实现 702 种逻辑函数。例如,当设置为:$W = A_0$,$X = \overline{A_0}$,$S_1 = B_0$,$Y = \overline{A_0}$,$Z = A_0$,$S_2 = B_0$,$S_3 = C_1$,$S_4 = 0$ 时,可实现全加器本位和输出 S_O 的逻辑函数:

$$S_O = (A_0 \oplus B_0) \oplus C_1$$
$$= \overline{(C_1 + 0)}(\overline{B_0} A_0 + B_0 \overline{A_0}) + (C_1 + 0)(\overline{B_0} \overline{A_0} + B_0 A_0)$$

当设置为:$W = 0$,$X = C_1$,$S_1 = B_0$,$Y = C_1$,$Z = 1$,$S_2 = B_0$,$S_3 = A_0$,$S_0 = 0$ 时,可实现全加器进位输出 C_O 的逻辑函数:

$$C_O = \overline{(A_0 + 0)}(\overline{B_0} \times 0 + B_0 C_1) + (A_0 + 0)(\overline{B_0} C_1 + B_0 \times 1)$$
$$= \overline{A_0} B_0 C_1 + A_0 \overline{B_0} C_1 + A_0 B_0$$
$$= B_0 C_1 + A_0 C_1 + A_0 B_0$$

还有一类多路开关型 FPGA 的基本逻辑单元块如图 5-23 所示。它也是一种组合模块(C-module),可以实现的输出函数为:

$$Y = \overline{S_1} \overline{S_0} D_{00} + \overline{S_1} S_0 D_{01} + S_1 \overline{S_0} D_{10} + S_1 S_0 D_{11}$$

其中:

$$S_0 = A_0 B_0, \qquad S_1 = A_1 + B_1$$

只要设置不同的输入信号,同样可以构成近 800 种不同的组合函数。

(2) 时序逻辑模块(S-module)

图 5-24(a)、(b)、(c)、(d) 给出四种构造的多路开关型时序逻辑模块,它们均由组合逻辑模块加上

寄存器构成,可以实现高速时序电路。其中图(a)高达 7 个输入(S_0、S_1、D_{00}、D_{01}、D_{10}、D_{11},其中 S_1 由两个输入信号经过或运算生成),在多路开关后面加一只带清零端的 D 触发器。图(b)模块由 7 输入组合逻辑块和 D 锁存器组成。图(c)模块是 4 输入组合逻辑块和一只带有清零端的 D 锁存器组成。图(d)表示原本是典型的 8 输入组合模块(见图5-23)加上寄存器构成的时序逻辑模块,现把寄存器旁路,又可当做组合模块使用。

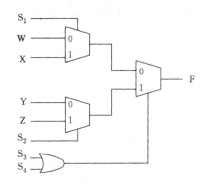

图 5-22　基本组合逻辑模块(多路开关型)

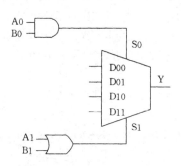

图 5-23　某组合模块

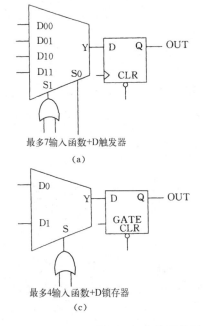

最多7输入函数+D触发器

(a)

最多7输入函数+D锁存器

(b)

最多4输入函数+D锁存器

(c)

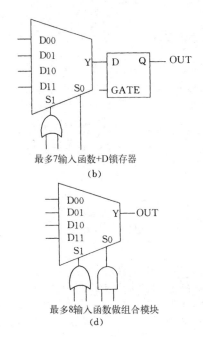

最多8输入函数做组合模块

(d)

图 5-24　多路开关型 FPGA 的时序逻辑模块

各种类型的时序模块可以通过编程配置成所需的时序功能或组合功能,十分灵活方便。

(3)译码逻辑模块(D-module)

译码逻辑模块一般排列在 FPGA 芯片外围的四周,它的组成如图 5-25 所示。该模块包含一个全译码电路,即提供了一个高速、多输入(7 个)的与运算功能,该模块的输出可通过编程使之原码输出或者反码输出,由一只能通过编程来改变控制信号的异或门实现。

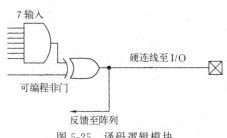

图 5-25　译码逻辑模块

此外,其输出既可直接连到输出引脚,又可反馈到阵列中去。之所以称这种结构的模块为译码

（Decoder）模块，其理由是多个 D-module 并行输出时，它们的多输入与门分别连接译码输入信号（原变量或反变量），则可实现规模高达 7～128 译码器，且可改变译码器输出的有效极性。

（4）双端口 SRAM 模块（Dual-Port SRAM Block）

属于多路开关型 FPGA 的若干器件还有双端口 SRAM 模块，使之有效实现同步或异步逻辑。SRAM 模块由 256 位的模块排列而成，可构成 32×8 或 64×4RAM，这些模块可以组合起来构成用户需定义的字长、字宽的存储器，图 5-26 是双端口 SRAM 模块的示意图。

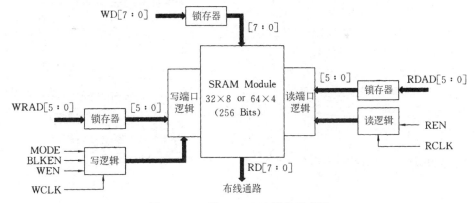

图 5-26　双端口 SRAM 模块示意图

所谓双端口结构是指有独立的读、写端口。每个模块读、写地址均为 6 位（READ[5:0]、WRAD[5:0]），它们相互独立，各有自己的时钟，并可通过编程确定时钟有效电平。

该模块与分段连线一起，可构成快速 FIFO、LIFO、RAM 等，也可实现设计中的其他逻辑寄存单元。

（5）复合 I/O 模块（Multiplex I/O module）

复合 I/O 模块提供了逻辑阵列和器件引脚之间的接口，如图 5-27 所示。该模块内包括一个三态缓冲器和输入、输出锁存器，可配置成输入、输出或双向三种工作模式，且每个输出均有专用的输出使能控制。功能与前述 CPLD 的I/O单元相似，不再细述。

2. 布线资源（Routing Structure）

多路开关型 FPGA 与前述 SRAM 型 FPGA 相似，基本模块排成阵列，围绕它们有统计型的连线结构。水平和垂直金属互连线有连续的长线，也有不同长度的分段线，由可编程的反熔丝开关进行连接（反熔丝开关的特性详见 5.3.3 节的介绍）。所有的互连线最多只通过 4 个反熔丝开关。图 5-28 描述了垂直路径分段连线的一个例子。这种统计型连线结构灵活多变，可使某些信号高速传递，但延时时间不可预测，要通过时序模拟进行人工干预。

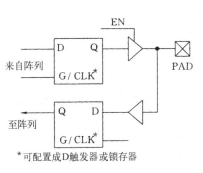

图 5-27　复合 I/O 模块示意图

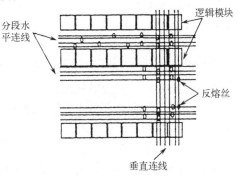

图 5-28　垂直路径分段连线实例

3. 时钟网络(Clock Networks)

器件有一个全局时钟分配网络,使得时钟具有低扭曲(低偏移)、高扇出特性。典型的时钟网络如图 5-29 所示。时钟分配网络可用时钟模式 CLKMOD 来选择时钟信号的来源。在图 5-29 中,时钟 CLKA 和 CLKB 由外部输入,而 CLKINA 和 CLKINB 来自内部信号。时钟驱动器和专用的时钟路径送出有关的时钟信号。通过编程使 CLKMOD 做出所需的选择。

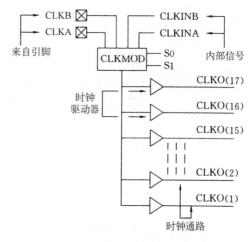

图 5-29　时钟分配网络

5.3　HDPLD 编程技术

PLD 有多种不同的编程技术,而编程技术与制造工艺密切相关。早期 SPLD 采用熔丝型开关编程,随着编程技术的发展,为设计者提供了越来越方便或性能更优越的编程方法。近年来 HDPLD 采用的在系统可编程技术(isp)、在电路配置技术(或称在电路重构)(icr)和反熔丝开关(Antifuse)编程引人注目。

5.3.1　在系统可编程技术

传统的编程技术是将 PLD 芯片插在专门的编程器上灌装的。在系统可编程(in-system programmablity,isp)技术则不用编程器,直接在用户的目标系统或印制板上对 PLD 芯片下载,故称为在系统可编程。因此,待设计系统可先装配后编程,成为正式产品后还可反复编程,打破了先编程后装配的传统做法。

具有 isp 性能的器件是 E^2CMOS 工艺制造,其编程信息存储于 E^2PROM 或闪存(Flash Memory)内,可以随时进行电编程和电擦除,且掉电时其编程信息不会丢失。除非再次编程改变其内部信息。但由于器件已经安装在目标系统或印制电路板上,它的各个引脚与外电路相连,因此编程时最关键的问题就是如何与外界脱离。为此,芯片设计时已采取了有效措施,编程时,使器件的引脚为高阻状态。从而解决了这一关键问题。

很多 HDPLD 系列器件具有 isp 特性,这里仅举例说明。例如 5.2.1 节中介绍的由 GAL 扩展的阵列扩展型 CPLD,它就是最早出现的 isp 器件。该器件设置了一个控制信号$\overline{ispEN}$和 4 个编程信号 SDI、SDO、SCLK 和 MODE。图 5-30(a)给出此系列器件中一个芯片的引脚分布图,从图中可见,$\overline{ispEN}$是专用引脚,而其他 4 个信号为复用引脚。当$\overline{ispEN}$=高电平时,器件处于正常工作模式,按已编程的内容实现逻辑功能,与其他器件无异;当$\overline{ispEN}$=低电平时,器件所有 I/O 端的三态缓冲电路均处于高阻状态,割断了芯片内部电路与外电路的联系,从而可对器件编程。整个流程如图 5-30(b)所示。

在编程时,$\overline{ispEN}$为低,设计开发软件通过计算机外设接口,经下载电缆与目标系统的编程接口相连,对器件输出编程命令和编程数据。其他 4 个编程信号:串行数据或命令输入 SDI、编程用时钟 SCLK、方式控制 MODE 和串行数据输出 SDO 协调一致工作,完成编程。这 4 个信号的引脚均为复用引脚,在$\overline{ispEN}$为高时,这 4 个引脚可作为相应输入端使用。

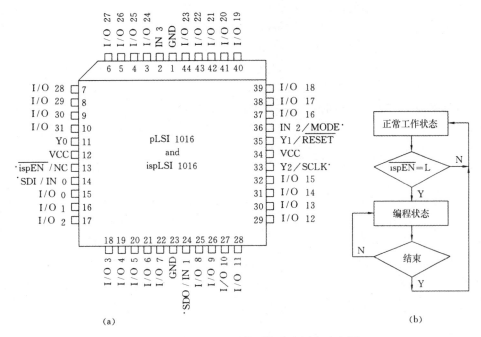

图 5-30　某 isp LSI 器件引脚分布图和流程图

5.3.2　在电路配置(重构)技术

具有 icr(in-circuit reconfiguration)功能的器件采用了 SRAM 制造工艺,由 SRAM 存储编程数据。这一特征使得相应 PLD 器件在掉电时(或工作电源低于额定值时)将丢失所存储的信息,采用这类 PLD 的数字系统在每次接通电源后,首先必须对这些 SRAM 加载,即重新装入编程数据。PLD 芯片所具有的逻辑功能将随着置入的编程数据的不同而不同,这称为配置(或重构)。配置工作与 isp 相似,也是在用户的目标系统或印制电路板上进行的,故称在电路可配置(或重构)技术。

配置方式通常有两种:一是芯片编程接口和计算机相连,上电后由计算机控制把存放在计算机硬盘内的编程数据经电缆装入器件,这种方式称为被动型配置。这种被动配置方式适用于系统本身就带有主控计算机的场合,或者是待设计系统处于研制、调试、修改阶段。二是事先把编程数据存放于外部 PROM、EPROM 或 E^2PROM 内,上电后由 PLD 器件本身控制 ROM 把数据装入片内,这称为主动型配置方式。适用于不带计算机的系统,且处于现场运行情况。

多种 HDPLD 系列器件具有 icr 特性,这里也举例说明。例如 5.2.2 节介绍的现场可编程门阵列 FPGA,就是典型的 SRAM 查表工艺,故具 icr 特性。这类器件设置了三个模式控制信号 M0、M1、M2,由它们的状态决定重构模式。表 5-3 说明了控制信号和配置(重构)模式之间的关系。

表 5-3 包括了三种主动模式(器件控制下载)、一种被动模式(计算机控制下载)和两种外设模式(同步和非同步)。

表 5-3　配置模式一览表

M0	M1	M2	CCLK	模　式	数　据
0	0	0	输出	串行主动模式	位串
0	0	1		保留	
0	1	0		保留	
0	1	1	输入	外设同步模式	字节
1	0	0	输出	向上并行主动模式	字节,00000 上升
1	0	1	输入	外设非同步模式	字节
1	1	0	输出	向下并行主动模式	字节,3FFFF 下降
1	1	1	输入	串行被动模式	位串

(1) 并行主动模式。图 5-31 为并行主动模式连接图。它利用一个器件内部振荡器,产生下载时

钟 CCLK,以驱动可能的从属器件,并为存放下载数据的外部 EPROM(或 PROM)产生地址和时序。
并行主动模式(向上或向下)利用来自 EPROM 字节宽的数据,响应由 FPGA 配置逻辑产生的 18 位
地址,把数据加到 D0~D7 引脚,并接收这些并行数据。所谓向上向下选择是指或为 00000、或为
3FFFF 的起始地址,以便和不同的微处理器寻址变换相兼容。对于这种模式,8 位字节数据在每个
读时钟(RCLK)被读出,在内部由下载时钟(CCLK)从最低有效位开始串行化。图 5-31 是由多个芯
片组成的菊花链,主控器件和并行的 EPROM 相接,并传递数据到其他从属的串行器件,从属器件利
用主控器件产生的 CCLK,通过 DIN 移入数据,又从 DOUT 移出数据,一个一个地串接。如果多个
从属串行器件有相同的配置,它们的 DIN 引脚可以并行连接,但是主控器件由于没有 CCLK 同步而
不允许并行连接。详见图 5-31 所示。

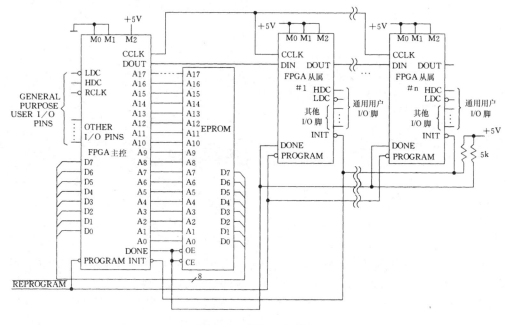

图 5-31　并行主动模式

(2) 串行主动模式。图 5-32 给出串行主动模式连接图。这个模式利用来自同步串行源,如串行
的 PROM 或 EPROM,加到 DIN 引脚的是串行配置数据。器件在加电或重新编程时自动从串行源获
取数据对自身加载。内部振荡器产生 CCLK,用于对数据定时和驱动从属串行器件。

(3) 串行被动模式。串行被动模式连接图如图 5-33 所示。这种模式下,器件由计算机提供配置
用时钟(CCLK),时钟上升沿接收串行数据,下降沿重新同步。

两个外设模式用做接收来自有关总线的数据,这里不再介绍,有兴趣的读者可参考有关 FPGA
的书籍或资料。

这里要说明的是,具有 icr 技术的器件,它在配置(重构)期间,I/O 脚亦均处于高阻状态,与外系
统脱离;在配置结束后又恢复到正常工作状态。具体控制信号不再细述。

5.3.3　反熔丝(Antifuse)编程技术

在 4.1 节中介绍 PLD 编程的基本概念时,曾提及熔丝这一名词,它是最早使用的可编程元件。
但熔丝链路存在一些不足:它占用面积较大,要求的编程电流也偏大,且常是一种 3 端元件,不利于
PLD 器件集成度的提高。

近年来出现一种采用反熔丝工艺的 FPGA,即 5.2.4 节所介绍的多路开关型 FPGA,它的连线资
源中的可编程开关,采用可编程的低阻元件作为反熔丝介质。可编程低阻元件(PLICE)与其他编程

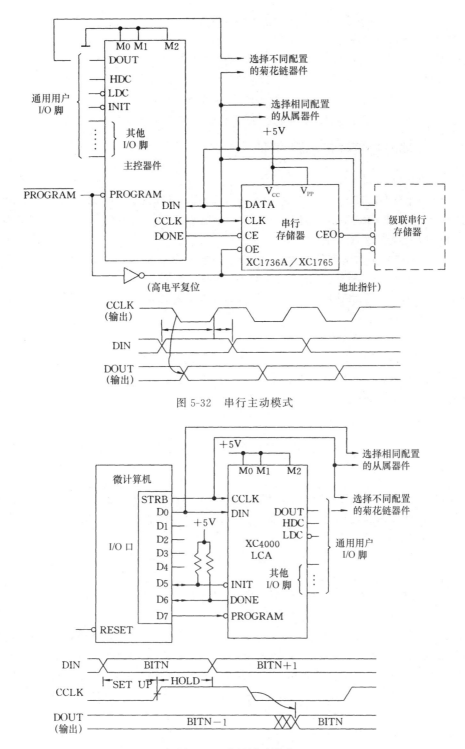

图 5-32 串行主动模式

图 5-33 串行被动模式

元件相比较,其尺寸更小,开关性能更优越。

图 5-34 给出一个典型的反熔丝开关示意图。图中 PLICE 反熔丝是在 n^+ 扩散和多晶硅之间的介质,它和 CMOS、双极型工艺均可兼容。该介质在尚未编程的通常状态时,呈现十分高的阻抗(大于 $100M\Omega$);当编程电压(18V)施加其上时,该介质击穿,使两层导电材料连接起来,而成为永久性物理接触,实现非易失性一次编程。反熔丝开关编程电流$<10\mu A$,编程时间$<1ms$。由于它是二端元

件,占用面积小,故有利于提高芯片集成度。但是,编程要用专门的编程器,且只可一次性编程。

鉴于反熔丝工艺与在通常状态下熔丝导通、编程使其断开的熔丝工艺刚好相反,故得此名。具有此编程技术的 HDPLD 与采用其他编程技术的 HDPLD 相比,有较高的抗干扰性,适用于要求高可靠性、高保密性的定型产品。

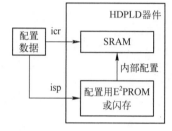

图 5-34　反熔丝开关示意图

5.3.4　扩展的在系统可编程技术

E^2CMOS 和 SRAM 的编程方式各有优点。

E^2CMOS 属非易失性方法,使用方便,但编程次数是有限的;SRAM 占用面积小(最大密度的 FPGA 的等效门数要比 CPLD 高一个数量级以上),非常便于集成,且理论上可无限次编程,但属易失性方法,每次上电均需配置。

为将这两种编程方法的优点结合起来,出现了扩展的在系统可编程技术(isp eXpanded Programming,ispXP)。该技术集中了 E^2CMOS 和 SRAM 工艺的最佳特性,从而在单个芯片上同时实现了上电配置和无限可重构。

ispXP 器件在联机调试时,直接对片内 SRAM 进行配置;在脱机工作时,片中所含 E^2PROM 或闪存(Flash)储存着器件的组态信息。在器件上电时,这些信息以并行的方式被传递到用于控制器件工作的片内 SRAM 中,即在片内自动进行配置,如图 5-35 所示。

图 5-35　扩展的在系统可编程技术

5.4　先进的 HDPLD

前文所讨论的 PLD 发展初期的 SPLD 和经典 HDPLD,现在基本上已不再使用。随着数字技术和集成电路工艺水平的进一步提高,更先进的 HDPLD 不断涌现,其中 FPGA 技术的发展尤为突出。这些先进的 HDPLD 具有如下特点:

(1) CPLD 与 FPGA 架构和技术相互融合,取长补短,各自的特征不再分明;

(2) 新增了乘法器资源,使其具备数字信号处理能力;

(3) 新增了大容量的存储器资源,便于构成嵌入式系统;

(4) 可嵌入软核或硬核处理器,构成单片可编程系统。

Altera 是国际知名的 PLD 公司,于 2015 年被 Intel 公司收购,5.2.3 节的延时确定型 FPGA 就出自该公司。目前,其主流的器件有多个系列,如 MAX 系列的 CPLD 与 FPGA 和 Cyclone、Arria、Stratix 系列的 FPGA 等。前两个系列属于低成本、高性价比的产品,在此仅介绍 MAX II 和 Cyclone III。

Xilinx 发明了 FPGA,其主流的 FPGA 有 Spartan-3 系列、Virtex 系列和 7 系列。所谓 7 系列包括 Spartan-7、Artix-7、Kintex-7、Virtex-7 等,其可编程逻辑架构基本上延续了 Spartan-3。因此,本节先介绍 Spartan-3 的基本组成,再讨论 7 系列 FPGA 的特点。

5.4.1　Intel MAX II 基于逻辑单元的 CPLD

MAX II 系列 CPLD 采用 $0.18\mu m$、6 层金属 Flash 工艺。

1. 内部组成

该系列器件的逻辑结构同 5.2.3 的 FPGA 颇为相似,其内部组成如图 5-36 所示。包括二维分布

· 174 ·

的逻辑阵列块 LAB、输入输出单元 IOE、多通道连线（MultiTrack Interconnect）等部分。它与 5.2.3
节的 FPGA 主要的差别在于：

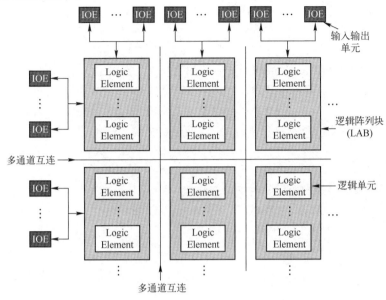

图 5-36　MAX II 总体架构

（1）可编程连线更加丰富；

（2）采用 Flash 存储器进行编程，属非易失性方式；

（3）大部分 Flash 用于专门的配置存储器（Configuration Flash Memory，CFM），其余为用户存储器（User Flash Memory，UFM），可以用作程序存储器（在构成嵌入式系统时使用）。

2. 逻辑阵列块 LAB

逻辑阵列块是实现逻辑功能的主体，其组成如图 5-37 所示。

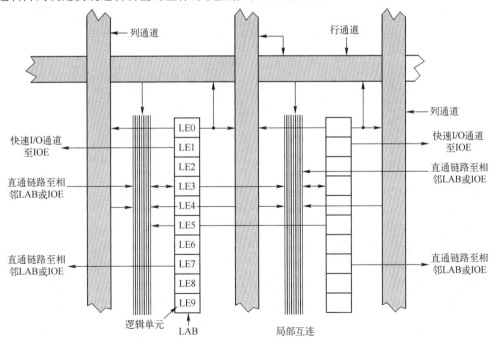

图 5-37　LAB 组成

LAB 的组成特点如下：

（1）LAB 的输入信号和内部各 LE 之间的互连信号均通过局部连线实现连接；

（2）各 LE 的输出信号除了反馈到局部连线外，还可以通过行、列通道与其他 LAB 相连；

（3）直通链路为相邻的 LAB 之间、LAB 与 IOE 之间提供最短路径，并节省了对行、列通道资源的占用；

（4）分布于器件外侧的 LAB，与 IOE 相邻，还拥有快速 I/O 通道，可以使 LAB 处理后的信号直接送至 IOE 输出，不必经行、列通道转接，从而大大减小了延时；

（5）每个 LAB 包含专门驱动控制信号的逻辑，控制信号有 2 路时钟及其使能信号、2 个异步复位、1 个异步预置、1 个同步复位和同步预置，以及加/减控制信号等。

3. 逻辑单元 LE

逻辑单元是最基本的单元电路，其内部逻辑如图 5-38 所示。图中，全局信号为所有 LAB 共享，LAB 信号为同一 LAB 内的所有 LE 共享，其余信号为各 LE 独有的信号。

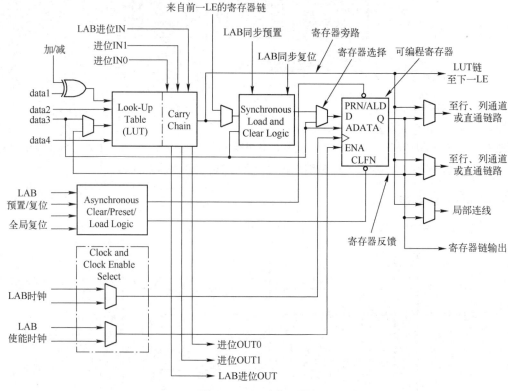

图 5-38　LE 内部逻辑

查找表 LUT 链可以使同一 LAB 中的 LE 相互级联，扩展输入端数。

寄存器链可以使同一 LAB 中的寄存器扩展成移位寄存器。

LE 可以组成多种工作模式。典型的是一般模式和动态算术模式。每种模式下，有 8 个可能的输入，其中 4 个来自局部互连，2 个进位输入来自前一个 LE，1 个 LAB 进位输入来自进位链上的前一个 LAB，1 个寄存器链信号来自前一个 LE（可以与 LUT 的逻辑无关）。

LE 的一般模式适宜实现一般的逻辑应用。动态加/减功能可以用一组 LE 方便地构成加法器和减法器，以节省资源。动态算术模式是实现加法器、计数器、累加器、比较器和宽校验器的方式。此时 4 输入的 LUT 分解成 4 个 2 输入 LUT（$2^4 = 4 \times 2^2$）。2 个 2 输入 LUT 分别计算进位为 0 和 1 时的和数，另 2 个 2 输入 LUT 分别产生 2 个进位选择链路的进位输出。进位选择链采用冗余的进位计算逻辑来提高进位的速度,避免了行波进位造成的逐级延时现象。这一方法同样可用于提高累加器、计数器、乘法器、比较器等电路的速度。

4. 多通道互连

多通道互连由行通道和列通道组成,如图 5-39 所示。它们跨越固定的距离,因此延时较小且可以预测。

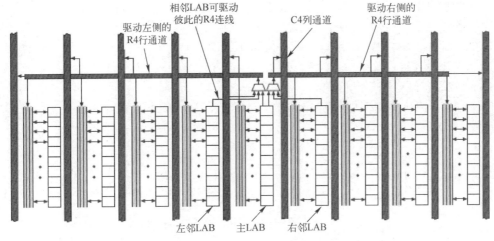

图 5-39 多通道互连示意图

行通道含有直通链路和 R4 连线,前者为相邻 LAB 提供快速直通,后者跨越 4 个 LAB 提供区域性行连接。每个 LAB 都具有自身的 R4 连线以驱动左侧或右侧的 4 个 LAB。一条 R4 可以驱动另一条 R4 以扩展连接距离,R4 还可以驱动列通道(C4),实现行到列的转接或跨行驱动。每行的 IOE 既可以驱动(输入时)R4 又可以被 R4 所驱动(输出时)。

列通道的工作原理与行通道类似,提供纵向 LAB 之间互连,以及与行和列 IOE 的连接。列通道资源包括 LAB 内的 LUT 链与寄存器链和跨度 4 个 LAB 的 C4 连线(用于与上下 LAB 连接)。

C4 连线除可以使 LAB 与其上方或下方 LAB 相连外,还可以驱动行与列 IOE 或被行与列 IOE 驱动。C4 连线既可以相互驱动以扩展连接距离,也可以驱动行通道以实现跨列连接。

UFM 与 LAB 之间的连接类似于 LAB 到 LAB 的连接接口。UFM 可以输出到行、列通道上,并且来自于行、列通道的信号从 UFM 的局部连线区输入。UFM 还具有直通链路,作为与相邻 LAB 的快速通道。

5. 用户闪存 UFM 块

UFM 组成如图 5-40 所示,可以作为串行 EEPROM 使用,最大容量 8kb,其外部数据线和地址线均为串行方式。UFM 与 LAB 之间通过多通道连线连接。通过 LAB 生成的用户接口或协议逻辑,可使 UFM 与片外器件相连。

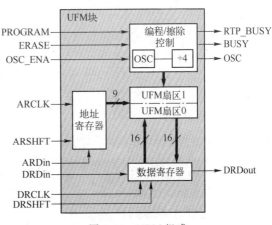

图 5-40 UFM 组成

UFM 具有以下特性:

(1) 非易失性,字长 16 位,8kb;

(2) 可分 2 个扇区;

(3) 自动增量寻址;

(4) 与 LAB 间可编程串行接口。

6. 输入输出单元 IOE

输入输出单元支持的功能包括：

(1) 多电压 I/O 脚，支持 3.3V、2.5V、1.8V、1.5V 逻辑电平，以及 LVTTL 和 LVCMOS I/O 标准（而内核则允许 3.3V、2.5V 或 1.8V 供电）；

(2) 友好的总线结构，支持可编程压摆率、驱动强度、总线保持、上拉电阻、开漏输出、输入延时等；

(3) 各引脚可编程施密特触发器模式，大大提高噪声容限，改善脉冲信号质量；

(4) 符合 PCI 22/3.3V/66MHz 总线规范，支持热插拔；

(5) JTAG 支持边界扫描测试（Boundary Scan Test，BST），与 IEEE Std. 1149.1-1990 兼容；

(6) 快速 I/O 连接；

(7) isp 电路，符合 IEEE Std. 1532。

IOE 包含双向 I/O 缓冲区，既可与相邻的 LAB 相互直接驱动，也可与多通道互连线连接，如图 5-41 所示。

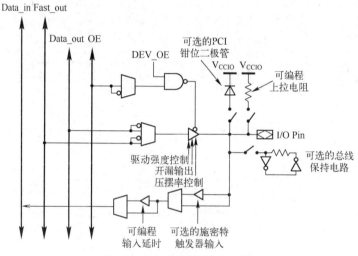

图 5-41 MAX II 的 IOE 结构

7. 实时 isp

实时 isp 允许器件工作期间对其重新进行编程。因为 MAX II 器件内部通过 SRAM 实现 LAB 和 IOE 等逻辑功能，而编程数据是存入配置闪存（CFM）的。只在断电并再次通电时才从 CFM 导入 SRAM。因此，新的设计（重编程的内容）不会立即改变原电路，要重新上电后才会起作用。该功能的优点是在任何时候都可对 MAX II 器件进行现场更新，而不会影响整个系统的工作。

实时 isp 分正常和实时两种模式，正常模式下，在完成 CFM 编程后，随即将新的设计数据从配置闪存（CFM）下载到 SRAM。在 CFM 编程和将 CFM 数据下载到 SRAM 的过程中，I/O 管脚将保持高阻态。CFM 下载到 SRAM 后，器件复位并进入用户工作模式。正常模式类似于普通的 isp 方法。

在实时模式下，用户闪存（UFM）、可编程逻辑和 I/O 管脚在 CFM 编程过程中保持工作状态。CFM 编程成功后，CFM 的内容不会下载到 SRAM 中。等到电源重启时，才将 CFM 的内容下载到 SRAM，然后器件才进入用户模式，如图 5-42 所示。显然这种方法类似于扩展

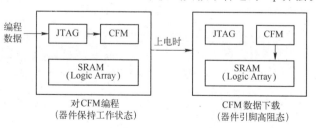

图 5-42 实时 isp 编程过程

isp(ispXP)。

8. 其他 MAX 系列器件

MAX 系列除 MAX II 外,还有 MAX V 和 MAX 10 两个系列。

MAX V CPLD 延续了 MAX II 的低成本、低功耗和非易失的特性,增加了闪存、RAM、振荡器和锁相环等,并提供了更多的 I/O 和逻辑资源。

MAX 10 属于 FPGA,延续了 MAX II 低成本、非易失特性,采用台积电(TSMC)的 55nm 嵌入式 NOR 闪存技术制造。增加了模数转换器 (ADC)、双配置闪存、嵌入式 SRAM、DSP 模块、高性能锁相环(PLL)和低偏移全局时钟,支持 Nios II 软核嵌入式处理器和 DDR3 存储控制器等。此外,该系列器件的配置采用了 ispXP 方法,片内既有配置用 RAM(Configuration RAM,CRAM),又有自配置用闪存(CFM)。联机调试时可以通过 JTAG 将 SRAM Object File (.sof)直接配置到 CRAM 中,也可以在脱机前通过 JTAG 将编程器目标文件(.pof)存入 CFM,这样重新上电时,就可以在片内自动将配置数据从 CFM 导入 CRAM。

5. 4. 2　Intel Cyclone III 系统级 FPGA

系统级 FPGA 面向单片可编程系统(System on a Programmable Chip,SoPC),其特征为:

(1)可以嵌入微处理器;

(2)含有大容量存储器;

(3)可以配置各种接口和外设逻辑等;

(4)若含有嵌入式乘法器,还可以配置 DSP。

Cyclone III FPGA 采用台积电的 65nm 低功耗(Low Power,LP)工艺,实现了低功耗、低成本和高性能。

1. 内部组成

Cyclone III 的组成如图 5-43 所示,包括:

(1)逻辑阵列块(LAB)

(2)输入/输出单元(IOE)

(3)多种布线通道

(4)存储器(M9k)

(5)嵌入式乘法器

(6)时钟网络与锁相环(Phaselock Loop,PLL)。

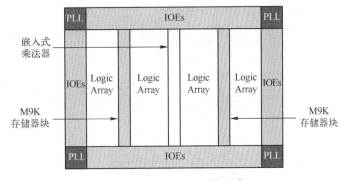

图 5-43　Cyclone III 的组成

2. LAB 和多通道互连

Cyclone III 与前述基于单元的 MAX II 的主要区别在于:

(1)每个 LAB 包含的 LE 的个数增加到 16 个。

(2)由于 FPGA 中的 LAB 数量远超过 CPLD,故增加了 R24 行连线和 C16 列连线,可以使 LAB 与其左/右侧 24 个 LAB 和上/下方 16 个 LAB 直接连通。

3. 嵌入式存储器

FPGA 中嵌入了若干列的 M9K 存储器块,如图 5-44 所示。每个 M9K 块容量为 9kb,速率最高达 315MHz,可以按校验和非校验方式实现多种存储器模式,如单端口/简单双端口/真实双端口 RAM、ROM、FIFO 等。单端口和简单双端口模式下,数据端口可配置成 1、2、4、8、9、16、18、32、36 位;

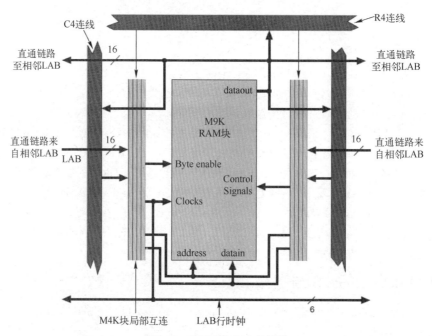

图 5-44　M9K 嵌入式存储器

而真实双端口模式下,数据端口可配置成 1、2、4、8、9、16、18 位。

　　与 M9K 相邻的 LAB 可以通过 R4、C4 和直通链路驱动 M9K 的局部互连,而 M9K 的输出则可以通过直通链路送至左侧或右侧的 LAB。

4. 乘法器

　　乘法器模块如图 5-45 所示。每个乘法器可以配置成 1 个 18 位或 2 个独立的 9 位乘法电路,工作速率最高可达 315MHz。将多个乘法器级联,可以实现超过 18 位×18 位的运算。图中,aclr 为异步复位,clock 为时钟,ena 为使能信号,signa 和 signb 表示乘数 A 和 B 的符号,1 代表负,0 代表正(无符号)。输入寄存器和输出寄存器均可选。

　　乘法器与 LAB 之间的连接方法与 M9K 同 LAB 连接方法相似。

　　除嵌入式乘法器外,还可以用 M9K 存储器模块,如同查找表方式来实现软核乘法器,以增加乘法器的数量。

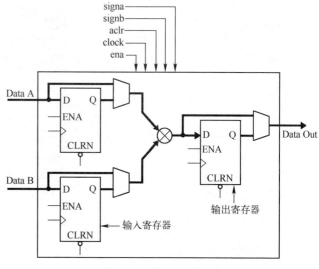

图 5-45　嵌入式乘法器

5. 时钟网络与 PLL

　　CycloneⅢ最多有 16 个时钟信号引脚 CLK0～CLK15,用于驱动全局时钟信号 GCLK。GCLK 驱动整个器件,IOE、LAB、专用乘法器和 M9K 存储均可将 GCLK 用做时钟源。

　　(1) 时钟控制网络

　　时钟控制网络驱动 GCLK,位于器件的边缘,靠近专门的时钟输入引脚,以使 GCLK 的偏移和延时最小。

专门的时钟输入引脚、PLL 计数器输出、时钟 I/O 双重引脚（Dual-purpose clock，DPCLK 或 CD-PCLK）和内部逻辑可以成为时钟控制网络的输入，但普通的 I/O 引脚无法输入到时钟控制网络。

GCLK 可以作为 PLL 输入，但时钟控制网络的输入和输出不能是同一个 PLL。

时钟控制网络如图 5-46 所示。每个网络只允许接入 2 个时钟输入引脚、2 个 PLL 时钟输出引脚、1 个 DPCLK 或 CPCLK 引脚和 1 个内部逻辑信号，作为 GCLK 的备选。PLL 产生 5 个时钟输出 C0～C4。

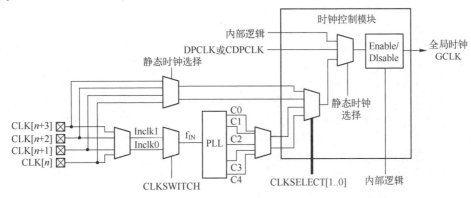

图 5-46 时钟网络

（2）PLL

Cyclone III 器件中最多有 4 个 PLL，提供稳定的时钟管理，可以为器件时钟管理、外部系统时钟管理和高速 I/O 接口合成适当的信号。PLL 组成如图 5-47 所示。

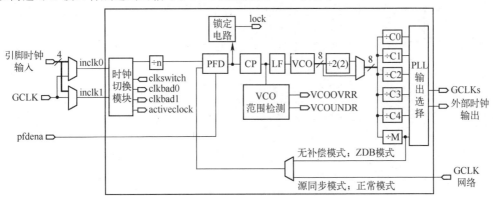

图 5-47 PLL 组成

PLL 的输入可以来自 4 个时钟输入引脚和 1 个 GCLK，支持 1 个单端或差分时钟输出，只有 C0 可以不通过 GCLK 作为专门的外部时钟输出。C1～C4 可以通过 GCLK 馈至其他 I/O 引脚。

PLL 支持 4 种不同的时钟反馈模式：源同步模式、无补偿模式、正常模式和零延时缓冲模式。每种模式都允许对时钟倍频、分频、移相和可编程设定占空比。

无补偿模式下，PLL 将不对任何时钟网络进行补偿，可提供更佳的时钟抖动性能，因为时钟不经过其他电路，直接反馈到相位频率检测器（Phase Freqeuncy Detector，PFD）

在零延时缓冲器（ZDB）模式下，外部时钟输出引脚与时钟输入引脚的相位对齐，无延时。使用此模式时，请在输入时钟和输出时钟上采用相同的 I/O 标准，以确保时钟对齐。

源同步模式下，如果数据和时钟同时到达输入引脚，则该相位关系将保持到 IOE 中的输入寄存器上。

正常模式下的内部时钟与输入时钟引脚相位对齐。如果在此模式下连接，则外部时钟输出引脚相对于时钟输入引脚具有相位延时。在正常模式下,PLL 完全补偿 GCLK 网络引入的延时。

6. IOE

IOE 包含双向 I/O 缓冲区和 5 个寄存器,用于保存输入、输出、输出使能等信号。I/O 引脚支持多种单端和差分 I/O 标准。

IOE 包含 1 个输入寄存器、2 个输出寄存器和 2 个输出使能(OE)寄存器。2 个输出寄存器和 2 个 OE 寄存器用于 DDR 存储器。IOE 可以将引脚设置成输入、输出或双向模式,如图 5-48 所示。

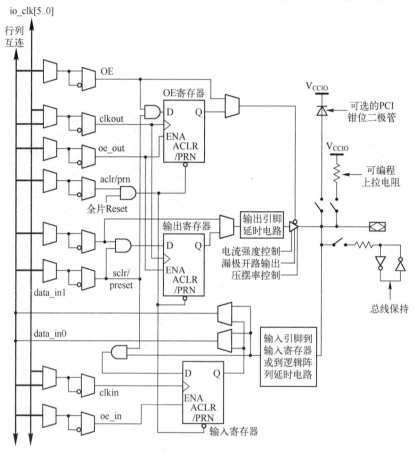

图 5-48 Cyclone III 的 IOE 结构

IOE 支持的功能有:

(1) 多种高速差分 I/O 标准,包括 LVDS、RSDS、mini-LVDS、LVPECL,差分 HSTL、差分 SSTL;

(2) 多种单端 I/O 标准,包括 2.5V 和 1.8V SSTL、1.8V 和 1.5V HSTL、3.3V PCI 和 PCI-X 1.0、3.3/2.5/1.8/1.5V LVCMOS、3.3/2.5/1.8V LVTTL;

(3) PCI 3.0、3.3V、33 或 66MHz、32 或 64 位;

(4) PCI Express;

(5) 兼容 133-MHz PCI-X 1.0;

(6) 支持高速外部存储器,包括 DDR/DDR2/SDR SDRAM、QDRII SRAM;

(7) 支持热插拔;

(8) 多电压 I/O 脚,支持 3.3V、2.5V、1.8V、1.5V 接口逻辑电平;

(9) 友好的总线结构,支持可编程驱动强度、总线保持、漏极开路输出;

(10) 可编程引脚输入、输出延时。

7. 其他 Intel FPGA

除 Cyclone III 外,Intel 还有 Cyclone IV、Cyclone V、Cyclone 10、Arria、Stratix 和 Agilex 等系列 FPGA,其中部分系列内嵌了 ARM 硬核处理器(如 Cyclone V、Arria V、Arria 10、Stratix 10 等),其余则为纯粹的 FPGA。这些系列的 FPGA 比 Cyclone III 拥有更加丰富的存储器和逻辑资源、高达 25.78~58Gbps 的串行收发器、增强的 DSP 功能,以及高系统集成度和第二代 Intel Hyperflex 架构。

5.4.3 Xilinx Spartan-3 FPGA

Spartan-3 系列 FPGA 采用 90nm、12 寸晶圆制造工艺,主要面向低成本、高性价比的应用。

1. 基本组成

Spartan-3 系列的逻辑结构与 5.2.2 节的 FPGA 一脉相承,其架构如图 5-49 所示,包括 5 个基本的可编程部分:

(1) 可配置逻辑块(CLB):包含基于 RAM 的查找表(LUT),可构成各种逻辑和存储器;

(2) 输入/输出块(IOB):控制内部逻辑与 I/O 脚之间的信号,支持双向、三态模式,包括 26 种不同的信号标准(差分、DDR 寄存器等),其数字控制阻抗(Digitally Controlled Impedance,DCI)功能可以简化 PCB 设计;

(3) 块 RAM(Block RAM)可构建 18Kb 的双端口 RAM;

(4) 乘法器块:实现 18 位二进制乘法;

(5) 数字时钟管理模块(Digital Clock Manager,DCM):可提供对时钟信号的分频、倍频、相移等处理,且具有自校正能力。

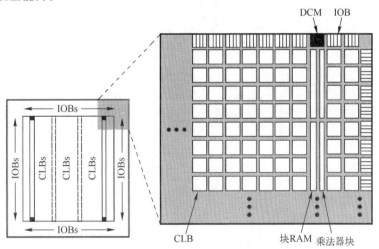

图 5-49　SPARTAN-3 的组成架构

不同规模的器件,其块 RAM 为 1~4 列不等。每列块 RAM 都包含若干个 18kb RAM 块。每列块 RAM 都会配上专门的乘法器。

上述 5 个部分都有丰富的互连资源实现其互通。

2. 输入输出模块(IOB)

图 5-50 是 IOB 的简化框图。IOB 中有 3 个主要的信号通路:输出通路、输入通路、三态通路。每个通路都有自己的存储元件(既可以做触发器,又可以做锁存器)。

输入通路使 I/O 引脚上的信号经过可选的可编程延时元件后,可以直通线 I,也可以经过存储元

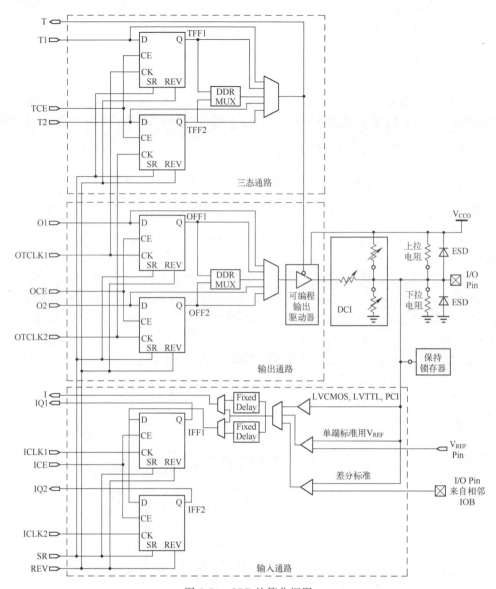

图 5-50 IOB 的简化框图

件后连到线 IQ1 和 IQ2。进而接至 FPGA 的内部逻辑。

输出通路将来自于 FPGA 内部逻辑的 O1 和 O2 连到数据选择器,再经过三态驱动器送至 I/O 引脚。除这一直通链路外,也可以将 O1 和 O2 经一对寄存器后再选通输出。

三态通路确定何时使输出缓冲器呈高阻态,来自于 FPGA 内部逻辑的 T1 和 T2 通过数据选择器(可以先经过一对寄存器存储),再到输出驱动器的使能端。当 T1 或 T2 为高电平时,则输出驱动器为高阻态。

IOB 中的 3 对存储元件,既可以配置成边沿触发的 D 触发器,又可以配置成电平触发的 D 锁存器。输出通路和三态通路的存储元件配以特殊的数据选择器(DDR MUX)后可以实现双速率(Double-Data-Rate,DDR)寄存,从而构成了 DDR 型 D 触发器。

3. 可配置逻辑模块 CLB

CLB 主要用于实现组合电路和同步时序逻辑。每个 CLB 包含 4 个相互连接的电路单元(SLICE),如图 5-51 所示。这些单元均成对出现,每对按列分布,具有独立的进位链。从左至右对每一列的单元进行编号,记为 X0,X1,… 由下至上,对 CLB 所在的行进行编号,第一行记为 Y0 和 Y1、第二行记为 Y2 和 Y3,以此类推。

图中,两对 SLICE 同属第一行 CLB,左侧标为 X0Y0 和 X0Y1,而右侧标为 X1Y0 和 X1Y1。即左侧 SLICE（SLICEM）用偶数 X,而右侧 SLICE（SLICEL）用奇数 X。

CLB 中的 4 个单元通常具有如下组成:2 个函数发生器、2 个存储元件、多个数据选择器、进位逻辑、算术运算门等,以实现逻辑和算术运算,以及 ROM,如图 5-52 所示。

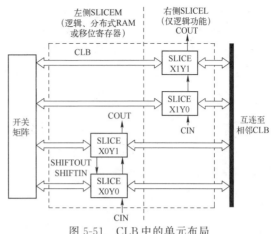

图 5-51　CLB 中的单元布局

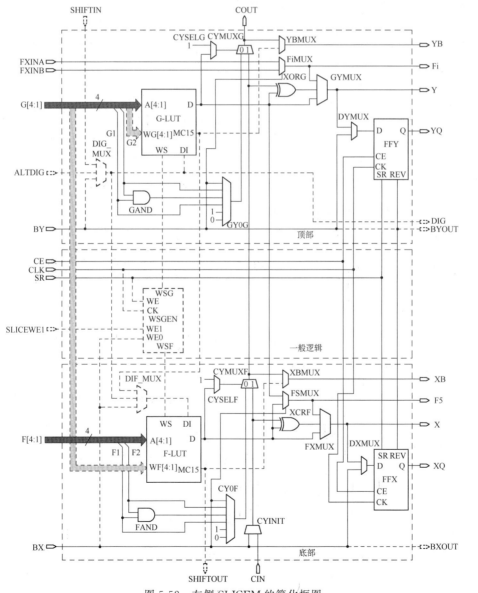

图 5-52　左侧 SLICEM 的简化框图

此外,左侧 SLICEM 还支持另外两个功能:分布式 RAM 和 16 位移位寄存器。图中实线框表示逻辑功能,虚线框表示分布式 RAM 和移位寄存器。

进位链(输入 CIN、输出 COUT)同各种专门的算术逻辑门一道支持快速有效的数学运算。

五个数据选择器分别控制 CYINIT、CY0F、CYMUXF 、CY0G 和 CYMUXG 的链路。专门的算术逻辑门有异或门 XORG 和 XORF 、与门 GAND 和 FAND 等。

4. 块 RAM

块 RAM 的容量为 18Kb,比分布式 RAM 更有效地存储较大的数据。每个块 RAM 的宽/深比都是可配置的,并且多个块 RAM 还可以级联成更宽或更深的存储器。可以选择单口或双口 RAM。

块 RAM 具有双口结构,两个数据端口分别是 A 和 B,其最大容量为 8kb 或 16kb(无校验时)。每个端口有专门的时钟、控制和数据线进行同步读写操作。有 4 个基本的数据通道:A 端口读写、B 端口读写、A 端口传至 B 端口、B 端口传至 A 端口,如图 5-53 所示。

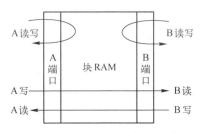

图 5-53　块 RAM 的数据通道

5. 专用乘法器

Spartan-3 中嵌入的专门的乘法器可以对两个 18 位数据相乘,产生 36 位的乘积。输入数据为补码形式(18 位带符号数或 17 位无符号数),每个乘法器都紧邻一个块 RAM,以便进行高效的数据处理。将 3 个及以上的乘法器级联起来,可以实现更多位的乘法运算。

在设计中乘法器有两种原型:异步型(记为 MULT18X18)和寄存器型(记为 MULT18X18S),如图 5-54 所示。

6. 数字时钟管理模块(DCM)

除个别器件外,每个 Spartan-3 中都有 4 个 DCM,位于最外侧块 RAM 列的顶端。DCM 包含 4 个部分:延时锁定环(Delay-Locked Loop ,DLL)、数字频率合成器(DFS)、移相器(PS)和状态机逻辑,如图 5-55 所示。

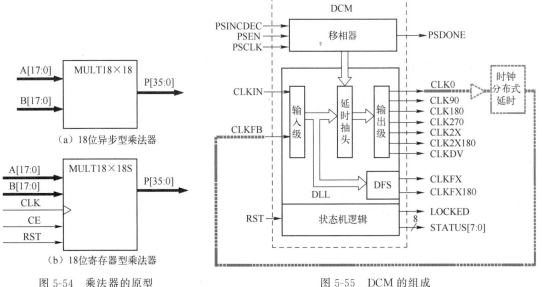

图 5-54　乘法器的原型　　　　　　　图 5-55　DCM 的组成

DCM可对时钟的频率、相位、时钟偏移等进行灵活的全方位控制,主要通过延时锁定环来实现。

DLL最主要的功能是消除时钟偏移,其电路如图5-56所示。它由输入级、一系列延时电路和输出级构成,并配以检相和控制逻辑完成各种时钟控制功能。

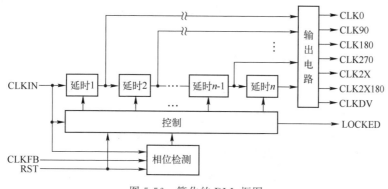

图 5-56　简化的 DLL 框图

7. 可编程互连(PI)

互连又称为布线,Spartan-3有4种互连线:长线、十六长度线、双长度线和直连线,如图5-57所示。每隔6个CLB会有长线相连,由于其寄生电容小,因此最适合传输高频信号。若8个全局时钟已被占用,而仍然有时钟信号需要传输,长线不失为最佳选择。

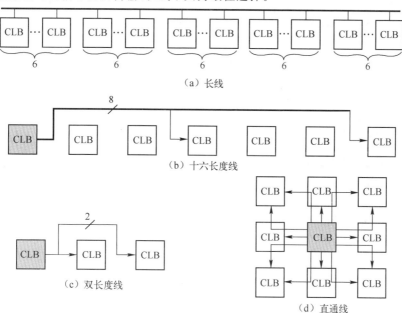

图 5-57　不同类型的互连线

每隔3个CLB会有十六长度线连通。双长度线每隔1个CLB实现连通。而直通线(即单长度线)为相邻CLB提供互连。直通线最常见的用法是将信号从"源"CLB传输到双线、十六长度线或长线,再经直通线连至"目标"CLB。

5.4.4　Xilinx 7 系列 FPGA

1. 7 系列 FPGA 简况

Xilinx在开发7系列(Spartan-7、Artix-7、Kintex-7以及Virtex-7)器件过程中与台积电合作,共

同开发出了28nm高K金属栅级(High-K Metal Gate，HKMG)工艺，提供了高性能与低功耗(High Performance Low-power，HPL)的最佳组合，能打造出满足不同市场需求的不同产品系列。比如Spartan-7属于结构紧凑的成本优化型FPGA系列器件。该产品系列具备很高的逻辑和I/O性能，功耗也得到严格控制，可采用很小的封装，而且价格低廉。得益于工艺的灵活性，该器件可在两种不同内核电压下工作，使用户能够在最高性能与最低功耗之间权衡。

7系列FPGA包括4个子系列：

（1）Spartan-7：低成本、低功耗、高I/O性能；

（2）Artix-7：低功耗、串行收发器、高DSP性能；

（3）Kintex-7：高性价比；

（4）Virtex-7：最高系统性能与容量。

7系列FPGA的特点有：

（1）基于6输入LUT的高性能逻辑，且可配置成分布式存储器；

（2）带内建FIFO功能的36Kb双口块RAM实现片上数据缓存；

（3）高性能SelectIO技术，支持最高1866Mb/s的DDR3接口；

（4）高速串行收发器，最高速率达28.05Gb/s，并提供特殊的低功耗模式，实现片间数据接口；

（5）用户可配置XADC，双12位、1MSPS ADC，并带有片上热传感器和电源传感器；

（6）DSP单元，具有25 x 18位乘法器、48位累加器和预加法器，实现高性能数字信号处理；

（7）强有力的时钟管理模块（CMT），包含了锁相环（PLL）和混合模式时钟管理器（MMCM），实现高精度、低抖动的时钟管理；

（8）可以快速设置嵌入式软核处理器MicroBlaze；

（9）集成的PCI Express(PCIe)模块，最多可支持x8 Gen3的端点和根端口设计；

（10）多种配置选项，支持应用存储器、带HMAC/SHA-256的256位AES加密认证，以及内置的SEU检测和校正。

（11）低成本、线键合、裸模倒装芯片和高信号完整性倒装芯片封装，便于相同封装下不同系列间的移植；

（12）采用高性能低功耗28nm HKMG工艺，可选的1.0V和0.9V内核电压可使功耗更低。

各种7系列FPGA性能对比如表5-4所示。

表5-4　各种7系列FPGA性能对比

最大容量	Spartan-7	Artix-7	Kintex-7	Virtex-7
逻辑单元	102K	215K	478K	1955K
块RAM	4.2Mb	13Mb	34Mb	68Mb
DSP单元	16	740	1920	3600
DSP性能	176GMAC/s	929GMAC/s	2845GMAC/s	5335GMAC/s
MicroBlaze CPU	260DMIPs	303DMIPs	438DMIPs	441DMIPs
收发器数量	无	16	32	96
收发器速率	无	6.6Gb/s	12.5Gb/s	28.05Gb/s
总串行带宽(全双工)	无	211Gb/s	800Gb/s	5386Gb/s
PCIe接口	无	×4Gen2	×8Gen2	×8Gen3
存储器接口	800Mb/s	1066Mb/s	1866Mb/s	1866Mb/s
I/O脚	400	500	500	1200
I/O电压	1.2-3.3V	1.2-3.3V	1.2-3.3V	1.2-3.3V
封装选项	低成本 线键合	低成本、线键合、裸模倒装	裸模倒装 高性能倒装	最高性能倒装

2. CLB

逻辑结构是所有 FPGA 架构的核心。逻辑单元是器件容量与功能的统一衡量标准。7 系列 FP-GA 采用一个包含 SLICE 的可配置逻辑块（CLB）。SLICE 由查找表（LUT）、进位链和寄存器构成。这些 SLICE 经过配置可以执行逻辑功能、算术功能、存储器功能以及移位寄存器功能。

随着 FPGA 产品的更新换代，CLB 中的资源数量也在发展演变，以便不断以合适的成本提供最佳功能。例如，Spartan-3 中的 CLB 包含 8 个 4 输入 LUT 和 8 个寄存器，而 7 系列 FPGA 的

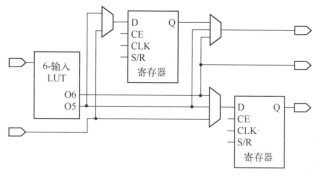

图 5-58　CLB 中各 LUT 与寄存器的连接

CLB 中有 8 个 6 输入 LUT 和 16 个寄存器，如图 5-58 所示。

图中的 LUT 可以配置成一个具有单个输出的 6 输入 LUT，或者配置成具有独立输出的两个 5 输入 LUT。每个 LUT 都可在触发器中可选择性地寄存。4 个 LUT 和 8 个触发器构成 1 个 SLICE，2 个 SLICE 构成 1 个 CLB。部分 SLICE 还可以将它们的 LUT 作为分布式 64 位 RAM 或作为 32 位移位寄存器（SRL32）。

3. DSP 模块

数字信号处理（DSP）在很多领域都有广泛的应用。7 系列 FPGA 包含若干 DSP 模块，每个模块有 2 个 DSP 单元（DSP48E1 Slice）。每个单元由 1 个 25×18 位乘法器和 1 个 48 位累加器组成，可在 550MHz 或更高频率下工作，如图 5-59 所示。

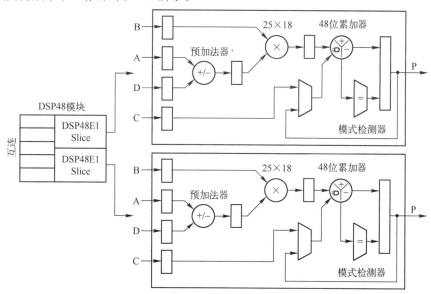

图 5-59　DSP48 模块

25 位预加法器支持对称滤波器（如 FIR 滤波器）。中等密度的器件（如 XC7S50）有 120 个 DSP Slice，如果都用来实现对称 FIR 滤波器，能提供 132GMAC/s 的处理能力。当然即便拥有这样的处理能力，仍需要空间来存储预处理和后处理数据。

4. 存储器

除分布式 RAM 外,7 系列 FPGA 也包含块 RAM,可配置 36Kb 存储模块。每个块 RAM 均支持不同工作模式,包括单端口、简单双端口、真双端口和 FIFO。块 RAM 既可用做单个 36Kb 模块,也可分成两个独立的 18Kb 模块,或者连在一起构成 64Kb 或更大的 RAM。为了确保存储器的内容正确,每个块 RAM 都有可选的检错和纠错(ECC)电路,能够校正一位错误和检测两位错误。

5. I/O 与存储器接口

7 系列 FPGA 的 I/O 支持多种通信标准,包括 HSTL、SSTL、LVDS、LVCMOS 和 RSDS 等,工作电压为 1.2～3.3V。可编程驱动功能使 HR I/O 能以尽量低的功耗实现速度高达 1250Mb/s 的任意连接。为进一步降低功耗,I/O 模块中的各个组件在不使用时可以禁用。例如,输入缓冲器在写操作时被禁用,输出缓冲器在读操作时被禁用。如图 5-60 所示。

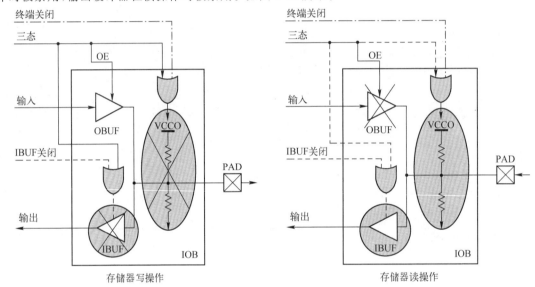

图 5-60　禁用 I/O 缓冲器

I/O 按 50 个引脚一组绑定,以实现存储器接口。Vivado 设计软件中的存储器接口生成器(MIG)可简化软存储器控制器的创建,以适应设计人员的要求。经配置可支持高达 1866Mb/s 的低成本主流 DDR3。

6. XADC

大多数 7 系列 FPGA 包含一个名为 XADC 的模数转换器。当与可编程逻辑结合使用时,XADC可以满足多种数据采集和监控功能需求。

XADC 包含 2 个 12 位、1MSPS ADC,具有独立的跟踪与保持放大器,1 个片上多路复用器,17 个外部模拟输入,以及片上热传感器和电源传感器,如图 5-61 所示。

7. 时钟管理模块

该模块主要功能是,通过高速缓冲与布线实现低偏移时钟分配、频率合成与移相、低抖动时钟发生与去抖等。它由一个锁相环(PLL)和一个混合模式时钟管理器(Mixed-Mode Clock Manager,MMCM)构成,如图 5-62 和图 5-63 所示。

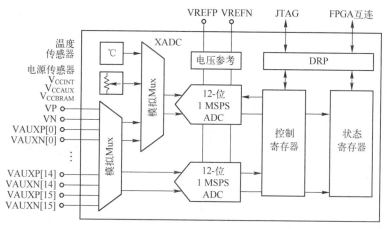

图 5-61　XDAC 组成框图

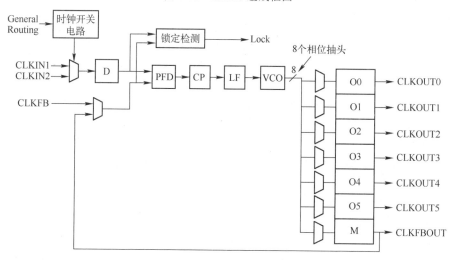

图 5-62　PLL 组成框图

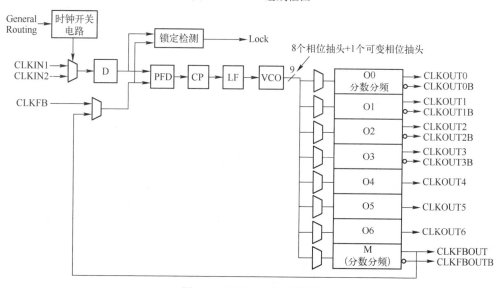

图 5-63　MMCM 组成框图

PLL 和 MMCM 有许多共性，如都可以作为宽范围的频率合成器，都可以对输入的时钟去抖动等。实际上，MMCM 功能更强，PLL 仅相当于它的子集。它们的核心元件是压控振荡器（VCO）。

有 3 种可编程分频器 D、M、O。预分频器 D 降低输入信号频率后,再将信号接至传统 PLL 的相位/频率检测器(PFD)的一个输入端,反馈分频器 M 起倍频的作用,因为它将 VCO 输出先分频,再馈至 PFD 的另一个输入端。D 和 M 分频比的选择确保 VCO 在特定的频率范围内。VCO 有 8 个等相位间隔的输出(0°、45°、90°、135°、180°、225°、270°和 315°)和 1 个可变相位输出(仅 MMCM 具有),每一路都可以被选择驱动 7 个输出分频器 O1～O6 中的 1 个。O1～O5 用于 PLL,O1～O6 用于 MMCM。输出分频器的分频比为 1～128。

MMCM 的 M 和 O0 允许分频比为非整数,增量可小至 1/8,因此频率合成的能力提高了 8 倍。

MMCM 还可以很小的增量提供固定或动态的相移(VCO 的可变相位输出)。当 VCO 频率为 1600MHz 时,相移增量可小至 11.2ps。

MMCM 和 PLL 有 3 种去抖滤波器选项:低带宽、高带宽和优化模式。低带宽模式对抖动有最佳的衰减,但达不到最小的相位失调;高带宽模式的相位失调最小,但对抖动达不到最佳的衰减;优化模式通过设计工具找到最佳设置。

8. 低功耗 Gb 收发器

Xilinx 针对 Gb 应用的 FPGA 会集成一些高速串行接口,统称为 Gigabit Transceiver(Gb 收发器 GTx),包括 GTP、GTR、GTX、GTH、GTZ、GTY、GTM(传输速率递增)等。每个串行收发器由发射器和接收器组成。各种 7 系列串行收发器使用环形振荡器和 LC 谐振电路的组合,或者在 GTZ 的情况下,单个 LC 谐振电路可以兼顾灵活性和性能两个方面,并且支持跨系列的 IP 可移植性。不同的 7 系列提供不同的高端数据速率,GTP 最快达 6.6Gb/s,GTX 最高为 12.5Gb/s,GTH 可达到 13.1Gb/s,GTZ 则最快到 28.05Gb/s。

串行发送器和接收器是独立的电路,它们使用先进的 PLL 架构,将输入的参考频率乘以某些可编程的倍数(最高可达 100),从而成为位串行数据时钟。每个收发器都有大量用户可定义的功能和参数。所有这些都可以在器件配置期间定义,许多还可以在工作期间修改。每个 GTx 通常包含 1 个时钟模块、4 个数据发送模块以及 4 个数据接收模块。1 个时钟模块负责管理 4 对收发器(1 个发送模块和 1 个接收模块合为 1 对收发器)。时钟模块内部有 2 个或 4 个 PLL,允许发送器和接收器工作在不同的参考时钟下。PLL 的频率范围决定了收发器的最高速率。发送器把内部并行数据(16～160 位)先变为串行数据再向外传输,而接收器则是先接收外部串行数据再变换为内部并行数据(16～160 位)。

9. PCIe 集成接口模块

PCIe 集成接口模块在不同的 7 系列器件中兼容 PCIe 2.1 或 3.0 协议,支持 Gen1(2.5Gb/s)、Gen2(5Gb/s)和 Gen3(8Gb/s)标准,提供高达 1024 字节的最大有效载荷,与串行高速收发器和用于数据缓冲的块 RAM 之间均有接口对接,实现了 PCIe 协议的物理层、数据链路层和事务层。其功能框图如图 5-64 所示。

此外,密度更高的 20nm 工艺 Kintex UltraScale 和 Virtex UltraScale,以及 16nm 鳍式场效应晶体管(FinFET)工艺的 Kintex UltraScale＋ 和 Virtex UltraScale＋系列器件,提供最佳性能与集成,包括多达 38 个 22 TeraMAC 的 DSP 计算性能(可充分满足 AI 推断的需求)、最多 128 个 32.75Gb/s 收发器、面向 100G 应用的 Gen3 ×16 集成 PCI Express 模块、高达 2666Mb/s 速率 DDR4、最多 500Mb 的片上内存高速缓存。

5.4.5 7 系列 FPGA 的典型应用

1. 便携式超声医疗设备

采用 Artix-7 可实现完全可编程的 64 通道便携式超声方案,可向上扩展到 196 或 256 个通

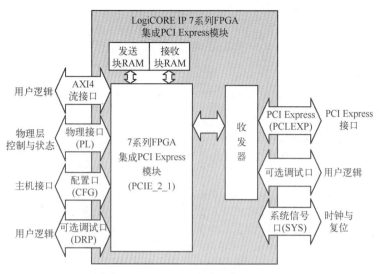

图 5-64　PCIe 接口模块功能框图

道以实现高端设备,或向下缩减到 32 个通道以实现低功耗手持式设备,如图 5-65 所示。其特点为:

(1) 高达 930 GMAC 的 DSP 处理能力,用于高质量图像渲染;

(2) 支持 PCIe Gen2 ×4,实现到主机系统的高带宽接口;

(3) 尺寸小巧,适用于笔记本电脑和平板电脑大小的设备;

(4) 6.6Gb/s 接口,支持下一代 JEDEC JESD204B 模拟接口。

2. 安全的软件无线电设备

Artix-7 可以实现 Type-1 单芯片密码(SCC)解决方案,以实现安全、出色的 SWaP-C 结果。由于其内部 DSP 资源丰富,因此波形处理容量高,可将调制解调器和密码引擎集成在单个芯片上,如图 5-66 所示。其特点为:

(1) 并行和串行 I/O 性能高,具有 1.25Gb/s LVDS 和 PCIe Gen2×4 的性能;

(2) 1066Mb/s 的 DDR3 存储器接口,允许使用商用存储器实现视频数据缓冲器;

(3) 高达 930 GMACS,实现基带信号预处理和 RF 信号改善;

(4) 系统集成在 19mm×19mm 的封装内,可用于电池供电的手持无线电设备。

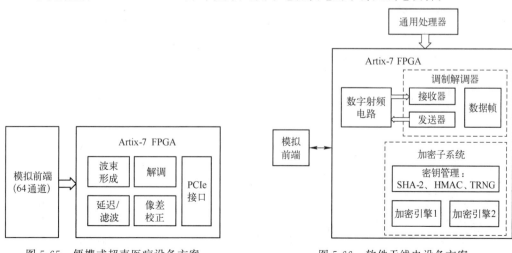

图 5-65　便携式超声医疗设备方案　　　　图 5-66　软件无线电设备方案

3. 单片 LTE 基带(2×4 MIMO)

由于 Kintex-7 性价比高,因此可以在公共平台上满足 LTE 基带处理的严格延时要求。LTE 基带(2×4 MIMO)的实现架构如图 5-67 所示。其特点如下:

(1) 可编程性使一个经济高效的通用平台能够支持多种空中接口,如 LTE、WiMAX 和 WCDMA;

(2) 通过扩展和重用从 picocell 到 macrocell 的设计,降低总成本;

(3) 支持 9.8Gbps CPRI/OBSAI 以实现高吞吐量;

(4) 支持低成本套餐选项中的 6.144Gbps CPRI/OBSAI。

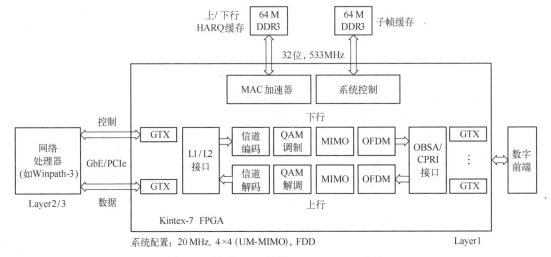

图 5-67 单片 LTE 基带(2×4 MIMO)方案

习 题 5

5.1 高密度可编程逻辑器件 HDPLD 与 SPLD 有何区别?

5.2 HDPLD 有哪几种分类方法?并举例说明。

5.3 简述阵列扩展型 CPLD 的基本组成,说明它有哪些特点?

5.4 为什么说图 5-3 所示 CPLD 器件的逻辑资源相当于 8 片 GAL18V8,试进行估算。

5.5 如果使用图 5-3 所示 CPLD 器件设计例 5.1 的 16 位双向移位寄存器,该设计能否实现,试估算并具体设计。

5.6 试用适当的 CPLD 器件设计 5 位串行码数字锁。要求:

(1) 引脚分配图;

(2) 原理图输入文件;

(3) 上机运行后的逻辑模拟图形;

5.7 试建立例 5.1 的 16 位移位寄存器的原理图输入文件。

5.8 FPGA 由哪些部分组成?其可编程连线结构有何特征?

5.9 延时确定型 FPGA 由哪些部分组成?其特点是什么?

5.10 试给出模 256 可逆计数器的 VHDL 或 Verilog HDL 输入源文件和原理图输入文件。该计数器的功能如表 E5-1 所示。

5.11 试建立例 5.2 控制器的图形输入文件,并与 VHDL 文本输入文件相比较,说明它们各自的特点。

5.12 试给出 16 位数字比较器的 VHDL 描述文件和原理图输入文件,说明两者的区别和设计中的体会。

表 E5-1　模 256 可逆计数器功能表

输 入 控 制				输入数据	功　能
CLK	Cr	U/$\overline{D}$	L$_D$	TP	D	

CLK	Cr	U/$\overline{D}$	L$_D$	TP	D	功　能
φ	0	φ	φ	φ	φ	异步清零
↑	1	φ	0	φ	D	并行置数
↑	1	1	1	1	φ	加计数
↑	1	0	1	1	φ	减计数
↑	1	φ	1	0	φ	保持
0	1	φ	1	1	φ	保持

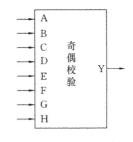

图 E5-1　8 位奇偶校验器

5.13　HDPLD 的逻辑宏单元比之 SPLD 的宏单元有何改进?

5.14　HDPLD 的 I/O 单元的基本组态有哪些,比之 SPLD 输出结构有何优越性?

5.15　说明图 5-11 所示 FPGA 和多路开关型 FPGA 的相同和不同点,它们各适用于何种场合,为什么?

5.16　isp 技术的特点是什么? icr 技术是何意,试比较两者之区别。

5.17　icr 中的主动型模式和被动型模式是何意义,主要区别是什么? 各适用于何种场合?

5.18　熔丝开关元件和反熔丝开关元件的主要区别是什么,各有什么特色和不足之处,它们各自适用何种场合?

5.19　试用适当的 HDPLD 器件设计一个 8 位奇偶校验器,校验器示意图如图 E5-1 所示,当并行输入中有奇数个 1 时,输出 Y=1,否则 Y=0。要求:

(1) 给出 Y 的逻辑表达式;

(2) 分别给出原理图输入文件和 VHDL 或 Verilog HDL 文本输入文件。

5.20　试用一片 HDPLD 实现图 E5-2 和图 E5-3 所示 ASM 图给出的控制器。

5.21　图 E5-4 给出某系统控制器的 ASM 图,试用 HDPLD 设计,给出 VHDL 源文件和原理图输入源文件。

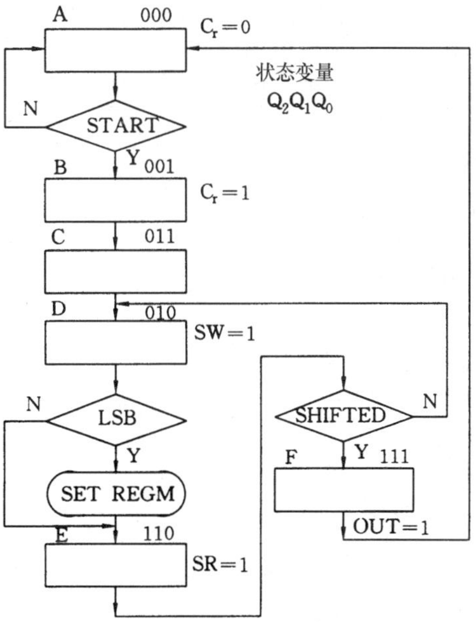

图 E5-2　某 ASM 图

5.22　试用 FPGA 设计如图 E5-5 所示的 16 位加法器。要求:

(1) 编写 VHDL 或 Verilog HDL 描述文件;

(2) 若设计开发软件函数库中含 4 位全加器,试画出原理图输入文件;

(3) 若函数库中仅含一位全加器,试设法分层次建立原理图输入文件。

5.23　试将例 1.5 高速乘法器的设计改为 VHDL 或 Verilog HDL 文本文件输入。

5.24　试把例 5.1 的 16 位双向移位寄存器的设计改为原理图输入,且开发软件元件库中仅提供各类门、D 触发器、MUX 和输入、输出端口等。

5.25　试用适当的 HDPLD 设计 1.4.2 节所述补码变换器。

5.26　上题补码变换器带符号位时,试用 HDPLD 重新设计。

5.27　试用适当的 HDPLD 器件设计倒数变换器。

5.28　试用适当的 HDPLD 设计最大公约数求解系统。

5.29　试用适当的 HDPLD 实现第 2 章所述人体电子秤管理系统。要求:

(1) 图形输入文件或 VHDL 或 Verilog HDL 文本输入文件;

(2) 上机运行后的逻辑仿真文件。

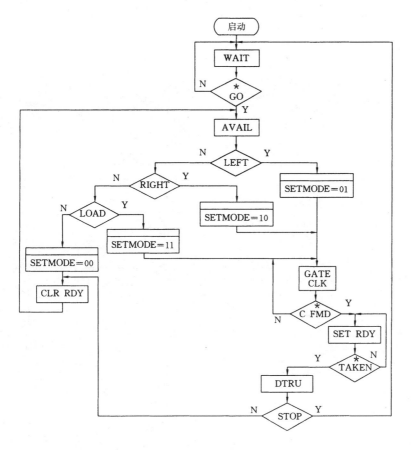

图 E5-3 某 ASM 图

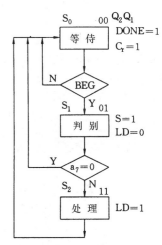

图 E5-4 某 ASM 图

5.30 试用 HDPLD 设计一个数字频率计,该频率计的技术指标为:

(1) 测试频率范围:10Hz~1MHz;

(2) 标准闸门时间:1ms、10ms、100ms、1s、10s;

(3) 被测信号性质:1~10V 矩形波;

(4) 显示要求:6 位十进制数字显示;

(5) 控制要求:具有异步清零、测试保持,自动复位等通用频率计的功能。设计要求:

① 分层次的设计输入文件;

② 使用某种 HDPLD 开发平台,上机运行;

③ 给出局部功能电路的逻辑仿真波形;

④ 生成目标文件并对器件下载。

5.31 试用适当的 HDPLD 设计十字路口交通管理器。

5.32 试用适当的 HDPLD 实现最大公约数求解电路。

5.33 试用适当的 HDPLD 实现求解 $\sqrt{x}$ 的电路。

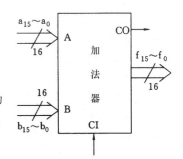

图 E5-5 16 位加法器示意图

第6章 PLD设计平台

6.1 概　　述

PLD是一种由用户根据需要而自行构造逻辑功能的数字集成电路,其设计方法是借助于 EDA 软件,用原理图、布尔表达式、硬件描述语言等方法,生成相应的目标文件,下载到目标器件实现相应的功能。PLD的进步离不开集成电路和 EDA 技术的发展。硬件方面,可编程逻辑器件技术在速度、密度、I/O 数量和接口等方面一直高速发展。软件方面,PLD设计工具主要由软件公司和生产器件的厂家合作开发,也在不断发展更新。

2018 年,全球 PLD 市场规模已达 63 亿美元,Xilinx 占 49%,Intel(Altera)占 32%,Lattice 与 Microsemi(Actel)各占 6%,国产器件占据 2%的份额。

PLD设计依赖于 EDA 工具,各大主流 FPGA 厂商都为其芯片设计了专门的自动化设计工具。一般由生产厂家提供的 EDA 工具功能比较强大、自动化程度高、涵盖 PLD 设计的整个过程,比如 Intel(Altera)的 Quartus Prime、Xilinx 的 Vivado 等。也有一些第三方的专注于某一过程的 EDA 软件,比如 Mentor 公司的 ModeSim、若贝公司的 Robei 等。本章既讨论占据市场重要份额的生产厂家 Intel(Altera)、Xilinx 的设计平台,也介绍适合教学、专注于前端设计和仿真的 Robei 软件。

1. Intel(Altera)PLD 设计平台

Altera 是世界上"可编程单片系统(SoPC)"解决方案倡导者。其早期的 MaxplusII 曾经是最优秀的 PLD 开发平台之一,适合开发早期的中小规模 PLD/FPGA,后来由 QuartusII 替代。

Altera 公司的 QuartusⅡ设计软件提供完整的多平台设计环境,能够全方位满足各种设计需要,除逻辑设计外,还为可编程单片系统提供全面的设计环境。QuartusⅡ软件提供了 FPGA 和 CPLD 各设计阶段的解决方案。它集设计输入、综合、仿真、编程(配置)于一体,带有丰富的设计库,并有详细的联机帮助功能。

QuartusⅡ15.0 是 Quartus Ⅱ软件的最后一个版本,Intel 收购 Altera 后更名为 Intel Quartus Prime,分为专业版、标准版和精简版。目前三个版本的最新版为 Quartus Prime Pro 20.1、Quartus Prime Standard 19.4 和 Quartus Prime Lite 19.1。专业版软件经过优化,可支持采用 Intel Agilex、Stratix 10、Arria 10 和 Cyclone 10 GX 器件家族的下一代 FPGA 和 SoC 中的高级特性,但放弃了对早期器件的支持。标准版除 Cyclone 10 LP 产品系列外,还广泛支持更早的产品系列。精简版软件为大容量产品系列提供了理想的切入点,并且可免费下载,而无须许可文件。

2. Xilinx 的 PLD 设计平台

Xilinx 公司是 FPGA、可编程 SoC 及 ACAP 的发明者,早期的开发软件是 ISE,全称为 Integrated Software Environment,即"集成软件环境",是 Xilinx 公司的硬件设计工具。ISE 将先进的技术与灵活性、易使用性的图形界面结合在一起,容易应用且功能强大。

Xilinx 的开发工具也在不断升级,2012 年发布 Vivado 设计套件,包括高度集成的设计环境和新一代从系统到 IC 级的工具,这些均建立在共享的可扩展数据模型和通用调试环境基础上。这也是一个基于 AMBA AXI4 互联规范、IP-XACT IP 封装元数据、工具命令语言(TCL)、Synopsys 系统约束(SDC)以及其他有助于根据客户需求量身定制设计流程并符合业界标准的开放式环境。

Vivado 设计套件提供了涉及设计、实现、验证任务的多种途径,既有基于传统 RTL 设计方法的设计流程,又有以 IP 为主和基于 C 语言的系统级设计流程。图 6-1 是 Vivado 基于高级语言的设计流程图,它在流程的每个阶段都可以进行设计分析和验证。设计分析主要包括逻辑仿真、I/O 和时钟规划、功耗分析、约束定义与时序分析、设计规则检查、设计逻辑的可视化、实现结果的分析与修改、器件编程与调试等。

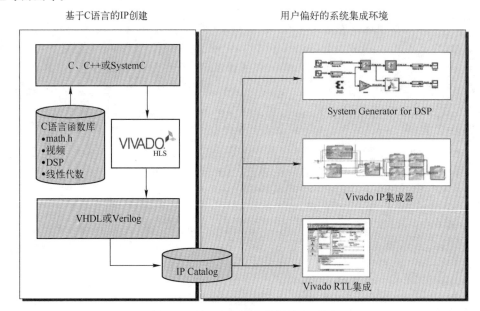

图 6-1　基于高级语言的设计流程图

3. 若贝的前端设计软件 Robei

Robei 是一款可视化的跨平台 EDA 设计工具,具有简化的设计流程,可视化的分层设计理念,透明开放的模型库以及友好的用户界面。Robei 软件将数字逻辑设计高度抽象化,并精简到三个基本元素。掌握这三个基本元素,就能很快地掌握 Robei 的使用技巧。该软件将图形化与代码设计相融合,让框图与代码设计优势互补。Robei 软件体积很小,是唯一一个能在移动平台上设计仿真的 EDA 工具。它具有目标器件无关性,在仿真后自动生成 Verilog 代码,可以与其他 EDA 工具无缝衔接。Robei 以易用和易重用为基础,是一款为设计工程师和教学量身定做的专用工具。

进入 21 世纪,随着 HDPLD 规模越来越大,工艺越来越先进,逻辑资源使用量已经不是设计的瓶颈,方便设计和使用是目前追求的目标。Robei 是灵活的框图设计模式,采用了框图设计结构,代码设计算法的方式,让软件自动生成结构层代码并与用户输入的代码组合成完整的代码。这种设计方式既拥有原理图设计的直观性,又拥有代码设计的灵活性。Robei 界面简洁,极易上手,使设计变得快捷和方便。PLD 厂商提供的软件 Vivado、Quartus Prime 等体积庞大,最新版的 Vivado 安装包已经大于 20GB。而 Robei 极为小巧,完整软件安装包才 23MB,基本上各种计算机都能满足它的运行要求。

Robei 集成了先进的图形化与代码设计的优势，同时具备 Verilog 编译仿真和波形分析，可以实现各种系统的快速设计、仿真和测试。软件生成标准的 Verilog 代码，可直接与各种 EDA 工具相融合，如图 6-2 所示。

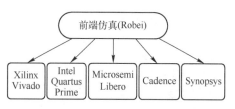

图 6-2　Robei 支持各种后端 EDA 软件

6.2　可视化前端设计环境 Robei

Robei 的图形输入方式可以大大减少代码的输入，提高编程效率。由于入门快，很适合作为教学辅助工具，其自带的功能验证工具可以对逻辑设计进行仿真。它同样能实现机器视觉、神经网络、数字滤波等较复杂的工程，也适用于大学生科创或开发实际工程。本节通过例子对 Robei 的使用方法进行介绍。

6.2.1　Robei 的软件界面

Robei 软件启动后，界面如图 6-3 所示。与几乎所有 Windows 软件类似，界面分为菜单与工具栏（顶部）、工具箱（左侧）、属性栏（右侧）、工作空间（中部）和输出窗口（底部）几个部分。菜单与工具栏主要是菜单命令和常用快捷工具。工具箱里包含设计好的模型，用户自己也可以新增分类，类似于 IP 核，可以重复利用。工作空间是主要设计区域，当前设计模块默认名为"module"。当鼠标点击工作空间的元素时，用户可以在属性栏里看到该元素的属性，也可以进行修改。输出窗口用来显示错误和警告信息。

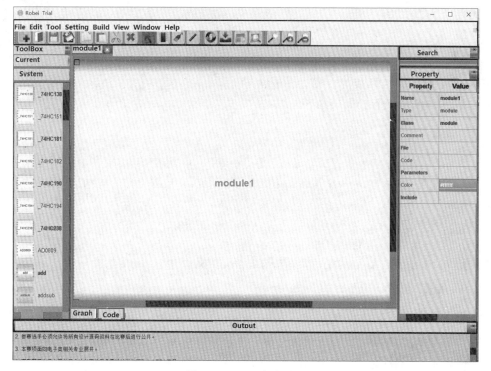

图 6-3　Robei 启动界面

1. 菜单和工具栏

Robei 在顶部设有图 6-4 所示菜单和工具栏。新建、打开、保存、另存、打印等与文件相关的操作在"File"菜单里；复制、粘贴、剪切和删除操作在"Edit"菜单中；"Tools"菜单下是与设计相关的添加模块、引脚和连接线等操作；"Setting"菜单用来选择 PLD 厂商和后续开发软件；"Build"菜单有刷新、编译、运行和查看波形操作；"View"菜单有波形查看、源码查看、放大、缩小等操作。如果属性、工具箱、输出窗口消失，用户可以到"Window"菜单下找出对应的窗口。

图 6-4　菜单栏和工具栏

2. 工具箱

图 6-5 所示工具箱分为两栏，第一栏"Current"对应的文件夹下是用户开发的设计模型，用户设计好的模型会出现在这里，其路径是用户当前模型所存储的文件夹。第二栏"System"是 Robei 软件系统目录，系统自带的模型在此栏目中，其路径是软件安装目录"C：\ProgramData\Robei"。用户在"Current"标签上点击右键自行添加新的栏目，可以设定库名和定位文件夹，Robei 会自动读取该文件夹里所有的 Robei 模型。

3. 属性栏

属性栏窗口用来显示和修改工作区域中被选中模块的属性。用户可以修改对应的名称、颜色、类型等属性，按下回车键，修改的属性会直接展示在工作区域中。模型中受保护的属性不能修改。

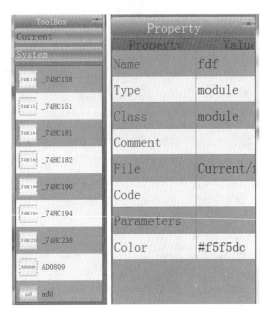

图 6-5　工具箱和属性栏

4. 工作空间

工作空间是一块添加和绘制图形的设计区域，供用户利用模块、模型、引脚和连接线设计复杂的逻辑电路。它由两个部分组成，一个是图形化电路设计视窗，一个是电路对应的代码设计视窗，通过底端的"Graph"和"Code"选项卡在两个窗口间进行切换。

5. 输出窗口

输出窗口用来显示输出信息，包括错误信息和警告信息。

6.2.2　Robei 设计要素

模块、引脚和连接线是 Robei 的设计三要素。Robei 应用的是 Verilog HDL 语言，电路通常由若干模块（module）构成。引脚是模块中用来与外界通信的门户，每个引脚与其他的模块进行通信，都需要一个抽象的连接线。这个连接线可以是一根线，也可以是一个总线。实例化的模块之间通过输出、输入连接，从而形成逻辑电路或复杂的系统。

1. 模块

任何有特定功能的一段描述都可以用一个模块表示。有时模块是整个系统，有时一个系统又可以由若干模块组成。一个模块主要由端口和实现模块功能的语句组成。模块主要有 Module、Testbench(测试台)和 Constrain(约束)三种。

（1）Module：Robei 的基本类型，如图 6-6 所示的 module1 属于 Module 类型，是当前正在设计的电路模块，设计完成后自动变成"Model"，供用户在电路设计时调用。

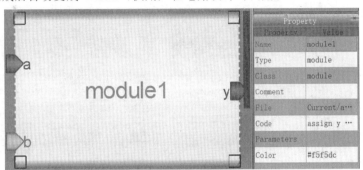

图 6-6　Module 模块

图 6-7 中，设计好的模块就是"Model"，可以在设计其他模块时调用。部分属性进行了写保护，但是用户可以修改其他的属性，如颜色、名称和参数等。两者的关系类似于类和对象。用户设计的模块可以在"Current"类中看到。

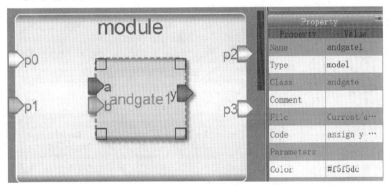

图 6-7　Modle 模型

（2）Testbench：主要用于对 Module 进行测试，可以产生激励信号，用来检测设计的电路或系统，如图 6-8 所示。

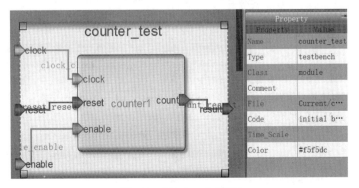

图 6-8　Testbench 模块

（3）Constrain：图 6-9 是约束模块，约束文件是用来对 PLD 引脚进行分配的文件。Robei 会根据不同的厂商自动生成对应于该厂商的引脚约束文件，且进行分配的方式是统一的。而 PLD 厂商 EDA 软件的约束文件各不相同，如 Xilinx ISE 的引脚约束文件是 UCF 文件，Vivado 的引脚约束文件是 XDC 文件，Altera(Intel) 的引脚约束文件是 QSF 文件。如果要分配的引脚是一个总线，用户可以在连接线上声明要分配的引脚在总线中的编号。

在引脚分配之前，为了生成符合目标厂商的约束，用户需要在菜单"Settings"里面选择"FPGA"，用来选择正确的 PLD 厂家。图 6-10 中生成的是 Xilinx 厂家的约束文件，其他的约束可以用代码形式写在工作空间中的代码视窗中。

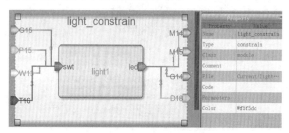

图 6-9　Constrain 模块

图 6-10　设置约束

通过"View"菜单中的"CodeView"子菜单，可以看到自动生成的约束，图 6-11 和图 6-12 分别是 Vivado 和 Quartus 的约束文件。

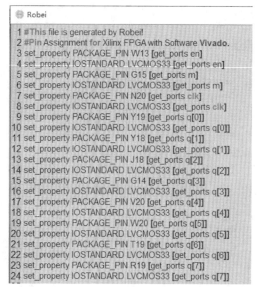

图 6-11　Vivado 约束

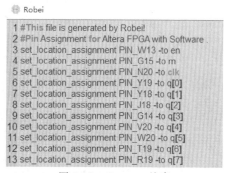

图 6-12　Quartus 约束

2. 引脚

引脚是模块之间沟通的桥梁，通过引脚将诸多模块连接在一起就能实现强大的功能，引脚有"reg""wire""supply"等类型。"Datasize"属性用来描述该引脚是单线还是总线。引脚只能放置在模块的边缘，当模块移动时，引脚也跟随移动。

3. 连线

连线用来连接两个引脚，并负责信号的传输，如图 6-13 所示。

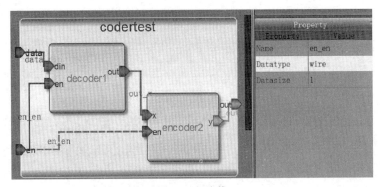

图 6-13　连线

4. 模块定义

Robei 的每个框图代表一个模块,每个模块的声明都由"module"开始,然后是该模块的名称,之后的括号里面包含了输入和输出的引脚,最后要写上"endmodule"。当设计者新建图 6-14 所示空模块时,就自动生成了对应的 Verilog HDL 的"module dff(d,q,clk);"和"Endmodule"两句代码。

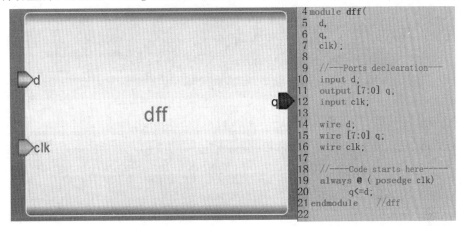

图 6-14　模块与代码的对应关系

5. 引脚定义

如果接着给可视化模块添加引脚,则会自动生成模块输入和输出变量语句。箭头从外向内的是输入引脚,从内向外的是输出引脚,无箭头的是既可以做输入也可以做输出的引脚。有数据宽度的用中括号给出,再声明每个引脚信号的类型,一般是 wire 或者 reg。因此当一个模块的外形建立好后,就自动生成了 Verilog HDL 模块的头、尾和输入输出变量语句。开发者在编写代码时只需要写类似于图 6-14 中 always 等关键语句,从而减轻了开发者输入的代码量,提高了编程效率。

6. 连线定义

连线的定义是用连线类型加上位宽和名称形成的,与引脚的类型定义类似,但是顶层模块与子模块的连线可以不声明,直接连接引脚,所以部分连线并不存在于代码中,如图 6-15 所示。

如果用户想弄清原理图和框图背后对应的代码关系,可以通过菜单栏中的"View"→"Codeview"命令查看原理图所对应的代码。

7. 模块的例化

当需要调用模块的时候,就出现图 6-16 所示的模块例化,例化时要确定每个引脚的连接关系,但

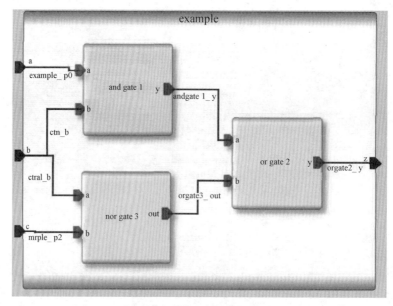

图 6-15　连接在一起的模块

有时会出现输入引脚悬空(输入为高阻 Z)和输出引脚悬空(废弃不用)的情况。

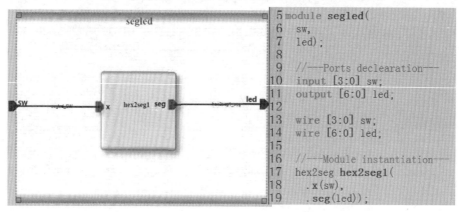

图 6-16　模块例化

8. Robei 代码

Robei 只支持生成 Verilog HDL 代码,代码视窗需要添加的代码只要符合 Verilog HDL 语法即可。一个复杂的设计可以由诸多模块通过连线连接。根据所选的目标器件,生成的 Verilog HDL 代码可导入 Vivado 或 Quartus 进行后续的时序仿真、综合和下载。

6.2.3　仿真验证

1. 组合逻辑电路设计

通过一个一位全加器的例子感受一下 Robei 的设计流程。

(1)新建模块

点击菜单"File"→"New"或者在工具栏上点击 ➕,按图 6-17 所示设置属性,得到图 6-18 所示的空模块。由于全加器有三个

图 6-17　新建模块属性

输入和两个输出,所以输入引脚数设为 3,输出引脚数设为 2。

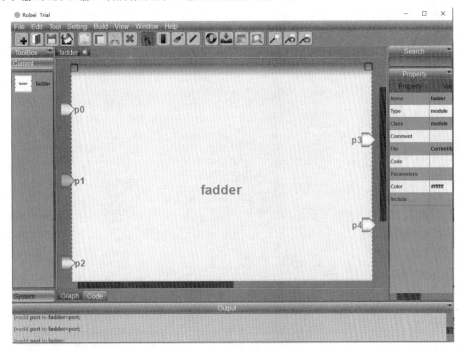

图 6-18　空模块

(2) 设置引脚属性

点击某个引脚就会在右侧出现该引脚的属性,可以对该引脚的名字、颜色、类型等进行设置。输入设置为 x、y、ci,输出设置为 co、sum,如图 6-19 所示。

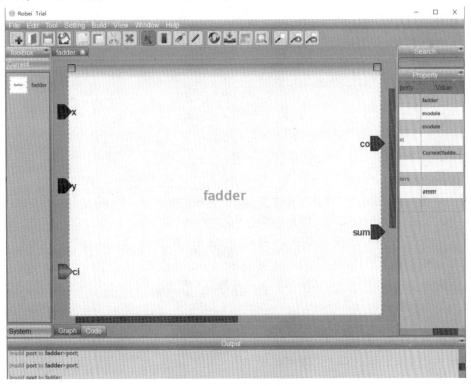

图 6-19　修改引脚属性

此时，点击菜单“View”→“CodeView”，可以看到图 6-20 所示的空模块代码。

(3) 给模块添加代码

由图 6-20 可见，模块模板已经形成，点击图 6-18 空模块左下角的“code”切换到代码输入窗口，输入“assign {co，sum}＝x＋y＋ci；”，如图 6-21 所示。至此，一位全加器设计完成，整个过程只添加一行代码。

```
Robei
module fadder(
    x,
    y,
    ci,
    co,
    sum);

    //---Ports declearation: generated by Robei---
    input x;
    input y;
    input ci;
    output co;
    output sum;

    wire x;
    wire y;
    wire ci;
    wire co;
    wire sum;

    //----Code starts here: integrated by Robei-----

endmodule    //fadder
```

图 6-20　空模块代码

```
module1 × | fadder ×


assign  {co,sum}=x+y+ci;

```

图 6-21　添加代码

(4) 编译

点击工具栏里的编译工具，或者点击菜单“Build”的下拉菜单“Compile”完成编译。编译后可以通过菜单“View”的下拉菜单中选择“CodeView”查看该模块完整的代码，如图 6-22 所示。

```
Robei
module fadder(
    x,
    y,
    ci,
    co,
    sum);

    //---Ports declearation: generated by Robei---
    input x;
    input y;
    input ci;
    output co;
    output sum;

    wire x;
    wire y;
    wire ci;
    wire co;
    wire sum;

    //----Code starts here: integrated by Robei-----
    assign  {co,sum}=x+y+ci;
endmodule    //fadder
```

图 6-22　全加器完整代码

2. 仿真验证

(1) 添加测试模块

在 fadder 模块上点击右键，在弹出菜单上选择“Create Test”添加测试模块，模块名为 faddertes，模块类型为 Testbench，如图 6-23 所示。测试模块的引脚属性：输出设置为 wire，输入设置为 reg。然后，将 fadder 加进测试模块并连线。

(2) 添加测试代码

点击左下角“code”切换到代码窗口，添加如图 6-24 所示的测试代码，生成的完整测试代码如图 6-25 所示。

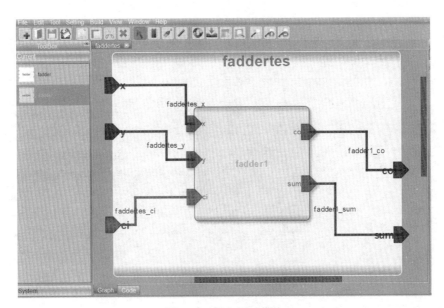

图 6-23　添加测试模块

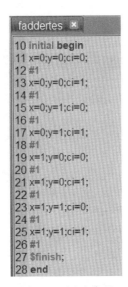

图 6-24　测试代码

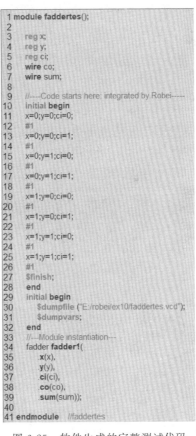

图 6-25　软件生成的完整测试代码

（3）编译

选择菜单"Build"→"Compile"或者在工具栏上点击📥进行编译。

（4）仿真

选择菜单"Build"→"Run"或者在工具栏上点击🔲执行仿真。

（5）查看仿真波形

选择菜单"View"→"Waveview"或者在工具栏上点击🔍查看仿真波形，如图 6-26 所示。从波形看，输出和输入的关系正好是一位全加器。

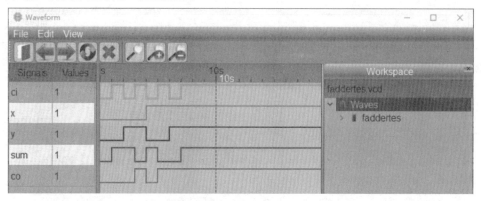

图 6-26　仿真波形图

6.2.4　设计实例

为进一步熟悉 Robei 的设计过程，本节介绍两个例子，一个例子是利用系统模型"一位寄存器"和用户模型"一位全加器"设计一个同步串行加法器，介绍用模型设计电路；另一个例子是设计一个方向可控的流水灯，介绍编译、仿真、约束文件建立的过程。

1. 同步串行加法器

（1）打开全加器模型

采用前面设计的一位全加器设计同步串行加法器，首先要将一位全加器模型载入。如图 6-27 所示，点击菜单"File"→"Open"或者在工具栏上点击🗔定位一位加法器模型存放目录，选中"fadder. model"全加器模型文件并打开，全加器模型出现在 Current 库中，如图 6-28 所示。

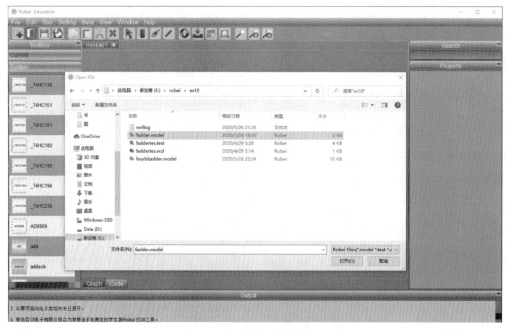

图 6-27　定位全加器模型目录

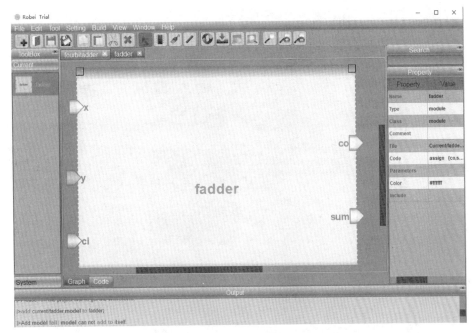

图 6-28　将全加器模型加入 Current 库

（2）添加顶层模块

点击菜单"File"→"New"或者在工具栏上点击 ➕，新建图 6-29 所示模块，模块名为 sadder，其有 3 个输入和 2 个输出，按表 6-1 设置引脚属性，设置完成后保存文件。这里应当注意，一定要将新建串行加法器顶层模块和全加器模型保存在同一目录。

（3）在串行加法器顶层模块中添加模型

首先点击 Current 中全加器模型 fadder，接着将鼠标移

表 6-1　串行加法器顶层模块引脚属性

Name	Inout	DataType	DataSize
x	In	Wire	1
y	In	Wire	1
clk	In	Wire	1
co	Out	Wire	1
sum	Out	Wire	1

到串行加法器顶层模块上，点击空白处，一个全加器便添加进顶层模块。类似的操作，在 System 库中点击一位寄存器模型，在顶层模块添加两个寄存器模型，结果如图 6-30 所示。

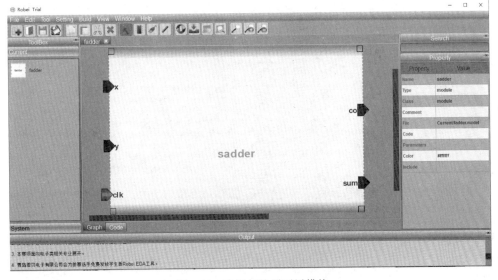

图 6-29　串行加法器顶层模块

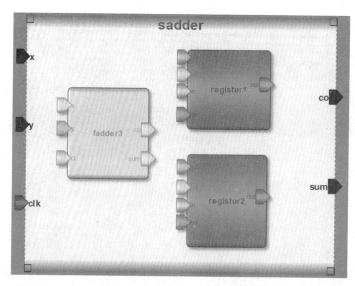

图 6-30　向顶层模块添加模型

点击连线工具 ✎,连接顶层模块中的模型和引脚,连线完成后形成图 6-31 所示同步串行加法器。

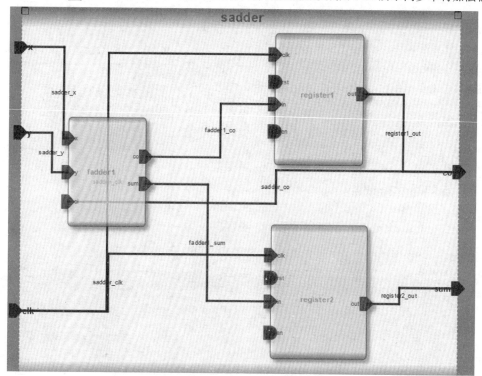

图 6-31　串行加法器逻辑电路

选择菜单"Build"→"Compile"或者在工具栏上点击 ⬇ 进行编译。输出窗口无报错。通过菜单"View"→"CodeView"可以看到该模块完整的代码,如图 6-32 所示。在此例子中没有书写一行代码,就完成了串行加法器的设计。读者可以自行编写测试代码对该加法器进行验证。

2.　双向可控流水灯

流水灯由 8 个 LED 组成,按照时钟 clk 节拍轮流点亮。该模块的输入输出变量属性表如表 6-2 所示。使能端 en 为 1 时,流水灯闪亮,m 控制流水的方向,8 位输出 q 分别控制 8 个灯。

（1）新建模块

点击菜单"File"→"New"或者在工具栏上点击 ![plus]，新建如图 6-33 所示模块，模块名为 loopled，其有 3 个输入和 1 个 8 位输出，按表 6-2 设置引脚属性。

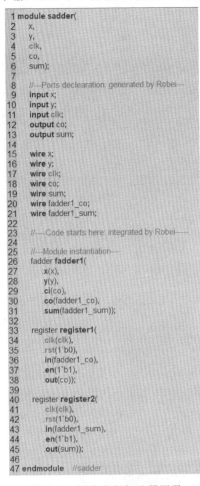

```
1  module sadder(
2      x,
3      y,
4      clk,
5      co,
6      sum);
7
8      //----Ports decleartion: generated by Robei---
9      input x;
10     input y;
11     input clk;
12     output co;
13     output sum;
14
15     wire x;
16     wire y;
17     wire clk;
18     wire co;
19     wire sum;
20     wire fadder1_co;
21     wire fadder1_sum;
22
23     //----Code starts here: integrated by Robei-----
24
25     //---Module instantiation---
26     fadder fadder1(
27         .x(x),
28         .y(y),
29         .ci(co),
30         .co(fadder1_co),
31         .sum(fadder1_sum));
32
33     register register1(
34         .clk(clk),
35         .rst(1`b0),
36         .in(fadder1_co),
37         .en(1`b1),
38         .out(co));
39
40     register register2(
41         .clk(clk),
42         .rst(1`b0),
43         .in(fadder1_sum),
44         .en(1`b1),
45         .out(sum));
46
47  endmodule  //sadder
```

图 6-32　同步串行加法器源码

表 6-2　流水灯输入输出变量属性表

Name	Inout	DataType	DataSize
clk	In	Wire	1
en	In	Wire	1
m	In	Wire	1
q	Out	Reg	8

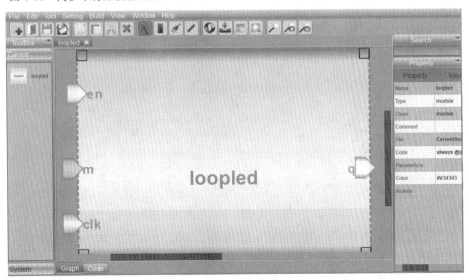

图 6-33　流水灯模块

（2）添加代码

点击"code"切换到代码视窗，写入如图 6-34 所示代码。

（3）编译查看源码

选择菜单"Build"→"Compile"或者在工具栏上点击⬇进行编译。输出窗口无报错。点击菜单"View"→"CodeView"可以看到流水灯模块完整的源代码，如图 6-35 所示。

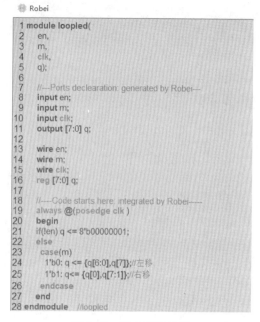

```
Robei
1  module loopled(
2    en,
3    m,
4    clk,
5    q);
6
7    //---Ports declearation: generated by Robei---
8    input en;
9    input m;
10   input clk;
11   output [7:0] q;
12
13   wire en;
14   wire m;
15   wire clk;
16   reg [7:0] q;
17
18   //---Code starts here: integrated by Robei----
19   always @(posedge clk )
20   begin
21   if(!en) q <= 8'b00000001;
22   else
23     case(m)
24       1'b0: q <= {q[6:0],q[7]};//左移
25       1'b1: q<= {q[0],q[7:1]};//右移
26     endcase
27   end
28 endmodule   //loopled
```

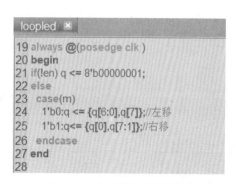

```
loopled
19 always @(posedge clk )
20 begin
21 if(!en) q <= 8'b00000001;
22 else
23   case(m)
24     1'b0:q <= {q[6:0],q[7]};//左移
25     1'b1:q<= {q[0],q[7:1]};//右移
26   endcase
27 end
28
```

图 6-34　流水灯用户添加代码

图 6-35　流水灯源代码

（4）添加测试模块

在当前模块点击鼠标右键，在弹出的右键选单上选择"Create Test"，添加测试模块，模块名为"loopled_test"，模块类型为"Testbench"，如图 6-36 所示，并按表 6-2 设置引脚属性。

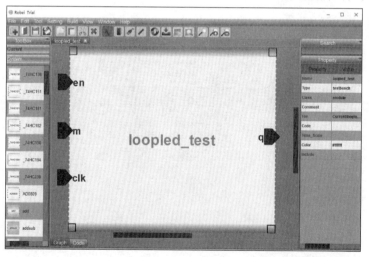

图 6-36　新建流水灯测试模块

将流水灯模块添加进测试模块，连线如图 6-37 所示，添加图 6-38 所示的测试代码，保存文件。

（5）编译、仿真、查看波形

依次执行菜单"Build"下的"Compile""Run""Wave"命令，或者在工具栏上点击⬇、■、🔍，完成编译、仿真并打开波形显示窗口,仿真波形如图 6-39 所示,q[7:0]以十六进制显示 1、2、4、8、…,即 00000001、00000010、00000100、00001000、…,观察波形中数字 1 的位置,即点亮的 LED 位置,证实了发光灯位置滚动并且方向可控。

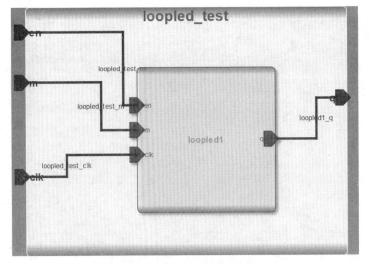

图 6-37 流水灯测试模块连线图

图 6-38 流水灯测试代码

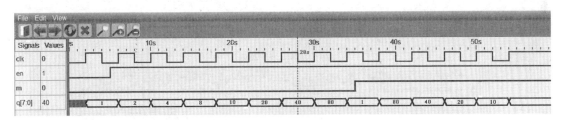

图 6-39 流水灯仿真波形

（6）创建约束模块

流水灯电路 3 个输入引脚分别是使能引脚 en、滚动方向控制引脚 m 和时钟输入引脚 clk,有 8 个输出引脚 q[7:0],分别控制 8 只 LED。如果选择 Robei FPGA 八角板实现流水灯,就要考虑开发板中 FPGA 芯片引脚的实际连接情况。该板子所用的芯片型号是 Xilinx Zynq-7010,在引脚 R19、T19、W20、V20、G14、J18、Y18、Y19 接有 8 只 LED,在引脚 W13、G15 接有拨码开关,开发板内部时钟频率高,要看到流水灯效果,clk 不能直接引用开发板时钟（可以设计分频电路降低频率）,这里通过一个 GPIO N20 引脚,引入外部时钟。流水灯输入/输出引脚约束关系如表 6-3 所示。

表 6-3 流水灯输入/输出引脚约束关系

模块引脚 输入/输出	开发板引脚名称	功 能 描 述
clk	N20	引入时钟
en	W13	流水灯滚动使能
m	G15	流水灯滚动方向控制
q[7:0]	R19、T19、W20、V20、 G14、J18、Y18、Y19	控制 8 只 LED

新建名为"loopledconstraints"的模块,模块类型为"constrain",有 3 个输入和 8 个输出引脚,如图 6-40 所示。将约束模块保存到与流水灯模块相同的目录,这一步很关键,如果两个模块目录不同,用户将看不到流水灯模型,后续设计无法进行。这时流水灯模型会出现在 Current 库中,用鼠标左键将流水灯模型 loopled 添加到约束模块,按表 6-3 的引脚约束关系,将约束模块引脚修改成开发板上引脚名,按图 6-41 所示进行连线。连线过程中需要注意,流水灯模块的输出 q[7:0]是 8 位总线,约束模块的输出是 8 根分立的引脚,按顺序连接,先画出的线连接的是 q[0]。也可以在连接完后,点击连

线,通过属性来修改连线编号。

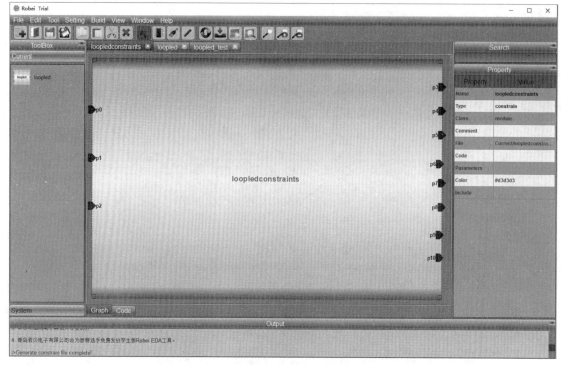

图 6-40　流水灯约束模块

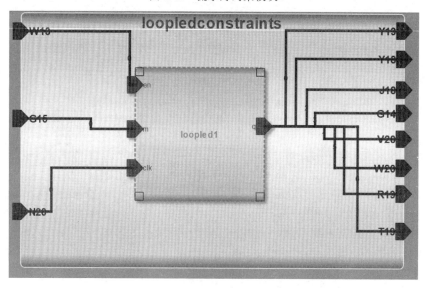

图 6-41　流水灯引脚约束连线图

（7）生成约束文件

点击菜单"Setting"→"FPGA",选择厂商和后续开发软件,因为不同厂商其开发软件适用的约束文件格式不同,我们选用的 FPGA 芯片属于 Xilinx 公司,因此按图 6-42 所示设置,保存模块并编译,输出窗口没有报错,表示连线没有问题。如果报错,根据错误提示信息进行修改,再进行保存、编译,直到没有错误提示。如果没有错误,就会在模块存储目录下创建一个名为"constrain"的文件夹,并在其中创建后缀名为 xdc 的约束文件。与查看设计时的代码一样,可以通过菜单栏的"View"→"Code-View"来查看完整的约束代码,如图 6-43 所示。

图 6-42　PLD 厂商选择

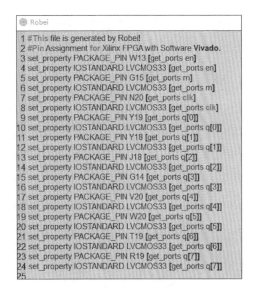

图 6-43　流水灯引脚约束文件

6.3　Intel(Altera)设计环境 Quartus Prime

Intel 收购 Altera 后将开发平台更名为 Intel Quartus Prime,是一个全流程的 PLD 设计工具,既支持传统的基于 RTL 的设计,又提供高效的基于 C++的高层次综合(High Level Synthesis,HLS),此外还包含了功耗分析、时序分析、SoPC 和 DSP 构建等功能。

Quartus Prime 图形化用户界面(Graphical User Interface,GUI)支持设计输入、快速设计处理、下载以及其他行业标准 EDA 工具集成。模块化编译器简化了 PLD 开发过程,提高了设计效率和系统性能。

Quartus Prime 分为专业版(Pro)、标准版(Standard)和精简版(Lite)。专业版的设计流程最完备,主要支持新一代 FPGA 和 SoC 器件,如 Agilex、Stratix 10、Arria 10 和 Cyclone10 GX 等系列。标准版的设计流程较完备,不包含基于块的设计(Block-based design)和增量式优化(Incremental optimization)等功能,广泛支持较早的器件以及 Cyclone 10 LP 系列。精简版可以免费使用,其设计流程做了简化,不包含更多的功能,如部分配置(Partial reconfiguration)和快速重编译(Rapid recompile)等,适合初学者入门使用。表 6-4 列出了三种版本软件各自所支持的器件。

本节重点讨论标准版 Quartus Prime 以及基于RTL 的设计流程。

表 6-4　Quartus Prime 三种版本所支持的器件

器 件 系 列		专业版	标准版	精简版
Agilex		√		
Stratix	IV、V		√	
	10	√		
Arria	II			√
	II、V		√	
	10	√		
Cyclone	IV、V		√	√
	10 LP		√	√
	10 GX	√		
MAX	II、V、10		√	√

标准版 Quartus Prime 为设计流程中的每个阶段提供全方位功能,以缩短设计周期,实现最佳性能:

● 利用 New Project Wizard 快速创建新工程。

● Design Planning Tools 规划初始 I/O 管脚布局、功率消耗和面积利用率。

● Assignment Editor、Pin Planner 和 Timing Analyzer 指定时序、布局和其他约束。在 Chip Planner 和 Timing Closure Floorplan 的器件规划平面图中可视化和修改逻辑布局。

- Integrated Synthesis 为 VHDL(1987，1993，2008)、Verilog HDL(1995，2001)和 SystemVerilog (2005)设计输入语言提供有效的综合支持。
- Incremental Compilation 设计中仅对修改处进行编译,保留未更改逻辑的设计结果和性能。
- Design Space Explorer 自动为设计确定最佳设置组合。Design Assistant 针对门控时钟、复位信号、异步设计和信号竞争条件的预定设计规则进行验证。
- Signal Tap 逻辑分析器实时捕获和显示信号,检查器件正常工作期间内部信号的情况,Transceiver Toolkit 对电路板上收发器链路进行实时控制、监测和调试。
- System and IP Integration 通过定义和生成完整系统节省设计时间。
- 支持第三方 EDA 综合、仿真和板级时序分析工具。

6.3.1 Quartus Prime 设计流程

用 Quartus Prime 开发 FPGA 的一般流程如图 6-44 所示,分为设计输入、综合、适配(布局布线)、时序分析、仿真和下载六个步骤。

1. 设计输入

输入方式有：原理图(模块框图)、文本输入(VHDL、Verilog HDL、System Verilog HDL、Altera HDL、Tcl Script File、波形图、网表、约束文件等)和混合输入(一部分模块采用原理图,另一部分采用 HDL 语言)。Quartus Prime 支持层次化设计,可以将下层设计细节抽象成一个符号(Symbol),供上层设计使用。可以方便地采用自顶向下和自下向上的设计方式。

Quartus Prime 提供了丰富的库资源,以提高设计的效率。Primitives 库提供了基本的逻辑元件。Megafunctions 库为参数化的模块库,具有很大的灵活性。Others 库提供了 74 系列器件。此外,还可设计 IP 核。

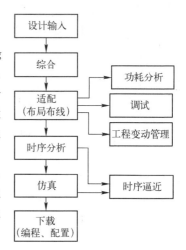

图 6-44　用 Quartus Prime 开发 PLD 的流程

2. 编译

编译包括分析和综合模块(Analysis & Synthesis)、适配器(Fitter)、时序分析器(Timing Analyzer)、编程数据汇编器(Assembler)。

分析和综合模块分析设计文件,建立工程数据库。适配器对设计进行布局布线,使用由分析和综合步骤建立的数据库,将工程的逻辑和时序要求与器件的可用资源相匹配。时序分析器计算给定设计在器件上的延时,并标注在网表文件中,进而完成对所设计的逻辑电路的时序分析与性能评估。编程数据汇编器生成编程文件,通过 Quartus Prime 中的编程器(Programmer)可以对器件进行编程或配置。

3. 仿真验证

通过仿真可以检查设计中的错误和问题。Quartus Prime 软件可以仿真整个设计,也可以仿真设计的任何部分。可以指定工程中的任何设计实体为顶层设计实体,并仿真顶层实体及其所有附属设计实体。

仿真有两种方式:功能仿真和时序仿真。根据设计者所需的信息类型,既可以进行功能仿真以检查设计的逻辑功能,也可以进行时序仿真,针对目标器件验证设计的逻辑功能和最坏情况下的时序。

4. 下载

经编译后生成的编程数据,可以通过 Quartus Prime 中的 Programmer 和下载电缆直接由 PC 写入 PLD。常用的下载电缆有:ByteBlaster Ⅱ、USB-Blaster 和 Ethernet Blaster。ByteBlaster Ⅱ 使用并口,USB-Blaster 使用 USB 口,Ethernet Blaster 使用以太网口。

对 FPGA 而言,直接用 PC 进行配置,属于被动串行配置方式。实际上,在编译阶段 Quartus Prime 还产生了专门用于 FPGA 主动配置所需的数据文件,将其写入与 FPGA 配套的配置用 PROM 中,就可以用于 FPGA 的主动配置。

6.3.2 设计输入

Quartus Prime 所能接受的输入方式有:原理图(* . bdf)文件、波形图(* . vwf)文件、VHDL(* . vhd)文件、Verilog HDL(* . v)文件、Altera HDL(* . tdf)文件、符号图(* . sym)文件、EDIF 网表(* . edf)文件、Verilog Quartus 映射(* . vqf)文件等。EDIF 是一种标准的网表格式文件,因此 EDIF 网表输入方式可以接受来自许多第三方 EDA 软件(Synopsys、Viewlogic、Mentor Graphics 等)所生成的设计输入。在上述众多的输入方式中,最常用的是原理图、HDL 文本和层次化设计时要用的符号图。

本节介绍 Quartus Prime 工程建立和图形输入、HDL 文本输入、层次化设计三种不同的设计输入方式。

1. 新建工程

启动 Quartus Prime 后首先出现的是图 6-45 所示的管理器窗口。开始一项新设计的第一步是创建一个工程,以便管理属于该工程的数据和文件。建立新工程的方法如下:

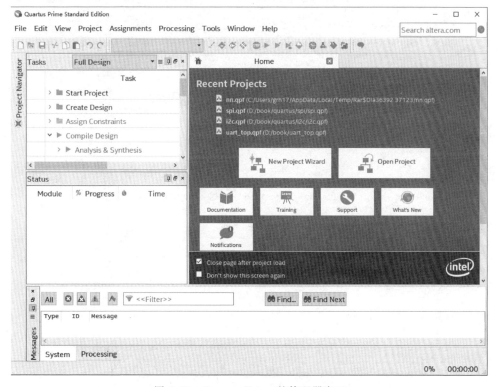

图 6-45　Quartus Prime 的管理器窗口

(1)选择菜单"File"→"New Project Wizard…",打开图 6-46 所示的对话框。

(2)选择适当的驱动器和目录,然后输入工程名,注意工程名要与目录名一致,点击"Next"进入图 6-47 所示的工程类型对话框,选择空工程或基于模板工程。点击"Next"出现图 6-48 所示的添加工程文件对话框。

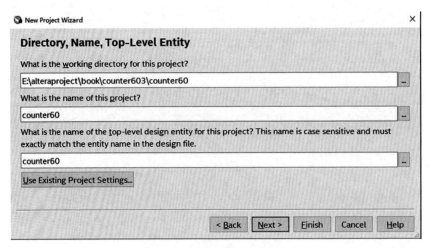

图 6-46　工程名称和路径设置对话框

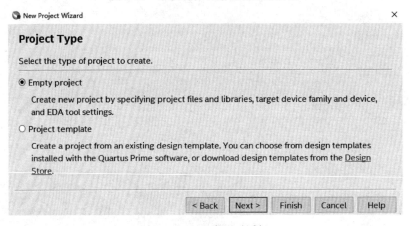

图 6-47　工程类型对话框

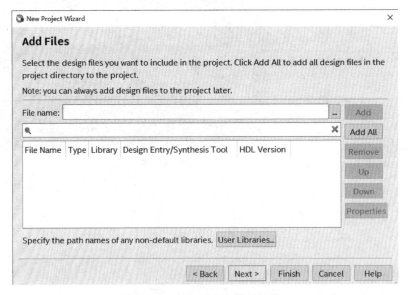

图 6-48　添加工程文件对话框

　　（3）在图 6-48 中选择需要添加进工程的文件以及需要的非默认库,点击"Next"出现图 6-49 所示的目标器件选择对话框。

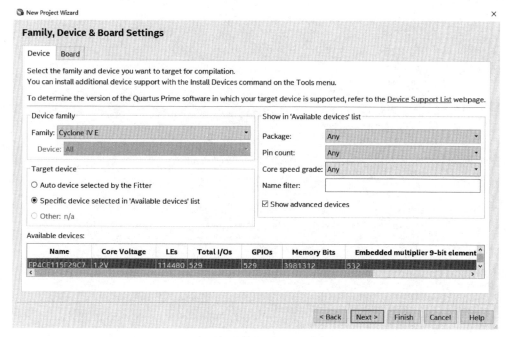

图 6-49　目标器件选择对话框

（4）选择目标器件，点击"Next"进入第三方 EDA 工具设置。

（5）选择需要附加的 EDA 工具，见图 6-50，然后点击"Next"。这一步主要是选用 Quartus Prime 之外的第三方 EDA 工具，也可以通过菜单"Assignments"→"Settings"→"EDA Tool Settings"进行设置。Quartus Prime 可以添加 Modelsim、Questasim 等第三方仿真软件，点击"Next"显示图 6-51 所示的新建工程概要。

New Project Wizard ✕

EDA Tool Settings

Specify the other EDA tools used with the Quartus Prime software to develop your project.

EDA tools:

Tool Type	Tool Name	Format(s)	Run Tool Automat
Design Entry/...	\<None> ▼	\<None> ▼	☐ Run this tool aut
Simulation	\<None> ▼	\<None> ▼	☐ Run gate-level s
Board-Level	Timing	\<None> ▼	
	Symbol	\<None> ▼	
	Signal Integrity	\<None> ▼	
	Boundary Scan	\<None> ▼	

‹ Back　Next ›　Finish　Cancel　Help

图 6-50　第三方 EDA 工具设置对话框

（6）点击"Finish"，完成新工程创建，出现图 6-52 所示的新工程界面。

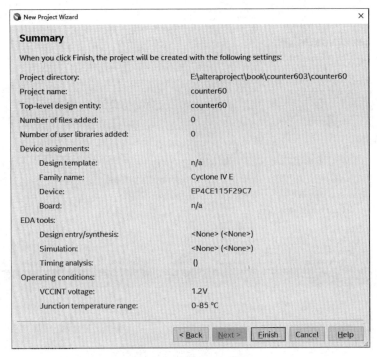

图 6-51　新建工程概况

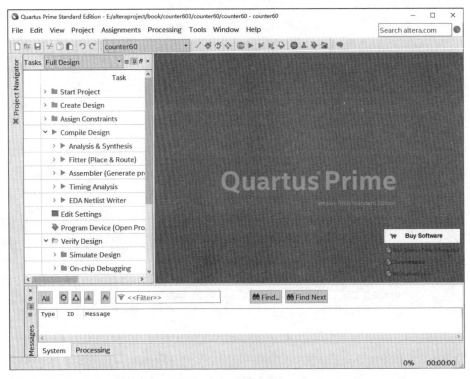

图 6-52　新工程界面

2. 建立图形设计文件

下面以原理图方式设计一个 BCD 码模 6 计数器 counter6 来介绍图形输入文件的建立过程。

第一步　打开图形编辑器

（1）在管理器窗口选择菜单"File"→"New..."或直接在工具栏上点击▢，打开"New"列表框。

（2）点击展开"Design Files"，选中"Block Diagram/Schematic File"项。

（3）点击"OK"。

此时便会出现一个如图6-53所示的原理图编辑窗口。

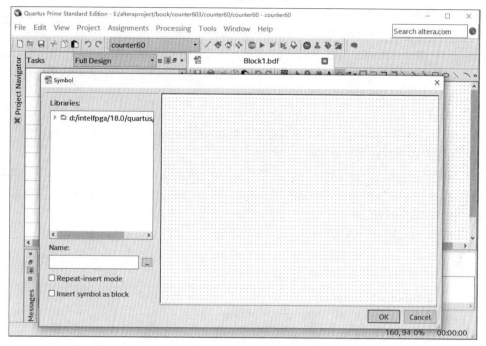

图6-53　原理图编辑窗口

第二步　输入元件和模块

（1）在图形编辑窗口空白处双击鼠标左键，也可直接在工具栏上点击⊕，在原理图编辑界面弹出"Symbol"对话框，如图6-53所示。

（2）选择适当的库及所需的元件（模块）。

（3）点击"OK"。

这样，所选元件（模块）就会出现在编辑窗口中。重复这一步，选择需要的所有模块。相同的模块可以采用复制的方法产生。用鼠标左键选中器件并按住左键拖动，可以将器件放到适当的位置。

第三步　放置输入、输出引脚

输入、输出引脚的处理方法与元件一样。

（1）打开"Symbol"对话框。

（2）在"Name"框中输入 input、output 或 bidir，分别代表输入、输出和双向 I/O。

（3）点击"OK"。

输入或输出引脚便会出现在编辑窗口中。重复这一步产生所有的输入和输出引脚，也可以通过复制的方法得到所有引脚。还可以勾选图6-53中的"Repeat-insert mode"，在编辑窗口中重复产生引脚（每点击一次左键产生一个引脚，直到点击右键在弹出菜单中点击"Cancel"结束）。模块也能以此方式重复输入。

电源和地与输入、输出引脚类似，也作为特殊元件，采用上述方法在"Name"框中输入 VCC（电源）或 GND（地），即可使它们出现在编辑窗口中。

第四步　连线

将电路图中的两个端口相连的方法如下：

（1）将鼠标指向一个端口,鼠标箭头会自动变成十字型;

（2）一直按住鼠标左键拖至另一端口,出现方块时放开,线自动吸附到引脚上;

（3）放开左键,则会在两个端口间产生一根连线。

连线时若需要转弯,则在转折处松一下左键,再按住继续移动。连线的属性通过点击鼠标右键在弹出菜单中的管道"Conduit Line"(含多条信号线)、总线"Bus Line"、信号线"Node Line"中选择。

第五步 输入/输出引脚和内部连线命名

输入/输出引脚命名的方法是在引脚的"PIN-NAME"位置双击鼠标左键,然后输入信号名。内部连线的命名方法是:选中连线,然后输入信号名。总线的信号名一般用 X[n−1..0]表示,其中的单个信号名为 X[n−1]、X[n−2]、…、X[0]。

第六步 保存文件

选择菜单"File"→"Save As…"或"Save",或在工具栏点击▉,如第一次保存,需输入文件名。

第七步 建立一个默认的符号文件

在层次化设计中,如果当前编辑的文件不是顶层文件,则往往需要为其产生一个符号,将其打包成一个模块,以便在上层电路设计时加以引用。建立符号文件的方法是,选择菜单"File"→"Create /
Update"→"Create Symbol Files For Current File"即可。

图 6-54 所示为以原理图方式设计的一个 BCD 码模 6 计数器 counter6。主要器件是一个四位二进制计数器 74163(Others 库中的元件)和与非门(Primitives 库中的元件),采用末态复位的方法将计数的规模改为了六进制,为了便于级联增加了计数使能端 en。

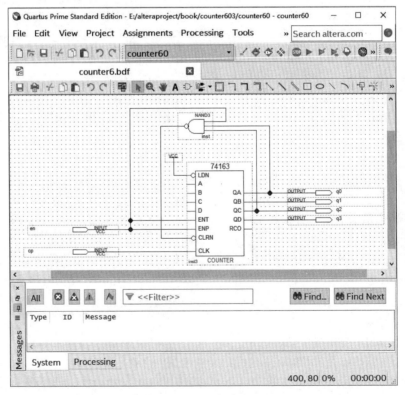

图 6-54 用原理图方式设计的模 6 计数器

3. 建立 HDL 设计文件

第一步 打开文本编辑器

（1）在管理器窗口中选择菜单"File"→"New…",或直接在工具栏上点击▉,打开"New"列表框。

(2) 点击展开"Design Files",然后选择"AHDL File"、"Verilog HDL File"或"VHDL File",点击"OK"。

第二步　输入 HDL 源码

第三步　保存文件

选择菜单"File"→"Save",或在工具栏点击🖫按钮,保存输入的 HDL 源码。

第四步　建立一个默认的符号文件

与由原理图生成符号文件的方法一样,但会自动先对 HDL 文件进行编译,编译成功后才会生成符号文件。

图 6-55 是用 VHDL 描述的一个 BCD 码十进制计数器 counter10。cr 为同步复位信号,低电平有效,oc 为进位输出。

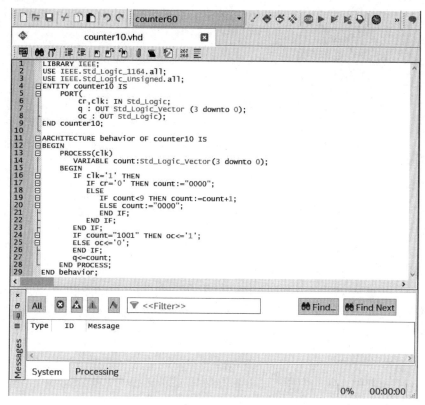

图 6-55　用 VHDL 描述的十进制计数器

4. 层次化设计

若设计工程较大,无法用一个文件把电路的设计细节全部描述出来,就必须采用层次化的设计方法。HDL 不仅可以在不同的层次上对设计进行描述,而且还可以方便地描述模块间的嵌套关系(通过元件引用)。但在图形输入方式和原理图与 HDL 混合输入方式下进行层次化设计,就必须借助符号(Symbol)来描述嵌套关系。

前面已分别用原理图方式和 VHDL 方式描述了一个六进制计数器和一个十进制计数器。现用这两个模块来设计一个模 60 计数器。这就需要建立一个顶层的原理图文件。方法同前,在编辑窗口中调入 counter6 和 counter10。然后,加上适当的连线构成一个模 60 计数器,如图 6-56 所示。十进制计数器 counter10 作为 BCD 码的个位,六进制计数器 counter6 作为 BCD 码的十位。图中将个位计数器的进位信号引出,是为了仿真验证时便于检查其对错。

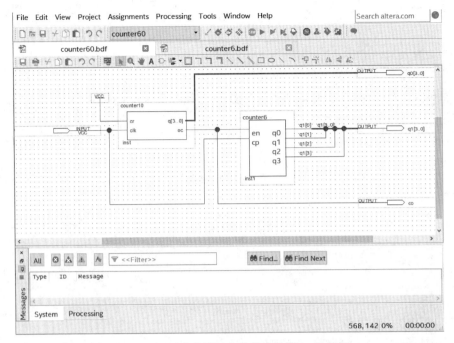

图 6-56 用层次化设计方法描述的模 60 计数器

6.3.3 编译

Quartus Prime 编译器主要完成设计工程的检查和逻辑综合,将工程最终设计结果生成器件的下载文件,并为仿真和编程产生输出文件。

第一步 打开编译器窗口

在管理器窗口中选择菜单"Processing"→"Star Compiler",系统将按图 6-57 左侧"task"窗口所包含的分析与综合(Analysis & Synthesis)、适配器(Fitter)、汇编器(Assembler)、时序分析器(Timing Analyzer)、EDA NetlistWriter 等任务逐一运行,也可以通过点击左侧 task 下的三角单独执行某一项任务。

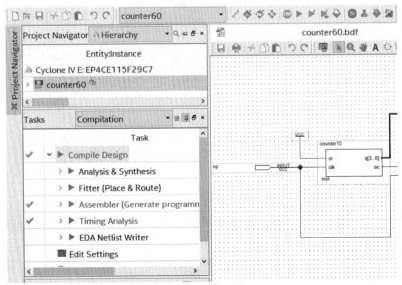

图 6-57 Quartus Prime task 侧边栏

第二步　选项设置

编译器有很多选项设置,但并不是每一项都需要用户去设置,有些设置编译器可自动选择(如器件选择、引脚分配等),而其他的设置往往有默认值。

在管理器窗口中选择菜单"Assignments"→"Settings …",或直接在工具栏中点击 ,打开"Settings"对话框,如图 6-58 所示。

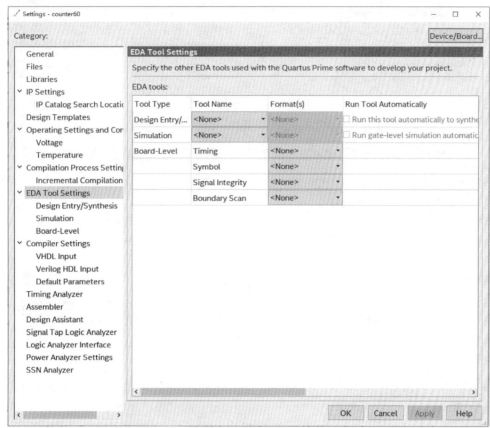

图 6-58　"Settings"对话框

(1) 器件选择

选择菜单"Assignments"→"Device …"或者在"Category"窗口右上角点击"Device/Board …",在图 6-59 上选择器件的系列和型号。如果不选择器件的系列和型号,或型号设为"Auto",编译器会自动选择。器件的选择也可以在建立工程时进行。

Quartus Prime 已经淘汰了较早期的器件,对于前述设计的电路,选择 Cyclone Ⅳ 系列的 EP4CE115F29C7 器件作为后续综合与仿真的目标器件(DE2-115 板载型号)。

(2) 编译过程设置

在图 6-60 中"Settings"对话框左侧"Category"栏内选择"Compilation Process Settings",在"Compilation Process Settings"页面根据需要选择相应的选项。例如,若需要使重编译的速度加快,可以打开"Use Smart compilation";若编译的时候运行编程数据汇编器,则打开"Run Assembler during compilation"。

(3) 分析和综合设置

在"Settings"对话框左侧"Category"栏内选择"Compiler Setting",在图 6-61 页面可以指定编译器是执行速度优化(Speed)、面积优化(Area),还是执行平衡优化(Balanced)等 6 个选项。平衡优化折中考虑速度和资源占用情况。

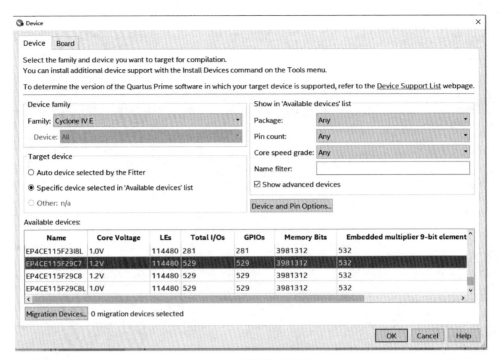

图 6-59　目标器件选择

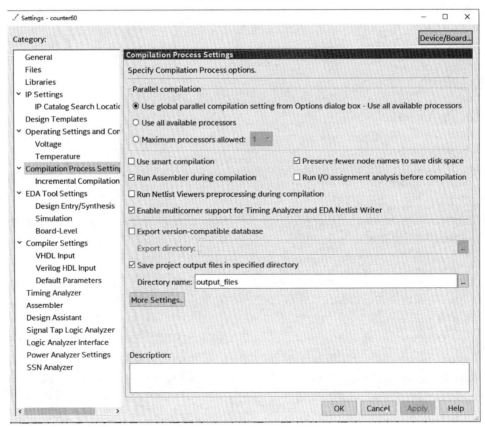

图 6-60　编译过程设置

此外,可以选择 VHDL 的版本(1987、1993 或 2008)、Verilog HDL 的版本(1995、2001 或 System-Verilog-2005)。在默认情况下,使用 VHDL-1993 和 Verilog-2001。

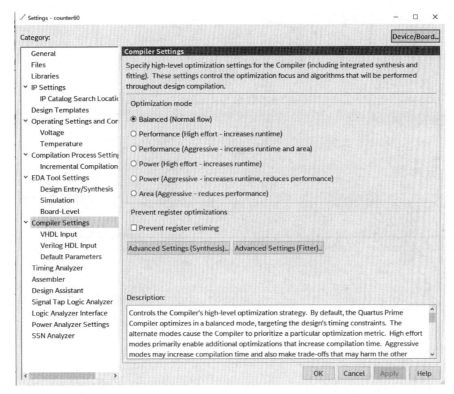

图 6-61 分析和综合设置

点击"Compiler Settings"→"Advanced Settings(Synthesys)…",进入如图 6-62 所示的高级分析综合设置。还可以设置如下选项实现综合网表优化("Synthesis Netlist Optimizations"):

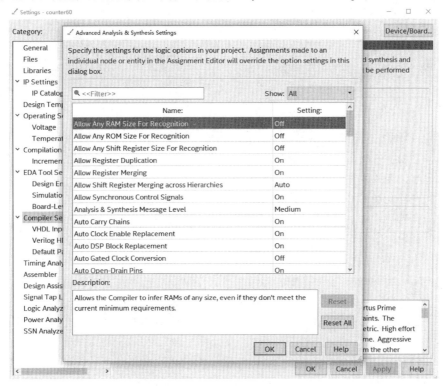

图 6-62 高级分析综合设置

- 对所见即所得 WYSIWYG 基本单元再综合。
- 进行逻辑门级寄存器再定时,允许在组合逻辑间移动寄存器以平衡时序。
- 允许门级寄存器再定时后还可以进一步为平衡 Tco/Tsu 与 Fmax 对寄存器再定时。

(4) 适配设置

点击"Compiler Settings"→"Advanced Settings(Fitter) … ",进入如图 6-63 所示的高级 Fitter 设置,在"Advanced Fitter Settings"页面中可以对时序驱动编译(Timing-driven compilation)和适配器力度(Fitter effort)进行设置。

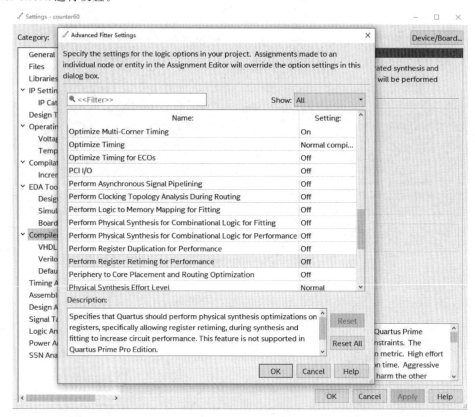

图 6-63 高级 Fitter 设置

选择"Name"列关心的项目,在右侧"Setting"列打开相应选项,可以在适配期间实现:
- 对组合逻辑进行物理综合优化(Perform physical synthesis for combinational logic)
- 插入异步清零或置位信号(Perform asynchronous signal pipeline)
- 通过寄存器复制对寄存器进行物理综合优化(Perform register duplication)
- 通过寄存器再定时对寄存器进行物理综合优化(Perform register retiming)

(5) 器件引脚分配

在左侧"task"窗口中点击"Analysis&Synthesis",或直接在工具栏中点击 按钮,完成设计的分析和综合,再进行引脚分配。引脚分配有多种方法。

方法一:选择菜单"Assignments"→"Pin Planner",或直接在工具栏点击 ,在底层编辑窗口中分配引脚。通过拖曳信号名到引脚、在引脚域选择或直接输入引脚号等方式给输入、输出信号分配引脚,如图 6-64 所示。

方法二:选择菜单"Assignments"→"Assignment Editor",或直接在工具栏点击 ,然后在"To"域填写输入或输出信号名、在"Assignment Name"域选择"Location"并在"Value"填写引脚号,如图 6-65 所示。

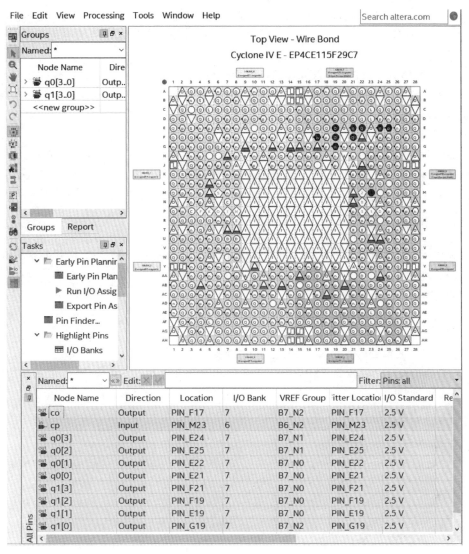

图 6-64　通过"Pin Planner"分配引脚

	tatu	From	To	Assignment Name	Value	Enabled
1	✓		cp	Location	PIN_M23	Yes
2	✓		q0[3]	Location	PIN_E24	Yes
3	✓		q0[2]	Location	PIN_E25	Yes
4	✓		q0[1]	Location	PIN_E22	Yes
5	✓		q0[0]	Location	PIN_E21	Yes
6	✓		q1[3]	Location	PIN_F21	Yes
7	✓		q1[2]	Location	PIN_F19	Yes
8	✓		q1[1]	Location	PIN_E19	Yes
9	✓		q1[0]	Location	PIN_G19	Yes
10	✓		co	Location	PIN_F17	Yes
11		<<new>>	<<new>>	<<new>>		

图 6-65　通过"Assignment Editor"分配引脚

方法三:在图 6-56 的图形编辑窗口中,选中某个输入或输出信号,点击鼠标右键,在弹出菜单中选"Locate Node"→"Locate in Pin Planner"或"Locate in Assignment Editor",然后用类似前两种方法指定引脚号。

方法四:由编译器自动分配。若未选择具体的器件系列和型号,则只能采用这种方法。

引脚分配好后,可选择菜单"Processing"→"Start"→"Start I/O Assignment Analysis",对 I/O 分配结果进行分析。

第三步　启动编译器

编译器的各模块可以独立运行,也可以依次完整运行(称为全编译)。选择菜单"Processing"→"Start Compilation",或直接在工具栏点击 ▶,或在左侧"Task"窗口中点击 ▶,启动全编译过程。编译结果可在编译报告中查看。

6.3.4　仿真验证

仿真分功能仿真和时序仿真两种。仿真过程分三步,首先要建立波形文件,确定需要观察的信号,设计输入波形,设定一些时间和显示参数;其次是运行仿真程序;最后是根据仿真结果(波形)分析电路功能正确与否。

1. 建立波形文件

第一步　打开波形编辑器

(1) 在管理器窗口中选择菜单"File"→"New…"或直接在工具栏上点击 🗋,打开"New"列表框。

(2) 点击展开"Verification/Debugging Files",选中"University Program VWF"项,点击"OK",此时便会出现一个波形编辑窗口,如图 6-66 所示。

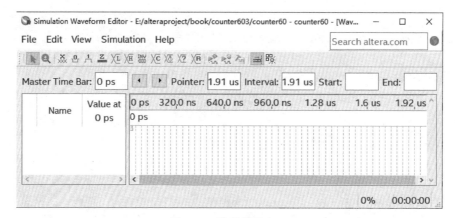

图 6-66　波形编辑窗口

第二步　设定时间参数

(1) 选择菜单"Edit"→"End Time…"项,输入仿真结束时间,点击"OK"。

(2) 选择菜单"Edit"→"Grid Size…"项,输入显示网格间距的时间,点击"OK"。

第三步　确定需观察的信号

(1) 在"Edit"菜单中或在波形编辑窗口左侧"Name"栏空白处,点击鼠标右键选择"Insert"→"Insert Node or Bus…"项,打开"Insert Node or Bus…"对话框。

(2) 点击"Node Finder…",打开"Node Finder"对话框。在"Filter"下拉框中选择信号类别,如选"Pins:all",表示选择所有引脚(信号)。

(3) 点击"List"按钮,将所选类别的所有信号均列于"Nodes Found"框中。

（4）从"Nodes Found"框中选择信号，然后点击">"，使所选信号名进入"Selected Nodes"框。如果点击">>"，则"Nodes Found"框中所有信号全部进入"Selected Nodes"框。

（5）点击"OK"，返回"Insert Node or Bus…"对话框，再点击该框中"OK"，所选信号将出现在波形编辑窗口中。

（6）根据需要编辑输入波形。编辑窗口左侧的按钮（见图6-67）由左到右依次是：选择工具 、缩放 （点左键放大、点右键缩小）、强制未知 、强0 、强1 、高阻 、弱低 、弱高 、设为相反逻辑 、设置计数值 、设置时钟波形 、Modlesim测试脚本生成 、未知 、随机值 、功能仿真 、时序仿真 等。

图6-67　波形编辑窗口工具

（7）将波形存盘。选择菜单"File"→"Save As…"或"Save"，或在工具栏点击 ，如果是第一次保存，需输入文件名。

2. 运行仿真程序

（1）在管理器窗口中选择菜单"Assignments"→"Settings…"，或直接在工具栏中点击 ，出现"Settings"对话框。

（2）在"Settings"对话框左侧"Category"栏内选择"EDA Tool Settings"→"Simulation"，对仿真进行设置，包括仿真的模式、仿真的输入文件以及仿真结果是否复盖原文件等，然后点击"OK"。

（3）在波形编辑窗口点击"Simulation"→"Run Functional Simulation"进行功能仿真；若进行时序仿真，则仿真前必须对设计进行编译，产生时序仿真的网表文件，选择"Simulation"→"Run Timing Simulation"进行时序仿真。

（4）仿真结束后，在仿真器报告窗口中将显示出仿真结果（波形）。

3. 时序仿真结果分析

以图6-56所示的BCD码模60计数器为例，设置Grad Size＝10ns，End Time＝2us，cp周期为10ns，则仿真结果如图6-68所示。其中，图（a）是功能仿真，图（b）是时序仿真。显然，电路状态随时钟脉冲逐一递增，并从"59"回到"00"，实现了模60计数器。

由图6-68（a）可见，功能仿真不考虑信号延时，所以时钟cp上升沿（触发沿）到来时状态立即变化，并且各Q端状态变化同时发生。

由图6-68（b）可见，时序仿真考虑信号的延时，所以状态变化相对于cp上升沿有明显的滞后，而且在"55→56""57→58""59→00"等处出现了不光滑的现象，这是因为状态变化时多个Q端"同时"变化，但由于延时原因，变化有先有后，从而出现了瞬时的错误状态。不过，由于这种瞬时错误持续时间极短，一般不会影响系统正常工作。

6.3.5　时序分析

时序分析器（Timing Analyzer）是编译中的一个步骤，在全编译期间自动对设计进行时序分析，可用于分析设计中的所有逻辑，并有助于指导适配器（Fitter）达到设计中的时序要求。通过对设计的全面时序分析，能够对电路性能进行验证，识别时序违规，并引导适配器的逻辑布局，从而满足时序目标。时序分析使用行业标准约束和分析方法对设计中所有的寄存器到寄存器、I/O和异步复位路径的全部数据信号所需的时间、数据信号到达时间和时钟信号到达时间进行报告，以验证是否满

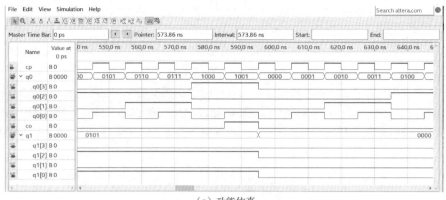

（a）功能仿真

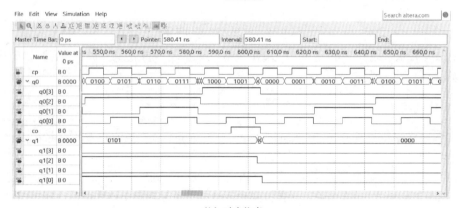

（b）时序仿真

图 6-68　模 60 计数器的仿真波形

足电路正常运行所要求的时序关系，并根据指定的约束确认实际信号到达时间。

　　Timing Analyzer 对设计中确定的所有时序路径的时序性能进行计算。先生成一个时序网表（描述节点和互连），确定数据信号和时钟信号到达时间。再通过分析时钟的启动沿（launch edge）与锁存沿（latch edge）之间的时钟建立和保持时间来确定所有寄存器到寄存器传输的时钟关系。在运行 Fitter 或进行完整编译后，可以随时在 Timing Analyzer 中生成时序网表。

　　Timing Analyzer 执行约束验证并报告时序性能，作为完整编译流程的一部分。创建设计并设置工程后，可以添加 Synopsys Design Constraints（.sdc）文件，从中定义设计所需的时序参数（即约束）。Fitter 尝试布局布线以满足指定的约束。Timing Analyzer 报告不符合约束的情况，以便纠正关键时序问题。

　　下面通过 BCD 码模 60 计数器，简要介绍时序分析的基本流程。

　　打开前述计数器的工程，使用 Timing 向导为工程建立初始的全局时序设置。

　　（1）启动 Timing Analyzer

　　选择菜单"Tools"→"Timing Analyzer"，打开图 6-69 所示的 Timing Analyzer 界面，这里主要关注左侧"Tasks"窗口。

　　（2）建立时序网表

　　双击"Tasks"窗口中的"Netlist Setup"→"Create Timing Netlist"，新建一个时序网表如图 6-70 所示；双击"Tasks"窗口中的"Netlist Setup"→"Read SDC File"，读取 SDC 设计约束文件。刚开始没有 SDC 文件，系统默认给时钟赋予 1GHz 的默认约束；双击"Tasks"窗口中的"Netlist Setup"→"Update Timing Netlist"，根据设定的约束更新时序网表，生成图 6-71 所示的报告。

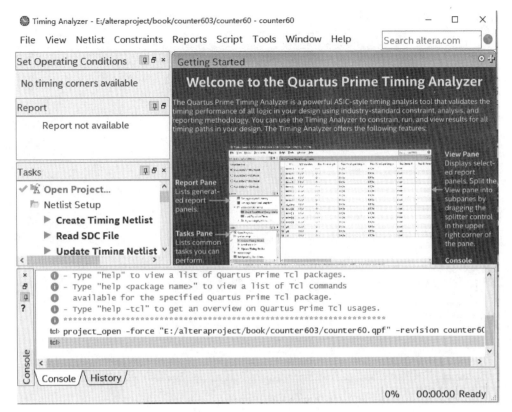

图 6-69　Timing Analyzer 界面

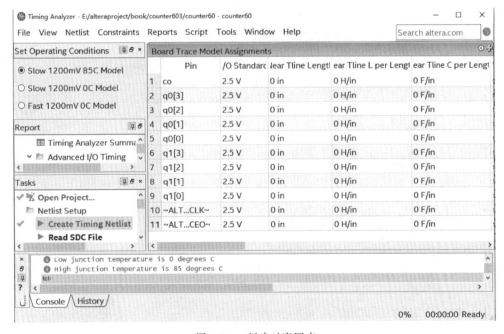

图 6-70　新建时序网表

（3）查看时序报告

双击"Tasks"窗口中的"Reports"下的某一报告,会弹出相应报告窗口,例如双击"Tasks"窗口中的"Reports"→"Slack"→"Report Setup Summary",弹出图 6-72 所示的"Setup"报告。图中的红色的负数值表示生成的电路未能满足 Setup 时间约束,系统默认时钟为 1GHz,时钟周期为 1ns,"Slack"指

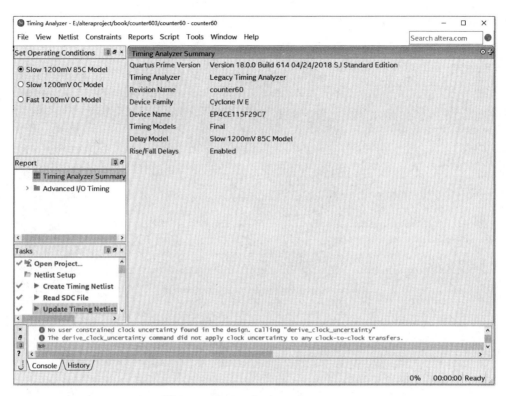

图 6-71　Timing Analyzer Summary

示电路中最长路径延时没有满足保持时间的要求，也就是"Data Arrival Time"晚于"Data Required Time"。说明设计达不到默认的 1GHz 时钟所需的时序要求。

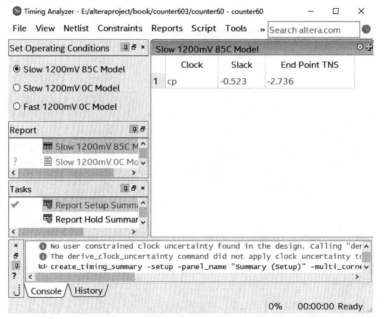

图 6-72　Report Setup Summar 报告窗口

（4）Report Timing 对话框设置

用右键点击图 6-72 中红色字体，选择"Report Timing…"，弹出图 6-73 所示的"Report Timing"对话框。图中 Clock 栏显示要分析的时钟名，这里分析 cp 这个时钟信号。Targets 栏可以指定要分析时序的路径,空着表示分析所有路径。Analysis type 可以选择分析 Setup、Hold、Recovery 和 Removal 等类型,Paths 选择要报告的路径条数。Output 栏选择报告的详细级别、输出文件方式和输出路径。Tcl command 栏为要执行的 Tcl 命令。

设置好后点击"Report Timing",弹出图 6-74 所示界面,图中显示了 10 条路径,点击不同的路径,表中的内容将进行相应的切换。

(5)指定时间约束

图 6-74 中 10 条时序路径都是红色的,不满足基本的时钟要求,默认时钟过高,通过修改添加时钟约束,看是否能够满足时序约束。选择菜单"Constrains"→"Create Clock",弹出如图 6-75(a)所示窗口,填写时钟名"cp",将时钟周期设置为 20ns,修改后如图 6-75(b)所示,在"Targets"栏点击"…",选择要约束的时钟信号"cp"。点击"Run",添加约束 SDC 文件。双击"Write SDC File"生成约束文件,默认保存为"countbcd60. out. sdc"。

(6)添加时序约束文件

选择菜单"Assignments"→"Settings …",弹出如图 6-76 所示窗口。选择"Timing Analyzer",点击"File name"栏后的"…",添加刚建立的时序约束文件"countbcd60. out. sdc",点击"Ok"完成添加。

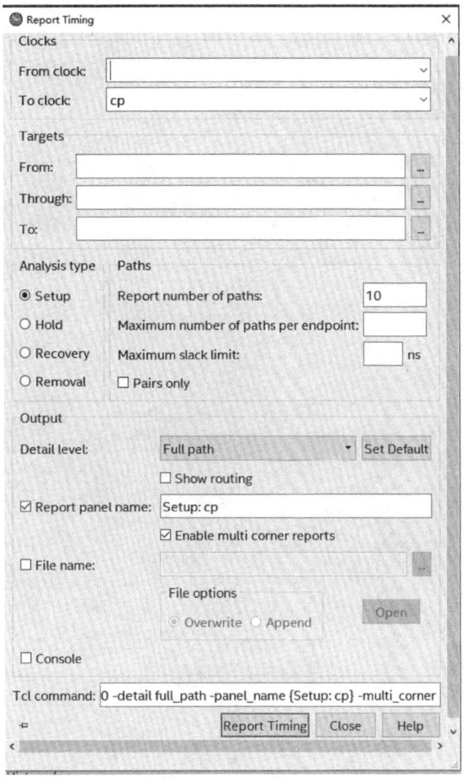

图 6-73　Report Timing 对话框

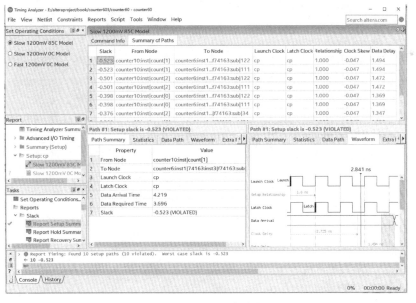

图 6-74　路径时序分析

(7)时序分析

重新编译工程,生成时序网表,进行时序分析,结果如图 6-77 所示。Setup 时序路径分析如图 6-78 所示,分析的最坏 10 条路经已不再是红色的,满足了时序约束。可以通过图形界面或者直接修改 SDC 文件,用类似的方法添加其他需要满足的时序约束。

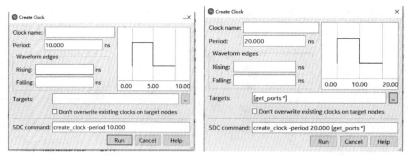

（a）默认时钟约束　　　　　　　　　　（b）修改后时钟约束

图 6-75　建立时钟约束

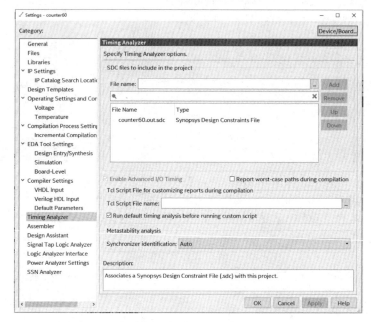

图 6-76　添加时钟约束到 BCD 码模 60 计数器工程

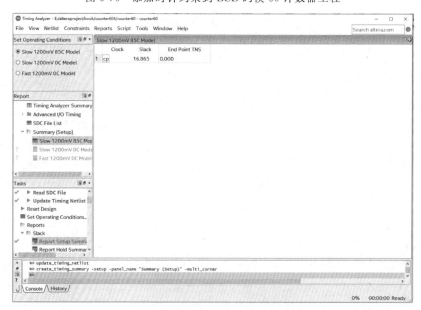

图 6-77　添加时钟约束后时序分析

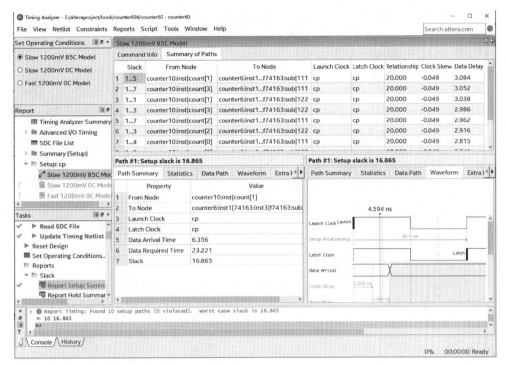

图 6-78　Setup 时序路径分析

6.3.6　可视化工具

使用 Netlist Viewer 工具,可以直观地对设计过程进行分析,发现设计过程中遇到的问题,主要包括 RTL 视图(RTL Viewer)、状态机视图(State Machine Viewer)和工艺映射图(Technology Map Viewer)。

RTL Viewer 可以查看综合和布局布线前的设计原理图。State Machine Viewer 查看状态机转换关系和转换方程。Technology Map Viewer 查看 Analysis & Synthesis 结束时的结果。可使用 RTL Viewer 或 Technology Map Viewer 查找特定信号来源以便对设计进行调试。

在 Netlist Viewer 查看原理图前,必须先编译。执行 Analysis 和 Elaboration 后,可以打开 RTL Viewer 或 State Machine Viewer 查看综合前原理图。执行 Analysis & Synthesis 后,可以打开 Technology Map Viewer(Post-Mapping)查看综合后原理图。执行 Fitting 后,可以打开 Technology Map Viewer(Post-Fitting)查看适配后原理图。

1. RTL 图查看器(RTL Viewer)

RTL Viewer 用来查看 Quartus Prime 的综合结果或第三方网表文件的寄存器传输级(RTL)图形表示,具体包括 Verilog HDL Design Files (.v),SystemVerilog Design Files(.sv),VHDL Design Files (.vhd),AHDL Text Design Files (.tdf)或原理图 BlockDesign Files (.bdf)。

使用 RTL Viewer 查看初始综合结果,可确定必要逻辑是否创建、逻辑和连线转换是否正确。可使用 RTL Viewer 和 State Machine Viewer 在仿真或其他验证处理前的早期阶段发现并定位设计错误。

新建一个工程或者打开已有工程并编译。然后,点击"Tools"→"Netlist Viewers"→"RTL Viewer",或者通过左侧"Task"窗口点击"Compile Design"→"Analysis & Synthesis"→"Netlist Viewers"→"RTL Viewer",打开"RTL Viewer"查看生成的 RTL 级电路。前文 BCD 码模 60 计数器的 RTL 级电路如图 6-79 所示。该图由"counter10"和"counter6"两个例化的模块和互连线构成,双击

"counter10"或"counter6"可以看到两个例化模块的具体实现,如图 6-80 所示。当显示 RTL 原理图时,"RTL Viewer"自动优化网表,删除无扇出、扇入的逻辑,在适当的地方将管脚、线网、连线、模块端口和具体逻辑合并成总线,将多个逻辑门链等效为单个门,将状态机逻辑变换成状态图、状态表或编码状态表,使电路最具可读性。

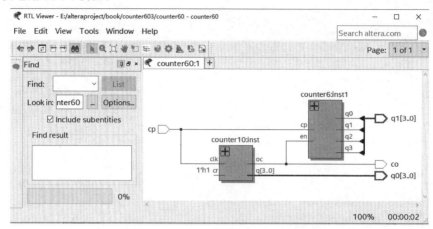

图 6-79　模 60 计数器的 RTL 级电路图

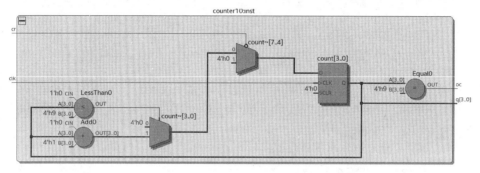

图 6-80　counter10 的 RTL 级实现

在 RTL 级原理图中,选中某个元件点击右键,可以定位其在其他视图中的对应部分。如按图 6-81 所示右键菜单选择,弹出图 6-82 所示"Resource Property Editor"窗口,图中显示的是 RTL 原理图中所选寄存器对应的硬件资源映射,即所做的设计是如何在芯片资源中实现的。

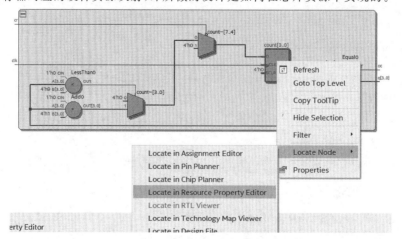

图 6-81　RTL Viewer 右键菜单

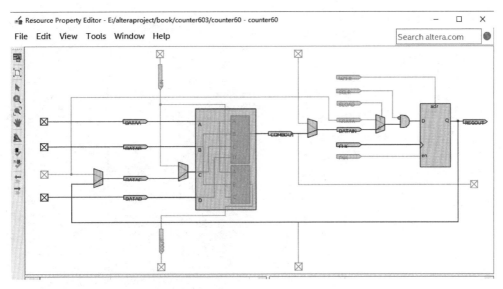

图 6-82　Resource Property Editor 窗口

2. 工艺图查看器(Technology Map Viewer)

工艺图查看器分两种,映射后查看器 Technology Map Viewer(Post-Mapping)和适配后查看器 Technology Map Viewer(Post-Fitting)。

在 RTL Viewer 中如果原理图正确,还需要着重分析设计过程的后期阶段并检查潜在时序违规和验证流程本身存在的问题。工艺图查看器提供 Analysis & Synthesis 后或 Fitter 后将设计映射到目标器件的情况,显示底层图(如器件逻辑单元和 I/O 端口)。对于支持的器件系列,还可查看逻辑单元中的内部寄存器和查找表,以及 I/O 单元中的寄存器。

分析综合后,点击"Tools"→"Netlist Viewers"→"Technology Map Viewer (Post-Mapping)",或者通过左侧"Task"窗口点击"Compile Design"→"Analysis & Synthesis"→"Netlist Viewers"→"Technology Map Viewer (Post-Mapping)",查看 Technology Map Viewer (Post-Mapping)综合后原理图。在综合后原理图中同样支持右键菜单在视图间切换。图 6-83 是模 60 计数器综合后原理图。双击 counter10 例化模块,该模块综合后的原理图如图 6-84 所示。

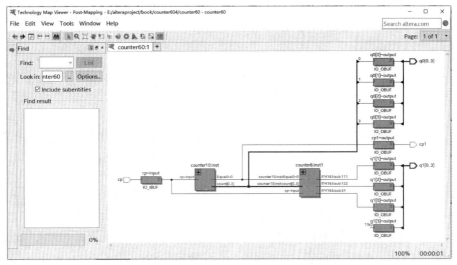

图 6-83　模 60 计数器综合后原理图

完成布局布线（Fitter）后，点击
"Tools"→"Netlist Viewers"→"Technology
MapViewer（Post-Fitting）"或者通过左侧
"Task"窗口点击"Compile Design"→
"Fitter"→"Netlist Viewers"→"Technology
MapViewer（Post-Fitting）"，查看 Technology
Map Viewer（Post-Fitting）适配后原理图。
"Technology Map Viewer"会显示 Fitter 如
何通过物理性综合优化更改网表，而 Tech-
nology Map Viewer（Post-Mapping）显示
"映射后"（post-mapping）网表。如果已完
成 Timing Analysis 阶段，就可从
Technology Map Viewer 的 Timing Analyzer
报告中找到时序路径。图 6-85 是模 60 计
数器 Technology Map Viewer（Post-Fitting）
原理图，右键点击某个元件选中"Locate

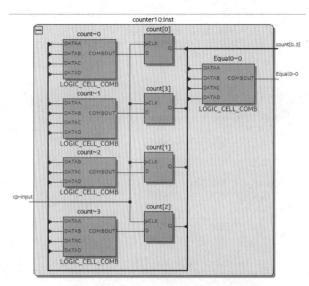

图 6-84　counter10 例化模块的综合后原理图

Node"→"Locate in Chip Planner"，可以查看该元件在"Chip Planner"视图的映射，如图 6-86 所示。

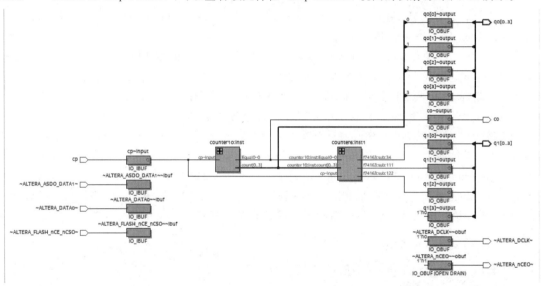

图 6-85　模 60 计数器 Technology Map Viewer（Post-Fitting）原理图

6.3.7　器件编程

对 CPLD 和 FPGA 的编程通过编程器（Programmer）软件和编程硬件来完成。编程硬件包括
MasterBlaster、ByteBlaster、USB-Blaster 等下载电缆和 Altera 编程单元（APU）。

1. 编程文件选择

经过编译后会生成两个不同用途的编程文件：＊.POF 和 ＊.SOF。＊.POF 文件用于对 CPLD
的编程，以及用于对 FPGA 主动配置的 EPROM 的编程。＊.SOF 文件用于对 FPGA 进行直接配置
（被动配置）。对 CPLD 编译仅产生 ＊.POF 文件；而对 FPGA 编译则既产生 ＊.POF 文件又生成 ＊
.SOF 文件。在编程界面下，选择菜单"File"→"Create/Update"可生成其他格式编程文件。

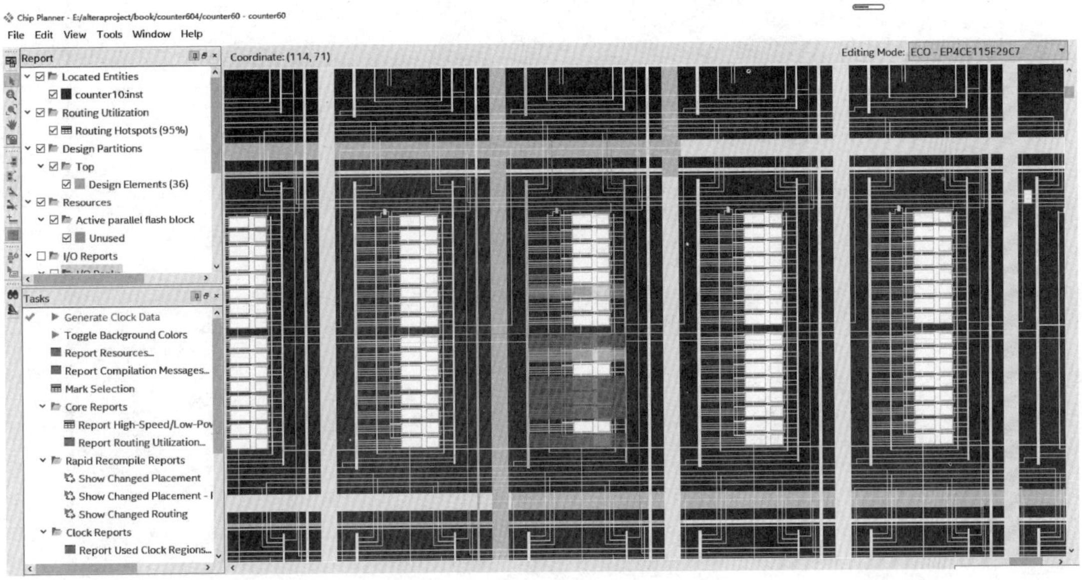

图 6-86　Chip Planner 视图

2. 编程模式

编程器具有四种编程模式：被动串行（Passive Serial）编程、JTAG 编程、主动串行编程（Active Serial Programming）、套接字内编程（In-Socket Programming）。

编程器允许建立包含设计所用器件名称和选项的链描述文件（Chain Description File，CDF）。对于允许对多个器件进行编程或配置的一些编程模式，CDF 指定了链中器件的顺序。

被动串行和 JTAG 编程模式可以对单个或多个器件进行编程。主动串行编程模式用于对单个串行配置器件进行编程。套接字内编程模式用于对单个 CPLD 或配置器件进行编程。

3. 下载步骤

第一步　打开编程窗口

在管理器窗口中选择菜单"Tools"→"Programmer"，或直接在工具栏中点击 ，打开编程窗口，并自动打开一个 CDF 文件，显示当前编程文件和所选目标器件等信息。

第二步　硬件连接

（1）在编程窗口中点击"Hardware Setup…"。

（2）在"Hardware Setup"对话框中，根据下载模式和硬件的不同，选择相应的电缆类型"USB-Blaster"，设置编程模式"JTAG"，如图 6-87 所示。

（3）用下载电缆将 PC 与电路板上的 FPGA 连接起来（通过接插件）。请注意：这一步工作最好在关断电路板电源的情况下进行，可以在开机前预先接好。

第三步　选择编程文件

默认情况下，编程文件已根据当前工程名选好，并显示在编程窗口中。编程文件为 counter60.sof，器件为 EP4C115F29。

如果发现编程文件名不对，可点击"Change File…"项进行选择。

第四步　下载

在编程窗口中点击"Start"，对所选 FPGA 器件进行配置。

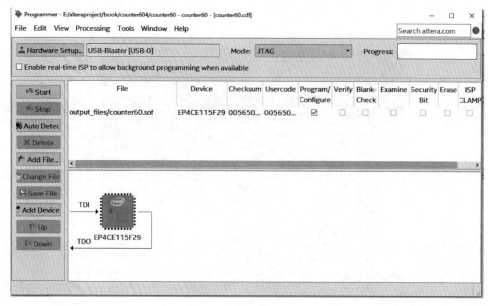

图 6-87　编程窗口

6.4　Xilinx 设计环境 Vivado

Vivado 设计套件是 Xilinx 公司 2012 年发布的从系统到器件级集成设计环境,除常规设计方法外,还首次提供了全新的基于 C/C++高级语言和 IP 的设计手段,可将实现算法的高级编程语言转化为 RTL 级硬件电路。

有别于将大部分设计精力用在设计流程后端的传统 RTL 设计,基于 C 语言和 IP 的设计可缩短验证、实现和设计收敛的开发周期,使设计人员能够集中精力开发差异化逻辑部分。

6.4.1　用 Vivado 进行设计的一般过程

Vivado 设计套件支持传统的 HDL 输入和高层次综合(HLS)。Vivado HLS 允许根据设计要求探索多种微架构之后将 C/C++直接综合为 VHDL 或 Verilog RTL,从而加速设计实现与验证。在该层次执行行为仿真,速度比 VHDL 或 Verilog 仿真提高几个数量级。图 6-88、6-89 分别是传统的 RTL 设计流程和 Vivado 高层次(HLx)设计流程。

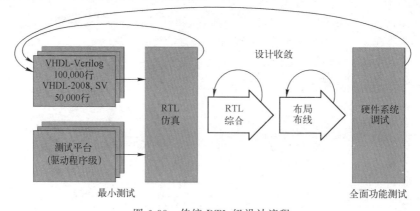

图 6-88　传统 RTL 级设计流程

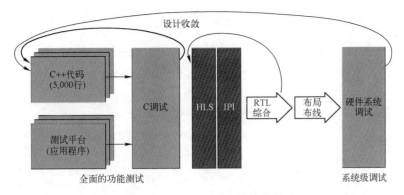

图 6-89　Vivado HLx 设计流程

Vivado HLS 编译器提供一个类似于处理器(如电脑)编译器的编程环境,主要区别在于 Vivado HLS 可将 C 代码编译到最优化的 RTL 微架构中,而处理器编译器生成的汇编代码需要在处理器架构上执行。

Vivado 的设计输入可以来自于 RTL 代码,这里的 RTL 代码可以是自己编写的,也可以是由 HLS、System Generator、IP 等生成的。Vivado 设计流程主要包括设计输入、综合、适配(布局布线)、时序分析、仿真和硬件编程六个步骤。限于篇幅,本节仅介绍传统的 RTL 设计过程,不涉及 Vivado HLS。

6.4.2　IP 封装

本节通过一个简单的例子,介绍用户 IP 封装过程。

1. 新建工程

启动 Vivado 后首先出现的是图 6-90 所示的管理器窗口。开始一项新设计的第一步是创建一个工程,以便管理属于该工程的数据和文件。建立新工程的方法如下:

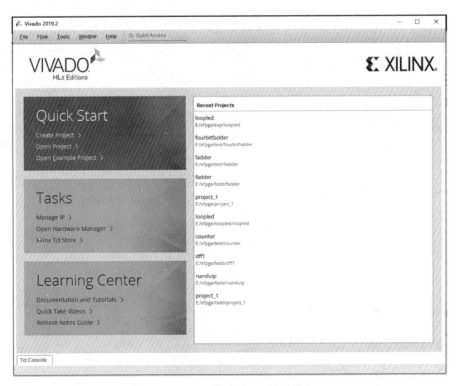

图 6-90　Vivado 的主窗口(管理器窗口)

（1）选择菜单"File"→"New"→"Project"，打开图6-91所示的New Project Wizard对话框，点击"Next"。

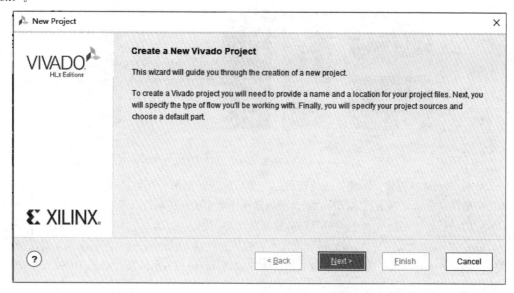

图6-91　New Project Wizard对话框

（2）选择工程存放的驱动器和目录，如图6-92所示输入工程名，勾选"Create project subdirectory"。这样创建工程时，会直接在存放路径生成与工程名同名的文件夹，保存所有工程文件，点击"Next"。

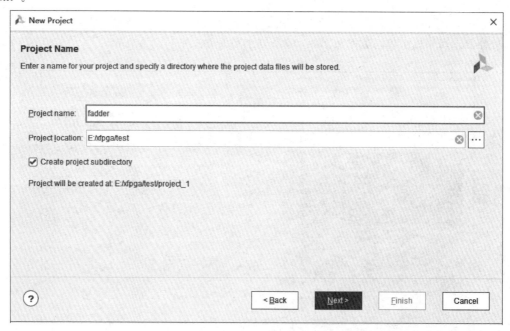

图6-92　工程名命名

（3）如图6-93所示选择新建工程类型，这里选择"RTL project"工程，也可以根据需要选择其他类型，点击"Next"。

（4）如果已经有VHDL、Verilog HDl等源文件，如图6-94所示添加源文件，也可以创建文件，或者点击"Next"跳过，后面可再添加。

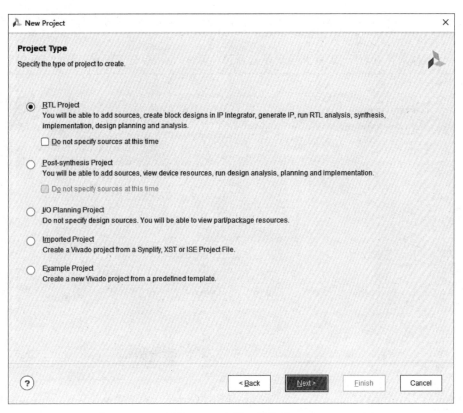

图 6-93　选择工程类型

图 6-94　添加源文件

（5）弹出图 6-95 所示添加约束对话框，如已有约束文件选添加，如果没有现成的约束文件可选创建，点击"Next"跳过，后面可再添加。

（6）弹出器件选择对话框，如图 6-96 所示选择目标器件，也可以先不选择，点击"Next"跳过。

图 6-95　添加约束

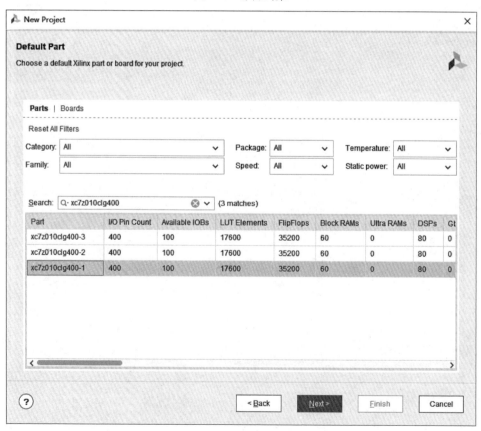

图 6-96　选择目标器件

（7）弹出图 6-97 所示的工程概要，点击"Finish"完成新工程创建，进入新工程界面，如图 6-98 所示。

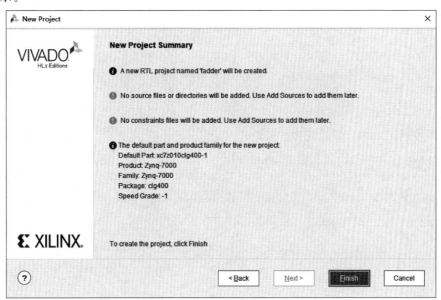

图 6-97　工程概要

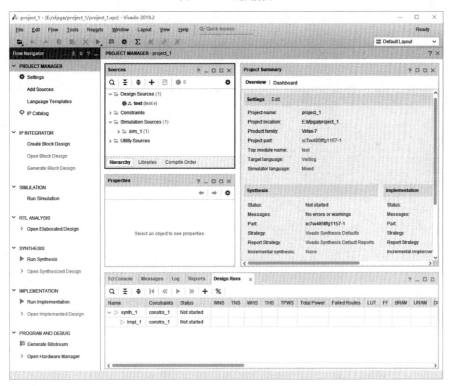

图 6-98　进入新工程界面

新建工程完成后，就可以通过不同的方法给工程添加文件，进而进行仿真、综合、实现和器件编程。

在工程界面中，左侧为流程导航栏，中间是工程管理器与属性窗口，底部为运行窗口，右边的最大部分是工作区窗口。流程导航栏包括工程管理、IP 集成、仿真、RTL 分析、综合、实现、器件编程与调试。工程管理器可以查看工程文件和目录结构。运行窗口可以运行 TCL 命令、查看消息等。工作区主要完成代码输入、原理图输入、仿真等。

2. IP 核封装

IP 核是具有知识产权的宏模块,IP 核可以由集成开发环境自带,或第三方厂商提供,也可以用户自己封装。用户将验证成功的常用模块进行 IP 核封装,可以方便重复使用,提高开发效率。下面通过一位全加器例子来介绍 IP 核的封装过程。

第一步　按前述步骤,新建工程,类型为"RTL Project",工程名为 fadder。

第二步　添加源文件。在工程界面导航栏点击"Flow Navigator"→"PROJECT MANAGER"→"Add Sources"或直接在工具栏上点击▢,打开"New"列表框,弹出图 6-99 所示界面,选择"Add or Create design sources"。点击"Next",进入添加源文件窗口(见图 6-100),点击"Create File",文件类型选 Verilog,文件名为 fadder(默认与工程名一致)。点击"OK",在弹出窗口中点击"finish",默认模块名,点击"OK"。这时工程管理文件下出现空源文件 fadder,如图 6-101 所示。再双击文件名添加一位全加器源代码,如图 6-102 所示。

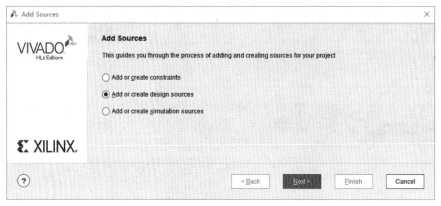

图 6-99　添加源文件

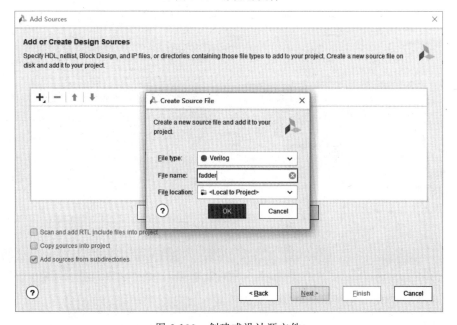

图 6-100　创建或设计源文件

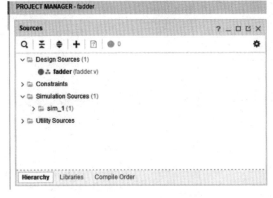

图 6-101　添加源文件

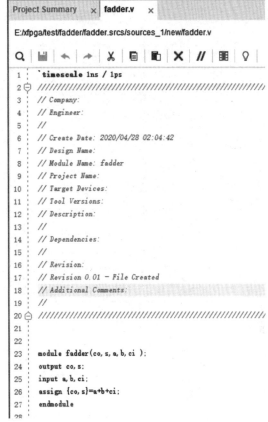

图 6-102　源代码

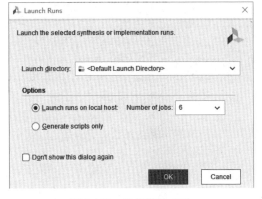

图 6-103　选择综合方法

第三步　设计综合

点击左侧导航栏"SYNTHESIS"→"Run Synthesis",点击"OK"进行综合。看是否能综合完成,目的是检验待封装源码是否有错,因此综合完成后不要点击"OK"去实现,而是点击"Cancel"。过程如图 6-103 和图 6-104 所示。

第四步　设定 IP 核属性

在流程导航栏中点击"PROJECT MAN-AGER"下的"settings",弹出如图 6-105 所示的窗口,进行 IP 核属性设置,主要是设置厂商、名字、分类、库等信息。

第五步　IP 核封装。

如图 6-106 所示,选择"Tools"→"Create and Package New IP",打开图 6-107 所示的封装向导。点击"Next",在弹出的图 6-108中选择要封装或创建的工程,这里选择封装当前全加器工程。继续点击"Next",在弹出的图 6-109 所示对话框选择要创建的 IP 核的存放位置。点击"Next",完成 IP 核的封装。

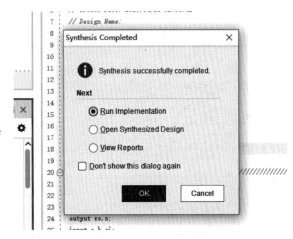

图 6-104　综合成功

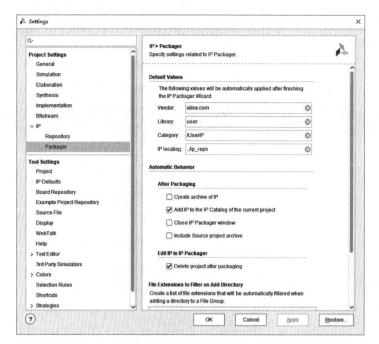

图 6-105　IP 核属性设置　　　　　　　　　　　　　图 6-106　创建和封装 IP 菜单

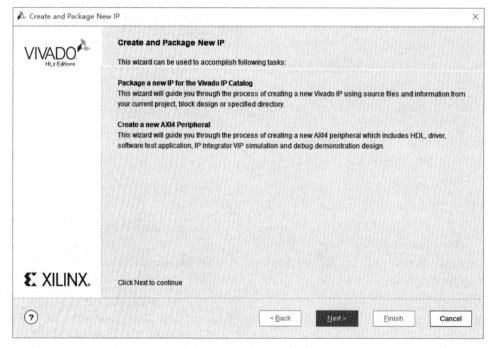

图 6-107　IP 核封装向导

第六步　配置 IP 核参数。

完成 IP 封装后,如图 6-110 所示,在"Design Sources"下会多出存放 IP 的文件夹 IP-XACT 和文件"component. xml",双击"component. xml",在本图右侧工作区出现"Packaging Steps"对话框,可以根据左侧步骤一步一步进行 IP 参数配置。"Compatibility"设置 IP 核兼容的芯片系列,"Customization GUI"设置 IP 核在原理图中的 GUI 图形。

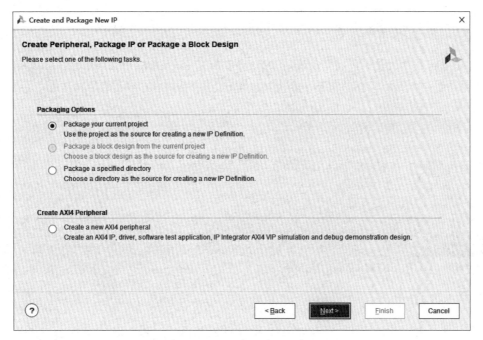

图 6-108　选择要封装或创建的工程

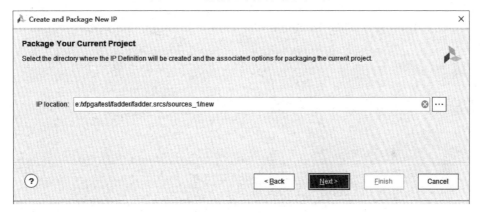

图 6-109　确定存放位置

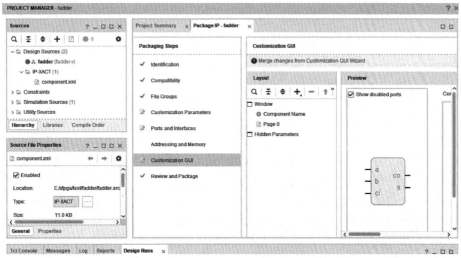

图 6-110　IP 核配置对话框

6.4.3 基于原理图设计

采用 IP 核可以实现基于原理图设计,软件自身带有 IP 核,另外用户也可以把自己常用的模块封装成 IP 核以便重复使用,现在利用刚刚封装的一位全加器 IP,设计四位二进制全加器。

第一步　新建工程

取名为"fourbitfadder"。

第二步　添加 IP 核

(1) 点击左侧流程导航栏"IP INTEGRATOR"下的"Create Block Design",弹出图 6-111 所示的原理图输入界面。

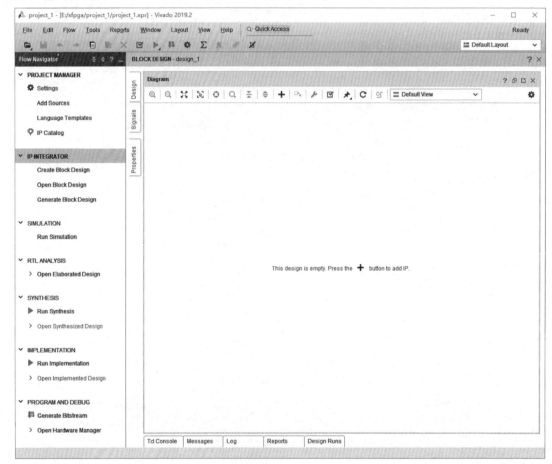

图 6-111　原理图输入界面

(2) 把所创建的一位全加器 IP 核复制到当前工程目录下,点击"IP Catalog",然后在右侧"IP Catalog"页面点击右键,把 fadder IP 核添加进来。

(3) 在"Diagram"页面点击右键或者双击,把所有需要的 IP 添加进来,可以直接搜索 IP 名"fadder",快速找到 IP 核。添加 4 个全加器 IP 核,按四位并行加法器原理连线,点击右键选择"Create Port"创建端口,添加外部输入输出,完成如图 6-112 所示原理图创建。

(4) 如图 6-113 所示,在工程管理器中右击 design_1,从菜单中选"Generate Output Products"命令。在弹出窗口(见图 6-114)中点击"Generate",产生输出文件。再次右击 design_1,选"Create HDL Wrapper"对话框,生成 HDL Wrapper 文件,如图 6-115 所示。

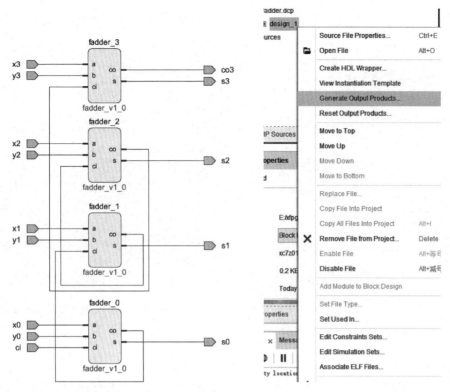

图 6-112　用自建 IP 核设计原理图文件　　　图 6-113　Generate Output Products

图 6-114　Generate Output Products 对话框

图 6-115　Create HDL Wrapper

6.4.4　基于 Verilog HDL 的设计

本节通过双向可控流水灯例子,介绍基于 HDL 的设计。在 6.2.4 节介绍 Robei 软件时我们已经设计了双向可控流水灯的"Verilog HDL"源文件、仿真文件、测试文件。可以在新建工程时添加 Robei 导出的 HDL 源文件,也可以在工程建立后再添加。

1. 新建工程

通过新工程向导新建如图 6-116 所示名为"loopled"的工程,点击"Add Sources"在弹出窗口中选择

"Add or create design sources",添加 Robei 导出的名字为 loopled 的 Verilog HDL 源文件,如图 6-117 所示。

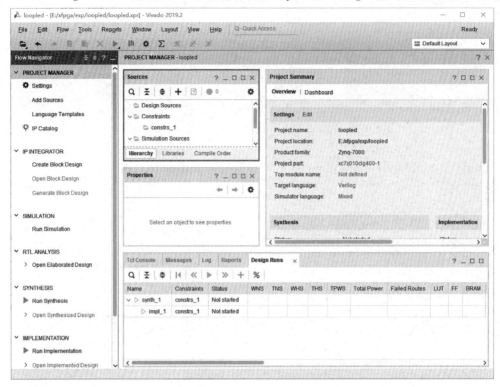

图 6-116　新建工程

2. 选择目标器件

点击流程导航栏"PROJECT MANAGER"→"General"→"Project device",打开图 6-118 所示目标器件选择对话框,选择 Parts 选项,在 Filter 部分的各种下拉菜单中,选择 XC7Z010CLG400-1。过滤条件分别是:在 Family 中选择 Zynq-7000,在 Package 中选择 CLG400,如果需要的话,继续在 Speed grade 中选择-1。

3. 查看 RTL 级原理图

点击流程导航栏"RTL ANALYSIS"→"Open Elaborated Design"→"Schematic",打开图 6-119 所示"Schematic"文件,通过 RTL 级电路可以查看电路的逻辑架构。

6.4.5　仿真验证

Vivado 支持行为仿真(Behavioral simulation)、综合后功能仿真(Post-synthesis function simulation)、综合后时序仿真(Post-synthesis timing simulation)、实现后功能仿真(Post-implementation function simulation)

图 6-117　双向流水灯源码

图 6-118　选择目标器件

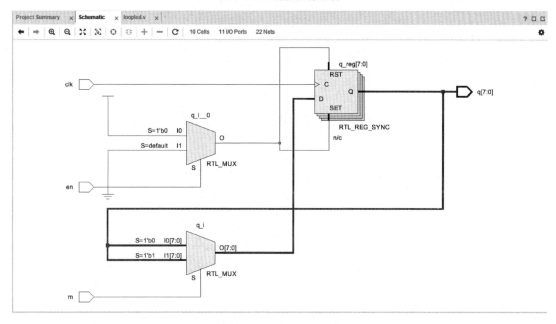

图 6-119　RTL 原理图

和实现后时序仿真（Post-implementation timing simulation）。行为仿真与器件无关,只是语法检查和功能验证。综合后功能仿真即通常所说的前仿真,HDL 语言描述的行为,通过综合工具给出的仿真网表与器件库的底层元件模型相对应,所以也称为门级验证。综合后时序仿真根据网表器件模型的延时,可以给出较接近真实时序的估计。实现后功能仿真是考虑布局布线后的功能验证。实现后时序仿真是布局布线后的时序仿真,通常称为后仿真。布局布线后器件延时和布线延时都已确定,后仿真给出最接近实际的仿真。

Vadido 的五种仿真集成在左侧流程导航栏 SIMULATION 菜单下,点击"Run Similation"会看到五种仿真命令。

1. 新建仿真文件

在进行仿真前要先建立仿真文件，以产生所需测试信号。点击"Add Sources"，在弹出窗口中选择"Add or create simulation sources"，如图 6-120 所示。添加 6.2.4 节 Robei 导出的 loopledsim 的 Verilog HDL 仿真源文件，如图 6-121 所示。

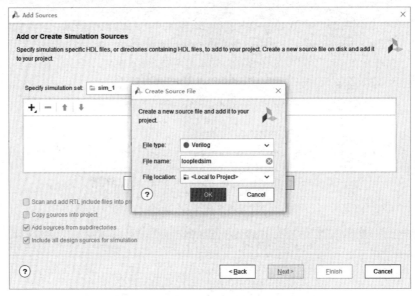

图 6-120　创建仿真文件

```
1    `timescale 1ns / 1ps
2    module loopledsim();
3        reg en;
4        reg m;
5        reg clk;
6        wire [7:0] q;
7        //——Code starts here: integrated by Robei——
8        initial
9        begin
10       clk=0;
11       m=0;
12       en=0;
13       #5 en=1;
14       #30 m=1;
15       //#20 $finish;
16       end
17       always #2 clk=~clk;
18       initial begin
19           $dumpfile ("E:/robei/loopled/loopled_test.vcd");
20           $dumpvars;
21       end
22       //——Module instantiation——
23       loopled loopled1(
24           .en(en),
25           .m(m),
26           .clk(clk),
27           .q(q));
28   endmodule   //loopled_test
```

图 6-121　仿真文本

2. 行为级仿真

点击流程导航栏"SIMULATION"→"Run Simulation"→"Run Behavioral Simulation",打开图 6-122(a)所示的波形窗口。为了方便观察功能,输出 q[7:0] 分别用二进制显示,从波形可以看出,八支灯每次只有一只亮,在时钟 clk 的上升沿发生滚动,m 的逻辑值决定了流水灯滚动的方向,从而实现了双向可控流水灯功能。为了加快仿真,时钟频率和滚动速度都很快,实际应用中为了观察出流水效果,要降低 clk 周期到秒级。

(a)行为级仿真

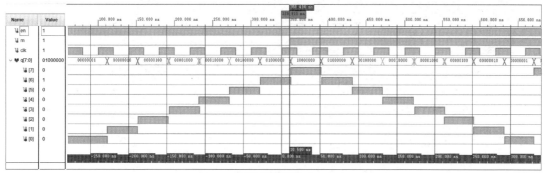

(b)时序仿真

图 6-122　双向可控流水灯仿真波形

3. 时序仿真

布局布线后时序仿真最接近真实情况,点击流程导航栏"SIMULATION"→"Run Simulation"→"Run Post-Implementation Timing Simulation",进行时序仿真,仿真结果如图 6-122(b)。波形所呈现的功能与行为仿真相同,不再赘述。

两幅图各自放置了两个时间标尺,一个放在时钟的上升沿,一个放在 q[7:0]=10000000 的前沿。图 6-122(a)因为不考虑延时,q 在时钟的上升沿就立即变化。而图 6-122(b)考虑了延时,q 状态变化比时钟 cp 延时了 10.5ns。此外,在状态变换过程中,图 6-122(b)还多了一些毛刺。这是因为流水灯 q 的两个相邻状态的码距是 2,不同信号的变化存在时差(功能险象)。

6.4.6　引脚分配

根据所用目标板的资源情况添加约束文件,开发板某些引脚已经确定,要根据具体情况分配引脚。如果要在开发板上实现流水灯例程,需要分配适当的引脚给流水灯的输入和输出。流水灯电路 3 个输入引脚分别是使能引脚 en、滚动方向控制引脚 m 和时钟输入引脚 clk,有 8 个输出引脚 q[7:0],分别控制 8 只 LED。

1. 编辑约束文件

由于 XDC 约束是按顺序应用的,并且基于明确的优先级规则进行优先级排序,因此必须仔细检查约束的顺序。Vivado支持多个约束文件,逐步验证每个约束,如果多个物理约束发生冲突,优先满足最先的约束。

本例使用Robei FPGA八角开发板,在流程导航栏中工程管理下点击"Add Sources",在弹出窗口中选第一项,添加或创建约束。约束按表6-3配置,可以使用6.2.4节Robei生成的XDC格式引脚约束文件。

2. 向工程添加约束文件

点击"Add Sources",在弹出窗口中选择"Add or create constraints",接着点击"Add Files",并在弹出图6-123的对话框中选中前述Robei工程"loopled"文件夹中约束文件loopledconstraints. xdc,点击"OK"将其添加进当前工程。约束文件的具体内容见图6-124。

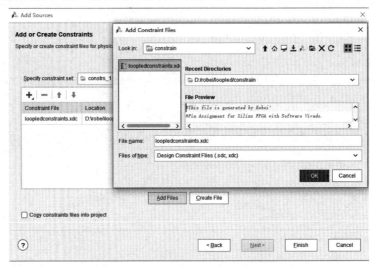

图 6-123　双向可控流水灯引脚约束

图 6-124　流水灯 XDC 格式约束文件

6.4.7 综合及实现

1. 综合

（1）点击流程导航栏"SYNTHESIS"→"Run Synthesis"，综合过程将分析 loopled.v 文件并尝试生成门级网表文件。综合完成后，弹出图 6-125 所示对话框。

图 6-125　综合成功对话框

（2）选择"Open Synthesized Design"选项，然后点击"OK"，查看综合的输出。

（3）选择工程摘要选项卡"Project Summary"，查看图 6-126 所示工程摘要，点击不同的链接，显示相应的信息。

（4）点击工程摘要选项卡中的"Table"，弹出如图 6-127 所示界面。有 6 个 LUT、11 个 IO、8 个触发器和 1 个 BUFG 被使用。因为电路非常简单，其所用资源占目标器件总资源的比例很低。

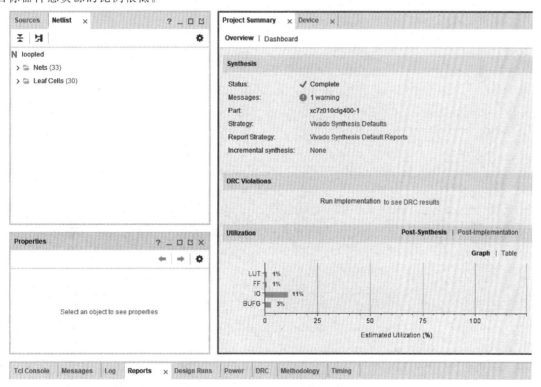

图 6-126　工程摘要

Resource	Estimation	Available	Utilization %
LUT	6	17600	0.03
FF	8	35200	0.02
IO	11	100	11.00
BUFG	1	32	3.13

图 6-127　流水灯工程硬件资源利用表

（5）在综合下拉菜单下,点击"Schematic",可查看图 6-128 所示综合设计后的原理图。点击左侧 Nets 栏中的某个元素,还可以看到其具体实现路径。

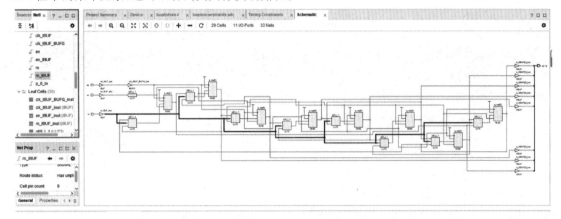

图 6-128　流水灯综合后原理图

2. 使用 Vivado 实现设计的分析以及工程摘要输出

（1）点击流程导航栏"IMPLEMENTATION"→"Run Implementation"。

（2）选择"Open implemented design",点击"OK",可查看图 6-129 所示的在器件上实现的设计视图。

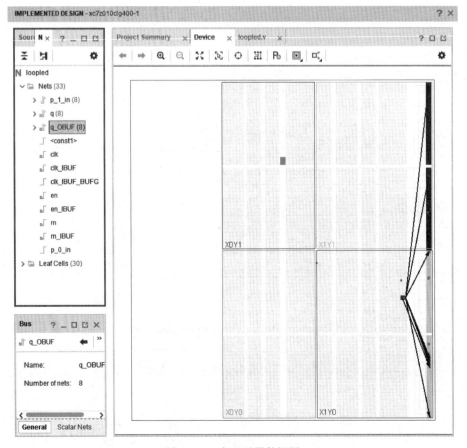

图 6-129　实现后器件视图

（3）在网表窗口中，选择连线中的一个，在器件视图选项中可显示连线在实际电路中的位置和走向。

（4）选择"Window"→"Project Summary"，查看工程摘要，并观察结果。选择"Post-Synthesis"或者"Post-Implementation"，对比可利用资源与实际资源利用的情况。

6.4.8 器件编程

器件编程的任务是将设计好的文件转化成二进制位流文件并将其导入 FPGA 的过程。主要有 4 个步骤。

（1）连接编程电缆，根据开发板具体情况设置编程状态。

（2）点击流程导航窗口中的"PROGRAMM AND DEBUG"→"Generate Bitstream"，如图 6-130 所示，生成比特流。这一过程将生成 loopled. bit 文件。

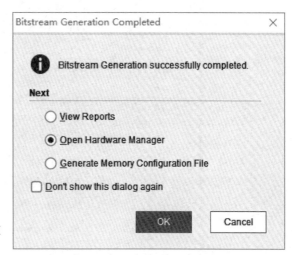

图 6-130　比特流完成对话框

（3）选择"Open a new hardware target"，进入硬件编程管理界面，点击"Open Target"，根据具体情况选择"Auto Connent"、"Recent Targets"或者"Open New Target"找目标硬件，如图 6-131 所示。找到硬件后，显示"Not programmed"表示处于未编程状态，并在属性栏看到器件的信息和编程用的比特流文件"loopled. bit"。

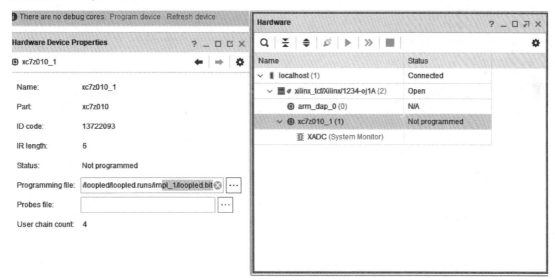

图 6-131　打开目标硬件

然后，在器件上点击鼠标右键，选择"Program device"，如图 6-132 所示。

（4）在弹出的图 6-133 所示对话框中，点击"Program"开始编程，开发板灯光旋转，说明对器件编程成功。

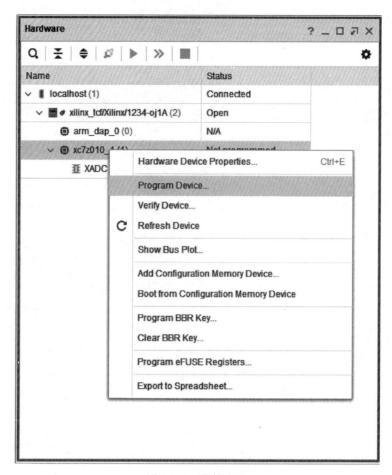

图 6-132　器件编程

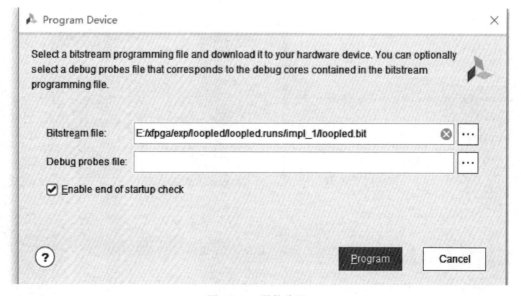

图 6-133　器件编程

第 7 章　可编程片上系统(SoPC)

7.1　概　　述

随着集成电路工艺水平的不断提高,单个芯片的集成度已达上亿只晶体管、上千万逻辑门的规模。在如此大规模下,通过单片集成电路已足以实现完整的数字系统乃至数模混合的电子系统。因此越来越多单片系统(System on Chip,SoC)应运而生。

前文已讨论过数字系统的实现方式有:通用集成电路、半定制集成电路(PLD)和全定制专用集成电路(ASIC)。随着 SoC 时代的到来,全定制 ASIC 的应用越来越广泛,对 PLD 技术产生了一定的冲击。另外,HDPLD 特别是 FPGA 一直在跟踪集成电路最新的工艺水平,其单片规模也已达到了千万门的水平。因此为应对 SoC 的挑战,同时也是自身技术发展的必然,由 Altera 公司率先提出了一种灵活、高效的基于 FPGA 的实现 SoC 的方案—— SoPC(System on a Programmable Chip)。

如同 PLD 与全定制 ASIC 对比一样,尽管 SoPC 相比于 SoC,在最优性能方面还存在一定差距,但它以设计周期短、功能修改方便、小批量成本低等优点,得到了迅速的发展与广泛的应用。

SoPC 的实现需要在 FPGA 内部嵌入微处理器,如 MCU(典型的有 51 系列单片机和 ARM 处理器)和 DSP,因此它也属于嵌入式系统。

SoPC 通常分为硬核与软核两种。硬核 SoPC 是指在 FPGA 内预先嵌入了硬件 MCU,如 ARM 处理器,这类 SoPC 的特点是 MCU 性能优异,但不能裁剪、价格也较高。

软核 SoPC 是指 MCU 不是预先就植于 FPGA 之中,而是通过可综合的 HDL 代码进行描述,通过 FPGA 内部可编程逻辑资源来搭建。如 Intel(Altera)的 Nios Ⅱ 处理器、Xilinx 的 MicroBlaze 处理器和 Lattice 的 LatticeMico 处理器等。这类 SoPC 的特点是可以根据需要对 MCU 进行裁剪、价格较低(软核一般可免费获取),但性能逊于硬核处理器。

7.2　基于 MicroBlaze 软核的嵌入式系统

7.2.1　Xilinx 的 SoPC 技术

Xilinx 的 SoPC 技术主要有两种方案:PowerPC 或 ARM 硬核处理器和 MicroBlaze 软核处理器。比如,采用 IBM PowerPC 440 和 405 核的 RISC CPU,分别嵌入到 Virtex-5 FXT、Virtex-4 和 Virtex-Ⅱ Pro 系列 FPGA 中,可以实现高性能嵌入式应用系统。

MicroBlaze 软核处理器是一种灵活的 32 位哈佛 RISC 结构,可以控制缓存大小、接口和执行单元,并且还可以按用户要求定制,在性能与成本之间进行平衡。MicroBlaze 还集成了一个低延时的浮点单元(Floating Point Unit,FPU)和一个能够支持嵌入式系统的存储器管理单元(Memory Management Unit,MMU)。

Xilinx 嵌入式开发工具(Embedded Development Kit,EDK),可以简化系统设计,加速嵌入式系统的开发进程,自动向导能在设计过程中给予设计人员全面的引导,以减少设计错误。

7.2.2 MicroBlaze 处理器结构

MicroBlaze 处理器是高度可配置的,允许用户根据设计需求选择一些特殊的功能。该处理器的组成如图 7-1 所示,图中阴影区为可选部件。控制器部分有指令计数器(Program Counter)、指令缓冲器(Instruction Buffer)、指令译码器(Instruction Decoder)和存储器管理单元(MMU)。寄存器分为通用寄存器组(Register File)和专用寄存器(Special Purpose Registers)两类。运算器除算术逻辑单元(ALU)和移位器(Shift)外,还有可选的桶形移位器(Barrel Shift)、乘法器(Multiplier)、除法器(Divider)和浮点单元(FPU)。此外,处理器中还有可选的指令缓存(I-Cache)和数据缓存(D-Cache)。

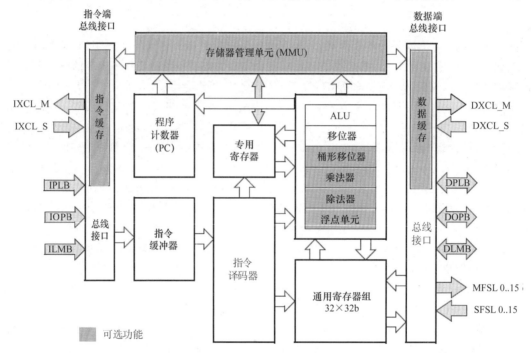

图 7-1　MicroBlaze 处理器组成框图

MicroBlaze 具有丰富的可选接口资源。处理器局部总线(Processor Local Bus,PLB)接口,分指令 PLB(IPLB)和数据 PLB(DPLB);片上外围总线(On-chip Peripheral Bus,OPB)接口,分指令 OPB(IOPB)和数据 OPB(DOPB);局部存储器总线(Local Memory Bus,LMB)接口,也分指令 LMB(ILMB)和数据 LMB(DLMB);Xilinx 缓存链路(Xilinx CacheLink,XCL)接口,分指令 XCL 主端口(IXCL_M)、指令 XCL 从端口(IXCL_S)、数据 XCL 主端口(DXCL_M)、数据 XCL 从端口(DXCL_S);快速单链路(Fast Simplex Link,FSL)接口,分 FSL 主端口(MFSL)和 FSL 从端口(SFSL)。

MicroBlaze 处理器固定的性能包括:32 个 32 位通用寄存器、32 位指令字(可以带 3 个操作数和两种寻址方式)、32 位地址总线。其他可选功能如表 7-1 所示。只有最新版的 V7.0 才支持所有功能,故推荐使用,其余老版本不推荐使用。

由 MicroBlaze 构成的嵌入式系统如图 7-2 所示。

1. 数据类型

MicroBlaze 采用 Big-Endian 位倒序形式表示数据,即高字节存于低地址,如表 7-2 所示。这种形式便于一些数值处理(如 FFT)。MicroBlaze 支持的数据类型有字(32 位)、半字(16 位)和字节(8 位)。

表 7-1　MicroBlaze 处理器可配置功能

功　能	MicroBlaze 版本			
	V4.00	V5.00	V6.00	V7.00
版本状态	不推荐	不推荐	不推荐	推荐
流水线级数	3	5	3/5	3/5
片上外围总线(OPB)数据侧接口	可选	可选	可选	可选
片上外围总线(OPB)指令侧接口	可选	可选	可选	可选
局部存储器总线(LMB)数据侧接口	可选	可选	可选	可选
局部存储器总线(LMB)指令侧接口	可选	可选	可选	可选
硬件桶形移位寄存器	可选	可选	可选	可选
硬件除法器	可选	可选	可选	可选
硬件调试逻辑	可选	可选	可选	可选
快速单链路(FSL)接口	0~7	0~7	0~7	0~15
机器状态设置和复位指令	可选	有	可选	可选
指令缓存与 IOPB 接口	可选	无	无	无
数据缓存与 IOPB 接口	可选	无	无	无
指令缓存链路(IXCL)接口	可选	可选	可选	可选
数据缓存链路(DXCL)接口	可选	可选	可选	可选
4 或 8 字 XCL 缓存线	4	可选	可选	可选
硬件异常支持	可选	可选	可选	可选
浮点单元(FPU)	可选	可选	可选	可选
取消硬件乘法器	无	可选	可选	可选
处理器版本寄存器(PVR)	无	可选	可选	可选
面积或速度优化	无	无	可选	可选
硬件乘法器 64 位结果	无	无	可选	可选
查找表(LUT)缓存	无	无	可选	可选
处理器局部总线(PLB)数据侧接口	无	无	无	可选
处理器局部总线(PLB)指令侧接口	无	无	无	可选
浮点转换与平方根指令	无	无	无	可选
存储器管理单元(MMU)	无	无	无	可选
扩展的快速单链路(FSL)接口	无	无	无	可选

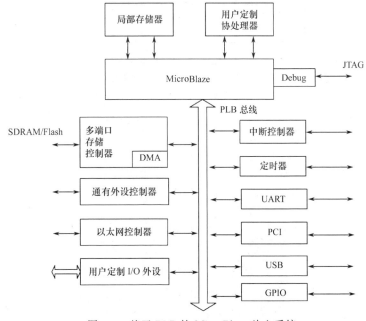

图 7-2　基于 PLB 的 MicroBlaze 片上系统

2. 指令

MicroBlaze 中所有指令都是 32 位,且被分成 A 类和 B 类。A 类指令有多达 2 个源寄存器操作数和一个目标寄存器操作数,其构成如图 7-3(a)所示。而 B 类指令有一个源寄存器和一个 16 位的立即数(借助 IMM 指令可以扩展到 32 位),以及一个目标寄存器操作数,其构成如图 7-3(b)所示。

表 7-2 字的表示形式

字节地址	n	$n+1$	$n+2$	$n+3$
字节号	0	1	2	3
字节高低	MSByte			LSByte
位标号	0			31
位高低	MSBit			LSBit

操作码	目标寄存器	源寄存器 A	源寄存器 B	0 0 0 0 0 0 0 0 0 0 0
0	6	11	16　21	31

(a)

操作码	目标寄存器	源寄存器	立即数
0	6	11	16　31

(b)

图 7-3 MicroBlaze 指令构成

指令按功能分为:算术指令、逻辑指令、分支指令、装载/存储指令、特殊指令等。表 7-3 列出了指令中的部分助记符。表 7-4 则给出了部分指令。

表 7-3 MicroBlaze 指令中的部分助记符

符　号	含　义	符　号	含　义
Ra	R0 - R31,通用寄存器,源操作数 a	*	算术乘
Rb	R0 - R31,通用寄存器,源操作数 b	/	算术除
Rd	R0 - R31,通用寄存器,目标操作数 d	>> x	右移 x 位
SPR[x]	专用寄存器 x	<< x	左移 x 位
Imm	16 位立即数	=	相等比较
Immx	x 位立即数	<	小于比较
~x	寄存器 x 按位求反	:=	赋值符
+	算术加	s(x)	将 x 扩展为 32 位数据

表 7-4 MicroBlaze 的部分指令

A 类指令	0-5	6-10	11-15	16-20	21-31	含　义
B 类指令	0-5	6-10	11-15	16-31		
ADD Rd,Ra,Rb	000000	Rd	Ra	Rb	00000000000	Rd := Rb + Ra
RSUB Rd,Ra,Rb	000001	Rd	Ra	Rb	00000000000	Rd := Rb + (~ Ra) + 1
ADDI Rd,Ra,Imm	001000	Rd	Ra	Imm		Rd := s(Imm) + Ra
RSUBI Rd,Ra,Imm	001001	Rd	Ra	Imm		Rd := s(Imm) + (~ Ra) + 1
MUL Rd,Ra,Rb	010000	Rd	Ra	Rb	00000000000	Rd := Ra * Rb
BSRA Rd,Ra,Rb	010001	Rd	Ra	Rb	01000000000	Rd := s(Ra >> Rb)
BSLL Rd,Ra,Rb	010001	Rd	Ra	Rb	10000000000	Rd := (Ra << Rb) & 0
IDIV Rd,Ra,Rb	010010	Rd	Ra	Rb	00000000000	Rd := Rb/Ra
FCMP. LT Rd,Ra,Rb	010110	Rd	Ra	Rb	01000010000	若 Rb<Ra, Rd:=1; 否则 Rd:=0
FCMP. EQ Rd,Ra,Rb	010110	Rd	Ra	Rb	01000100000	若 Rb =Ra, Rd:=1; 否则 Rd:=0

3. 寄存器

MicroBlaze 具有正交指令集结构,它含有 32 个 32 位通用寄存器(R0~R31)和最多 25 个 32 位专用寄存器。通用寄存器的作用如表 7-5 所示。

常用的专用寄存器有程序计数器(PC)、机器状态寄存器(MSR)、异常地址寄存器(EAR)、异常状态寄存器(ESR)、分支目标寄存器(BTR)、浮点状态寄存器(FSR)、处理器版本寄存器(PVR)等。部分专用寄存器的功能如下:

表 7-5   通用寄存器

名　　称	功　　能
R0	值始终为零
R1~R13	通用寄存器
R14	中断返回地址
R15	通用寄存器,推荐存放用户矢量
R16	暂停返回地址
R17	处理器若支持硬件异常,存放引起异常的下一条指令地址;否则,为通用寄存器
R18~R31	通用寄存器

- 程序计数器(PC)　存储待执行指令的 32 位地址。
- 机器状态寄存器(MSR)　包含处理器各控制位与状态位。
- 异常地址寄存器(EAR)　存有各异常事件处理程序的地址。
- 异常状态寄存器(ESR)　表示异常事件的类型,供处理器识别。
- 分支目标寄存器(BTR)　为分支指令的执行存储分支目标地址。
- 浮点状态寄存器(FSR)　存储浮点单元的状态位。
- 异常数据寄存器(EDR)　存储从 FSL 读取的引起 FSL 异常的数据。
- 进程标识寄存器(PID)　在 MMU 地址翻译时唯一的标识软件进程。
- 处理器版本寄存器(PVR)　用来表示 MicroBlaze 的配置情况,如有无硬件乘法器、浮点单元等。在配置 MicroBlaze 时可以选择不生成 PVR、生成 1 个 PVR 或生成 12 个 PVR(PVR0~PVR11)。

4. 流水线结构

MicroBlaze 的指令按流水线方式执行。对大多数指令而言,每级只需一个时钟周期就可以执行完毕。因此,执行一条特定的指令所需的时钟周期数等于流水线的级数,且每个时钟周期都会有一条指令执行完成。但有些指令需要几个周期才能完成某一级的执行。

当从较慢的存储器取指令时可能要花费多个周期。这些额外的延时直接影响了流水线的效率。MicroBlaze 采用指令预取缓存以减少这种多周期指令存储器延时的影响。当流水线被多周期指令拖延时,预取缓存继续装载顺序指令。一旦流水线继续执行时,则取指级可直接从预取缓存中取得新指令,而不必等待从指令存储器中取指。

(1)三级流水线

当对面积进行优化时,流水线就被分为三级:取指、指令译码、执行,以使硬件成本最小。

(2)五级流水线

当不对面积进行优化时,流水线则被分为五级:取指、指令译码、执行、存储器访问、写回(Write-back),以使性能最优。

(3)分支

当产生分支时,通常指令在预取和译码级(包括预取缓存)会被冲掉。而取指级从计算出的分支地址重新取一条新指令。在 MicroBlaze 中分支的执行需要 3 个时钟周期,其中 2 个周期用于重新装载流水线。为减小这一延时开销,MicroBlaze 支持带延时片的分支。当执行一个带延时片的分支时,只有取指级被冲掉,译码级中的指令(处于分支延时片)允许完成。该技术有效地将分支所带来的影响从 2 个时钟周期减少到 1 个周期。

5. 存储器结构

MicroBlaze 采用哈佛存储器结构即指令与数据的访问位于不同的地址空间。每个空间都有 32

位的地址范围,指令与数据存储器最大可分别达到 4GB。指令与数据存储空间可以重叠,这样有利于软件调试。数据的访问一定要对齐,即字的访问要位于字的边缘、半字的访问要位于半字的边缘,除非在配置处理器时支持不对齐异常事件。所有指令的访问都必须字对齐。

MicroBlaze 对 I/O 采用数据存储器映像,即 I/O 与数据存储器采用同一地址空间。

处理器最多有三种存储器访问接口:局部存储器总线(LMB)、处理器局部总线(PLB)或片上外设总线(OPB)、Xilinx 缓存链路(XCL)。LMB 的地址空间不能与 PLB 或 OPB、XCL 相重叠。

MicroBlaze 的指令与数据缓存可以配置成采用 4 字或 8 字缓存线。采用较多的缓存线可以让较多的字节被预取,通常可以提高顺序访问型软件的性能。

6. 复位、中断及异常事件

MicroBlaze 支持复位(Reset)、硬件异常(Hardware Exceptions)、非屏蔽暂停(Non-maskable Break)、暂停(Break)、中断(Interrupt)、用户矢量(User Vector)等事件,其优先级按上述事件顺序由高至低。表 7-6 给出了这些事件的矢量地址和返回地址存放的位置。

7. 指令缓存

当可执行代码存放的位置在 LMB 地址范围之外时,MicroBlaze 可以配置可选的指令缓存以提高性能。指令缓存具有如下特点:

- 直接映像;
- 用户可选缓存地址范围;
- 可配置缓存和标记(Tag)大小;
- 缓存链路(XCL)接口;
- 可选 4 或 8 字缓存线;
- 通过 MSR 中的一个控制位确定缓存是否启用。

表 7-6　事件矢量地址和返回地址存放位置

事　件	矢　量　地　址	返回地址 存放位置
复位	0x00000000 - 0x00000004	
用户矢量	0x00000008 - 0x0000000C	Rx
中断	0x00000010 - 0x00000014	R14
非屏蔽暂停	0x00000018 - 0x0000001C	R16
硬件暂停		
软件暂停		
硬件异常	0x00000020 - 0x00000024	R17 或 BTR
保留	0x00000028 - 0x0000004F	

当使用指令缓存时,指令存储地址空间被分为两段:可缓存段和不可缓存段,分别通过参数 C_ICACHE_BASEADDR 和 C_ICACHE_HIGHADDR 确定。可缓存的存储器大小为 64B~64KB。

每次取指时,缓存控制器都要检查指令地址是否处于可缓存区。若不处于可缓存区,则忽略该指令,而由 OPB 或 LMB 完成取指;若指令处于可缓存区,还要检查所需指令当前是否已被缓存。如果是,则从缓存取指;如果尚未缓存,则向外部存储器取指后再经缓存传递。

8. 数据缓存

MicroBlaze 可以配置可选的数据缓存以提高性能,但其地址必须在 LMB 地址范围之外。数据缓存除具有指令缓存所有特点外,还具有写通(Write-through)功能。

当使用数据缓存时,数据存储地址空间被分为两段:可缓存段和不可缓存段,分别通过参数 C_DCACHE_BASEADDR 和 C_DICACHE_HIGHADDR 确定。可缓存的存储器大小为 64B~64KB。

数据缓存采用写通(Write-through)方式。当向一个可缓存的地址存数时,在修改缓存数据的同时还将通过 DXCL 对外部存储器进行一次等效的写操作。

当从可缓存地址取数时,都要检查所需数据当前是否已被缓存。如果是,则从缓存取数;如果尚未缓存,则向外部存储器取数后再经缓存传递。

9. 浮点单元(FPU)

MicroBlaze 的浮点单元基于 IEEE 754 标准。其特性如下:

- 采用 IEEE 754 单精度浮点数形式,包括无穷大、非数和零的定义;
- 支持加、减、乘、除、比较指令;
- 采用最近舍入法(四舍五入);
- 产生下溢、溢出(除零)、非正确运算的标志位。

为提高性能,浮点单元做了如下非标准的简化:

- 不支持去归一化运算数;
- 去归一化结果存为带符号零,并使 FSR 的下溢标志置位;
- 对非数进行运算,返回固定的非数 0xFFC00000;
- 运算结果溢出时总是带有符号的无穷大。

IEEE 754 单精度浮点数由 1 位的符号、8 位的偏移指数(阶码)和 23 位的小数(尾数)三个域组成。

10. 快速单链路(FSL)接口

MicroBlaze 可以配置多达 16 个快速单链路接口。每个接口有一个输入端口和一个输出端口组成,它是一种专门的单向点对点数据流接口。FSL 接口具有 32 位宽度,另有一位信号表示所传信息是控制字还是数据。在 MicroBlaze 指令集中"get"指令用来从 FSL 端口向通用寄存器传送信息。而"put"指令所传数据的方向正好相反。

每个 FSL 都为处理器流水线提供了低延时的专用接口,因此最适合将处理器执行单元扩展到与用户定制的硬件加速器相连。图 7-4 是一个简单示例。图中右侧为硬件电路,左侧为相应的应用程序。

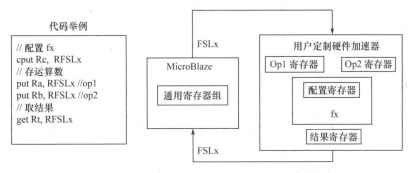

图 7-4   通过 FSL 将处理器执行单元扩展至用户定制的硬件加速器

11. 调试与跟踪

MicroBlaze 具有支持软件调试工具的 JTAG 接口(常称为 BDM 调试器)。调试接口与处理器调试模块(Xilinx Microprocessor Debug Module,MDM)核相连。一个 MDM 可以对多个 MicroBlaze 进行调试。调试功能有:

- 可配置若干硬件断点与观察点,可设置任意多的软件断点;
- 外部控制 MicroBlaze 的复位、停止和单步执行;
- 对存储器、通用寄存器和除 EAR、ESR、BTR、PVR0～PVR11 之外的专用寄存器进行读写,对 EAR、ESR、BTR、PVR0～PVR11 进行读;
- 支持多处理器;
- 支持对指令和数据缓存的写入。

跟踪接口可以输出许多内部状态信号用于性能监测和分析。Xilinx 建议用户通过 Xilinx 已开发的分析核使用跟踪接口。

12. MicroBlaze 支持的器件与性能

MicroBlaze 所支持的部分器件与性能如表 7-7 所示。

表 7-7 MicroBlaze 支持的部分器件与性能

性能与目标器件	MicroBlaze 版本			
	V4.00	V5.00	V6.00	V7.00
目标器件	Spartan3E Virtex4	Virtex5	Spartan3 Virtex5	Spartan3 Virtex5
DMIPS	166	240	240	240
MFLOPS	33	50	50	50

7.2.3 MicroBlaze 信号接口

MicroBlaze 采用哈佛结构,具有独立的数据总线接口单元和指令总线接口单元,支持三种存储器接口:局部存储器总线(LMB)、处理器局部总线(PLB)或片上外围总线(OPB)、Xilinx 的缓存链路(XCL)。LMB 提供了对片上双口块 RAM 的单周期访问。PLB 或 OPB 提供了对片上和片外外设和存储器的连接。XCL 用于特殊的外部存储器控制器。MicroBlaze 还支持最多 16 个 FSL 端口。

MicroBlaze 可以配置如下总线接口:

- 一个 32 位的 V4.6 PLB;
- 一个 32 位 V2.0 OPB;
- LMB(为有效的块 RAM 传输提供了简单的同步协议);
- FSL(提供一种快速无仲裁流传输机制);
- XCL(在缓存与外部存储器的控制器之间提供一种快速从端仲裁流接口);
- 调试接口(与处理器调试模块核协同使用);
- 跟踪接口(用于性能分析)。

1. OPB 总线

OPB 总线是 IBM 提出的一种总线方式,Xilinx 在其嵌入式系统中采用了 V2.0 版的 OPB(即 OPB_V20)。为简便起见,本文均简称 OPB。

OPB 总线是一种分布式多路选择器,主、从端口驱动总线用"与"逻辑实现,多驱动源合并到单总线时按"或"逻辑实现。其特性如下:

- 参数化的仲裁器;
- 参数化的 I/O 信号以支持最多 16 个主端口和任意多个从端口(Xilinx 推荐最多 16 个);
- "或"逻辑可以单独用查找表(LUT)实现,或辅以快速进位加法器以节省 LUT 的数量;
- 上电总线复位和外部总线复位(可设置高电平或低电平有效);
- 来自看门狗定时器的复位输入。

OPB 总线包含一个仲裁器。设计者可对 OPB 及其仲裁器进行裁减以适应应用系统的需要,方法是设置特定参数选择某些特性。

(1) 总线互连

一个 OPB 系统由主端口、从端口、总线互连和仲裁器组成,如图 7-5 所示。在 Xilinx FPGA 中,采用简

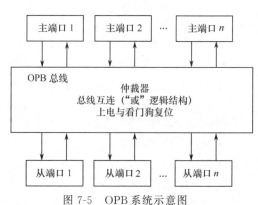

图 7-5 OPB 系统示意图

单的"或"逻辑来实现 OPB。将驱动总线的多个信号相"或"便得到了总线信号。在传输期间要求无效的 OPB 部件提供'0'给"或"门。这样便形成了分布式的多路选择器,特别适合用 FPGA 来实现。

总线仲裁信号,如 M_Request 和 OPB_MGrant 等直接与每个 OPB 主部件相连。图 7-6 为多主/多从端口的 OPB 总线框图。

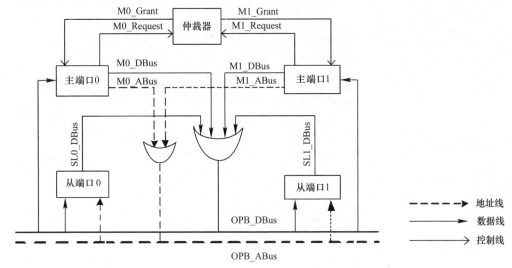

图 7-6 多主/多从端口的 OPB 总线框图

(2) 仲裁协议

1) 一个 OPB 主端口将其总线申请(Request)信号置有效。

2) OPB 仲裁器收到该请求信号后,根据每个主端口的优先级和其他申请线的状态,给相应主端口输出一个授权(Grant)信号。

3) 一个 OPB 主端口在 OPB 时钟上升沿检测其授权信号。若有效则在下一个时钟周期启动数据传输。

(3) OPB 设计参数

为了对 OPB 总线进行裁剪,只使用系统需要的总线功能,提高设计质量,OPB 的一些特定功能可以通过参数进行设置,如表 7-8 所示。

表 7-8 OPB 部分设计参数

序号	组别	功 能 描 述	参 数 名	参 数 值	默认值	VHDL 类型
1	总线功能	主端口数	C_NUM_MASTERS	1~16	4	整型
2		从端口数	C_NUM_SLAVES	16	4	整型
3		数据总线宽度	C_OPB_DWIDTH	32	32	整型
4		地址总线宽度	C_OPB_AWIDTH	32	32	整型
5		只使用 LUT	C_USE_LUT_OR	0 用快速进位 1 仅用 LUT	1	整型
6		外部复位电平	C_EXT_RESET_HIGH	0 低有效 1 高有效	1	整型
7	仲裁器功能	优先级模式	C_DYNAM_PRIORITY	0 固定 1 动态	0	整型
8		带寄存的 Grant 输出	C_REG_GRANTS	0 组合输出 1 寄存输出	1	整型
9		总线驻留	C_PARK	0 不支持 1 支持	0	整型

序号	组别	功能描述	参 数 名	参 数 值	默认值	VHDL 类型
10		从端口中断	C_PROC_INTRFCE	0 不支持 1 支持	0	整型
11	仲裁器 从端口	仲裁器基地址	C_BASEADDR	正确地址范围	无	Std_Logic_Vector
12		仲裁器高地址	C_HIGHADDR	范围为 2 的幂 且≥0x1FF	无	整型
13		部件块标识	C_DEV_BLK_ID	0～255	0	整型
14		模块标识寄存器使能	C_DEV_MIR_ENABLE	0 不使能 1 使能	0	整型

2. PLB 总线

PLB 总线也是 IBM 提出的一种总线方式,Xilinx 在其 MicroBlaze 嵌入式系统中采用 PLB 的目的是为了替代 OPB 以简化系统设计。

MicroBlaze 所用 PLB 是 V4.6 的简化版。为方便起见,本文均简称 PLB。

PLB 支持的特性包括:

- 32 位寻址;
- 32、64 或 128 位数据宽度;
- 可选择共享总线或点对点互连拓扑结构。一主一从配置时可优化成点对点方式,点对点方式无须仲裁,支持零周期延时;
- 可选地址流水线(只支持 2 级);
- 以看门狗定时器产生地址请求超时;
- 基于仲裁的动态主端口请求优先级;
- 矢量复位和 Address/Qualifier 寄存器。

PLB 的系统组成类似于图 7-5。PLB 的功能配置也通过参数设置来进行,如表 7-9 所示。

表 7-9 PLB 部分设计参数

序号	适用性	功能描述	参 数 名	参 数 值
1	从端口	主端口数	C_总线名_NUM_MASTERS	
2	从端口	主端口标识位数	C_总线名_MID_WIDTH	
3	主/从端口	数据总线宽度	C_总线名_DWIDTH	32、64、128
4	主/从端口	外设内部数据线宽	C_总线名_NATIVE_DWIDTH	32、64、128
5	主/从端口	是否支持点对点	C_总线名_P2P	0 共享总线,1 点对点
6	从端口	主端口最小数据宽度	C_总线名_SMALLEST_MASTER	32、64、128
7	主端口	从端口最小数据宽度	C_总线名_SMALLEST_SLAVE	32、64、128
8	主/从端口	时钟周期	C_总线名_CLK_PERIOD_PS	单位:皮秒

3. LMB 总线

局部存储器总线(LMB)用于 Xilinx 基于 FPGA 的嵌入式系统中,是一种用来连接 MicroBlaze 处理器指令/数据端口与高速外围部件,主要是片上块 RAM(BRAM)的快速局部总线。其特性如下:

- 高效,单主端口无须仲裁;
- 独立的读数据线和写数据线;
- 占用 FPGA 资源少;

● 125MHz 工作速度。

(1) LMB 总线组成

一个典型的 MicroBlaze 系统一般采用两个 LMB 总线,分别用于取指和数据读写,如图 7-7 所示。显然这两个 LMB 分别通过各自的接口控制器与双口 BRAM 相连。

(2) 参数设置

可以通过参数设置对 LMB 总线进行裁剪,只使用系统需要的总线功能,提高设计质量,LMB 的可设置参数如表 7-10 所示。

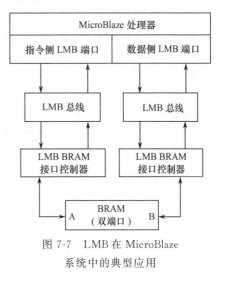

图 7-7　LMB 在 MicroBlaze
系统中的典型应用

表 7-10　LMB 的部分参数设置

参　数　名	功 能 描 述	允许值	默认值	VHDL 类型
C_LMB_NUM_SLAVES	LMB 从端口个数	1～16	4	整型
C_LMB_AWIDTH	LMB 地址总线宽度	32	32	整型
C_LMB_DWIDTH	LMB 数据总线宽度	32	32	整型
C_EXT_RESET_HIGH	外部复位电平	0 低有效 1 高有效	1	整型

7.2.4　MicroBlaze 软硬件设计流程

1. 设计工具

MicroBlaze 软硬件系统的开发需要借助 Xilinx 的 ISE 和 EDK 两个工具。ISE(Integrated Software Environment)是一个集成的完整的逻辑设计平台,支持 Xilinx 所有的 FPGA 和 CPLD 产品。嵌入式开发套件(Embedded Development Kit,EDK)则是用 Xilinx 的 FPGA 设计嵌入式系统的完整的工具与 IP 平台,它也支持 PowerPC 硬核系统的开发。EDK 主要包括 Xilinx 平台工作室(Xilinx Platform Studio,XPS)和软件开发套件(Software Development Kit,SDK)。需要注意的是,只有安装了 ISE,才能正常运行 EDK,且二者的版本要一致。

XPS 是设计嵌入式系统硬件部分的开发环境或 GUI。而 SDK 基于 Eclipse 开放源码架构,是 C/C++ 嵌入式软件应用程序开发和验证的集成环境。EDK 还包括其他一些功能,如:用于嵌入式处理器的硬件 IP 核、用于嵌入式软件开发的驱动和库、在 MicroBlaze 和 PowerPC 处理器上用于 C/C++ 软件开发的 GNU 编译器和调试器、文档和一些工程样例等。

应用 EDK 可以进行 MicroBlaze IP 核的开发。工具包中集成了硬件平台生成器、软件平台产生器、仿真模型生成器、软件编译器和软件调试工具等。EDK 中还带有一些外设接口的 IP 核,如 LMB、PLB、OPB 总线接口、外部存储控制器、SDRAM 控制器、UART、中断控制器、定时器等。利用这些资源,可以构建一个较为完善的嵌入式微处理器系统。

在 FPGA 上设计的嵌入式系统层次结构为 5 级。硬件开发包括在最底层硬件资源上开发 IP 核、用已开发的 IP 核搭建嵌入式系统 2 个层次;软件开发包括开发 IP 核的设备驱动、应用接口(API)和应用层(算法)3 个层次。

EDK 中提供的 IP 核均有相应的设备驱动和应用接口,使用者只需利用相应的函数库,就可以编写自己的应用软件和算法程序。对于用户自己开发的 IP 核,需要自己编写相应的驱动和接口函数。

2. 设计流程

嵌入式系统的设计流程包括硬件设计与调试、软件设计与调试,其主要步骤如图 7-8 所示。ISE

软件一般在后台运行,XPS 通过函数调用方式使用 ISE 软件。XPS 主要用于嵌入式处理器硬件系统的开发,设置微处理器、各种外设、部件之间的连接,以及各部件的属性等。简单的软件开发可以直接在 XPS 中完成,但对于较为复杂的应用程序开发与调试,建议采用 SDK。

硬件平台的功能验证可以通过 HDL 仿真器进行,XPS 提供了行为仿真、结构仿真和精确的时序仿真三种方式。行为仿真和结构仿真分别在设计综合前、后进行,而时序仿真只能在布局布线后进行。

XPS 自动建立验证的过程,包括

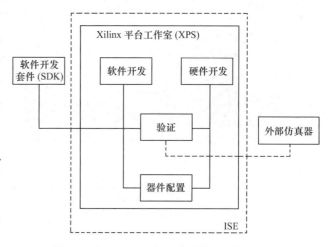

图 7-8　MicroBlaze 嵌入式系统开发主要步骤

HDL 仿真文件,用户只需输入时钟时序、设置仿真信息即可。

完成设计后可以在 XPS 中将硬件比特流和连接后的可执行程序文件一同下载到 FPGA 中,完成对目标器件的配置。

详细的设计过程如图 7-9 所示,共分成如下十个步骤:

(1) 分析系统需求;

(2) 创建嵌入式系统硬件平台;

(3) 添加 IP 核和用户定制外设;

(4) 生成仿真文件,对硬件系统进行功能仿真;

(5) 综合、布局布线、生成硬件的配置文件(比特流);

(6) 生成时序仿真文件,对硬件系统进行时序仿真;

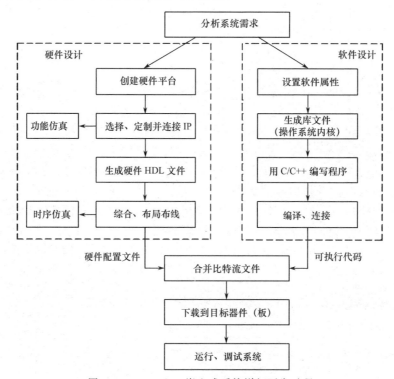

图 7-9　MicroBlaze 嵌入式系统详细开发过程

（7）开发软件系统,确定库、外设驱动（操作系统）等属性,编写程序,编译、连接,生成可执行文件;

（8）将硬件配置文件和软件可执行文件合并成最终的二进制比特流;

（9）将比特流下载到 FPGA 或非易失性存储器中（如 E^2PROM、Flash 等）;

（10）通过 JTAG 进行调试、运行。

7.3 基于 Nios Ⅱ 软核的 SoPC

7.3.1 Intel 的 SoPC 技术

Intel（Altera）有三种 SoPC 解决方案:硬核 ARM 系列处理器、软核 Nios Ⅱ 系列处理器和 Hard-Copy 技术。所谓 HardCopy 技术,指在特定 FPGA 上利用可编程技术实现的 SoPC 系统可以无缝直接转换成 ASIC（SoC）芯片。

Nios Ⅱ 是目前 SoPC 中应用最为广泛的处理器之一。采用 Nios Ⅱ 不仅成本较低,可以任意裁减节省硬件资源,而且可以在一片 FPGA 中嵌入多个 MCU 核,从而构成片上多处理器系统,进而实现片上网络（ Network on Chip,NoC）。

2000 年,还未被 Intel 收购的 Altera 发布了第一代 Nios 处理器,采用 16 位指令集、16/32 位数据通道、5 级流水线结构,可在 Excalibur 系列 FPGA 上实现。

2003 年,Altera 又推出了 Nios 的升级版 Nios3.0,有 16 位和 32 位两个版本,但均采用 16 位的指令集,其差别主要在系统总线宽度。Nios3.0 可在高性能的 Stratix 和低成本的 Cyclone 系列 FPGA 上实现。

2004 年 Altera 在推出 Stratix Ⅱ 和 Cyclone Ⅱ 两个新的 FPGA 器件系列后,又推出了支持这些新款器件的第二代 Nios 处理器——Nios Ⅱ。Nios Ⅱ 采用 32 位指令集、32 位数据通道、6 级流水线结构（取指、指令译码、执行、存储器访问、对齐、写回）,其整体性能比 Nios 提高 3 倍。

7.3.2 Nios Ⅱ 处理器

Nios Ⅱ 是一个通用的精简指令集（RISC）CPU 核。其特点如下:
- 全 32 位指令集、数据通路和地址空间;
- 32 个通用寄存器;
- 32 个外部中断源;
- 单指令 32×32 位乘法器和除法器,提供 32 位的运算结果;
- 可计算 64 位和 128 位乘积的专门指令;
- 用于单精度浮点运算的浮点指令;
- 多种连接片内外设和片外存储器与外设的接口;
- 单指令桶形移位寄存器;
- 在 200MHz 时钟下运行速度高达 250 DMIPS。

Nios Ⅱ 类似于一个单片机,包含了处理器、存储器、一组外设和用于访问片外存储器的接口。图 7-10 是以 Nios Ⅱ 为核心构成的典型系统。在具体应用中,可以对系统进行裁减或增加新的逻辑模块。甚至可以在 ALU 中添加新的运算器并自定义相应的指令。

Nios Ⅱ 系列包含 3 种内核:Nios Ⅱ/f（快速）——性能最优,但占用逻辑资源最多;Nios Ⅱ/e（经济）——占用逻辑资源最少,但性能最低;Nios Ⅱ/s（标准）——性能与占用资源都较适中,介于前两种类型之间。

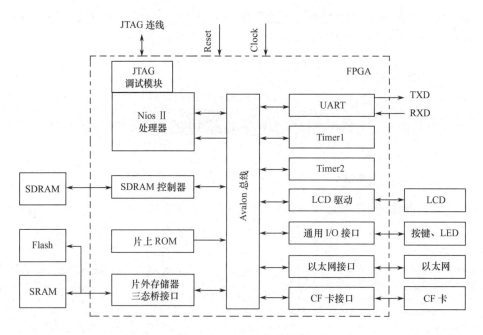

图 7-10　Nios Ⅱ典型系统

1. Nios Ⅱ处理器组成结构

Nios Ⅱ处理器核的内部组成如图 7-11 所示。Nios Ⅱ采用哈佛结构,数据总线与指令总线分开。为便于调试,处理器中集成了一个 JTAG 调试模块,通过 Nios Ⅱ的软件开发环境 IDE,可进行在线调试。

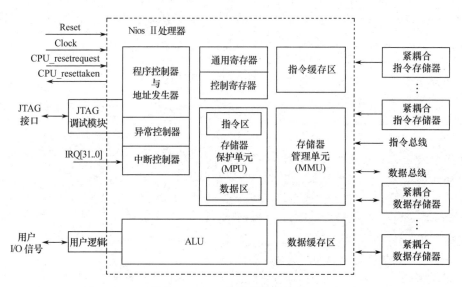

图 7-11　Nios Ⅱ处理器的组成

数据处理由算术逻辑单元(ALU)完成,用户可以定制逻辑电路扩展 ALU。

Nios Ⅱ处理器中除了有指令与数据缓存外,还带有紧耦合存储器(TCM)接口,连接片上存储器,以提高处理器性能。所谓紧耦合存储器接口,是指通过专门的 Avalon 通道与块 RAM 连接,起到高速系统总线的作用。

异常控制器和中断控制器分别处理异常事件和外部硬件中断。

2. 寄存器组

Nios Ⅱ 处理器中的内部寄存器包括通用寄存器组、控制寄存器组和一个程序计数器等,均为 32 位。通用寄存器组中有 32 个寄存器,其作用见表 7-11。

表 7-11　通用寄存器组

寄　存　器	用　　　途	寄　存　器	用　　　途
R0	清 0	R25	为程序断点保留
R1	临时变量	R26	全局指针
R2、R3	函数返回值(低 32 位+高 32 位)	R27	堆栈指针
R4~R7	传给函数的参数	R28	帧指针
R8~R15	函数调用者要保护的寄存器	R29	异常处理返回地址
R16~R23	函数要保护的寄存器	R30	断点返回地址
R24	为异常处理保留	R31	函数返回地址

Nios Ⅱ 中含有 6 个独立的控制寄存器,它们的读/写访问只能在超级用户状态下由专用的控制寄存器读/写指令(rdctl 和 wrctl)实现。控制寄存器的作用如表 7-12 所示。

3. 算术逻辑单元(ALU)

Nios Ⅱ 处理器中的 ALU 对存储在寄存器中的数据进行运算,并将结果存入某个寄存器。ALU 支持的运算如表 7-13 所示。由表中的基本运算可以组合成各种其他运算。

表 7-12　控制寄存器组

寄存器	名　　称	用　途
CTL0	Status	保留
CTL1	Estatus	保留
CTL2	Bstatus	保留
CTL3	Ienable	中断允许位
CTL4	Ipending	中断发生标志位
CTL5	Cpuid	唯一的 CPU 序列号

表 7-13　Nios Ⅱ 中 ALU 所支持的运算

类别	运　　　算
算术运算	有符号和无符号的加、减、乘、除
关系运算	有符号和无符号的相等、不等、大于等于、小于
逻辑运算	与、或、或非、异或
移位运算	算术右移、逻辑左/右移、左/右循环移位

ALU 中的乘法器和除法器是可选的。有些情况下,处理器中未提供这些运算电路,相应的运算指令称为未实现的指令。但是,未实现的指令仍然可以通过软件来实现。处理器执行到未实现的指令时,会产生一个异常,而异常服务程序将调用一个子程序来实现这一运算。因此,未实现的指令对编程者而言是完全透明的。

另外,ALU 与用户自定义逻辑相连,通过自定义指令来执行相应的运算,这些运算的使用同预定义的指令完全相同。

4. 处理器工作模式

Nios Ⅱ 处理器有 3 种工作模式:调试模式(Debug Mode)、超级用户模式(Supervisor Mode)和用户模式(User Mode)。调试模式权限最大,可以无限制的访问所有的功能模块;超级用户模式除不能访问与调试有关的寄存器外,无其他访问限制;用户模式权限最小,不能访问控制寄存器和部分通用寄存器。

5. 复位信号

Nios II 有 2 个复位信号。Reset 和 CPU_resetrequest。前者是一个全局硬件复位信号,强制处理器进入复位状态。而后者是一个局部复位信号,仅使 CPU 复位但不影响系统中的外设。

6. 异常与中断控制器

Nios II 中设置了一个异常情况处理器用来处理各种异常情况。异常情况按优先顺序包括硬件中断、软件陷阱、未定义指令和其他异常情况。出现异常情况时,程序跳转到特定的地址,分析异常情况出现的原因,进而分配适当的处理程序进行处理。

Nios II 支持 32 个外部硬件中断,含有 32 个电平敏感的中断申请(IRQ0~IRQ31)输入,其优先级由软件确定,并可以通过中断使能控制寄存器(Ienable)分别设定各中断申请输入是否使能。

7. 存储器与 I/O 结构

由于是可配置的软核,Nios II 与传统的 MCU 相比具有灵活的存储器与 I/O 结构。Nios II 可以采用如下一种方式或多种方式访问存储器与 I/O:
- 指令主端口——通过系统互连线连接指令存储器的 Avalon 总线主端口;
- 指令缓存—— Nios II 内部快速缓冲存储器;
- 数据主端口——通过系统互连线连接数据存储器和外设的 Avalon 总线主端口;
- 数据缓存—— Nios II 内部快速缓冲存储器;
- 紧耦合指令或数据存储器端口—— Nios II 外部快速片上存储器接口。

相应的结构如图 7-12 所示。

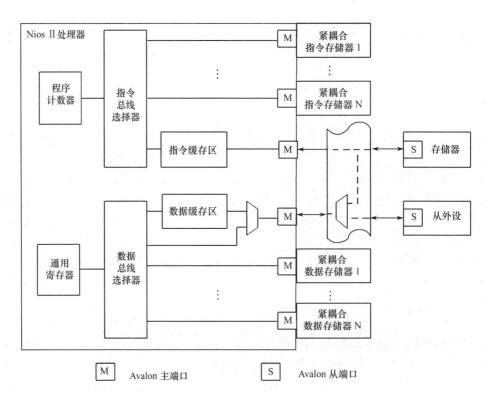

图 7-12 存储器及 I/O 结构

Nios Ⅱ 的指令总线作为 32 位 Avalon 的一个主端口,只执行从程序存储器取指的功能。不执行任何写操作。

数据总线也是 Avalon 的一个主端口,但它既能从数据存储器和外设中读数,也能向它们写数。

当出现指令和数据共享的存储器时,处理器内部使用独立的指令总线和数据总线,而处理器对外则呈现单一共用的指令/数据总线。

高速缓存是可选的。指令缓存常用于存放循环执行的、关键性能的指令序列,数据缓存常用于存放反复访问的数据,以提高执行速度。高速缓存的容量较小,若需要较大空间存放关键指令和数据时,可以选择紧耦合存储器(Tightly Coupled Memory,TCM)。

紧耦合存储器也是可选的,它是一种紧邻处理器内核的片上快速 SRAM,它能保证装载指令和存取数据的时间较短且是确定的,从而改善系统性能。例如,在中断频繁的应用场合,可以将中断服务程序放在 TCM 中;而在数字信号处理场合则可以将 TCM 指定为数据缓冲区。

8. 存储器和外设访问

Nios Ⅱ 具有 32 位地址,在带有存储器管理单元(MMU)的情况下寻址空间可达 4GB。尽管数据总线是 32 位的,但指令集中提供了字节(8 位),半字(16 位)和字(32 位)的读/写指令。

Nios Ⅱ 支持的寻址方式有:

- 寄存器寻址——所有操作数均存于寄存器,结果也存于寄存器;
- 寄存器间接寻址——操作数的地址存于寄存器;
- 带偏移的寄存器间接寻址——寄存器与 16 位立即数相加的结果作为操作数地址;
- 立即数寻址——操作数(常量)包含在指令中;
- 绝对寻址——以范围受限的绝对地址作为操作数地址。

需要注意的是,I/O 外设地址映射到数据存储器空间。高速指令和数据缓存有专门的指令进行访问。

9. JTAG 调试模块

Nios Ⅱ 支持 JTAG 调试模块,提供片上仿真功能,通过 PC 主机遥控处理器。PC 上的调试软件工具(Nios Ⅱ IDE)与 JTAG 调试模块进行通信,具有如下功能:

- 下载程序到存储器;
- 启动和终止程序的执行;
- 设置断点和观察点;
- 分析寄存器和存储器;
- 采集实时运行跟踪数据。

Nios Ⅱ 可以在产品开发阶段为便于系统调试采用一个全功能的 JTAG 调试模块,调试完成后,还可以将该模块删去,以节省逻辑资源。

10. 内核性能对比

Nios Ⅱ 系列软核处理器有标准、快速、经济三种类型,其性能及占用资源情况如表 7-14 所示。用户在用 Platform Designer 配置时可根据需要进行适当的选择。

11. Nios Ⅱ 支持的器件

表 7-15 列出了 Nios Ⅱ 支持的部分器件,完全支持指 Nios Ⅱ 满足所有的功能与时序要求,可以用于产品设计。而基本支持则意味着 Nios Ⅱ 满足所有的功能要求,但需要进行时序分析,可以谨慎地用于产品设计。

表 7-14　Nios Ⅱ 系列软核处理器对比

特 性		Nios Ⅱ/e	Nios Ⅱ/s	Nios Ⅱ/f
性能	DMIPS/MHz[1]	0.15	0.74	1.16
	DMIPS[2]	31	127	218
	f_{MAX}[2]	200MHz	165MHz	185MHz
面积(LE 个数)		<700	<1400	<1800
流水线级数		1	5	6
外部地址空间(GByte)		2	2	4(带 MMU 时)
指令高速缓存		无	512B~64KB	512B~64KB
指令紧耦合存储器		无	可选	可选
数据高速缓存		无	无	512B~64KB
数据紧耦合存储器		无	无	可选
ALU	硬件乘法器	无	3 周期	1 周期
	硬件除法器	无	可选	可选
	硬件移位寄存器	1 周期/位	3 周期(桶形)	1 周期(桶形)
JTAG 硬件断点支持		否	是	是
片外跟综缓冲区支持		否	是	是
存储器管理模块		无	无	可选
存储器保护模块		无	无	可选

注:(1) 该性能依赖于硬件乘法器。
(2) 采用最快硬件乘法器并以 Stratix Ⅱ FPGA 为目标器件工作于最快模式下。

表 7-15　Nios Ⅱ 支持的部分器件

器 件 系 列	支 持 情 况
ArriaGX	完全支持
Stratix Ⅳ	基本支持
Stratix Ⅲ	完全支持
Stratix Ⅱ	完全支持
Stratix Ⅱ GX	完全支持
Stratix GX	完全支持
Stratix	完全支持
Hardcopy Ⅱ	完全支持
HardCopy	完全支持
Cyclone Ⅲ	完全支持
Cyclone Ⅱ	完全支持
Cyclone	完全支持
其他系列	不支持

7.3.3　Avalon 总线架构

Nios Ⅱ 采用 Avalon 内部总线,这是一种参数化的开关式连线结构,通过提供一组预定义信号类型的方式将处理器同外围模块连通。Platform Designer 开发工具可以自动生成 Avalon 总线逻辑,包括数据通道的多路选择、地址译码、等待状态生成、动态总线对齐、中断优先级分配和开关结构转换。Avalon 总线只占用很少的 FPGA 资源,并提供了全面的同步操作。在 Platform Designer 中用户可以根据向导方便地设置 Avalon 总线。

1. 并发多主端口

传统的处理器总线结构如图 7-13(a)所示。CPU 与存储器及外设之间仅通过一条系统总线相连,多对主、从端口间无法同时传送数据,形成瓶颈。

Avalon 总线结构如图 7-13(b)所示,不同主、从端口之间可以并行传递数据。同时,Avalon总线还支持 DMA 功能。

图 7-13(c)是 Avalon 总线的一个实例,通过 DMA 控制器,以太网与 SDRAM 间可以直接传输数据,而不中断 CPU 的工作。

2. 地址空间与内建地址译码

Avalon 总线中的地址线有 32 根,因此其对存储器和外设的寻址空间高达 4GB。

在用 Platform Designer 创建 Avalon 总线时,会自动为所有外设(包括用户自定义的外设)生成片选信号。

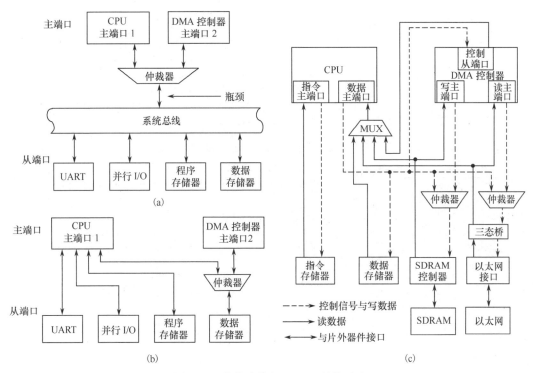

图 7-13 传统总线与 Avalon 总线对比

3. 同步与动态对齐接口

所有的 Avalon 总线信号都对 Avalon 主时钟同步,简化了 Avalon 总线与高速外设的集成。

Avalon 的动态总线对齐功能指,如果参与数据传输的双方总线宽度不一致,自动调整数据传输的具体过程,正确完成数据传递。从而使开发者能在 32 位的 Nios Ⅱ 系统中采用低成本的窄存储器(小于 32 位宽),如 8 位的 Flash 存储器。

当 32 位主端口读取 8 位从端口时,Avalon 总线将连续读取从端口的 4 个字节的有效数据,然后返回 32 位的字。

如果 16 位主端口与 32 位从端口相连,Avalon 总线由从端口读取一个 32 位的字后,自动向主端口传送 2 个半字。

7.3.4 Nios Ⅱ 软硬件开发流程

基于 Nios Ⅱ 处理器的 SoPC 设计流程主要包括硬件设计和软件设计两个方面,其设计流程如图 7-14 所示。

硬件设计采用 Quartus Prime 及其内嵌的 Platform Designer 设计工具对以 Nios Ⅱ 处理器为核心的嵌入式系统进行硬件配置、硬件设计和硬件仿真。其中,Platform Designer 用于配置 Nios Ⅱ 处理器、Avalon 总线和外围电路,并生成 HDL 源代码,交 Quartus Prime 与其他逻辑电路一道进行编译、综合、仿真。

软件设计则是采用 Nios Ⅱ SBT for Ectipse 集成设计平台进行程序设计和调试。当 Platform Designer 生成 Nios Ⅱ 处理器时,会建立一个定制的软件开发包(Software Development Kit,SDK),包含了软件设计所必需的头文件、库文件,提供了硬件映像地址和一些基本的硬件访问(驱动)子程序。

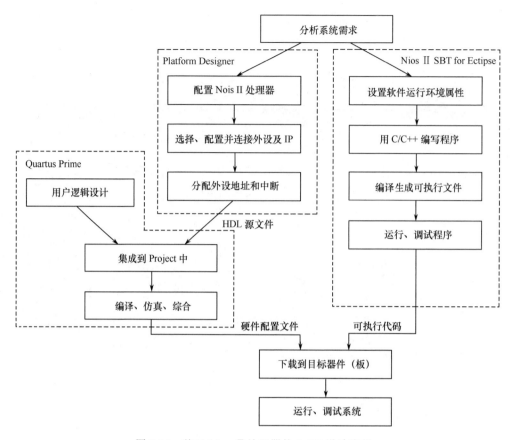

图 7-14 基于 Nios Ⅱ 处理器的 SoPC 设计流程

7.4 Xilinx 全可编程 SoC

前述的 Nois Ⅱ 和 MicroBlaze 软核处理器可以分别在 Intel 和 Xilinx 各自全系列 FPGA 中实现。除此之外,还有一部分高档的 FPGA 中直接嵌入了硬核处理器,提供了高性能的嵌入式系统设计平台,便于实现可编程片上系统,比较典型的是 Xilinx 的 Zynq-7000 全可编程 SoC(All Programmable SoC,APSoC)。

Zynq-7000 将单/双核 ARM Cortex-A9 处理器与具有高性能功耗比的 28nm 可编程逻辑巧妙集成,实现的功耗和性能大大优于分立处理器和 FPGA 系统。该产品成为很多嵌入式应用领域的最佳选择,包括小型蜂窝基站、辅助驾驶系统、机器视觉、医疗内窥镜和超高清电视等。

7.4.1 Zynq-7000 SoC 的组成

Zynq-7000 SoC 包括两大部分:可编程逻辑(Programmable Logic,PL)和处理器系统(Processing System,PS)。前者实现用户定制逻辑,后者通过用户定制软件实现各种灵活的系统功能,如图 7-15 所示。图中微处理器核(Micro-Processor Core,MPCore)含有两个 ARM Cortex-9 CPU,为双核架构。部分 Zynq-7000 SoC 器件只有一个 ARM Cortex-9 CPU(单核)。

这种将 PS 和 PL 置于一个芯片内的做法,在 I/O 带宽、延时、功耗等方面,其性能远超 ARM+FPGA 的两片方案。

Xilinx 为 Zynq-7000 系列提供了大量的软核 IP,Linux 设备驱动程序可用于 PS 和 PL 中的外围

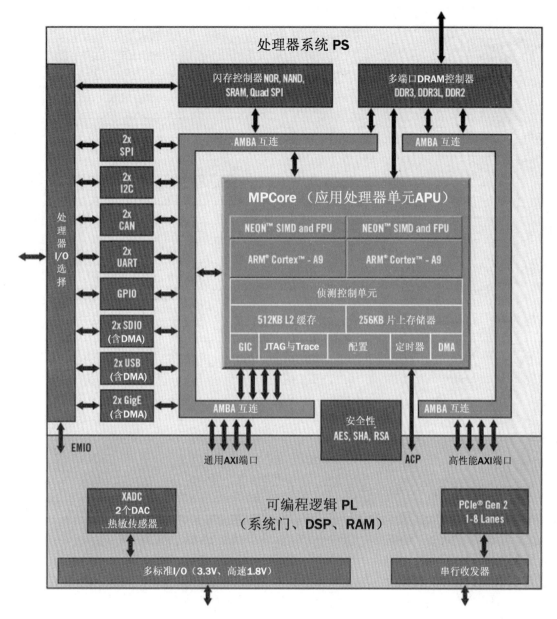

图 7-15 Zynq-7000 SoC 的简化框图

设备。Vivado 设计套件开发环境支持快速的软件、硬件和系统开发。采用基于 ARM 的 PS 还带来了广泛的第三方工具和 IP 提供商,并可以结合 Xilinx 现有的 PL 生态系统。ARM 的使用可以得到诸如 Linux 这类高水平操作系统的支持,其他用于 Cortex-A9 处理器的标准操作系统也可用于 Zynq-7000 系列。

7.4.2 处理器系统(PS)

PS 系统包含 4 个主要部分:应用处理器单元(Application processor unit,APU)即 MPCore、存储器接口(Memory interfaces,MI)、I/O 外设(I/O Peripheral,IOP)、互连资源,如图 7-16 所示。其中,虚线框代表双核器件的第 2 个处理器,箭头表示控制流方向(主设备至从设备),但数据流均为双向。

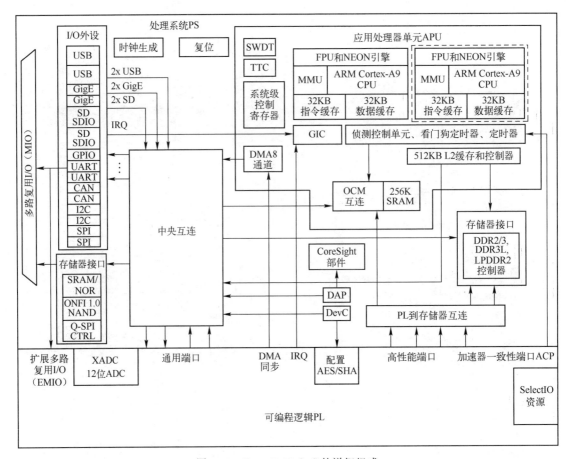

图 7-16　Zynq-7000 SoC 的详细组成

1. 应用处理器单元(APU)

APU 通常包含双核或单核 ARM Cortex-A9 MPCores,性能如下:

(1) 单核 2.5 DMIPS/MHz;

(2) 最高工作频率:667MHz～1GHz;

(3) 工作模式:单处理器、对称双处理器、非对称双处理器;

(4) 单核最快单/双精度浮点运算(FPU):2.0 MFLOPS/MHz;

(5) 支持单指令多数据(Single Instruction Multiple Data,SIMD)的 NEON 媒体处理引擎(多媒体扩展指令集);

(6) L1 缓存:指令和数据各 32KB;

(7) 存储器管理单元(MMU);

(8) 加速器一致性端口(Accelerator Coherency Port,ACP)支持从 PL 到 CPU 内存空间的一致性访问;

(9) 统一 L2 缓存:512KB;

(10) 双口片上 RAM:256KB,可被 CPU 和 PL 访问,CPU 为低延时访问;

(11) 8 通道 DMA(其中 4 通道专用于 PL),64 位 AXI 接口实现高速传输,支持多种传输类型:存储器到存储器、存储器到外设、外设到存储器、分散/聚集方式;

(12) 通用中断控制器 (General Interrupt Controller,GIC);

(13) 3 个看门狗定时器(WDT):每个 CPU 1 个,系统 1 个(SWDT);

（14）对 Cortex-A9 的 CoreSight 调试与跟踪，程序跟踪宏单元（Program Trace Macrocell，PTM）用于指令与跟踪，交互触发接口（Cross Trigger Interface，CTI）用于硬件断点与触发。

2. 存储器接口（MI）

存储器接口包括动态存储器接口和静态存储器接口。前者支持 DDR3、DDR3L、DDR2 和 LPDDR2 存储器，后者支持 NAND 闪存、4 位 SPI 闪存、并行数据总线和并行 NOR 闪存。

（1）动态存储器接口

通过配置一个多协议 DDR 存储器控制器，可以使用 8、16 或 32 位 DRAM 存储器，构成 16 位或 32 位字长、1GB 内存空间，且 16 位总线模式下支持错误检查与纠正（Error Checking and Correcting，ECC）。PS 包括了 DDR 控制器和相关的物理层接口，以及一组专用 I/O。DDR3 支持高达 1333Mb/s 的速度。DDR 存储器控制器是多端口的，并使 PS 和 PL 共享公共的存储器。为此，DDR 控制器具有 4 个 AXI 从端口：1 个 64 位端口通过 L2 缓存控制器专用于 ARM CPU，可以配置为低延时；2 个 64 位端口专用于 PL；1 个 64 位 AXI 端口由所有其他 AXI 主机通过互连资源共享。

（2）静态存储器接口

静态存储器接口支持外部静态存储器：

- 支持高达 64MB 的 8 位 SRAM 数据总线；
- 支持高达 64MB 的 8 位并行 NOR 闪存；
- 支持 1 位 ECC 的 ONFi 1.0 NAND 闪存；
- 支持 1 位 SPI、2 位 SPI、4 位 SPI（Quad SPI）或两个 4 位 SPI（8 位）串行 NOR 闪存。

3. I/O 外设（IOP）

IOP 是用于数据通信的外设，主要包括以下 8 种接口。

（1）2 个 10/100/1000 三模以太网 MAC 外设，支持 IEEE Std 802.3 和 IEEE Std 1588 版本 2.0，具有：

- 分散/聚集方式 DMA 能力；
- 认可 1588 Rev2 PTP 帧；
- 支持外部物理接口。

（2）2 个 USB 2.0 OTG 外设，每个外设最多支持 12 个端点：

- 支持主机、设备和移动配置中的高速和全速模式；
- 完全兼容 USB 2.0、主机和设备 IP 核；
- 使用 32 位 AHB DMA 主接口和 AHB 从接口；
- 提供 8 位 ULPI 外部物理接口；
- 符合英特尔 EHCI 标准的 USB 主机控制器寄存器和数据结构。

（3）2 个完全符合 CAN 2.0B 标准的 CAN 总线接口控制器：

- BOSCH Gmbh 定义的 CAN 2.0-B 标准；
- ISO 118981-1；
- 外部物理接口。

（4）2 个内置 DMA 的 SD/SDIO 2.0 并兼容 SD/SDIO 的控制器。

（5）2 个全双工 SPI 端口，带三个外围芯片选择。

（6）2 个通用异步收发器（UART）。

（7）2 个主/从 I2C 接口。

（8）高达 118 个 GPIO 位。

使用 TrustZone 系统，可以将 2 个以太网、2 个 SDIO 和 2 个 USB 端口（所有主设备）配置为安全或非安全模式。

IOP 通过多达 54 个专门的多路复用 I/O(multiplexed I/O,MIO)引脚的共享池与外设通信。每个外设可以分配多个预先定义的引脚组中的一个,从而能够同时灵活地分配多个设备。虽然 54 个管脚不足以同时使用所有 I/O 外设,但大多数 IOP 接口信号可用于 PL,允许在通电和正确配置时使用标准的 PL I/O 管脚。所有 MIO 引脚支持 1.8V HSTL 和 LVCMOS 标准以及 2.5V/3.3V 标准。

4. 互连

APU、MI 和 IOP 都是通过多层 ARM-AMBA-AXI 互连连接在一起的,互连线是无阻塞的,支持多对主从同时进行的事务。

互连设计有对延时敏感的主设备(如 ARM CPU)到内存的最短路径,和带宽关键的主设备(如潜在的 PL 主设备)到与之通信的从设备的高吞吐量连接。

互连的流量可以通过服务质量(QoS)块调节,以调整 CPU、DMA 控制器和主外设所产生的通信量。

5. PS 接口

(1) PS 外部接口

PS 外部接口使用专门的管脚,这些管脚不能为 PL 所用。其中包括:

- 时钟、复位、启动模式和电压参考;
- 多达 54 个专门的多路复用 I/O(MIO)管脚,软件可配置为连接到任何内部 I/O 外设和静态内存控制器;
- 32 位或 16 位 DDR2/DDR3/DDR3L/LPDDR2 存储器。

(2) MIO

MIO 的功能是将 PS 外设和静态存储器接口的访问多路复用到配置寄存器中定义的 PS 管脚。PS 中的 IOP 和静态内存接口最多可使用 54 个管脚。

表 7-16 所示为 MIO 外设接口映射关系。MIO 模块框图如图 7-17 所示。

如果需要超过 54 个 I/O 管脚,则可以将这些管脚通过 PL 连到与 PL 相关联的 I/O。此功能称为扩展多路复用 I/O(EMIO)。

端口映射可以出现在多个位置。例如,最多有 12 个可能的端口映射成 CAN 管脚。PS 配置向导(PCW)工具应用于外设和静态存储器管脚映射。

表 7-16　MIO 外设接口映射关系

外设接口	MIO	EMIO
4 位 SPI NOR 闪存/SRAM NAND 闪存	是	否
USB0,1	是(外部物理接口)	否
SDIO0,1	是	是
SPI:0,1 I2C:0,1 CAN:0,1 GPIO	是 CAN(外部物理接口) GPIO:最多 54 位	是 CAN(外部物理接口) GPIO:最多 64 位
GigE:0,1	RGMⅡ2.0 外部物理接口	支持:GMⅡ、RGMⅡ v2.0(HSTL)、RGMⅡ v1.3、MⅡ、SGMⅡ、1000BASE-X
UART:0,1	简单 UART:仅两个脚(Tx、Rx)	若需要完整的 UART(Tx、Rx、DTR、DCD、DSR、RI、RTS 和 CTS): 2 个 PS 管脚(Tx、Rx)+6 个 PL 管脚,或 8 个 PL 管脚
调试跟踪接口	是:最多 16 跟踪位	是:最多 32 跟踪位
处理器 JTAG	是	是

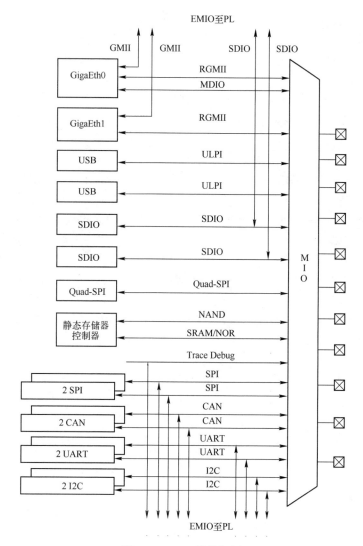

图 7-17　MIO 模块框图

（3）PS-PL 接口

PS-PL 接口包括 MBA AXI 接口、DMA、中断、事件信号、扩展多路复用 I/O（EMIO）、时钟与复位、配置与其他接口等。

AMBA AXI 接口用于主要的数据通信：

- 2 个 32 位 AXI 主机接口；
- 2 个 32 位 AXI 从机接口；
- 4 个 64 位/32 位可配置、缓冲的 AXI 从机接口，可作为高性能 AXI 端口直接访问 DDR 内存和 OCM；
- 1 个 64 位 AXI 从机接口（ACP 端口），用于访问 CPU 内存。

DMA、中断、事件信号包括：

- 处理器事件总线，用于向 CPU 发送事件信息；
- PL 外围 IP 中断到 PS GIC；
- 用于 PL 的 4 个 DMA 通道信号；
- 异步触发信号。

扩展多路复用 I/O（EMIO），允许未映射的 PS 外设访问 PL I/O。

时钟和复位信号包括 4 个 PS 时钟(输出到带启动/停止控制的 PL)和 4 个 PS 复位(输出到 PL)。
配置和其他接口有：

- 处理器配置访问端口(Processor Configuration Access Port,PCAP)支持全部和部分 PL 配置，并支持安全的 PS 引导；
- 图像解密与认证；
- 从 PL 到 PS 的 eFUSE 和电池支持的 RAM 信号；
- XADC 接口；
- JTAG 接口。

PS 和 PL 之间用于数据传输的两个最高性能接口是高性能 AXI 端口和 ACP 接口。高性能的 AXI 端口用于 PS 和 PL 之间的高吞吐量数据传输。如果需要,在软件控制下进行管理以达到一致性。若需要对 CPU 内存硬件进行一致性访问,则使用加速器一致性端口(Accelerator Coherency Port,ACP)。

(4) 高性能 AXI 端口

高性能的 AXI 端口提供了从 PL 到 PS 中的 DDR 和双端口片上存储器(On-Chip Memory,OCM)的访问。从 PL 到 PS 的 4 个专门的 AXI 存储器端口可配置为 32 位或 64 位接口,如图 7-18 所示。这些接口通过 FIFO 控制器将 PL 连接到存储器。三个输出端口中的两个进入 DDR 内存控制器,而第三个连接到 OCM。图中,箭头代表控制流的方向(主接口至从接口),但数据流是双向的。来自 PL 的高性能 AXI 端口与 FIFO 之间是 32 位 AXI,其余为 64 位 AXI。

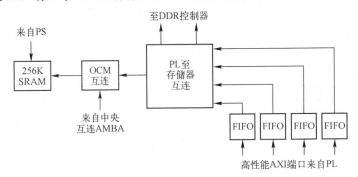

图 7-18　PL 到 PS 内存子系统的接口

每个高性能 AXI 端口都具有以下特点：

- 减少了 PL 和 PS 内存之间的延时；
- 1KB 深度 FIFO；
- 可配置为 32 位或 64 位 AXI 接口；
- 支持多达 32 个字的缓冲区,用于读取；
- 支持写访问的数据释放控制,以更高效地使用 AXI 互连带宽；
- 支持向 DDR 和 OCM 发出多个 AXI 命令。

(5) 加速器一致性端口(ACP)

加速器一致性端口(ACP)是一个 64 位的 AXI 从接口,提供 APU 和 PL 中的潜在加速器功能。ACP 直接将 PL 连接到 Cortex-A9 处理器的侦测控制单元(Snoop Control Unit ,SCU),支持对一级和二级缓存中 CPU 数据的缓存一致性访问,即用来保持双核之间的数据缓存的一致性。与传统缓存刷新和加载方案相比,在 PS 和基于 PL 的加速器之间,ACP 提供了更短的延时路径。

7.4.3　可编程逻辑(PL)

实际上 Zynq-7000 SoC 的 PL 部分基本上就是上节所讨论的 Artix-7 或 Kintex-7 FPGA,如表 7-17 所示。其相关组成已做过讨论,此处只罗列其主要成分与特性。

(1) CLB
- 每个 CLB 有八个 LUT,实现随机逻辑或分布式存储器;
- 存储器 LUT 可配置为 64×1 或 32×2 位 RAM 或移位寄存器(SRL);
- 每个 CLB 有 16 个触发器;
- 用于算术函数的 2×4 位可级联加法器。

(2) 36Kb 块 RAM
- 真正的双端口;
- 宽达 36 位;
- 可配置为双 18Kb 块 RAM。

(3) DSP 单元
- 18×25 带符号数乘法;
- 48 位加法器/累加器。

(4) 可编程 I/O 块
- 支持通用 I/O 标准,包括 LVCMOS、LVDS 和 SSTL;
- 1.2V 至 3.3V I/O;
- 内置可编程 I/O 延时。

(5) 低功耗串行收发器(部分器件)

(6) PCI Express 集成端点/根端口模块(连接到 PS 时可以是根复合端口)

(7) 两个 12 位模数转换器(XADC)
- 片上电压和温度传感;
- 17 个外部差分输入通道。

(8) PL 配置模块

表 7-17   Zynq 7000 SoC 的 PL 资源

器　件	Z-7010	Z-7020	Z-7030	Z-7100
PL 的等效 7 系列	Artix-7		Kintex-7	
逻辑单元	28k~430k	85k~1.3M	125k~1.9M	444k~6.6M
查找表(LUT)	17600	53200	78600	277400
触发器	35200	106400	157200	554800
块 RAM(36KB 块)	60	60	60	60
可编程 DSP 单元	80	220	400	2020

7.4.4　系统级功能

系统级功能指同时涉及 PS 和 PL 两大部分的全局性功能,包括:复位管理、时钟管理、器件配置、硬件和软件调试支持、电源管理等。

1. 复位管理

该功能可以将整个器件或其中某一部分进行复位。PS 支持的复位功能和信号有:
- 外部和内部上电复位信号;
- 热复位;
- 看门狗定时器复位;
- 用户对 PL 复位;
- 软件、看门狗定时器或 JTAG 提供的复位;
- 安全违规复位(锁定复位)。

2. 时钟管理

PS 中配备了三个锁相环,在配置时钟方面提供了灵活性。PS 内有三个主要的时钟域,包括 APU、DDR 控制器和 I/O 外设。所有这些域的频率都可以在软件控制下单独进行配置。

3. PS 启动和器件配置

器件使用多级引导过程,支持非安全和安全启动。PS 是引导和配置过程的主控器。对于安全启动,必须给 PL 上电才能使用位于 PL 中的安全块,它提供 256 位 AES 和 SHA 解密/身份验证。

复位时,通过读取器件模式管脚以确定要使用的主引导设备:NOR、NAND、Quad SPI、SD 和 JTAG。JTAG 只能用做非安全启动源,用于调试目的。一个 ARM Cortex-A9 CPU 执行片上 ROM 中的代码,并将第一级引导加载程序(First Stage Boot Loader,FSBL)从引导器件复制到 OCM。

将 FSBL 复制到 OCM 后,处理器执行 FSBL。Xilinx 提供了示例 FSBL,用户也可以自己创建。FSBL 启动 PS 的引导并可以加载和配置 PL,当然 PL 的配置也可以暂缓进行。FSBL 通常加载用户应用程序或可选的第二阶段引导加载程序(Second Stage Boot Loader,SSBL),如 U-Boot。用户可以从 Xilinx 或第三方获得 SSBL,也可以创建自己的 SSBL。

SSBL 通过从任何主引导设备或其他源(如 USB、以太网等)加载代码来继续引导过程。如果 FSBL 没有配置 PL,则 SSBL 可以进行配置,或者还可以向后推迟。

静态内存接口控制器(NAND、NOR 或 Quad SPI)采用默认设置进行配置。为提高配置速度,这些设置可以通过引导映像头中提供的信息进行修改。启动后,用户无法读取或调用 ROM 引导映像。

APSoC 总是先启动 PS 内的处理器,允许 PS 上运行的软件去启动系统并且配置 PL,既可以将配置 PL 作为启动过程的一部分,也可以在启动过程完成后的某个时间单独配置 PL,还允许动态的重新配置 PL 中的某个部分,实现对设计的动态修改。

4. 硬件和软件调试支持

调试系统基于 ARM 的 CoreSight 体系结构。它使用 ARMCoreSight 组件,包括嵌入式跟踪缓冲区(Embedded Trace Buffer,ETB)、程序跟踪宏单元(PTM)和仪器跟踪的组件宏单元(Instrument Trace Macrocell,ITM),启用指令跟踪功能以及硬件断点和触发器。而 PL 则可以用集成的逻辑分析仪进行调试。

两个 JTAG 端口可以单独使用或链接在一起使用。当链接在一起时,一个端口就可以用于 ARM 处理器代码下载和实时控制操作、PL 配置,以及使用 ChipScope Pro 嵌入式逻辑分析仪进行 PL 调试。这使得诸如 Xilinx 软件开发工具包(SDK)和 ChipScope Pro 分析仪可以共享一个 Xilinx 的下载电缆。

当 JTAG 链分开使用时,一个端口用于 PS,包括直接访问 ARM DAP 接口。该 CoreSight 接口支持使用与 ARM 兼容的调试和软件开发工具,如 Development Studio 5(DS-5)。另一个 JTAG 端口可以被 Xilinx FPGA 工具用来访问 PL,包括使用集成逻辑分析器下载配置位流并进行 PL 调试。在这种模式下,用户可以像对待单独的 FPGA 一样,下载和调试 PL。

5. 电源管理

PS 和 PL 位于不同的供电域中。这使得 PS 和 PL 能够连接到独立的供电回路,每个回路都有自己的专用电源管脚。如果不需要 PL 掉电模式,用户可以将 PS 和 PL 供电回路绑定在一起。当 PS 处于关机模式时,它将 PL 保持在永久复位状态。对 PL 的电源控制是通过到 PL 的外部引脚来实现的。外部电源管理电路可用于控制电源,并可以通过软件和 PS-GPIO 进行控制。

以下是 Zynq-7000 系列提供的几种节电模式:

(1)可编程逻辑电源关闭(休眠)。PS 和 PL 位于不同的供电域中,PS 可以在 PL 断电的情况下运行。出于安全原因,PL 无法在 PS 之前通电。每次通电后都需要重新配置 PL。使用此节能模式时,用户应当考虑 PL 配置所需要的时间。

(2)PS 时钟控制。PS 可使用内部 PLL 以低至 30MHz 的时钟速率运行。时钟速率可以动态改变。要动态更改时钟,用户必须解锁系统控制寄存器以访问 PS 时钟控制寄存器或时钟生成控制寄存器。

（3）单处理器模式。在此模式下，使用时钟选通关闭第二个 Cortex-A9 CPU，并保持第一个 CPU 运行。

6. 内存映像

Zynq-7000 支持 4GB 地址空间，其映像如表 7-18 所示。

表 7-18　内存映像

开 始 地 址	大小(MB)	描　　　述
0x0000＿0000	1024	DDR DRAM 和片上存储器(OCM)
0x4000＿0000	1024	PL AXI 从端口♯0
0x8000＿0000	1024	PL AXI 从端口♯1
0xE000＿0000	256	IOP 器件
0xF000＿0000	128	保留
0xF800＿0000	32	由 AMBA APB 总线访问的可编程寄存器
0xFA00＿0000	32	保留
0xFC00＿0000	64MB—256kB	保留 64MB，当前仅支持 32MB，四位 SPI 线性地址基址(除顶端 256KB 外)
0xFFC0＿0000	256kB	映射到高地址空间的 OCM

7.4.5　设计流程

Zynq-7000 APSoC 的设计流程与图 7-9 MicroBlaze 嵌入式系统开发过程类似。但由于 Xilinx 的 HDPLD 开发工具 ISE14.7 版自 2013 年 10 月后就不再更新，它支持 Spartan-6、Virtex-6 和 CoolRunner，以及之前的器件，不支持大部分 7 系列（包括 Zynq-7000）FPGA 及之后的最新型 FPGA，因此硬件部分的设计改用新一代开发工具 Vivado。

软件部分的设计仍然可以使用 SDK（既支持软核 MicroBlaze，也支持硬核 ARM）。不过，由于 ARM Cortex-A9 远比 MicroBlaze 强大，其软件系统往往包含实时操作系统和复杂的应用软件，因此开发过程更为复杂。为此，Xilinx 在 SDK 基础上又推出了 SDSoC 和 SDAccel，这两款软件开发工具可针对 C、C++ 和/或 OpenCL 开发提供类 GPU 和类嵌入式应用的更好的开发体验。这三款工具统称为 SDx，均可针对各种 Xilinx 及第三方电路板、库和工具提供支持，包括所需要的调试器、编译器及其他工具，而且还可访问完整的 Linux 及多操作系统环境，可使用现有参考设计和库，并通过视频、Github、Wiki 及其他开源资源提供开发支持。

自 2019 年 10 月起，Xilinx 将 SDK、SDSoC 和 SDAccel 开发环境整合为一个多用途的 Vitis 统一软件平台，用于应用加速和嵌入式软件开发。Vitis 可以无缝插入到开源的标准开发系统与构建环境中。最重要的是，Vitis 包含一套丰富的标准库，使软件开发人员无须深入掌握硬件专业知识，即可根据软件或算法代码自动适配和使用 Xilinx 硬件架构。

在 Vitis 软件平台中，为了更好地管理组件，在工作区中引入了两个不同层次的新概念：平台项目和系统项目。而在 SDK 工作区中，硬件规范、软件板级支持包(BSP)和应用程序均处于顶层。

SDK BSP 概念升级到 Vitis 软件平台中的域。域可以引用独立 BSP、Linux 操作系统、第三方操作系统和 BSP(如 FreeRTOS)的设置和文件，或设备树生成器(Device Tree Generator)之类的组件。

在 Vitis 软件平台中，一个平台项目将硬件和域组合在一起。引导程序(如 FSBL)是在平台项目中自动生成的。系统项目将同时在 SoC 器件上运行的应用程序组合在一起。

基于 Vivado 和 Vitis 的 APSoC 软硬件开发流程如图 7-19 所示。图中硬件构建完成后由 Vivado 输出硬件配置(XSA)文件，Vitis 根据 XSA 建立相应的平台项目。Vitis 支持 MicroBlaze 和 ARM 处理器，并且最后的联调也是在该环境下完成的。

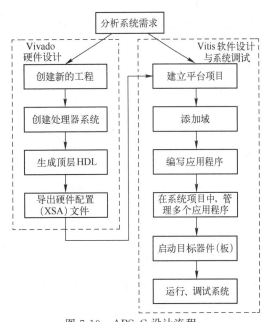

图 7-19　APSoC 设计流程

硬件设计除 VHDL 和 Verilog 设计描述外,可以利用的资源包括系统发生器、Vivado HLS、IP 库和第三方 IP 等。软件设计除自定义代码外,可采用的资源包括标准系统、驱动、库和第三方软件等。

由于 APSoC 将 CPU 和 FPGA 集成到了一起,因此开发人员需要具备如下技能:

(1) 熟悉 ARM 系统架构、Linux 等操作系统及设备驱动程序;

(2) 应用程序设计;

(3) FPGA 硬件逻辑设计;

(4) ARM 系统与 FPGA 之间的软硬件设计平台,以及软硬件协同设计方法。

7.4.6 其他 SoPC 及软件开发平台

1. Xilinx Zynq UltraScale＋ MPSoC

Zynq UltraScale＋ MPSoC 器件不仅提供 64 位处理器可扩展性,同时还将实时控制与软硬件引擎相结合,支持图形、视频、波形与数据包处理。三个不同子系列包括双应用处理器(CG)器件、四核应用处理器和 GPU(EG)器件,以及视频编解码器(EV)器件,为 5G 无线通信、下一代高级驾驶辅助系统和工业物联网等应用创造了条件。

(1) Zynq UltraScale＋ CG。采用由双核 CortexA53 及双核 CortexR5 实时处理单元组成的异构处理系统。这些器件与 16nm FinFET＋ 可编程逻辑结合,专门针对工业电机控制、传感器融合及工业物联网应用进行了优化。CG 器件通过在 Zynq UltraScale＋ 产品组合中进行封装移植,不仅可实现优异的性能功耗比,同时还可充分满足未来应用的需求。

(2) Zynq UltraScale＋ EG。采用运行速率高达 1.5GHz 的四核 ARM Cortex-A53 及双核 Cortex-R5 实时处理器、Mali-400 MP2 图形处理单元及与 16nm FinFET＋ 可编程逻辑相结合,具有可充分满足新一代有线及 5G 无线基础架构、云计算以及航空航天及国防应用需求的专门处理单元。

(3) Zynq UltraScale＋ EV。在功能强大的 EG 平台基础上增添了集成型 H.264/H.265 视频编解码器,能够同时编解码达 4K×2K(60fps)的视频。EV 器件采用高清视频理念设计,是多媒体、高级驾驶辅助系统、监控及其他嵌入式视觉应用的理想选择。

2. Xilinx Zynq UltraScale＋ RFSoC

在 SoC 架构中集成了数千兆 RF 模数转换器和/或软判决前向纠错(SD-FEC)模块。配有四核 ARM Cortex-A53 及双核 Cortex-R5 实时处理器和 UltraScale＋ 可编程逻辑,以实现单芯片自适应射频平台。

Zynq UltraScale＋ RFSoC 系列可为模拟、数字和嵌入式设计提供适当的平台,从而可简化信号链上的校准和同步。

3. Xilinx Vitis AI 软件开发环境

Xilinx 新推出的 Vitis AI 开发环境,适用于在 Xilinx 硬件平台上进行人工智能推断。它由优化的 IP、工具、库、模型和示例设计组成。Vitis AI 以高效易用为设计理念,可在 Xilinx FPGA 和自适应计算加速平台(Adaptive Compute Acceleration Platform,ACAP)上充分发挥人工智能加速的潜力。

4. INTEL SoC

INTEL 带硬核处理器的系统级 FPGA 有 Arria、Stratix10 和 Agilex 系列。其中,Arria 采用了双核 ARM Cortex-A9 处理器;Stratix10 采用四核 ARM Cortex-A53 处理器,完全兼容 PCIe Gen4 硬核 IP(高达×16 配置,16GT/s);Agilex F 系列可以加配四核 ARM Cortex-A53 处理器,集成了带宽高达 58Gbps 的收发器;Agilex I 系列采用四核 ARM Cortex-A53 处理器,提供面向英特尔至强处理器

的一致性连接、支持增强型 PCIe Gen 5 和带宽高达 112Gbps 的收发器；Agilex M 系列针对计算密集型和内存密集型应用进行了优化,采用四核 ARM Cortex-A53 处理器,提供面向英特尔至强处理器的一致性连接、HBM 集成、增强型 DDR5 控制器等。

7.5　设　计　举　例

本节将采用 Intel 的 SoPC 技术,通过一个简单实例说明 Nios Ⅱ 系统软硬件的具体开发过程。

7.5.1　设计要求

从入门角度出发,利用 Nios Ⅱ 软件开发环境自带的一个示例软件,将系统功能确定为"八位二进制加法计数与显示传输"。计数规模为 256,能通过 JTAG 接口传送至 PC,且可以通过 2 个七段LED 数码管显示十六进制数。七段数码管的控制信号为低电平有效,即 PIO 某位输出为 0 时,对应的 LED 笔划点亮。

对上述功能要求进行分析,该系统组成如下:

- Nios Ⅱ 处理器
- 片上存储器
- 定时器
- JTAG UART,用于向 PC 传送计数值
- 16 位并行 I/O(PIO)口,用于七段 LED 数码管控制
- 系统标识

其组成框图如图 7-20 所示。JTAG 电缆与 PC 相连,通过 JTAG 接口,一方面 PC 可以配置 FPGA、下载软件、调试 Nios Ⅱ系统,另一方面 Nios Ⅱ系统可以通过 JTAG UART 向 PC 传送数据(计数值)。

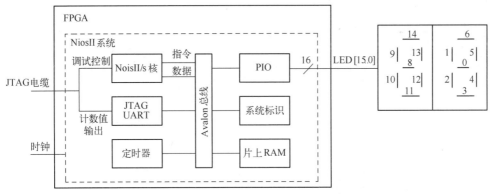

图 7-20　字符七段 LED 显示控制系统的组成框图

定时器用于精确的时间计算。系统标识的作用是防止软件意外下载到不同的 Nios Ⅱ系统中。如果一个 Nios Ⅱ系统含有标识,Nios Ⅱ SBT for Eclipse 就不会将编译好的软件下载到不同的 Nios Ⅱ系统中。

由于第 6 章中已有 Quartus Prime 使用方法的介绍,因此下文关于设计步骤的讨论将略去Quartus Prime 的操作步骤。

7.5.2　运行 Quartus Prime 并新建设计工程

1. 运行 Quartus Prime,创建新的工程 sopcexp。

2. 选择 CycloneⅣ E 系列的 EP4CE115F29C7 作为目标器件(或根据所用开发板及 FPGA 选择器件)。

3. 打开图形编辑器,创建顶层模块文件 sopcexp. bdf,加入输入引脚 CLK 和 16 个输出引脚 LED[15..0],如图 7-21 所示。

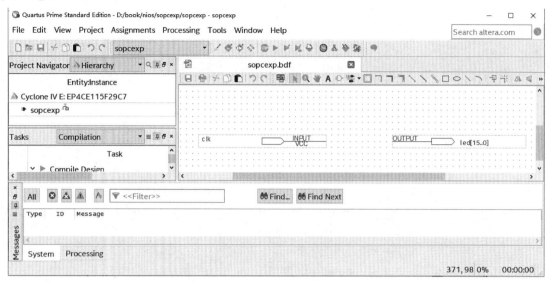

图 7-21 顶层模块文件

7.5.3 创建一个新的 Platform Designer 系统

1. 选择菜单"Tools"→"Platform Designer",弹出"Platform Designer"对话框。

2. 点击"File"→"Save",输入文件系统名,如"nios2 _ system _ exp"。

3. 点击"OK",出现如图 7-22 所示界面。

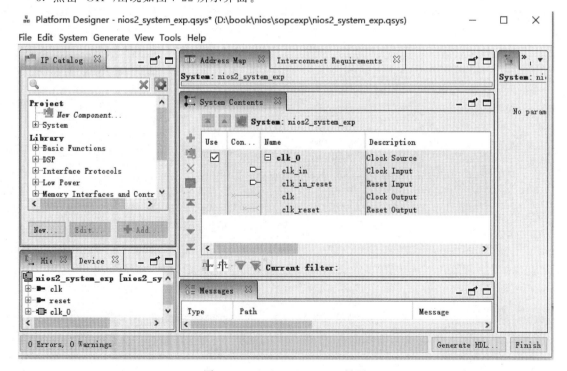

图 7-22 Platform Designer 界面

7.5.4 在 Platform Designer 中定义 Nios Ⅱ 系统

1. 确定目标 FPGA,设置时钟

在图 7-22 中双击 System Contents 页面的 clk _0,将时钟频率设置为 50MHz,使其与所用的开发板一致。

2. 添加片上存储器

在 IP Catalog 栏,依次展开"Library"→"Basic Functions"→"On-Chip Memory",双击"On-Chip Memory (RAM or ROM) Intel FPGA IP",设置存储器类型和容量(32KB),如图 7-23 所示。

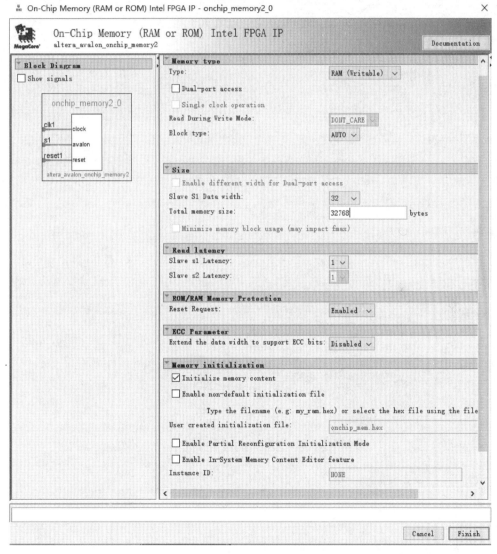

图 7-23 片上存储器设置向导

不改变任何其他默认设置,点击"Finish",回到"System Contents"标签页。

3. 添加 Nios Ⅱ 处理器核

在 Platform Designer 界面的 IP Catalog 页,依次展开"Library"→"Processors and Peripherals"→

"Embedded Processors",双击"Nios Ⅱ Processor"在可选部件列表中选择"Nios Ⅱ Processor",通过处理器设置向导,选择处理器核的类型(Nios Ⅱ/f)、硬件乘法器(None)、硬件除法器(Off)、复位矢量(Memory:onchip_mem Offset:0x0,位于片上存储器,偏移 0x0)、异常矢量(Memory:onchip_mem Offset:0x20,位于片上存储器,偏移 0x20),如图 7-24 所示。

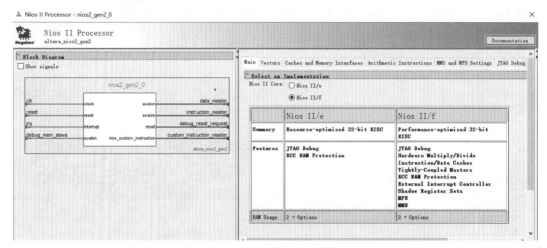

图 7-24　Nios Ⅱ 处理器设置向导

点击"Caches and Memory Interfaces"选择指令缓存(2Kbytes)、是否使能突发功能(Disable)、是否包含紧耦合指令主端口(None)。不改变 "Advanced Features"、"JTAG Debug Module",最后点击"Finish",回到"System Contents"标签页。

4. 添加 JTAG UART

展开"Library"→"Interface Protocols" →"Serial",双击"JTAG UART Intel FPGA IP",打开设置向导,如图 7-25 所示。不改变任何默认设置(读写 FIFO 均为 64 字节,中断申请阈值均为 8),点击"Finish",回到"System Contents"标签页。

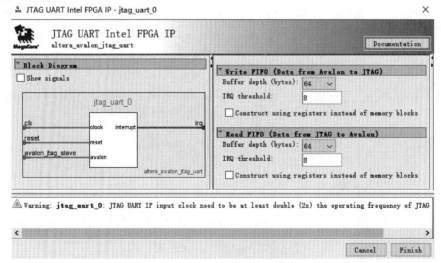

图 7-25　JTAG UART 设置向导

5. 添加内部定时器

展开"Library"→"Processors and Peripherals"→"Peripherals",在可选部件列表中双击"Interval

Timer Intel FPGA IP",打开设置向导。

在"Presets"列表中,选择"Full-featured"(其他选项还有"Simple Periodic Interrupt"和"Watchdog"),如图7-26所示。不改变任何其他默认设置(定时时间1ms、定时计数器32位),最后点击"Finish",回到"System Contents"标签页。

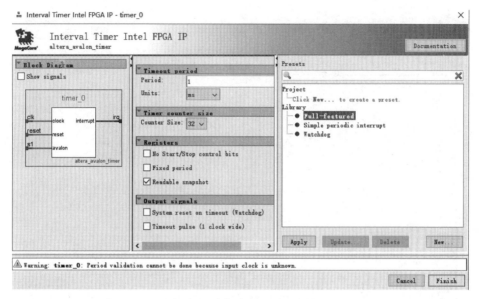

图7-26 内部定时器设置向导

最后,可以在"timer"上点击右键,再点击"Rename",修改该模块的名称。

6. 添加系统标识

展开"Library"→"Basic Functions"→"Simulation: Debug and Verification"→"Debug and Performance",双击"System ID Peripheral Intel FPGA IP",打开设置向导。

保持默认值,如图7-27所示。点击"Finish",回到"System Contents"标签页。

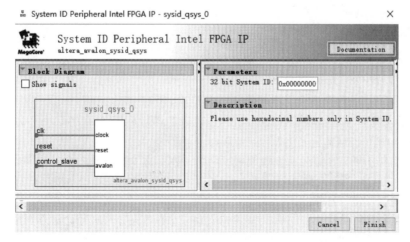

图7-27 系统标识设置向导

7. 添加 PIO

展开"Library"→"Processors and Peripherals"→"Peripherals",双击"PIO (Parallel I/O) Intel FPGA IP",在可选部件列表中点击"Peripherals",打开设置向导。

只需将宽度(Width)设为 16 位,不改变其他默认设置(默认是输出口),如图 7-28 所示。点击"Finish",回到"System Contents"标签页。

最后,可以在"pio"上点击右键,再点击"Rename",修改该模块的名称为"seven_seg_pio"。

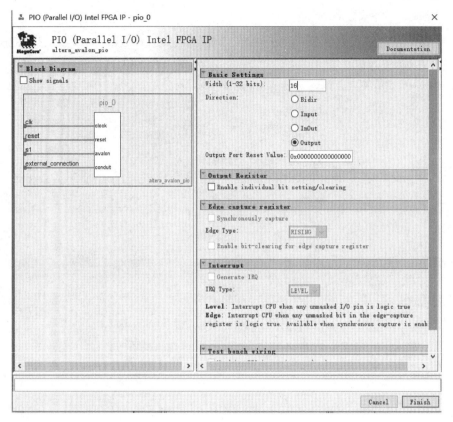

图 7-28　PIO 设置向导

8. 确定基地址和中断申请优先级

至此,已添加了 Nios Ⅱ 系统所需的全部硬件。现在需要确定各部件之间的关系,给从部件分配基地址,并为 JTAG UART 和定时器指定中断申请优先级。

可以用 Platform Designer 的"Auto-Assign Base Addresses"命令方便地进行基地址分配。Nios Ⅱ/s 处理器可以寻址 31 位的地址空间。所分配的基地址必须介于 0x00000000 到 0x7FFFFFFF 之间。不同部件地址之间如果能通过 1 位地址区分,将提高硬件的效率。反之,若考虑地址空间的利用率,则势必降低硬件的效率。

鉴于此,不会给不同存储器分配连续的地址空间。如果要分配连续空间,就需要手动分配。

Platform Designer 也提供了"Assign Interrupt Numberss"命令指定中断申请的优先级。Nios Ⅱ 中 IRQ 值小的优先级高,定时器一般要具有最高的优先级以保证系统时钟的精度。

在"System"菜单中,点击"Assign Base Addresses",则相关部件的"Base"和"End"值会发生改变,反映地址分配后的结果。

然后,在"System"菜单中,点击"Assign Interrupt Numbers",为 JTAG UART 和定时器指定中断申请优先级。可以点击 jtag_uart 部件的"IRQ"值,输入一个新的值(如 16),以改变部件的中断优先级。

通过上述步骤后,已添加了所需的所有部件,在"System Contents"标签页可以看到整个系统的组成,如图 7-29 所示。

图 7-29　完整的 Nios Ⅱ 系统

7.5.5　在 Platform Designer 中生成 Nios Ⅱ 系统

具体步骤如下。

1. 点击"System Generation"标签。

2. 点击"Generate"。系统生成过程可能要花费几分钟的时间，结束时会显示 "Generate：Completed successfully."，见图 7-30。

3. 点击"Close"返回 Quartus Prime 软件。

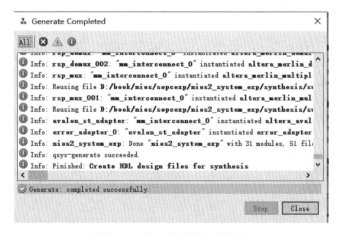

图 7-30　Nios Ⅱ 系统生成页面

7.5.6 将 Nios Ⅱ 系统集成到 Quartus Prime 工程中

这部分只说明处理步骤,不介绍具体操作方法(详见第 6 章的 Quartus Prime 介绍)。

(1) 在 Quartus Prime 工程中例化 Platform Designer 生成的系统模块。

Platform Designer 已生成了一个 Nios Ⅱ 的设计实体,在此采用"Block Diagram File"设计输入方法,因此要将系统模块 nios2_system_exp 例化到原理图文件中。如果用 Verilog HDL 作为设计输入,则对 nios2_system_exp. v 进行例化;而如果采用 VHDL 作为设计输入,则对 nios2_system_exp. vhd 进行例化。

采用"Block Diagram File"设计输入方法对已生成的 Nios Ⅱ 系统例化的结果如图 7-31 所示。

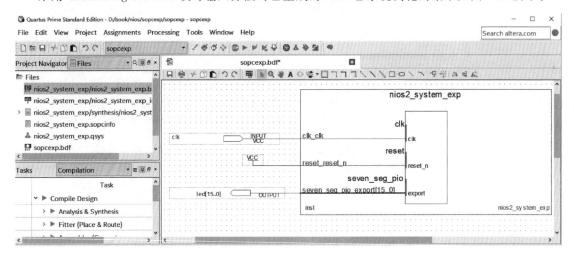

图 7-31　Nios Ⅱ 在 Quartus Prime 框图文件中的例化

(2) 根据所用的开发板选择器件,并进行引脚分配。

(3) 编译该工程,并进行时序分析与仿真。

(4) 将硬件设计下载到 FPGA 中。

7.5.7 用 Nios Ⅱ SBT for Eclipse 开发软件

1. 创建新的 Nios Ⅱ 的 C/C++ 应用程序工程

选择菜单"Tools"→"Nios Ⅱ Software Build Tools for Eclipse",Nios Ⅱ SBT for Eclipse 被启动,在"File"菜单中,将鼠标指向"New",然后点击"Nios Ⅱ Application and BSP from template",打开"New Project"向导。

在"Target hardware information"栏中点击"Browse",打开"Select TargetHardware"对话框,从设计文件目录中找到并选择"nios2_system_exp. sopcinfo"(在 Platform Designer 中生成 Nios Ⅱ 处理器时自动生成的文件),点击"Open"后返回"New Project"向导,所选内容被填入"SoPC Information File Name:"和"CPU name:"域。

然后,在"Project Template"列表中选择"Count Binary",在"Proiect name:"栏中填入"count_binary_0",如图 7-32 所示。

最后,点击"Finish",新创建的工程就会出现在 Nios Ⅱ SBT 中,如图 7-33 所示。在左边工作区可以看到:

- count_binary_0: C/C++应用程序工程
- count_binary_0_bsp : 屏蔽了 Nios Ⅱ 系统硬件细节的支持包(库函数)

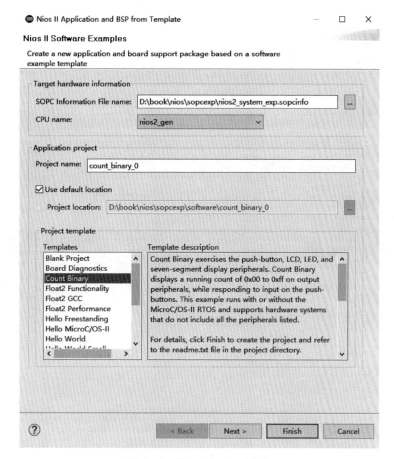

图 7-32 "New Project"向导

可以在文本编辑框中编写或修改 C 源程序。"count_binary. c"源文件中与显示相关的程序如下：

```c
#include "count_binary.h"
static alt_u8 count;
static void sevenseg_set_hex(int hex)
{
    static alt_u8 segments[16] = {
        0x81, 0xCF, 0x92, 0x86, 0xCC, 0xA4, 0xA0, 0x8F, 0x80, 0x84, /* 0-9 */
        0x88, 0xE0, 0xF2, 0xC2, 0xB0,0xB8 };                         /* a-f */
    unsigned int data = segments[hex & 15] | (segments[(hex >> 4) & 15] << 8);
    IOWR_ALTERA_AVALON_PIO_DATA(SEVEN_SEG_PIO_BASE, data);
    }
static void count_sevenseg()
{
    sevenseg_set_hex(count);
}
int main(void)
{
    while( 1 )
    {
```

```
count_sevenseg();
    usleep(100000);
    if( count == 0xff )
    count = 0;
    else
    count++;
}
    return 0;
}
```

可以修改源程序 count_binary.c 中 main()函数,改变计数规律。

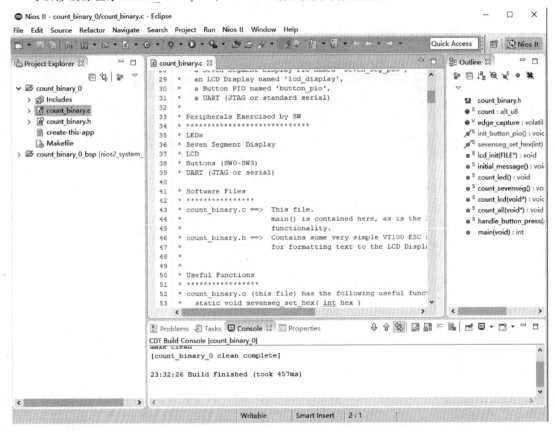

图 7-33   创建工程后的 Nios II SBT 界面

2. 编译工程

在图 7-33 Nios II SBT 界面左侧"Project Explorer"栏的"count_binary_0_bsp"上点击右键,然后点击"Nios II BSP Properties",出现"Properties"对话框。

为减小编译后可执行代码的长度,勾选"Small C library",不勾选"Support C++",如图 7-34 所示,点击"OK"完成设置。

在 Nios II SBT 界面的"count_binary_0"工程上点击右键,再点击"Build Project",出现相应的对话框。Nios II SBT 开始对工程进行编译。编译结束时,会显示"Build completed"。

3. 在目标器件上运行程序

编译后得到的可执行代码即可以在目标硬件上运行。在 Nios II SBT 界面的"count_binary_0"

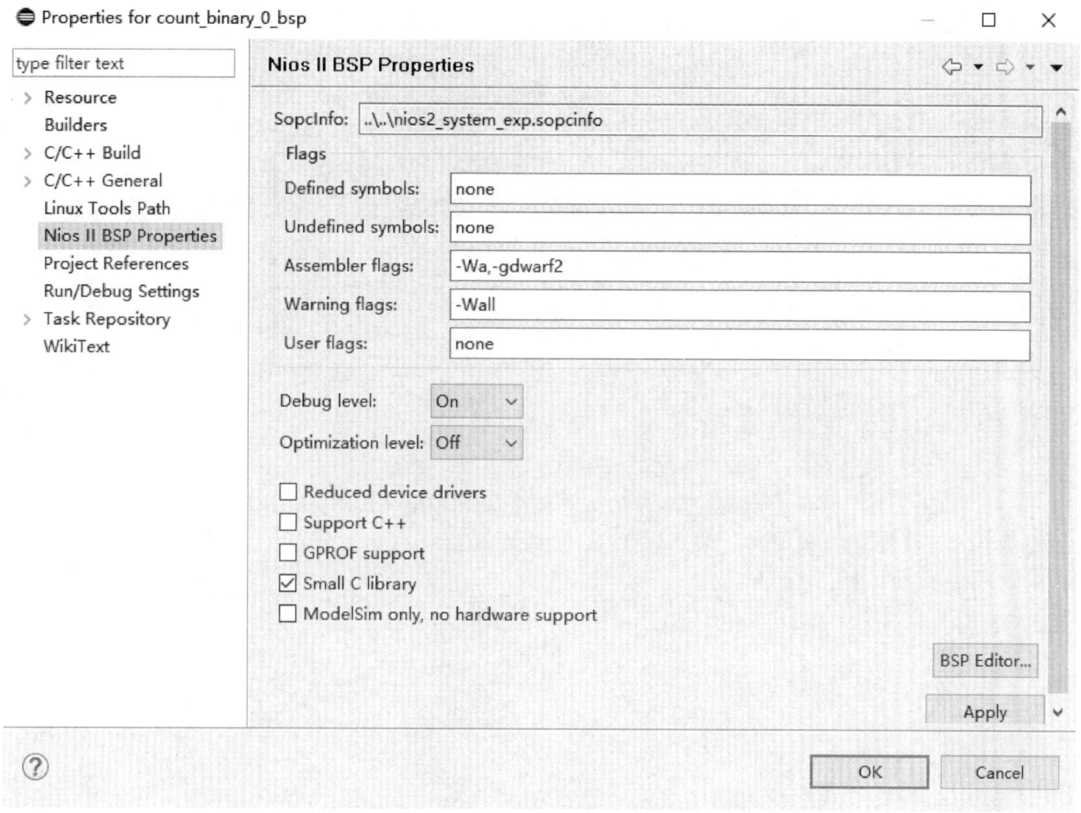

Properties for count_binary_0_bsp
type filter text
Resource
Builders
C/C++ Build
C/C++ General
Linux Tools Path
Nios II BSP Properties
Project References
Run/Debug Settings
Task Repository
WikiText
Nios II BSP Properties
SopcInfo: ..\..\nios2_system_exp.sopcinfo
Flags
Defined symbols: none
Undefined symbols: none
Assembler flags: -Wa,-gdwarf2
Warning flags: -Wall
User flags: none
Debug level: On
Optimization level: Off
Reduced device drivers
Support C++
GPROF support
Small C library
ModelSim only, no hardware support
BSP Editor...
Apply
OK
Cancel

图 7-34　系统库特性设置

工程上点击右键，将鼠标指向“Run As”，点击“Nios Ⅱ Hardware”。程序将被下载到目标板的 FPGA 中，并开始执行。此时可以在 PC 的显示器上看到 Nios Ⅱ 通过 JTAG UART 传送来的计数值(00、01、02、…)，而目标板上的 LED 将同时显示。

习　题　7

7.1　说明 SoPC 与 SoC 的异同之处，以及各自的特点。

7.2　说明常用 SoPC 的种类及其特点。

7.3　简述 Intel(Altera)的 SoPC 开发流程，以及 Platform Designer 中的主要库模块。

7.4　选择适当的 Altera 的 SoPC 开发实验板，对 7.5 节的实例重新进行设计，选择相应的器件，分配适当的引脚，将设计结果下载到实验板中运行。

7.5　采用 Xilinx 的 MicroBlaze 或 Lattice 的 LatticeMico 设计 7.5 节的实例。

7.6　将 7.5 节的实例改用 8 个 LED 二极管来显示，重新进行设计，将设计结果下载到适当的 Intel(Altera)的 SoPC 开发实验板中运行。

7.7　采用 Xilinx 的 MicroBlaze 或 Lattice 的 LatticeMico 设计题 7.6。

7.8　采用 Intel(Altera)的 Nios Ⅱ或 Xilinx 的 MicroBlaze 或 Lattice 的 LatticeMico 设计一个十字路口交通管理器，如图 E7-1 所示。要求：

(1) 通过红(R)、黄(Y)、绿(G)灯控制甲、乙两道交叉路口的交通。正常情况下，甲道与乙道轮流通行，通行状态转换

甲道
乙道
R1
Y1
G1
G2
Y2
R2
交通管理器
(控制器)
AREQ
RESET
BREQ
CLK
甲道通行
时间 T1
乙道通行
时间 T2
公共备行
时间 T3

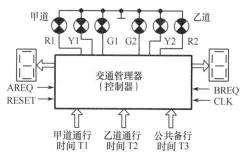

图 E7-1　十字路口交通控制器示意图

时中间插入一段缓冲时间（备行，黄灯）。甲道通行时间、乙道通行时间和公共备行时间均可任意设定（最长99s）。当甲、乙道通行时间还剩 10s 时，通过 LED 数码管倒计时显示剩余通行时间。

（2）响应行人的过街请求，AREQ 表示行人要横过甲道，BREQ 表示行人要横过乙道。AREQ 只在甲道通行状态下有效，此时若剩余通行时间大于 10s，则预置成 10s（缩短通行时间），继续倒计时。BREQ 的作用与 AREQ 类似，只在乙道通行状态下有效。

（3）复位状态下（RESET 有效），路口状态为甲道通行乙道禁止。

提示：时间预置、交通灯控制及 LED 数码管显示均可通过 PIO 接口模块与 MCU 进行连接。

7.9　采用 Intel(Altera) 的 Nios Ⅱ 或 Xilinx 的 MicroBlaze 或 Lattice 的 LatticeMico 设计一个逻辑分析仪。要求：

（1）数据位数 8 位，存储深度 1K。

（2）数据采样速率 100kHz。

（3）触发字一级，通过按键输入。

（4）通过 LED 二极管（8 个）或数码管（2 只）逐字显示所采集的数据。

（5）可以通过按键控制所采集数据的显示方向：正向显示（由前至后）、逆向显示（由后至前）。

提示：触发字设置、数据采集、结果显示均可通过 PIO 接口控制。

第 8 章 实验选题与设计实例

本章将通过 10 个系统设计的例子,将系统设计方法与 HDL 和 PLD 设计技术进行综合应用。选题大致按先简后繁,由易到难,由功能电路到系统的原则编排。前 4 个例子较为简单,适合作为实验选题。后 6 个例子比较复杂,可以作为课程设计的选题,并具有一定的工程应用价值。

8.1~8.3 节依次展示了原理图、图形与 HDL 混合、HDL 三种典型的设计方式,8.4 节对原理图与 HDL 两种方式进行了对比,8.5~8.10 节均采用 HDL 设计方式。

各个例子均以 PLD 为实现载体,但考虑到读者所掌握的技术资源不尽相同,所以下文讨论时,并没有限定具体的 PLD 开发平台和器件型号。若读者采用 Robei、Quartus Prime 或 Vivado 进行实验和设计,可参见本书第 6 章。

8.1 高速并行乘法器

试用 HDPLD 实现一个高速并行乘法器,其输入为两个带符号位的 4 位二进制数。

8.1.1 算法设计和结构选择

前文已经讨论过高速乘法器的设计,采用了以下算法:被乘数 A 的数值位左移,它和乘数 B 的各个数值位所对应的部分积进行累加运算。且用与门、4 位加法器来实现,其电路结构如图 8-1 所示,图中 $P_S = A_S \oplus B_S$,用以产生乘积的符号位。

8.1.2 设计输入

使用相应的设计开发软件,并采用原理图输入方式。图形输入文件如图 8-2 所示。由于设计软件含有丰富的元件库,本例图形文件就可直接调用与门、异或门和 4 位加法器等模块。在使用图形输入方式时应注意软件所能提供的库函数,以便正确地调用。

8.1.3 逻辑仿真

逻辑仿真是设计校验的重要步骤。本例使用设计开发平台的波形编辑器直接画出输入激励波形,启动仿真器,得到功能仿真的结果如图 8-3 所示。图中被乘数 A 和乘数 B 均用 1 位十六进制数表示,乘积 P 用 2 位十六进制数表示。AS、BS、PS 分别是符号位,0 表示正数,1 表示负数。例如,仿真图中 A 的起始输入为正数,数值是 $(2)_{16}$,即 $(0010)_2$;相应的 B 也是正数,数值是 $(0)_{16}$,即 $(0000)_2$,故模拟结果乘积为正数,数值是

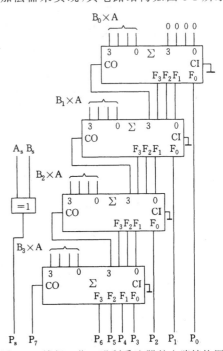

图 8-1 并行 4 位二进制乘法器的电路结构图

$(00)_{16}$，即$(00000000)_2$。再如模拟时间在 300ns 时，A 为正数，数值是$(C)_{16}$，即$(1100)_2$，相应的 B 是负数，数值是$(B)_{16}$，即$(1011)_2$，则乘积 P_s 为负数，数值是$(84)_{16}$，即$(10000100)_2$。

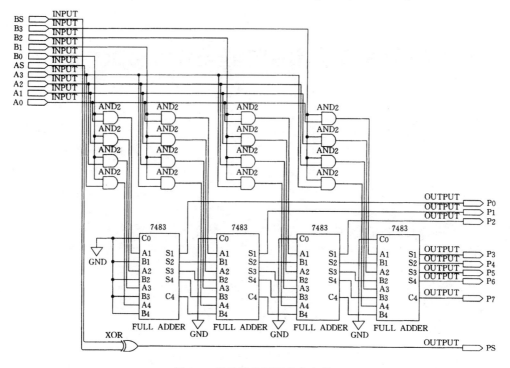

图 8-2　乘法器的图形输入文件

设计者能从仿真波形图上推断逻辑设计是否有误并加以改正。图 8-3 证实了本例设计是正确的。

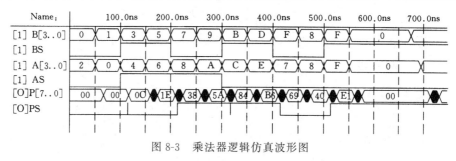

图 8-3　乘法器逻辑仿真波形图

8.2　十字路口交通管理器

8.2.1　交通管理器的功能

十字路口交通管理器控制甲、乙两条道路的红、黄、绿交通灯，指挥车辆和行人安全通行。交通管理器示意图如图 8-4 所示。图中 R1、Y1、G1 是甲道的红、黄、绿灯，R2、Y2、G2 是乙道的红、黄、绿灯。

该交通管理器由控制器和受其控制的三个定时器及六个交通灯组成，其中三个定时器分别确定甲道通行时间 D1、乙道通行时间 D2 和公共停车（黄灯）时间 D3。C1、C2、C3 依次为这些定时器的工作使能信号，即仅当 C1、C2、C3 为 1 时，相应的定时器才能定时。W1、W2、W3 分别为这些定时器的指示信号，定时器定时过程中，相应的指示信号为 0，定时时间到则指示信号为 1。由图 8-4 可见，各定时器的定时时间可根据需要通过 D1、D2、D3 现场设定。

8.2.2 系统算法设计

十字路口交通管理器是一个控制类型的数字系统,其数据处理单元较简单,通过计数器即可实现定时。在此直接按照功能要求,即常规的十字路口交通管理规则,给出管理器工作流程图如图 8-5 所示。该图同时也可以看成系统控制器的 ASM 图。

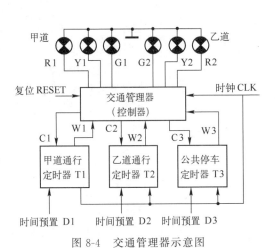

图 8-4 交通管理器示意图

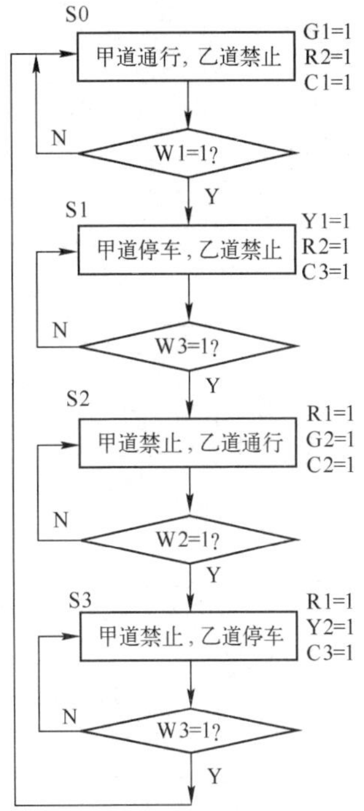

图 8-5 交通管理器工作流程图

8.2.3 设计输入

本设计采用分层次描述方式,且用图形输入和文本输入混合方式建立描述文件。图 8-6 是交通管理器顶层图形输入文件,它用框图形式表明系统的组成,包括控制器和三个定时器,并给出它们之间的互连关系。

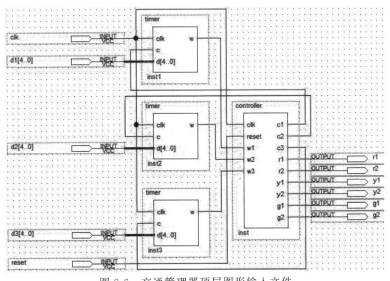

图 8-6 交通管理器顶层图形输入文件

在顶层图形输入文件中的各模块(三个定时器是完全相同的模块),再采用 VHDL 代码进行描述。

1. 控制器

控制器实际上就是一个有限状态机,根据图 8-5 其代码如下:

```
LIBRARY IEEE;
USE IEEE. Std _ Logic _ 1164. ALL;
ENTITY controller IS
        PORT(clk,reset: IN Std _ Logic;
            w1,w2,w3: IN Std _ Logic;
            c1,c2,c3: OUT Std _ Logic;
            r1,r2,y1,y2,g1,g2: OUT Std _ Logic);
END controller;
ARCHITECTURE behav OF controller IS
        TYPE state _ type IS (s0,s1,s2,s3);
        SIGNAL state:state _ type;
BEGIN
        circuit _ state: PROCESS(reset,clk)
        BEGIN
                IF reset='1' THEN
                    state<=s0;
                ELSIF (clk'EVENT AND clk='0') THEN
                    CASE state IS
                        WHEN s0=>
                            IF w1='1' THEN    state<=s1; END IF;
                        WHEN s1=>
                            IF w3='1' THEN    state<=s2; END IF;
                        WHEN s2=>
                            IF w2='1' THEN    state<=s3; END IF;
                        WHEN s3=>
                            IF w3='1' THEN    state<=s0; END IF;
                    END CASE;
                END IF;
        END PROCESS circuit _ state;
        c1<= '1' WHEN state=s0 ELSE '0';
        c2<= '1' WHEN state=s2 ELSE '0';
        c3<= '1' WHEN state=s1 OR state=s3 ELSE '0';
        r1<= '1' WHEN state=s2 OR state=s3 ELSE '0';
        g1<= '1' WHEN state=s0 ELSE '0';
        y1<= '1' WHEN state=s1 ELSE '0';
        r2<= '1' WHEN state=s0 OR state=s1 ELSE '0';
        g2<= '1' WHEN state=s2 ELSE '0';
        y2<= '1' WHEN state=s3 ELSE '0';
END behav;
```

2. 定时器

此处是可预置的定时器,因此用减法计数器实现较为方便,并且还便于显示剩余时间。为保证系统工作稳定,将定时器的时钟触发沿与控制器的触发沿错开。假设定时范围不超过 31,则其代码如下:

```
LIBRARY IEEE;
USE IEEE. Std _ Logic _ 1164. ALL;
ENTITY timer IS
        PORT(clk, c: IN Std _ Logic;
                  d: IN Integer RANGE 0 TO 31;
                  w: OUT Std _ Logic);
END timer;
ARCHITECTURE behav OF timer IS
BEGIN
    PROCESS (clk)
        VARIABLE q: Integer RANGE 0 TO 31;
    BEGIN
        IF clk='1' THEN
                IF c='1' THEN
                    IF q>0 THEN
                        q:=q-1;
                    ELSE
                        q:= d-1 ;
                    END IF;
                END IF;
        END IF;
        IF q=0 THEN
            w<='1';
        ELSE
            w<='0';
        END IF;
    END PROCESS;
END behav;
```

8.2.4 逻辑仿真

对所有设计文件编译后再进行仿真,设置甲道通行时间 D1、乙道通行时间 D2 和公共停车(黄灯)时间 D3 分别为 20、10 和 3,其结果如图 8-7 所示。显然,该结果与预期的交通控制效果相吻合。

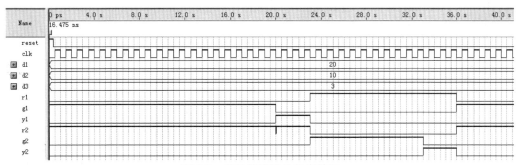

图 8-7　交通管理器的仿真结果

可以对该系统进行扩充,以实现各路通行时间及黄灯时间的倒计时显示,该工作留给读者自行完成。

8.3　九九乘法表

试设计一个供儿童学习九九乘法表之用的数字系统,该系统既可引导学习者跟随学习机连续背诵;也可随时查找任何两个1位十进制数的相乘结果。

8.3.1　系统功能和技术指标

九九乘法表系统能够自动或手动进行两个1位十进制数的乘法,并自动显示被乘数、乘数和乘积,该系统示意图如图8-8所示。图中 AA 和 BB 分别为被乘数和乘数的外部输入端,它们用1位 BCD 码表示。系统用十进制七段数字显示器显示被乘数 A、乘数 B 和乘积 M 的值,其中 M 用2位十进制显示器显示。

系统的功能和指标如下:

(1) 自动进行乘法运算并显示。用户将控制开关 ARH 置逻辑1,则系统内部自动产生被乘数 A' 和乘数 B',并按常规的九九乘法表方式,依照一定速率自动进行 $A'=0\sim9$ 和 $B'=0\sim9$ 的乘法运算,即

$$A'\times B'=0\times0,1\times0,\cdots,9\times0;$$
$$0\times1,1\times1,\cdots,9\times1;$$
$$\cdots\cdots$$
$$0\times8;1\times8,\cdots,9\times8;$$
$$0\times9,1\times9,\cdots,9\times9$$

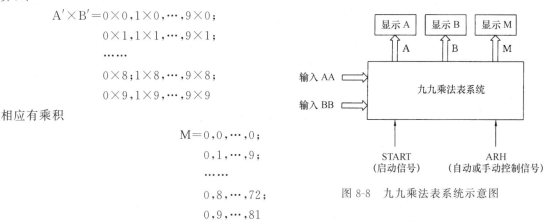

图 8-8　九九乘法表系统示意图

相应有乘积

$$M=0,0,\cdots,0;$$
$$0,1,\cdots,9;$$
$$\cdots\cdots$$
$$0,8,\cdots,72;$$
$$0,9,\cdots,81$$

由于被乘数和乘数的最大值为9,故配置1位十进制显示;而乘积最大值为81,则配置2位十进制数字显示。

(2) 手动进行乘法运算并显示。当控制开关 ARH 为逻辑0时,则乘法表系统仅对外部输入被乘数 AA 和乘数 BB 的特定数据进行乘法运算并输出。在手动工作状态时,分别采用两组4位开关产生被乘数和乘数的 BCD 码输入。

(3) 乘法运算是以二进制数的乘法来进行的,而其结果要用变换器转换为2位 BCD 码输出,并应配有相应的显示译码器。

8.3.2　算法设计

乘法器 M＝A×B 具有自动运算和手动运算两种方式,在自动方式时,A＝A',B＝B';在手动方式时,A＝AA,B＝BB,这由控制开关 ARH 的状态来决定。

现设定信号 EE 为九九乘法表完成一次自动工作,从 0×0＝0 直至 9×9＝81 全过程的结束信号;TT 是定时器(计数器)的结束信号,该定时器确定手动运算的显示时间。则本系统的算法流程图如图8-9所示。在增加了状态标注和明确了输出信号后,该图也可看做系统控制器的 ASM 图,有关状态标志和输出信号等已在图中给出。

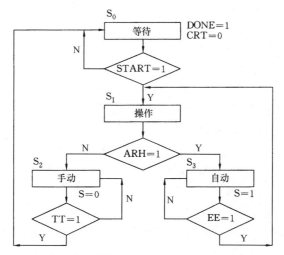

图 8-9 九九乘法表系统算法流程图(即系统控制器的 ASM 图)

8.3.3 数据处理单元的实现

九九乘法表系统的数据处理单元结构框图如图 8-10 所示。

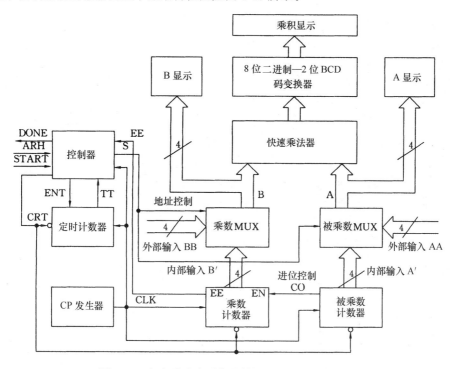

图 8-10 九九乘法表系统的数据处理单元结构框图

(1)高速乘法器电路。8.1 节讨论的高速并行乘法器设计方案直接可以在此得到应用,但符号位不必考虑。

(2)被乘数、乘数自动发生器。系统处于自动工作状态时,被乘数和乘数应自动、有序地产生,为此采用两只模 10 加计数器分别实现。被乘数计数器由 0→9 记满时,进位信号 CO=1,则乘法计数器加 1,从而达到被乘数的从 0→9 变化和乘数的从 0→9 变化按次序相乘。

(3)被乘数、乘数选择电路。由于在自动和手动工作状态时,乘法器的输入分别为数据处理单元内部自动产生或系统外部输入被乘数和乘数,为此配置两个 4 位 2 选 1 数据选择器来选择恰当的输入，其地址变量由控制器根据 ARH 的状态来确定。

（4）码制变换电路。快速乘法器输出乘积 $M=A\times B$ 为 7 位二进制数、即 $M=m_6m_5m_4m_3m_2m_1m_0$，必须转换为两位 8421BCD 码显示，也就是说，从 $0\times0=0$ 直至 $9\times9=81$，均应以十进制显示，以使用户直接观察到十进制运算结果（被乘数、乘数也用十进制数字显示），码制变换电路就是为实现该功能而设置的。

（5）显示译码电路。把 BCD 码表示的 A、B 和 M 变换为 1 位或 2 位十进制数字显示器（七段显示器）的控制信号，这是显示译码应实现的功能。

8.3.4 设计输入

建立九九乘法表系统的输入文件可以有多种方式：图形描述方式、VHDL 或 Verilog HDL 描述方式或者图形和文本相结合的描述方式。但是，无论采用何种描述方式，对于较复杂的系统，总采用层次化设计描述的思路，九九乘法表系统也不例外。因为在一个设计文件中完成全部的逻辑描述是非常困难的，也不利于设计调试，因而单层次的描述不是一种优良的设计风格，在上节的讨论中已做了初步介绍，通过本例的设计，将获得更深入的体会。

利用 VHDL 支持层次化设计的功能，依据图 8-10 所示结构框图，采用了图 8-11 所示的层次结构来建立九九乘法表系统的 VHDL 文本输入文件。

在 VHDL 中，设计单元是用元件来描述的。层次化设计时要在一个元件中引用另一个元件，则必须利用元件说明和元件例化语句来实现。元件例化必须出现在高层元件结构体的逻辑描述区内，而元件说明出现的位置比较灵活，它可以在高层元件结构体的说明区中出现，还可以出现在独立的程序包中。在不同的位置进行的元件说明使得元件具有不同的可见性：在高层元件结构体中说明的元件只可在该结构体中使用；而在程序包中说明的元件可在任何使用该程序包的元件中使用。采用元件例化实现层次化设计是典型的结构描述。

在本系统的设计文件中，由于各种元件都是通用型的，为此采用程序包。该系统使用了两个程序包：一个是 std_logic_1164，它是 IEEE 标准制定的程序包，包含在 IEEE 库中，其中说明了一些基本的数据类型和对应的运算规则，满足普通设计的需要。另一个是 PLUS_LIB，它是本课题设计中作者自定义的程序包，我们把图 8-11 所示各模块均放在自定义的 PLUS_LIB 程序包中，它们说明了在顶层文件内要使用的元件。

程序包 PLUS_LIB 的描述源文件如下：

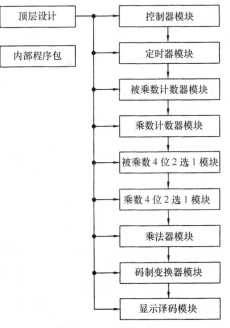

图 8-11 系统层次结构

```
LIBRARY IEEE;
USE IEEE.STD_LOGIC_1164.ALL;
PACKAGE    plus_lib    IS
    COMPONENT    pluscontrol                                --控制器
        PORT(clk :IN Std_Logic;
                start,arh,tt,ee : IN Std_Logic;
                done,crt,s,ent : OUT Std_Logic);
    END COMPONENT;
```

```vhdl
    COMPONENT    count8                                    --定时计数器
        PORT(clk ;IN Std _ Logic;
                crt,ent ; IN Std _ Logic;
                tt ; OUT Std _ Logic;
    END COMPONENT;

    COMPONENT    cnt1                                      --被乘数发生器
        PORT(clk ;IN Std _ Logic;
                crt ; IN Std _ Logic;
                oc ; OUT Std _ Logic;
                qa ; OUT Integer RANGE 9 DOWNTO 0;
    END COMPONENT;

    COMPONENT    cnt2                                      --乘数发生器
        PORT(clk ;IN Std _ Logic;
                crt ; IN Std _ Logic;
                en2 ; IN Std _ Logic;
                ee ; OUT Std _ Logic;
                qb ; OUT Integer RANGE 9 DOWNTO 0);
    END COMPONENT;

    COMPONENT    mux1                                      --乘数选择器
        PORT(bb,qb ; IN Integer RANGE 9 DOWNTO 0;
                s ; IN Std _ Logic;
                b ; OUT Integer RANGE 9 DOWNTO 0);
    END COMPONENT;

    COMPONENT    mux2                                      --被乘数选择器
        PORT(aa,qa ; In Integer RANGE 9 DOWNTO 0;
                s ; IN Std _ Logic;
                a ; OUT Integer RANGE 9 DOWNTO 0);
    END COMPONENT;

    COMPONENT   plus                                       --乘法器
        PORT(a ;IN Integer RANGE 9 DOWNTO 0;
                b ; IN Integer RANGE 9 DOWNTO 0;
                m ; OUT Integer RANGE 81 DOWNTO 0;
    END COMPONENT;

    COMPONENT   trans                                      --码制变换器
        PORT(m ; IN Integer RANGE 81 DOWNTO 0;
                bd2,bd1 ; OUT Integer RANGE 9 DOWNTO 0);
    END COMPONENT;

    COMPONENT   display                                    --显示译码器
        PORT(db1 ; IN Integer RANGE 9 DOWNTO 0;
                xa1 ; OUT Std _ Logic _ Vector(6 DOWNTO 0));
    END COMPONENT;
END plus _ lib;
```

系统顶层设计的 VHDL 源文件如下：

```
LIBRARY IEEE；
USE IEEE.Std＿Logic＿1164.ALL；
USE Work.plus＿lib.ALL；
ENTITY plustop IS
    PORT(clk : IN Std＿Logic；
           start,arh : IN Std＿Logic；
           bb,aa : IN Integer RANGE 9 DOWNTO 0；
           xa1,xa2 : OUT Std＿Logic＿Vector(6 DOWNTO 0)；
           xa3,xa4 : OUT Std＿Logic＿Vector(6 DOWNTO 0))；
END plustop；
ARCHITECTURE one OF plustop IS
    SIGNAL tt,ee,ent,crt,done,oc,s : Std＿Logic；
    SIGNAL qa,qb,b,a : Integer RANGE 9 DOWNTO 0；
    SIGNAL m : Integer RANGE 81 DOWNTO 0；
    SIGNAL bd1,bd2 : Integer RANGE 9 DOWNTO 0；
BEGIN
    control：pluscontrol
        PORT    MAP(clk,start,arh,tt,ee,done,crt,s,ent)；
    count1：count8
        PORT    MAP(clk,crt,ent,tt)；
    countr：cnt1
        PORT    MAP(clk,crt,oc,qa)；
    count3：cnt2
        PORT    MAP(clk,crt,oc,ee,qb)；
    m1：mux1
        PORT    MAP(bb,qb,s,b)；
    m2：mux2
        PORT    MAP (aa,qa,s,a)；
    p1：plus
        PORT    MAP(a,b,m)；
    t1：trans
        PORT    MAP (m,bd2,bd1)；
    x1：display
        PORT    MAP(a,xa1)；
    x2：display
        PORT    MAP(b,xa2)；
    x3：display
        PORT    MAP(bd1,xa3)；
    x4：display
        PORT    MAP(bd2,xa4)；
END one；
```

系统第二层描述含 9 个子模块的 VHDL 源文件，因篇幅较大，以下仅给出系统控制器模块的源文件：

```
LIBRARY IEEE；
USE IEEE.Std＿Logic＿1164.ALL；
```

```
ENTITY    pluscontrol   IS
    PORT (
            clk:IN Std _ Logic;
            start,arh,tt,ee:IN Std _ Logic;
            done,crt,s,ent:OUT Std _ Logic);
END pluscontrol;
ARCHITECTURE    one    OF    pluscontrol    IS
    TYPE    state _ space    IS (s0,s1,s2,s3);
    SIGNAL state:state _ space;
BEGIN
    PROCESS(clk)
    BEGIN
        IF (clk'EVENT AND clk='1')THEN
            CASE    state    IS
                WHEN s0=>
                    IF start='1' THEN
                        state<=s1;
                    END IF;
                WHEN s1=>
                    IF arh='1' THEN
                        state<=s3;
                    ELSE
                        state<=s2;
                    END IF;
                WHEN s2=>
                    IF tt='1' THEN
                        state<=s0;
                    END IF;
                WHEN s3=>
                    IF ee='1' THEN
                        state<=s1;
                    END IF;
            END CASE;
        END IF;
    END PROCESS;
    done<='1'    WHEN        state=s0    ELSE '0';
    crt<='0'     WHEN        state=s0    ELSE '1';
    s<='1'       WHEN        state=s3    ELSE '0';
    ent<='1'     WHEN        state=s2    ELSE '0';
END    one;
```

其他 8 个子模块的 VHDL 源文件请读者自行完成。

8.3.5 系统的功能仿真

设计输入文件经适当的设计开发平台编译、处理,由功能仿真器进行逻辑模拟,获得仿真波形如图 8-12 所示。其中输入用 1 位十进制数表示,输出乘积已用 2 位十进制数表示,BD2 为高位,BD1 是低位。

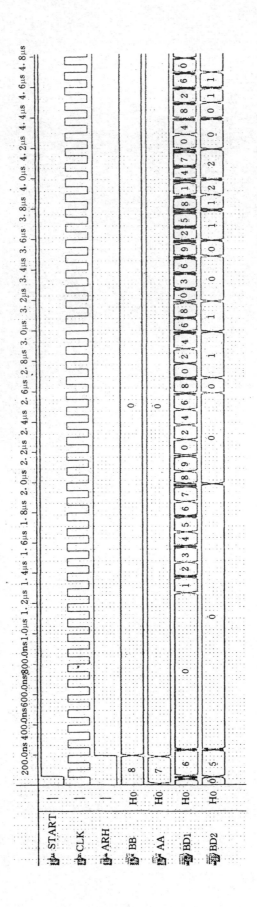

图 8-12 九九乘法表系统功能仿真图

例如,模拟开始时,ARH＝0,系统执行手动功能,输入被乘数 AA 和乘数 BB 有效:7×8＝56。在 200.0ns 以后,ARH＝1,系统执行自动功能,被乘数和乘数按九九乘法表要求自动产生,则乘积 BD2、BD1 输出相应的结果。

8.4 先进先出堆栈(FIFO)

FIFO 是先进先出堆栈,又称为队列。作为一种数据缓冲器,其数据存放结构和 RAM 是一致的,只是存取方式有所不同。

8.4.1 FIFO 的功能

如图 8-13 所示为待设计的 FIFO 的框图。图中,X、Y 分别为 4 位输入、输出数据线。WRITE 为写信号,READ 为读信号,CLEAR 为清除信号。EMPTY、FULL 分别为队列空、满标志输出。该 FIFO 含 16 个存储单元。

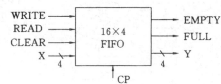

图 8-13 FIFO 存储器示意图

因 RAM 中的各存储单元可被随机读写,故该 FIFO 的队首位置及队列长度均可浮动。为此,用两个地址寄存器—— RA 和 WA,分别存储读地址(即队首元素地址)和写地址(即队尾元素地址加 1)。在读写过程中该 FIFO 所存储的信息并不移动,而是通过改变读地址或写地址来指示队首队尾。图 8-14(a)给出了读操作的示意图。阴影部分代表队列中的元素。读操作时,WA 不变,RA 加 1。显然,若 RA 加 1 后与 WA 相等,则表示队列已空。图 8-14(b)给出了写操作的示意图。写操作时,RA 不变,WA 加 1。RAM 的存储空间可被队列循环使用。在 RAM 的最后一个存储单元被占用后,若队首位置不处于 RAM 的第一个存储单元,则该队列可从第一个存储单元继续写入。此时 RA＞WA,如图 8-14(c)所示。显然,写操作时若 WA 与 RA 相等,则表明队列已满。

在说明了 FIFO 逻辑功能及读写操作特点的基础上,就可进而设计该系统。

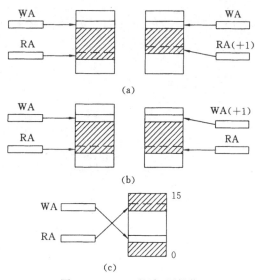

图 8-14 FIFO 的读、写操作

8.4.2 算法设计和逻辑框图

该 FIFO 的算法流程图如图 8-15 所示。由图可见,写操作状态下,若队列已满,则不将外部数据写入,否则 X 将被写入 WA 所指向的存储单元(图中用"[WA]"表示与寄存器 WA 中所存地址相对应的存储单元)。X 写入后,令 WA 加 1,再与 RA 比较,若 WA＝RA,则表示队列已满,令队列满标志 FULL＝1。读操作的算法与写操作类似。清除队列时,将 RA 和 WA 复位,使其均指向 RAM 的第一个单元,并令队列空标志 EMPTY＝1,队列满标志 FULL＝0。

实现上述算法的逻辑框图如图 8-16 所示。由于读操作时,RA 将被加 1,使 RAM 的地址信号发生变化,故采用寄存器 Y 对读出的数据进行锁存。因队列的空、满状况独立于流程图的工作块,故分别用 RS 触发器对其锁存。并通过 R、S 端使其复位或预置。

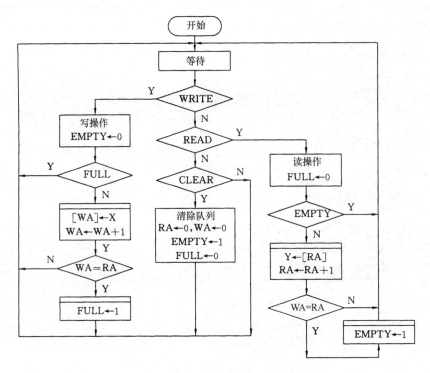

图 8-15　FIFO 的算法流程图

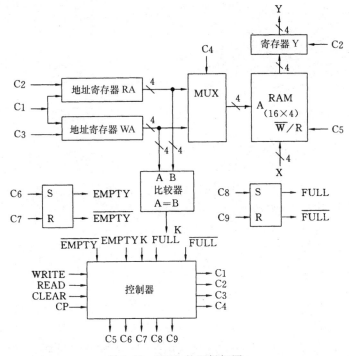

图 8-16　FIFO 的逻辑框图

图 8-16 中,C1 可使 RA 和 WA 清 0,以实现对队列的清除操作。在对队列进行写操作时,通过 C4 使 MUX 选择 WA 的输出加到 RAM 的地址端,并通过 C5 将输入数据 X 存入队列尾部,然后由 C3 控制 WA 加 1。读操作时,通过 C4 使 MUX 选择 RA 的输出加到 RAM 的地址端,并通过 C5、C2 将队列首部的元素暂存至寄存器 Y 中输出,然后由 C2 控制 RA 加 1。比较器的作用是判别 RA 与

WA 是否相等,以便确定队列的空、满状态。

8.4.3 数据处理单元和控制器的设计

1. 数据处理单元的设计

因该 FIFO 的容量为 16×4,地址线与数据线均为 4 位,故选用具有相同容量的 RAM(如 7489)充当存储器,用四 D 触发器(如 74175)作为寄存器 Y。因 RA 和 WA 需进行加 1 操作,故选 4 位二进制计数器(如 74161)作寄存器 RA 和寄存器 WA。比较器采用 4 位二进制数值比较器(如 7485)。因双 D 触发器 7474 既具有异步复位置位端又具有互补的状态输出,故选其做基本 RS 触发器。如图 8-17 所示为数据处理单元的逻辑电路图。

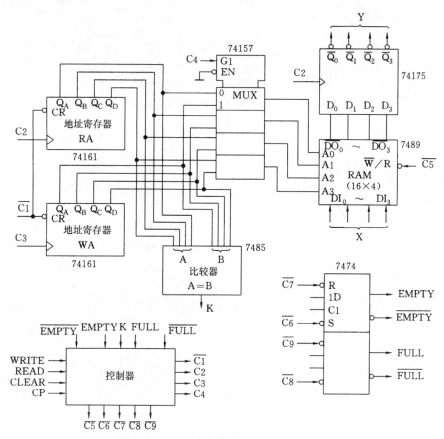

图 8-17 FIFO 数据处理单元的逻辑电路图

2. 控制器的设计

(1) 导出 ASM 图。根据算法流程图和数据处理单元的逻辑电路图,可导出控制器的 ASM 图,如图 8-18 所示。MUX 的数据选择信号 C4 仅在写数据时才为 1,以选择 WA 作为 RAM 的地址信号;其他状态下 C4=0。RAM 的读写控制信号 $\overline{C5}$ 仅在写数据时才为 0,以使 RAM 进行写入操作;在其他状态下,$\overline{C5}$=1,RAM 处于读操作状态。为防止控制器状态刚发生变化时,以及 RA 或 WA 加 1 前后比较器的输出不稳定,将 K 与 $\overline{CP}$ 相与,以避开 K 信号的不稳定期,避免电路出现误动作。

(2) 控制器的实现。首先对 ASM 图进行如下状态分配:

S_0 —— 00, S_1 —— 01, S_2 —— 10, S_3 —— 11

状态分配如图 8-19(a)所示。

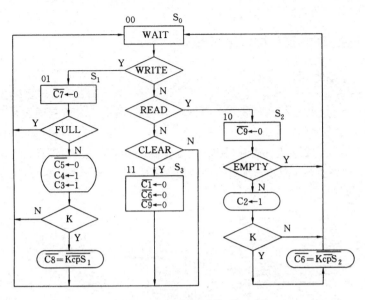

图 8-18　FIFO 控制器的 ASM 图

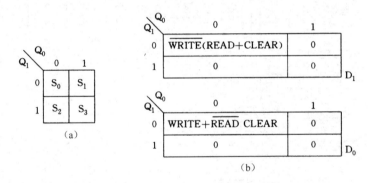

图 8-19　状态分配及激励函数卡诺图

选择 D 触发器作为控制器的状态寄存器。由 ASM 图可直接导出激励函数卡诺图,如图 8-19(b)所示。从而得到如下激励方程

$$D_1 = \overline{Q_1}\ \overline{Q_0}\ \overline{WRITE}(READ+CLEAR)$$

$$D_0 = \overline{Q_1}\ \overline{Q_0}(WRITE+\overline{READ}\quad CLEAR)$$

由 ASM 图可得各输出方程

$$\overline{C1}=\overline{\overline{Q_1}\ Q_0}\quad C2=Q_1\ \overline{Q_0}\ \overline{EMPTY}\quad C3=C4=\overline{\overline{Q_1}\ Q_0\ \overline{FULL}}\quad \overline{C5}=\overline{\overline{Q_1}\ Q_0\overline{FULL}}$$

$$\overline{C6}=\overline{Q_1\ Q_0+K\ \overline{CP}\ Q_1\ \overline{Q_0}}\quad \overline{C7}=\overline{\overline{Q_1}\ Q_0}\quad \overline{C8}=\overline{K\ \overline{CP}\ \overline{Q_1}\ Q_0}\quad \overline{C9}=\overline{Q_1\overline{Q_0}+Q_1Q_0}=\overline{Q_1}$$

根据输出方程和激励方程画出控制器的逻辑电路,如图 8-20 所示。

本例完全遵循自上而下设计方法进行设计,整个过程可以分为若干个层次:系统级、算法级、寄存器传输级(RTL)和逻辑级(又称门级)等。就设计过程中对系统描述的内容而言可分为行为描述和结构描述。

图 8-13 及相应的文字说明给出了 FIFO 的逻辑功能,这是系统级行为描述。图 8-15 所示的算法流程图是 FIFO 的算法级行为描述。图 8-16 的逻辑框图说明了组成 FIFO 的模块,以及各模块之间信号传输和变换的关系,这是一种 RTL 结构描述。控制器的激励方程和输出方程属逻辑级行为描述。控制器的逻辑电路图(图 8-20)则属 RTL 和逻辑级的混合结构描述。由此说明,数字系统设计本质上就是由抽象到具体、由行为到结构的不同层次的描述间的逻辑变换。

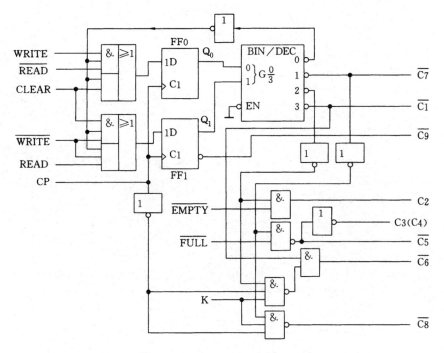

图 8-20 FIFO 控制器的逻辑电路图

8.4.4 设计输入

本例采用分层次图形输入方式建立设计输入文件。图 8-21 是 FIFO 顶层图形输入文件。该文件用框图形式表明系统的组成:数据处理单元、控制器和它们的互连线。

在顶层图形输入文件中的两个模块,其功能由第二层次的原理图输入文件来详细描述。鉴于前面已导出数据处理单元和控制器的详细逻辑电路图,不难在PLD 开发系统的支持下,调用元件库中所需元件,即可构成该原理图输入文件。请上机运行,并完成输入文件建立、设计处理和逻辑功能模拟等各个环节。

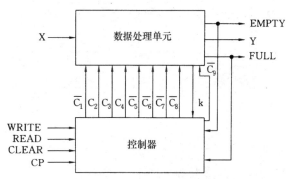

图 8-21 FIFO 顶层图形输入文件

8.4.5 用 Verilog HDL 进行设计

前述对 FIFO 的设计表明,传统的系统设计方法较为繁琐。但如果采用硬件描述语言对其进行设计描述,则显得简便、高效。以下是根据图 8-15 算法流程图描述的该 FIFO 存储器的 Verilog HDL 代码。

```
module fifo( cp, clear, write, read, x, y, full, empty);
    input   cp, clear, write, read;
    input [3:0]     x;
    output [3:0]    y;
    reg   [3:0]     y;
    output          full, empty;
    reg             full, empty;
```

```
reg [3:0]        ra;                    //读地址寄存器
reg [3:0]        wa;                    //写地址寄存器
reg [3:0]        ram[0:15];             //16×4 存储器
always @(posedge cp)
begin
    if( clear )
    begin
        ra <= 0;
        wa <= 0;
        empty <= 1;
        full <= 0;
        y <= 0;
    end
    else if(write && ! full)
    begin
        ram[wa] <= x;
        empty <=0;
        if((wa==15 && ra==0) || wa+1==ra)
            full <= 1;
        wa <= wa + 1;
    end
    else if(read && ! empty)
    begin
        y <= ram[ra];
        full <= 0;
        if((ra==15 && wa==0) || ra+1==wa)
            empty <= 1;
        ra <= ra + 1;
    end
end
endmodule
```

8.4.6 仿真验证

对上述 Verilog HDL 代码进行仿真,结果如图 8-22 所示。由图可见,控制信号 clear 有效时,FIFO 处于复位状态,empty 为 1 有效,ra 和 wa 均为 0000(十六进制 0)。write 有效后,依次由 x 端口写入的数据为 8,9,A,…,6,7(存于 RAM 中),写入第 1 个数据后,empty=0 无效,写入 16 个数据后,

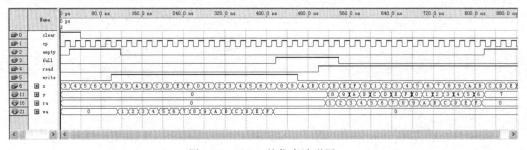

图 8-22 FIFO 的仿真波形图

full＝1 有效,FIFO 满,无法继续写入。最后当 read 有效时,从 y 端口读出数据 8,9,A,…,6,7(取自 RAM),与写入的数据完全对应,读出第 1 个数据后,full＝0 无效,读出 16 个数据后,empty＝1 有效,FIFO 空,无新数据可以读出。

8.5　UART 接口

8.5.1　UART 组成与帧格式

通用异步收发器(Universal Asynchronous Receiver & Transmitter,UART),又称为串行通信口或串口,在数字系统中有着广泛的应用。

1. 功能

所设计的 UART 的功能包括全双工、标准 UART 数据格式、奇偶校验、接收中断、发送中断、校验错误检查、帧错误检查等。相应的顶层框图如图 8-23 所示,左侧为内部信号,右侧为外部的串口收、发信号。图中各信号含义见表 8-1。

表 8-1　UART 信号定义

信　号	方　向	作　用
reset	INPUT	复位
clk16	INPUT	时钟
parityerr	OUTPUT	校验错误标志
framingerr	OUTPUT	数据格式错误标志
overrun	OUTPUT	前次数据未读出又收到新数据
rxrdy	OUTPUT	数据已接收,可以读出
txrdy	OUTPUT	数据可以写入以发送
read	INPUT	读使能,低电平有效
write	INPUT	写使能,低电平有效
data[7:0]	INOUT	双向数据总线
rx	INPUT	串行接收端
tx	OUTPUT	串行发送端

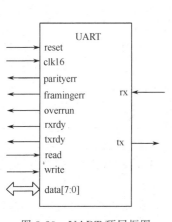

图 8-23　UART 顶层框图

2. 帧格式

UART 的串行数据格式如图 8-24 所示。数据每 8 位为 1 帧,在连续传输的间隙,tx 线保持高电平。每次传输总是以一个低电平起始位开始,后跟 8 个数据位,低位(LSB)在前,高位(MSB)在后。8 个数据位之后则是该 8 位数据的校验位,可以设置成奇校验或偶校验。校验位之后为高电平的终止位,表示一帧结束。

UART 的发送线(tx)和接收线(rx)都需要进行上拉,使其在空闲时为高电平。

图 8-24　UART 数据格式

3. 组成

UART 可以划分成 2 个独立的接收和发送模块,但数据总线共用,通常与内部控制器(CPU)的 8 位数据口(总线)相连。时钟 clk16 也共用。

图 8-25 为 UART 的组成结构示意图。发送模块中,"发送保持寄存器"用于暂存待发送的 8 位数据,而"发送移位寄存器"则进行并/串变换,实现串行发送,MUX 用于添加起始位、校验位和终止位。接收模块中,"接收移位寄存器"进行串/并变换,而"接收保持寄存器"则用于暂存接收到的 8 位数据。三态驱动器的作用是当不从 UART 读取数据时,UART 不影响数据总线。接收和发送模块均有各自的控制逻辑。

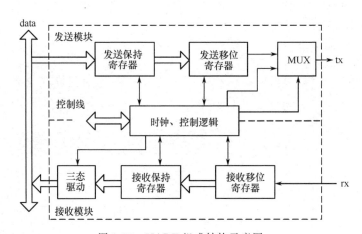

图 8-25　UART 组成结构示意图

clk16 的频率是串口波特率的 16 倍,其作用:一是内部并行数据读、写的同步信号;二是作为产生波特率的基准;三是在接收串口数据时,便于对每个数据位的中点进行定位采样,以提高数据传输的可靠性,这一点正是将 clk16 设成波特率若干倍频的原因,详见接收模块设计。

8.5.2　顶层模块的描述

UART 的顶层模块由发送模块和接收模块的实例引用和三态驱动 3 个部分构成,其 Verilog HDL 描述如下:

```
'include "txmit. v"              //包含发送模块源文件
'include "rxcver. v"             //包含接收模块源文件
module uart (clk16, reset, read, write, data, rx, tx, rxrdy, txrdy, parityerr, framingerr, overrun);
    input       clk16, reset, read, write, rx;
    inout       [7:0] data;
    output      tx, rxrdy, txrdy, parityerr, framingerr, overrun;
    wire        tx, rxrdy, txrdy, parityerr, framingerr, overrun;
    wire        [7:0] rxdata;                           // 接收保持寄存器的数据输出
    //发送模块实例引用
    txmit tx_1 (clk16, write, reset, tx, txrdy, data);
    //接收模块实例引用
    rxcver rx_1 (clk16, read, rx, reset, rxrdy, parityerr, framingerr, overrun, rxdata);
    //数据总线的三态驱动
    assign data = ! read ? rxdata : 8'bzzzzzzzz;
endmodule
```

8.5.3 发送模块设计

发送模块的工作流程主要包括三个状态：空闲态（idle）、写数据（load）和数据移位输出（shift）。写数据时，将数据先存入发送保持寄存器（thr），再由 thr 存入发送移位寄存器（tsr）。在数据移位输出时，除 8 个数据位外，还需要适时插入起始位、校验位和终止位。详细工作流程如图 8-26 所示。

发送模块的 Verilog HDL 代码如下：

```
module txmit (clk16，write，reset，tx，txrdy，data)；
    input      clk16，write，reset；
    output     tx，txrdy；
    reg        tx；
    input      [7：0] data；
    reg        [7：0] thr；                    //发送保持寄存器
    reg        [7：0] tsr；                    //发送移位寄存器.
    wire       paritymode = 1'b1；            //校验方式，初值为 1 奇校验，为 0 偶校验
    reg        txparity；                     //校验位寄存器.
    reg        txclk；                        //发送时钟
    reg        txdatardy；                    //发送保持寄存器中数据已准备好
    reg        [2：0] cnt；                    //用于产生 txclk 的计数器
    reg        [3：0]txcnt；                   //记录发送数据位数的计数器
    reg        write1，write2；                //为检测 write 的跳变而设置的 2 个变量
//对 clk16 分频，产生 txclk
    always @(posedge clk16 or posedge reset)
        if (reset)
        begin
            txclk <= 1'b0；
            cnt <= 3'b000；
        end
        else
        begin
            if (cnt == 3'b000)
                txclk <= ！txclk；
            cnt <= cnt + 1；
        end
//在 write 下降沿将 data 上数据存入 thr
    always @(write or data)
        if (～write)
            thr = data；
// tsr 寄存器与 tx 输出
    always @(posedge txclk or posedge reset)
        if (reset)
        begin
            tsr <= 8'h00；
            txparity <=   1'b0；
            tx <= 1'b1；
            txcnt <= 4'b0000；
```

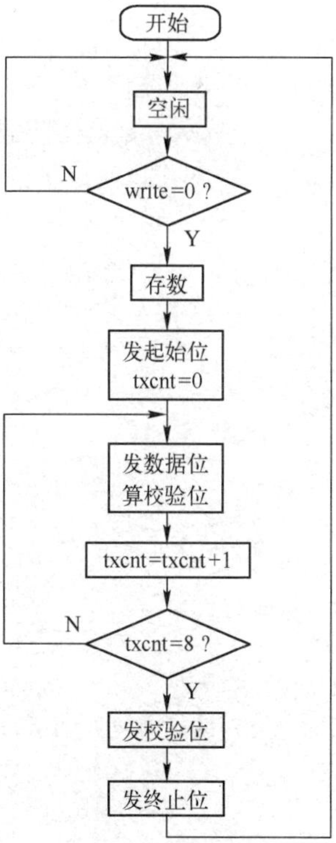

图 8-26 发送模块工作流程

```
                        end
                    else
                    begin
                        if ((txcnt == 0) && txdatardy)
                        begin
                            tsr <= thr；
                            txparity <= paritymode；
                            tx <= 1'b0；                    //设置起始位为低
                            txcnt <= 4'b0001；
                        end
                        else
                        begin
                            tsr <= tsr >> 1；              //数据右移一位
                            txparity <= txparity ^ tsr[0]；//计算校验位
                //输出校验位、终止位/空闲位或数据位
                            if (txcnt==10 || txcnt==0)
                                tx <= 1'b1；                //输出终止位/空闲位
                            else if (txcnt==9)
                                tx <= txparity；            //输出校验位
                            else
                                tx <= tsr[0]；              //输出数据位
                            if (txcnt! =10 && txdatardy)
                                txcnt <= txcnt+1；          //数据未发完,计数值加1
                            else
                                txcnt <= 0；                //数据已发完,计数值回0
                        end
                    end
    //对一些辅助控制信号赋值
        always @(posedge clk16 or posedge reset)
            if (reset)
            begin
                txdatardy <= 1'b0；
                write2 <= 1'b1；
                write1 <= 1'b1；
            end
            else
            begin
                if (write1 &&  ! write2)
                    txdatardy <= 1'b1；    //在write上升沿,新数据已存入thr,将txdatardy置有效
                else if (txcnt==10)
                    txdatardy <= 1'b0；          //数据发送完,txdatardy置无效
    //为检测write上升沿,对滞后的write1和write2赋值
                write2 <= write1；
                write1 <= write；
            end
    //若thr中数据已发送,则可以准备写入新数据
```

```
    assign      txrdy = !txdatardy;
endmodule
```

上述代码分 5 个部分：

第一部分为波特率发生器，只要将 clk16 进行 16 分频即可，实际上就是设计一个模 16 计数器。采用 always 语句通过 clk16 产生 txclk。

第二部分采用 always 语句描述 thr 的锁存器功能。

第三部分采用 always 语句通过 txclk 触发 tsr 产生 tx 输出。

第四部分采用 always 语句通过 clk16 产生一些辅助控制信号。其中，write1 滞后 write 一个 clk16 时钟周期，write2 又滞后 write1 一个 clk16 时钟周期。因此，当 write1 为 1 且 write2 为 0 时，表示 write 刚出现了一个上升沿。

第五部分则采用 assign 连续赋值语句描述状态信号 txrdy。

8.5.4　接收模块设计

接收模块的工作流程主要包括三个状态：空闲态（idle）、捕获起始位（hunt）和数据移位（shift）。在数据移位过程中要判断校验位和终止位，输出相应的标志。数据接收无误后，将接收移位寄存器（rsr）中的数据存入接收保持寄存器（rhr），并发出 rxrdy 中断请求信号，等待 read 有效，以便将 rhr 中的数据读出，其详细工作流程如图 8-27 所示。

接收模块也需要波特率发生器，且也是将 clk16 进行 16 分频得到 rxclk，但是为提高接收数据的可靠性，rxclk 的上升沿应当正好处于起始位和各数据位的中点处，即要将接收模块的波特率时钟同步到起始位及其后各位的中点，如图 8-28 所示。

图中，从 rx 出现低电平到 rxclk 第 1 个上升沿的间隔时间 T_1 的大小正好等于 clk16 的 8 个周期。

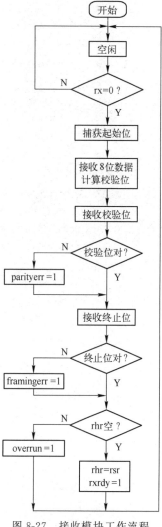

图 8-27　接收模块工作流程

图 8-28　rxclk 时钟同步到各接收位的中点

接收模块的 Verilog HDL 代码如下：

```
module rxcver (clk16，read，rx，reset，rxrdy，parityerr，framingerr，overrun，rxdata)；
    input      clk16，read，rx，reset；
    output     rxrdy，parityerr，framingerr，overrun；
    reg        parityerr，framingerr，overrun；
    output     [7：0] rxdata；
    reg        [7：0] rxdata；
    reg        [3：0] cnt；              //用于产生 rxclk 的计数器
    reg        rxclk；
    reg        idle；                   //空闲态
```

```verilog
reg     hunt;                                    //捕获态(起始位)
reg     [7:0] rhr;
reg     [7:0] rsr;
wire    paritymode = 1'b1;                       //校验方式,初值为 1 奇校验,为 0 偶校验
reg     rxparity;                                //校验结果
reg     paritygen;                               //校验位寄存器
reg     rxstop;                                  //结束位寄存器
reg     rxdatardy;                               //数据准备好可读出标志
reg     rx1，read1，read2，idle1;                //辅助控制信号
//确定空闲状态
always @(posedge rxclk)
    idle <= ! idle && ! rsr[0];
//将 rxclk 同步在低起始位的中点
always @(posedge clk16)
begin
    if (reset)
        hunt <= 1'b0;
    else if (idle && ! rx && rx1 )
        hunt <= 1'b1;                            //rx 首次出现下降沿时,开始捕获
    else if (!idle || rx )
        hunt <= 1'b0;
    if (!idle || hunt)
        cnt <= cnt + 1;                          //捕获或数据接收过程中
    else
        cnt <= 4'b0001;                          //捕获前
    rx1 <= rx;                                   //rx1 比 rx 滞后一个 clk16 周期,用于判断 rx 下降沿
    rxclk <= cnt[3];                             //每 8 个 clk16 周期 rxclk 变化 1 次,实现 16 分频
end                                              //且 rxclk 上升沿正好位于数据位的中点
//接收数据并计算校验位
always @(posedge rxclk)
begin
    if (idle)
    begin                                        //初始化
        rsr <= 8'b11111111;
        rxparity <= 1'b1;
        paritygen <= paritymode;
        rxstop <= 1'b0;
    end
    else
    begin
        rsr <= rsr >> 1;
        rsr[7] <= rxparity;
        rxparity <= rxstop;
        rxstop <= rx;                            //按图 8-29 的方式移位
        paritygen <= paritygen ^ rxstop;         //计算校验位
    end
```

```
            end
//确定各控制信号和状态及错误标志
    always @(posedge clk16 or posedge reset)
        if (reset)
        begin
            rhr <= 8'h00;
            rxdatardy <= 1'b0;
            overrun <= 1'b0;
            parityerr <= 1'b0;
            framingerr<= 1'b0;
            idle1 <= 1'b1;
            read2 <= 1'b1;
            read1 <= 1'b1;
        end
        else
        begin
            if (idle && ! idle1)                    //idle 上升沿
            begin
                if (rxdatardy)
                    overrun <= 1'b1;                //rhr 前一数据未读出,发生溢出
                else
                begin
                    overrun <= 1'b0;
                    rhr <= rsr;                     //将 rsh 中接收的数据存入 rhr
                    parityerr <= paritygen;         //若 paritygen 为 1,则校验错
                    framingerr <= ! rxstop;         //终止位不为 1,帧错误
                    rxdatardy <= 1'b1;              //数据可读出标志有效
                end
            end
            if (!read2 && read1)
            begin                                   //read 由低变高,表示 rhr 中数据已读出,清除标志位
                rxdatardy <= 1'b0;
                parityerr <= 1'b0;
                framingerr <= 1'b0;
                overrun <= 1'b0;
            end
            idle1 <= idle;                          //idle1 滞后于 idle,用于对 idle 边沿检测
            read2 <= read1;
            read1 <= read;                          //read1 和 read2 滞后于 read,用于对 read 边沿检测
        end
//数据接收好后发 rxrdy 信号
    assign rxrdy = rxdatardy;
//当 read 变低时读出 rhr 中的数据
    always @(read or rhr)
        if (~read)
            rxdata = rhr;
```

endmodule

上述代码分 6 个部分。第一部分采用 always 语句确定 idle 状态变量,当 idle＝1 时,接收模块处于空闲状态,当 rx 出现低电平时,idle 由 1 变为 0,直到连续移入 8 个数据位、1 个校验位和 1 个终止位为止。由于将变量 rxstop 和 rxparity 与 8 位的 rsr 寄存器串接成 10 位的右移移位寄存器(如图 8-29 所示),而 rsr 初始化为全 1、rxparity 初始化为 1、rxstop 初始化为 0,故当 rsr[0]首次为 0 时表明从 rx 上已移入了 9 位数据,再移入 1 位则移位流程将结束,此时 idle 由 0 变为 1,图 8-29(b)中的 x 表示接收到的校验位。

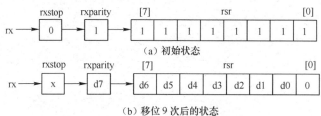

图 8-29　移位流程示意图

第二部分采用 always 语句确定 rxclk。采用 rx1 记录 rx 的变化,它比 rx 滞后一个 clk16 周期,当 rx＝0 且 rx1＝1 时,表示 rx 出现了下降沿。在这个进程中,rx 第一次出现下降沿且 idle 为 1 时,表示 rx 出现起始位,电路进入 hunt 状态,对 clk16 进行 16 分频,使 rxclk 上升沿正对数据位的中点。捕捉到 rx 的起始位后,hunt 无效,但 idle 也进入无效状态,表示模块处于接收数据状态,继续对 clk16 进行 16 分频,产生 rxclk 脉冲,直到一帧数据接收完毕后(idle 回到有效状态 1,cnt 不计数),rxclk 将保持固定电平。

第三部分采用 always 语句通过 rxclk 的触发,先进行初始化,按图 8-29(a)设置相关的寄存器。然后,按图 8-29(b)的方式移位,接收 rx 上的串行数据并计算校验位。

第四部分采用 always 语句通过 clk16 的触发,确定各控制信号和状态与错误标志。

第五部分采用 assign 连续赋值语句,在数据接收好,存入 rhr 后(此时 rxdatardy 有效),将 rxrdy 输出置为有效。

第六部分采用 always 语句,当 read 变低时从 rhr 中读出数据到 rxdata 上。

8.5.5　仿真验证

对上述设计进行仿真,结果如图 8-30 所示。

图 8-30(a)是发送模块的仿真波形。除 tsr 采用 16 进制、txcnt 采用 10 进制表示外,其余信号均采用二进制表示。第一次 write 有效(低电平)写入 thr 的数据为 10101001(高位在左),tx 线上在第一位低电平之后发出的信号由低位到高位为 10010101,第 9 位的校验位为 1(奇校验)。第一个数据发送结束后,txrdy 由 0 变 1,接着将第二个数据 01110110 写入 thr,而从 tx 线上发出的信号由低位到高位为 01101110,此时校验位为 0。

图 8-30(b)是接收模块的仿真波形。除 rsr 采用 16 进制表示外,其余信号均采用二进制表示。rxclk 不仅是 clk16 时钟的 16 分频,而且其脉冲的上升沿刚好对准了 rx 上每位数据的中点。rx 上传输的第一帧数据由低位到高位为 10101010,其校验位(第 9 位)为 1,奇校验正确,rsr 初始值为全 1(十六进制 FF),当 8 位数据全部移入后,将数据存入 rhr,并置 rxrdy 有效。当 read 有效(低电平)时,将 rhr 中的数据从 rxdata 上输出。显然 rxdata 上的数据为从 rx 上所接收的 01010101(高位在左)。rx 上传输的第二帧数据由低位到高位为 01110101,其校验位(第 9 位)为 1,奇校验错误,故当数据接收完成时 parityerr 变为 1。由图可见,rsr 与 rhr 存入的数据和 rxdata 上输出的数据也为从 rx 上所接收的 10101110(高位在左)。

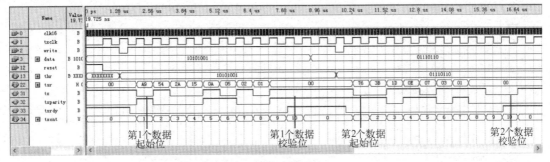

（a）发送模块仿真波形

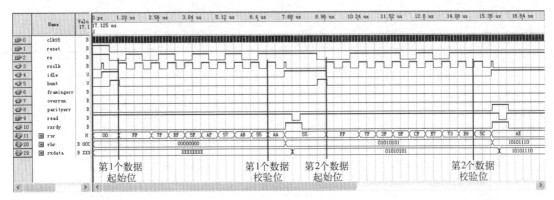

（b）接收模块仿真波形

图 8-30　UART 仿真结果

显然，由于在 rsr 之外增加了 2 个存储位（见图 8-29(a)），rsr 在移位时总是先移入 1、0，再移入所接收的 8 位数据，因而 rx 上的数据移入 rsr 时滞后了 2 个 rxclk 周期。

8.6　SPI 总线接口

SPI(Serial Peripheral Interface Bus)是由摩托罗拉公司提出的通信协议，中文名即为串行外设接口。SPI 是一种同步、全双工、主从式接口。来自主机或从机的数据在时钟上升沿或下降沿同步，主机和从机可以同时传输数据。它是微控制器和外围 IC（如传感器、ADC、DAC、移位寄存器、SRAM 等）之间使用最广泛的接口之一。

8.6.1　SPI 总线通信原理

1. 工作原理

SPI 用于单个主控制器和一个或多个从设备之间交换数据。图 8-31 是一个主机和三个从机的连线图，提供时钟的为主机（Master），接收时钟的设备为从机（Slave）。主从设备之间通过四条信号线连接，分别是串行时钟信号 SCLK（Serial Clock）、主发从收信号 MOSI（Master Output Slave Input）、主收从发信号 MISO（Master Input Slave Output）和片选信号 CS（Chip Select 或 Slave Select）。片选信号一般低电平有效，被选中的从设备可与主机双向通信。

图 8-32 是 SPI 工作原理图，由控制器和移位电路构成。控制器产生采样信号和移位信号，提供待发送数据给移位电路，并获取移位电路接收到的数据。此外，主机控制器还要产生串行时钟 SCLK 和片选信号 CS。移位电路在采样信号和移位信号的交替作用下，从 MISO 端口读入数据，从 MOSI 发出数据。

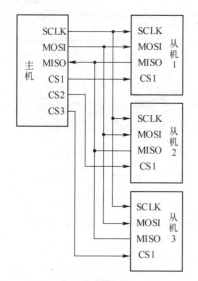

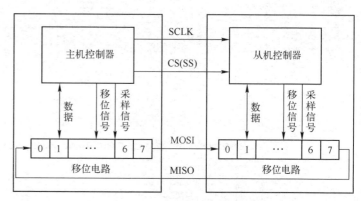

图 8-31 SPI 主从设备接线图

图 8-32 SPI 工作原理图

2. 传输模式

根据采样信号和移位信号的不同组合,SPI 总线有四种传输模式,如表 8-2 和图 8-33 所示。四种模式的主要区别是总线空闲时 SCK 的状态及数据采样时刻。片选信号 CS 和 SCLK 相互配合,采样时刻与移位时刻一般在 SCLK 的两个不同边沿进行。四种模式或者第一边沿采样或者第二边沿采样,但总是先进行采样然后进行移位,这就要求 CS 有效电平要先于第一个采样时刻到来,并且持续到最后一个移位时刻才能结束。CS 的时序对从机设计尤为重要,因为从机只能靠 SCLK 和 CS 信号辨别数据在总线上的有效时间和采样及移位时间。

表 8-2 四种传输模式对比

SPI 模式	cpol (sclk 极性)	cpha (sclk 相位)	SCLK 空闲时刻	采样时刻	采样与移位沿
0	0	0	低电平	第一边沿 (奇数边沿)	上升沿采样 下降沿移位
1	0	1	低电平	第二边沿 (偶数边沿)	下降沿采样 上升沿移位
2	1	0	高电平	第一边沿 (奇数边沿)	下降沿采样 上升沿移位
3	1	1	高电平	第二边沿 (偶数边沿)	上升沿采样 下降沿移位

8.6.2 SPI 总线接口设计

1. SPI 接口设计分析

观察 SPI 原理图 8-32,对主机和从机的功能进一步分析发现,主机与从机的不同在于主机要负责产生串行时钟 SCLK 信号和对从机进行选择的 CS 信号。因此,SPI 主机完全包含了从机的功能。据此将 SPI 主机电路拆分为主机控制电路和移位收发电路,如图 8-34 所示。而从机功能仅限于移位收发电路。

SPI 总线一般用于处理器(单片机、ARM 等)与周边 IC 通信,SPI 主机通常位于处理器中。主机可以编程选择工作于四种工作模式之一,以匹配不同模式的从机设备。主机控制电路主要任务就是产生 SCLK 和 CS 信号。

从机一般比较简单,用于传感器、ADC、DAC、移位寄存器、SRAM 等电路中,工作于四种模式之一。从机能够暂存收到的数据并发出信号通知后续电路接收数据和准备要回送的下一组数据。因此从机需要数据输入口、数据输出口和数据准备就绪信号。这些功能主机也同样需要具备,如果考虑到四种工作模式还需要加入模式选择信号。

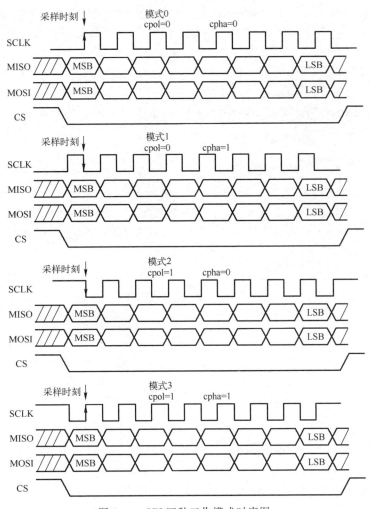

图 8-33　SPI 四种工作模式时序图

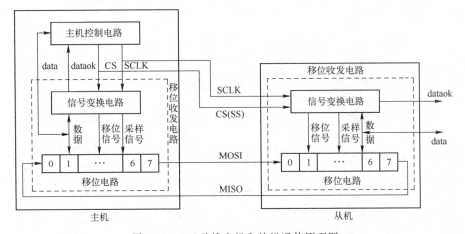

图 8-34　SPI 总线主机和从机通信原理图

2. SPI 从机接口设计

根据以上分析,SPI 从机接口如图 8-35 所示。指向从设备外部的信号是 SPI 总线的四个信号
sclk、cs、miso 和 mosi。指向从设备内部的信号有接收数据输出 datareceived[7:0]、发送数据输入 da-

tain[7:0]和数据接收完成 dataok 信号,dataok 是通知从设备内部电路取走数据 datareceived 用的。由于 SPI 收发同步,dataok 也同样通知从设备内部将下一组发送数据放至 datain。另外增加了两个信号 cpol、cpha 可以使移位收发电路能够工作于四种模式。

从机的简要工作原理:首先根据约定设置 cpol、cpha 电平,使其和主机工作模式一致。在 cs 信号的下降沿锁存要发送的数据 datain,内部电路将 sclk 信号变换为移位信号和采样信号,对 mosi 采样接收数据,移位发送数据至 miso。采样和移位交替进行,完成一次传输后暂存数据到 datareceived,并发出数据就绪信号 dataok。

3. SPI 主机控制电路设计

SPI 主机控制电路如图 8-36 所示,它接收来自主机设备内部处理器的系统时钟信号 sysclk、启动信号 start 和工作模式设置信号 cpol、cpha。主机控制电路对时钟 sysclk 进行分频,在 cpol、cpha 信号的控制下,产生正确的 sclk 信号和片选信号 cs,这两个信号也是外部输出信号,不但要送到主机移位发送电路,也要从外部端口送到从机。

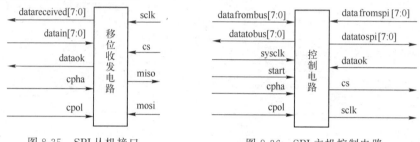

图 8-35　SPI 从机接口　　　　　图 8-36　SPI 主机控制电路

为了方便处理器工作,增加了 datafrombus、datatobus 用于与处理器交换发送和接收数据。发送时,start 向控制电路发送开始传输信号,在此之前处理器将数据放置在 datafrombus 数据线上。为不影响处理器继续其他工作,start 的上升沿将数据锁存于主机控制器内部寄存器 datatospi。接收时,控制器收到收发电路的 dataok(表示数据接收完成)后,会将数据从移位收发电路的 datafromspi 锁存到内部 datatobus 寄存器。

4. SPI 主机接口设计

将 SPI 主机控制电路和移位收发电路相结合,就形成了图 8-37 所示的 SPI 主机接口电路,对设备外只有 SPI 总线要求的 mosi、miso、sclk 和 cs 四个信号。需要注意的是主机移位收发电路也用到 cs 信号,因为要用 cs 信号控制收发的开始、停止及数据的锁存。

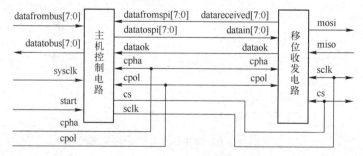

图 8-37　SPI 主机接口电路

5. 移位收发电路原理分析

图 8-38 是移位收发电路工作原理图,主(从)机移位收发电路负责接收 miso(mosi)来自从(主)机

的数据,并且通过 mosi(miso)向从(主)机发送数据。根据模式选择,sclk 在 cpol、cpha 控制下产生内部采样信号 samclk 和移位信号 shclk,两者对应 sclk 的两个不同的边沿,相位相反。移位电路由 1 位采样寄存器 samreg 和 8 位移位寄存器 shreg 构成。主(从)机采样寄存器的输入端是 miso(mosi),其输出连接移位寄存器的输入端,在采样信号 samclk 的作用下,miso(mosi)的一位数据被采样寄存器锁存。移位寄存器 shreg 受移位时钟 shclk 的控制,采样寄存器 samreg 送入的数据,在移位时钟作用下进行移位。同时 1 位数据被移到移位寄存器的最高位 shreg7,从连接最高位的 mosi(miso)发出。采样信号 samclk 和移位信号 shclk 相位相差半个周期,确保了采样新数据不会覆盖最低位尚未发送的数据。每个收发周期,主(从)机移位寄存器中的 8 位待发数据被 1 位 1 位地发送到从(主)机,同时从(主)机发来的 8 位数据全部移入移位寄存器,在 cs 的上升沿移位寄存器的数据被锁存到 datare-ceived 寄存器,腾空移位寄存器以便于继续传输。由图 8-33 可知,整个发送期间 cs 处于低电平,发送周期从 cs 的下降沿开始,到 cs 的上升沿结束。正好可以在开始时将待发送数 datain 置入移位寄存器 shreg,在结束时取走移位寄存器 shreg 的数据。

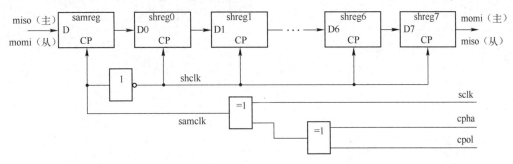

图 8-38　移位收发电路工作原理图

图 8-38 中,采样时钟 samclk 与移位时钟 shclk 互为反相,并且要满足工作模式要求,因此需要通过 sclk、cpha 和 cpol 三个信号来生成。采样移位部分可以设计四套满足四种传输模式的电路,通过多路器让 cpha、cpol 选择,这样硬件开销会增加。为了简化硬件设计,移位寄存器和采样寄存器只设计一种模式,其他模式通过信号变化,将不同模式的 sclk 变换为上升沿采样,下降沿移位的统一波形。对比表 8-2 不难发现,samclk 信号刚好是 sclk、cpha 和 cpol 的异或。

8.6.3　关键代码分析

1. 主机控制电路代码分析

根据前面的分析,主机控制电路的输入有 7 个。cpolset、cphaset 用于设置传输模式,sysclk 是系统时钟,start 是启动发送信号,dataok 是数据接收完成信号,用来通知处理器可以取走数据,data-frombus 和 datafromspi 是控制器与处理器间的数据接口。

这里的设计要点是 cs 信号和 sclk 信号的产生。仔细分析图 8-33,发现四种模式反映在 sclk 上主要是起始电平和起始时间不同。cpol 决定起始电平,cpha 决定起始时间,另外 cs 的低电平一定要恰好包含 sclk 的 8 个采样沿和 8 个移位沿。需要注意的是,如果 cpha=1 采样是从第二个边沿开始的,第一个边沿既不采样也不移位。为了保证包含 8 个采样和移位沿,cs 右移半个波形,sclk 时间延展半个周期。因此,cs 和 sclk 信号是受 cpha 控制的。为了将主机移位收发部分和从机移位收发部分统一,控制电路将主机移位收发电路和从机移位收发电路同等对待,只提供串行时钟 sclk。而采样时钟 samclk 和移位时钟 shclk 靠移位收发电路本身产生。主机控制电路代码如下:

```
module masterspictrl(cpolset,cphaset,start,sysclk,datafrombus,datatobus,sclk,cs,datafromspi,data-
tospi,dataok);
    input    cpolset,cphaset,sysclk,start,dataok;
```

```verilog
input    [7:0]datafrombus;
input    [7:0]datafromspi;
output   [7:0]datatobus;
output   sclk,cs;
output   [7:0]datatospi;
reg   sclk;
reg   cs;
reg   [7:0]datatobus;
reg   [7:0]datatospi;
wire    [5:0]nwave;
wire    [5:0]mwave;
parameter mcoun =8'd4;                    //分频比 根据系统输入频率自由调整
reg clk;
reg twoclk;
reg [8:0]coundiv;                         //分频计数器
reg [5:0]wavecounter;                     //波形计数器,用来协助产生 cs 和 sclk
always @(posedge sysclk or posedge start)   //分频 clk 信号产生
    if (start)
    begin
        coundiv <=0;clk <=0;
    end
    else
    begin
        coundiv <= (coundiv == mcoun) ? 0 : coundiv + 1;
        clk <= (coundiv == mcoun) ? ~clk : clk;
    end
always @ (posedge clk or posedge start)
if(start)
begin
wavecounter <= 0;
twoclk<=0;
datatospi <= datafrombus;                 //锁存待发送数据
cs <= 1;
end
else
begin
twoclk <= ~twoclk;
wavecounter <= wavecounter +1;
cs <= (wavecounter >=nwave && wavecounter <=mwave) ? 0 : 1;          //cs 波形
end
always @(posedge twoclk)
sclk <= ((wavecounter >=6'd3 )&& (wavecounter <= 6'd36) ) ? ~sclk : cpol;     //sclk 波形
assign datatobus = datafromspi;
assign nwave = (cpha) ? 6'd3 : 6'd1;       //cs 和 sclk 波形滑移参数
assign mwave = (cpha) ? 6'd34 :6'd32;      //cs 和 sclk 波形滑移参数
endmodule
```

2. 移位收发(从机接口)电路代码分析

移位收发电路也是完整的从机接口电路,具备从机所有功能。由于将 samclk 生成移入模块内,本部分代码通用性强,主机移位收发电路只需要互换 miso 和 mosi 信号就实现从机接口电路。

```verilog
module master(cpha,cpol,datain,sclk,cs,miso,mosi,datareceived,dataok);
    input    sclk,cs, cpha,cpol;
    input    miso;                          //若是从机应为 mosi
    input    [7:0]datain;                   //要发送的数据
    output   mosi;                          //若是从机应为 miso
    output   [7:0]datareceived;             //接收到的数据
    output   dataok;                        //数据接收完成信号
    wire     miso;
    wire     mosi;
    reg [7:0]shiftreg;                      //移位寄存器
    reg dffsam;                             //采样寄存器
    reg [4:0]redbitcount;                   //记录位信息
    reg [7:0]datareceived;                  //接收到的数据
    wire dataok;
    wire samclk;                            //采样信号
    assign samclk = (cpha ^ cpol )^ sclk;   //采样信号生成
    assign mosi = shiftreg[7];              //发送
    //assign miso = shiftreg[7];            //若是从机则采用本行,并删除上一行
    always@(posedge samclk or negedge cs)
      if ((cs ==0) && (samclk ==0) )
      begin
          shiftreg <= datain;               //置入发送数据
          redbitcount <=0;
      end
      else
      begin
          dffsam <= miso;                   //采样
          //dffsam <= mosi;                 //若设计从机则采用本行并删除上一行
          redbitcount <= redbitcount + 1;   //每发送一位加1
      end
    assign dataok = (redbitcount == 4'b1000)?  1 : 0;  //发送最后一位后送出数据接收完成信号
    always@(negedge samclk)
      if(cs == 0)
      begin
          shiftreg <= {shiftreg[6:0],dffsam};//移位
      end
    always @ (posedge cs)
        datareceived <= shiftreg ;          //锁存接收数据
endmodule
```

3. 主机 SPI 接口顶层模块

SPI 主机比从机功能多,要在从机基础上加入控制电路,顶层代码将主控制器和移位收发电路封

装成主机接口,代码如下:

```
module spitop(cpol,cpha,start,sysclk,datatobus,datafrombus,sclk,cs,dataok,miso,mosi);
    input    cpol,cpha,sysclk,start;
    input    [7:0]datafrombus;
    input    miso;
    output   sclk;
    output   cs;
    output   mosi;
    output   [7:0]datatobus;
    output   dataok;
    masterspictrl   mctrl(cpol,cpha,start,sysclk,datafrombus,datatobus,sclk,cs,datafromspi,datatospi,dataok);
    master mspi(cpha,cpol,datatospi,sclk,cs,miso,mosi,datafromspi,dataok);
endmodule
```

8.6.4 仿真验证

1. 测试代码

测试应结合 SPI 主机模块和从机模块。测试代码分别通过四种传输模式,用主机发字母"A"从机发字母"B",检查双方所收数据是否正确进行验证。

```
module spisim();
    reg    cpol,cpha,sysclk,start;
    reg    [7:0]datafrombus;                    //处理器送来的发送数据
    wire   sclk;
    wire   cs;
    wire   [7:0]mdatatobus;                     //SPI 送到处理器的接收数据
    wire   mdataok;                             //主机接收数据完成
    wire   miso;
    wire   mosi;
    reg    [7:0]slavedatain;                     //从机要发送的数据
    wire   [7:0]slavedatareceived;               //从机收到的数据
    wire   sdataok;                             //从机数据收到
    initial
      begin                                     //主机发送"A",从机发送"B"
          datafrombus = 65; slavedatain = 66; cpol =0; cpha =0; sysclk=0;start=0;   //模式 0
          #5 start=1;
          #5 start=0;
          #2200
          cpol =0; cpha =1; sysclk=0;start=0;    //模式 1
          #5 start=1;
          #5 start=0;
          #2200
          cpol =1; cpha =0; sysclk=0;start=0;    //模式 2
          #5 start=1;
          #5 start=0;
```

```
        #2200
        cpol =1; cpha =1; sysclk=0;start=0;      //模式3
        #5 start=1;
        #5 start=0;
        #2200 $ stop;
    end
  always #5 sysclk = ~sysclk;                    //系统时钟
  spitop   mtop(cpol,cpha,start,sysclk,mdatatobus,datafrombus,sclk,cs,mdataok,miso,mosi);
  slave sl(cpha,cpol,slavedatain,sclk,cs,mosi,miso,slavedatareceived,sdataok);
endmodule
```

从机电路代码,就是将主机移位发送代码中的 mosi 和 miso 对调,不再赘述。

2. 主机接口 RTL 电路图

图 8-39 是主机接口 RTL 级电路,与 SPI 主机原理图 8-37 一致。图中,右侧是主机控制电路,左侧是主机移位收发电路。

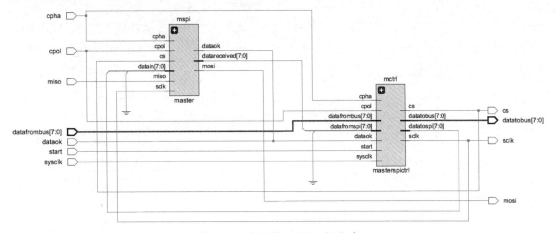

图 8-39   主机接口 RTL 级电路

3. 主从接口联合仿真

图 8-40 是主从机 SPI 接口联合测试原理图。左侧的主机(包括主机控制器 mspictrl 和主机移位收发电路 mspishiftreg)和右侧的从机(从机移位收发电路 sspishiftreg)通过 miso、mosi、sclk 和 cs 信号连接。左侧 datain[7:0]、右侧 datareceived[7:0]和右侧 dataok 是从机外部端口。左侧 datafromtobus[7:0]和右侧 datatobus[7:0]是主机外部端口。为了测试时使从机和主机工作模式相同,将主机和从机的 cpol、cpha 连接在一起。测试时,测试代码给 datafromtobus[7:0]赋值"A",代表主机向从机发送字母"A";给 datain 赋值"B"代表从机向主机发送字母"B";给 cpol、cpha 赋值为 0、0,代表工作模式 0。然后,给 start 一个短脉冲,启动发送,主从机同时向对方发送数据。

4. 仿真结果分析

图 8-41～图 8-44 分别是四种工作模式的仿真波形。从 cpol 和 cpha 可以观察工作模式,start 是启动传输信号,是个窄脉冲。sclk 是 SPI 总线的串行时钟。samclk 是采样时钟,在 samclk 的每个上升沿,主机采样 miso,从机采样 mosi。mdatatospi 是主机控制器锁存的 datafrombus 要传输到 spi 移位收发电路的数据,datafrombus 是主机要发送的数据。miso 和 mosi 是 SPI 总线的收发端口。slavedatain 是从机要发送的数据,mdatatobus 是主机收到的数据,slavedatareceived 是从机收到的数

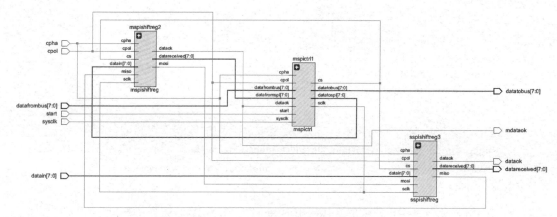

图 8-40　主从机 SPI 联合测试原理图

据,mshiftreg 和 sshiftreg 分别是主从机内部移位寄存器。

通过图 8-41～图 8-44 可以看出,对应 cpol 和 cpha,可以看到 sclk、cs、mosi 和 miso 四个信号波形和图 8-33 四种工作模式的波形完全一致。内部移位和采样关系可以通过 mshiftreg、sshiftreg 和采样时钟 samclk 观察。图 8-41 接收数据出现的 x 是因为数据在 8 个周期后才能收到。主机和从机分别向对方发 A 和 B,主从机分别从对方收到了正确数据 B 和 A,说明主从机 SPI 总线接口设计正确。

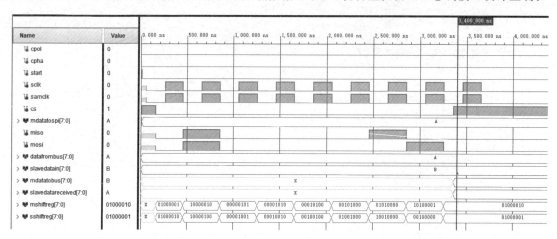

图 8-41　模式 0 仿真波形图

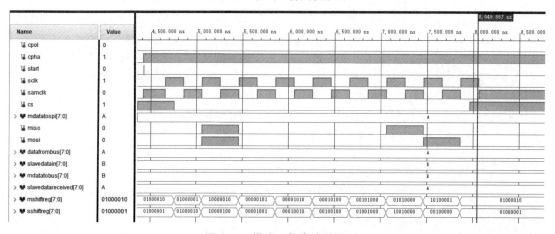

图 8-42　模式 1 仿真波形图

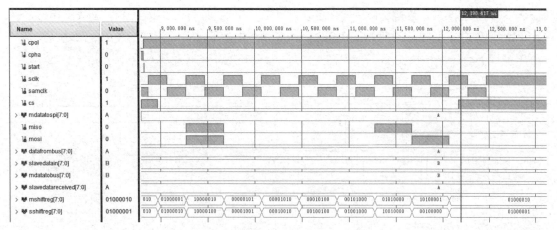

图 8-43　模式 2 仿真波形图

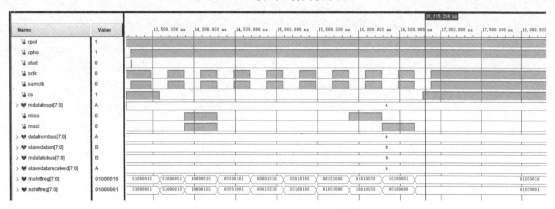

图 8-44　模式 3 仿真波形图

8.7　I2C 总线接口

I2C 总线(Inter Integrated Circuit Bus)是由 Philips 公司开发的一种简单、双向二线制同步串行总线。它只需要两根信号线即可在连接于总线上的器件之间传送信息。I2C 是多主机总线,可以有多个主机控制总线,主机通常由微控制器充当。I2C 总线采用 OC 结构,其高电平靠外部上拉电阻实现,当有多个主机挂于总线时,通过这种结构的线与运算实现总线仲裁。

8.7.1　I2C 总线通信原理

图 8-45 是 I2C 总线结构,I2C 设备通过串行数据 SDA 和串行时钟 SCL 同总线上的其他设备进行通信。每个设备的 SDA 或者 SCL 都可以任意拉低总线,所有设备呈现高阻态才能使总线处于高电平。连接到总线的器件各异,根据器件的功能可以作为发送器或者接收器,每个器件都有一个唯一的地址识别。总线上负责初始化总线并发起传输的一方称为主机,配合传输的一方成为从机。SDA 和 SCL 都是双向总线,主机和从机通过控制 SDA 传输数据和应答。通常 SCL 信号由主机产生,在 SCL 的控制下有序地传送数据位。有些情况下,从机可以拉低 SCL 通知主机延时传输过程,等待从机消化任务。

1. 起始位和停止位

在传送数据时,参与传输的设备在 SCL 的高电平采集数据,因此,在 SCL 的高电平期间数据必须稳定（SDA不能改变），数据变化只能发生在时钟低电平期间，如图8-46所示。总线空闲时，所有设备释放 SDA 和 SCL，在上拉电阻的作用下两线都是高电平。

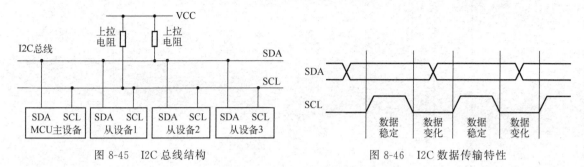

图 8-45　I2C 总线结构　　　　　　　　　　图 8-46　I2C 数据传输特性

一旦在 SCL 高电平时，SDA 发生了变化，总线状态就会随之改变，如图8-47所示。当 SCL 为高电平时，SDA 由高电平变为低电平，代表主机发起通信，在总线上产生了起始信号（用 S 表示），一帧传输开始了。如果在 SCL 高电平期间，SDA 由低电平变为高电平，这说明主机产生了一个停止信号（用 P 表示），一帧数据传送结束。

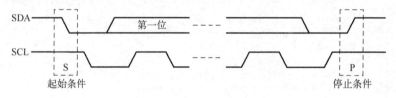

图 8-47　I2C 起始条件和停止条件

2. 传送过程

传送过程如图8-48所示。当主机需要读从机信息或者向从机写数据时，主机首先初始化总线，拉低 SDA，产生起始信号，接着主机开始发送第一个字节（从机地址＋访问方式）呼叫从机并告诉从机访问方式（是要读取数据还是写入数据）。从机不断检测总线，当发现 S 信号时，开始接收总线上的数据，当发现是自己的地址时，从机拉低 SDA，向主机发出 ACK 信号，表明自己态度。接着根据此前发送的访问方式，双方准备接收或发送数据，开始数据传输。当接收方不想接收或者主机不想传输了，在完成最后一个字节数据时，拒绝方发送 NACK，接着主机在 SCL 高电平时拉高 SDA，发出停止信号（P），一帧信息传输完成。

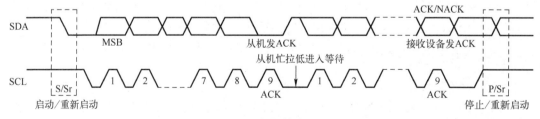

图 8-48　数据传输过程

3. 传输协议

数据传输协议如图8-49所示。每次传输，每个字节都是 8 位的，但是对一次传输的字节数并没有限制，每传送一个字节都伴随一个 ACK，ACK 是由接收机在接收到一个字节时，通过拉低 SDA 产生的。如果接收到一个字节，接收方没有拉低 SDA，就表示接收方发出了一个 NACK，在此信号后，主机在 SCL 高电平时释放 SDA，产生 P 信号结束传输。

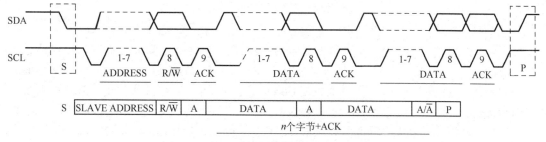

图 8-49　数据传输协议

　　每次传输的第一个字节由主机发起,它包括 7 位的从机地址和第 8 位的 $R/\overline{W}$(1 代表读,0 代表写)。第一个 ACK 总是由从机应答主机的呼叫,如果第一个字节的第 8 位是 0,代表主机要向从机写数据,第二个字节仍由主机发,从机收。从机在收到第 8 位后发 ACK 或 NACK。如果第一个字节的第 8 位是 1,代表主机要读从机数据,第二个字节改由从机发,主机收。同样,主机在收到第 8 位后发 ACK 或 NACK。当主机不想传输了或者从机不愿意传输了,可以在发送一个 NACK(可能是主机发送,也可能是从机发送)后,主机发送 P 结束。在整个通信过程中 SCL 时钟是由主机产生的,当从机忙于其他事时,可以通过拉低 SCL 冻结时钟,让总线处于等待状态。当从机释放 SCL 时,继续完成后续传输。

8.7.2　I2C 主机接口设计要点

　　I2C 总线接口包括主机和从机两部分。主机接口除了具备从机功能,通常负责产生串行时钟信号 SCL、发起和结束传输。从机主要是配合主机通信,设计相对简单,因此本节主要介绍 I2C 主机接口设计。

　　I2C 主机接口设计的要点是产生符合要求的传输时序和波形。S 信号、P 信号、数据的产生是 SCL 和 SDA 配合完成的。为了产生需要的波形,将 SCL 时钟分成 6 部分,采用一个 6 倍于 SCL 频率的时钟 scl_6clk,如图 8-50 所示。scl_6clk 将一个 SCL 周期分成 6 个时间片(P0～P5),以便使 SDA 拼接出所要的信号。这种方法可以确保 SDA 数据在 SCL 低电平时变化,开启和停止信号在 SCL 高电平时发生。

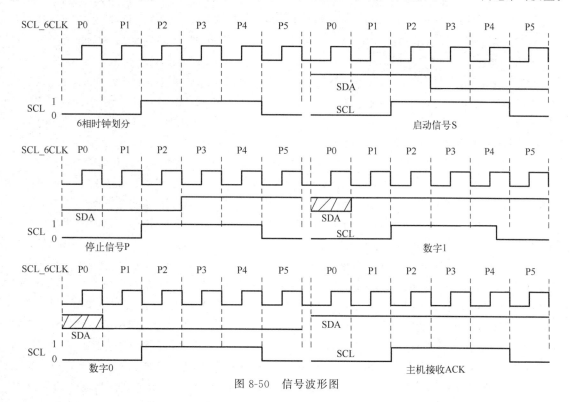

图 8-50　信号波形图

1. 工作原理

图 8-51 是 I2C 主机接口电路原理框图。I2C 总线接口左侧留出了丰富的信号线,以便与处理器对接。sysclk、rst_n、cs_n 和 wr 分别是系统时钟、复位、片选和写信号;databus_to_i2c 是主机准备发送的信息;port_comd 是方便处理器控制总线用的命令端口,通过写入不同的值使总线在几种状态间转换。当主机作为信息的接收者时,每接收一个字节要发送一次 ack 信号。ack_to_i2c 用于主机发送 ack 的输入端,另外从设备每接收来自主机的一个字节信息,也会向主机发送确认信号,电路右侧的输出信号 ack 就是来自从机的确认信号。图中右侧的输出 data_from_i2c 是主机收到从机的数据。scl 和 sda 是主机与 I2C 总线连接的双向端子,是开路输出结构,其高电平是靠总线上的上拉电阻实现的,这种结构使得 I2C 总线可以是多主机总线。

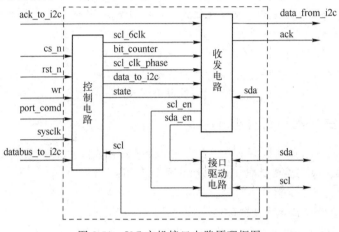

图 8-51 I2C 主机接口电路原理框图

I2C 主机接口电路由控制电路、收发电路构成和接口驱动电路构成。控制电路是一个状态机,控制命令 port_comd 使总线控制器在空闲(idle)、启动(start)、发送(t_state)、接收(r_state)和停止(stop)状态之间转换。它的输入有复位 rst_n、片选 cs_n、写控制 wr、系统时钟 sysclk、命令 port_comd、串行时钟 scl 和要发送的数据 databus_to_i2c。它将系统时钟分频产生 scl_6clk,还将状态 state、收发数据位计数信号 bit_counter 和位时间片 scl_clk_phase 信号一起送到收发电路,控制收发电路与 I2C 总线交换数据。控制电路会在发送数据前将数据 databus_to_i2c 锁存入内部寄存器,释放数据总线。scl 时钟是由主机总线产生的,但在每个字节传输结束时,主机要释放 scl。此时如果从机忙,允许从机拉低 scl。主机通过检测此时 scl 的电平,判断此后是否进入 wait 状态。

收发电路在控制电路信号控制下,接收或者发送数据。每次发送方发送 8 位数据,接收方要回一个 ack 位给发送方。bit_counter 用来记录当前发送或接收的是第几位,每一位数据占用一个 scl 周期。发送方在 scl 低电平期间在 sda 上送出数据,接收方在 scl 高电平期间在 sda 上采样。scl_6clk 将 scl 周期分为 6 份,如图 8-50 所示,用位相信号 scl_clk_phase 进行记录,每一个相中产生不同的电平,拼接出图 8-50 中的信号和数据位。

当主机发送数据时,收发电路产生 scl_en 和 sda_en,根据 bit_counter 信号,在 scl_clk_phase 为 1 时输出数据位。当主机接收数据时,当 scl_clk_phase 为 3 时(scl 高电平的中部),采样 sda。如此接收完一个字节后,从 data_from_i2c 输出。第 8 位 ack 信号是接收方回发送方的确认信号(拉低 sda 为发送 ACK,否则视为 NACK 信号),这时 scl 信号仍然由主机产生,但 ACK 由接收方发出。在第 8 位检测 ack 信号的同时,主机也要在第 3、4 时间片检测 scl 的电平(每个周期的第 2、3、4 时间片,主机释放 scl,从机可以控制 scl 的电平)。如果检测出低电平说明从机拉低了 scl,要求主机等待从机,从而进入等待状态。在等待状态,主机一直释放 scl 并不断检测 scl,直到检测到高电平,退出等待状态。需要注意,ACK 信号是检测 sda,wait 信号是检测 scl。另外还要注意发送方、接收方与主机、从机之间的区别,ACK 永远是接收方发出,发送方检测,而 wait 只能从机发出主机检测。

接口驱动电路主要是将收发电路产生的 sda_en、scl_en 信号与外部接口 sda、scl 信号进行转换,同时还将总线上的信息引入系统供收发电路接收 sda 数据信息,供控制电路获取 scl 信息,以便从机等待信号的检测和多主机通信时总线仲裁。

2. 状态控制

系统的状态转换流程图如图 8-52 所示。系统复位后处于 idle 态,此状态不关心总线上的信号,但不能影响总线上的其他设备通信,因此主机要释放 sda 和 scl。此时,总线上的电平由外部其他设备决定,这个操作是通过使 scl_en 和 sda_en1 为高电平实现的。

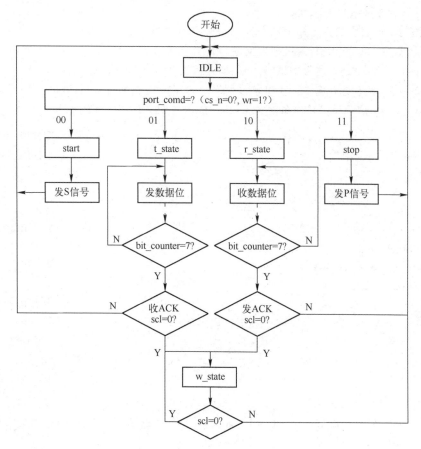

图 8-52　状态转换流程图

如果系统需要访问总线上的设备,处理器在 port_comd 端口写入 00(需要片选 cs_n 和写信号 wr 有效),系统进入 start 状态,波形电路负责拼接出图 8-50 的起始信号 S。发出此信号后,返回 idle 态。

随后系统可以发出进入发送状态 t_state 的命令 01,系统进入发送状态的同时锁存待发送的数据 data_to_i2 到内部寄存器 data_to_reg。在发送状态 t_state,bit_counter 记录当前发送的是第几位,scl_clk_phase 信号记录目前是在该位的什么时间片。将两个信号送入收发电路,在其协调下,每位待传输的数据信号被拼接完成并从 sda_en 和 scl_en 输出,在接口驱动电路中转换成 sda 和 scl,完成发送过程。根据 I2C 协议,每位数据的输出,都是在 scl_clk_phase 的第 0 片发起的,此时正是 scl 的低电平的中间。

当需要接收总线上设备信息时,处理器向 port_comd 写入 10,总线控制器进入接收状态 r_state。接收数据同样在两个内部信号 bit_counter 和 scl_clk_phase 的协助下进行,每当到一位数据传输的第 3 时间片时,接收电路采集 sda 信息。因为时间片 3 刚好处于 scl 高电平时间的中点,数据最稳定。接收数据完成后,还要向发送方发 ack 信号。要注意,无论收和发信息,scl 信号都由主机控制,所以主机只需要在第 8 位的第 0 个时间片拉低 SDA 并保持到第 5 时间片就完成了 ack 的发送。

当传输结束,或者某种原因被迫结束传输时,处理器需要向 port_comd 写入 11 命令字,系统进入停止状态 stop,波形电路拼接成 P 信号,一次传送结束。

3. 设计实现

(1) 接口驱动电路的代码设计

驱动电路的功能是将收发电路上的 scl_en、sda_en 信号转换为外部的 sda、scl 信号。sda、scl 是双向端口,既可以输入也可以输出,一般双向端口都具备三态选通功能。另外 sda 和 scl 的高电平是靠总线上的上拉电阻实现的,仿真测试时,如果不连接真实设备,没有电阻上拉,当输出高电平时,端口产生的是高祖态,并不是高电平。主机接口仿真时为了能检测来自从机的 sda 和 scl 信号,可以增加 sda_ex 和 scl_ex 信号模拟从设备对 sda 和 scl 线的控制。该部分代码如下:

```
    module i2c_interface (scl, sda, scl_en, sda_en,scl_ex, sda_ex);      //测试用
      //module i2c(scl, sda,scl_en, sda_en);                             //设计用
      inout scl;
      inout sda;
      input scl_ex;                                                      //测试用,验证完成去除
      input sda_ex;                                                      //测试用,验证完成去除
      wire scl,sda;
      wire scl_ex, sda_ex;                                               //测试用
      reg scl_en, sda_en;
      assign scl =（scl_en）? (scl_ex ? 1'b1 : 1'b0) : 1'b0;            //测试用
      assign sda =（sda_en)? (sda_ex ? 1'b1 : 1'b0) : 1'b0;             //测试用
      //assign scl =（scl_en）? 1'bz: 1'b0;                              //实际代码
      //assign sda =（sda_en)? 1'bz : 1'b0;                             //实际代码
    endmodule
```

(2) S 信号和 P 信号的产生

以 S 信号为例,只要控制好 sda_en、scl_en 在各时间片的值,就能按图 8-50 产生 S 信号,注意下面代码中 scl 和 sda 变化的时刻。

```
    start : case (scl_clk_phase)
        3'd0 : begin scl_en = 1'b0; sda_en = 1'b1; end
        3'd1 : begin scl_en = 1'b0; sda_en = 1'b1; end
        3'd2 : begin scl_en = 1'b1; sda_en = 1'b1; end
        3'd3 : begin scl_en = 1'b1; sda_en = 1'b0; end   //高电平的中部
        3'd4 : begin scl_en = 1'b1; sda_en = 1'b0; end
        3'd5 : begin scl_en = 1'b0; sda_en = 1'b0; end
    endcase
```

(3) ack 信号的检测

发送状态的第 8 位,scl 高电平中期,检测接收设备是否发了 ack 信号。实际上,检测时第 8 位的

第 3 时间片也不一定是高电平,因为高电平是靠释放 scl 后外部的上拉电阻拉高的。如果此时从机把 scl 拉低,则是向主机发出 wait 信号。

```
t _ state : begin
    if (bit _ counter == 4'b1000)
        case (scl _ clk _ phase)
            3'd0 : begin scl _ en = 1'b0; sda _ en = 1'b1; end
            3'd1 : begin scl _ en = 1'b0; sda _ en = 1'b1; end
            3'd2 : begin scl _ en = 1'b1; sda _ en = 1'b1; end
            3'd3 : begin scl _ en = 1'b1; sda _ en = 1'b1; ack _ from _ i2c = sda; end   /* 第 8 位 scl 高电
平检测 ack */
            3'd4 : begin scl _ en = 1'b1; sda _ en = 1'b1; end
            3'd5 : begin scl _ en = 1'b0; sda _ en = 1'b1; end
        endcase
    else
        case (scl _ clk _ phase)
            3'd0 : begin scl _ en = 1'b0; sda _ en = 1'b1; end
            3'd1 : begin scl _ en = 1'b0; sda _ en = data _ to _ reg[7-bit _ counter]; end
            3'd2 : begin scl _ en = 1'b1; sda _ en = data _ to _ reg[7-bit _ counter]; end
            3'd3 : begin scl _ en = 1'b1; sda _ en = data _ to _ reg[7-bit _ counter]; end //发送数据
            3'd4 : begin scl _ en = 1'b1; sda _ en = data _ to _ reg[7-bit _ counter]; end
            3'd5 : begin scl _ en = 1'b0; sda _ en = data _ to _ reg[7-bit _ counter]; end
        endcase
    end
```

(4) 从机等待信号的检测

第 8 位发送端要检测接收端发来的 ack 信号,但如果发射端是主机,它还应该检测从机是否发出 wait 信号。ack 信号和 wait 信号在时间上都是在第 8 位 scl 的第 2、3、4 时间片进行的。两者区别是 ack 检测的是 sda 是否被拉低,如果被拉低,说明接收设备发出了 ack。而 wait 信号检测的是 scl,这个时候 scl 对应的是高电平,这个高电平是因为主机释放 scl 产生的。如果此时从机 scl 输出低电平,就会向主机传递 wait 信号,要求主机进入等待状态,等待从机消化数据或任务。在 0、1、5 时间片不能检测 scl,因为主机已经把 scl 拉低用来传输时钟的低电平了。

```
t _ state : if (bit _ counter == 4'b1000)
    case (scl _ clk _ phase)
        3'd2 : next _ state <= ( !scl ) ? w _ state : current _ state; //检测 scl 是否被拉低
        2'd3 : next _ state <= ( !scl ) ? w _ state : current _ state;
        3'd4 : next _ state <= ( !scl ) ? w _ state : current _ state;
        3'd5 : next _ state <= idle;
        default : next _ state <= current _ state;
    endcase
r _ state : if (bit _ counter == 4'b1000)
    case (scl _ clk _ phase)
        3'd2 : next _ state <= ( !scl ) ? w _ state : current _ state;
        2'd3 : next _ state <= ( !scl ) ? w _ state : current _ state;
        3'd4 : next _ state <= ( !scl ) ? w _ state : current _ state;
        3'd5 : next _ state <= idle;
        default : next _ state <= current _ state;
    endcase
```

8.7.3 I2C 总线接口设计与仿真

1. 控制电路设计

控制电路接收外部处理器等电路的控制信号 sysclk、rst_n、cs_n、wr、port_comd 和要发送的数据 databus_to_i2c,还要检测 scl 信号判定是否需进入 wait 状态,产出收发电路所需信号 scl_6clk、bit_counter、scl_clk_phase、current_state,并将锁存在内部的待发送数据 data_to_reg 送至收发电路。其代码如下:

```
module i2c_ctrl (sysclk,rst_n, cs_n, wr, databus_to_i2c, data_to_reg, port_comd, scl_6clk,
        bit_counter, scl_clk_phase, scl, current_state);
  //---Ports declearation: generated by Robei---
  input sysclk, rst_n, cs_n, wr;
  input [7:0] databus_to_i2c;                             //要发送的数据
  input [1:0] port_comd;                                  //控制命令
  input scl;
  output scl_6clk;                                        //6倍scl时钟
  output [3:0] bit_counter;                               //位信息
  output [2:0] scl_clk_phase;                             //时间片信息
  output [2:0]current_state;
  output [7:0]data_to_reg;
  wire sysclk, rst_n, cs_n, wr, scl;
  wire [7:0] databus_to_i2c;
  wire [1:0] port_comd;
  reg scl_6clk;
  reg [3:0] bit_counter;
  reg [2:0] scl_clk_phase;
  //----Code starts here: integrated by Robei-----
  reg [10:0] scl_6clk_counter;
  reg [2:0] current_state;
  reg [2:0] next_state;
  reg [7:0]data_to_reg;
  parameter sysfren = 30'd 600_000;                       //系统主频
  parameter scl_clk = 17'd 100_000;                       //串行时钟频率
  parameter scl_6clk_div = sysfren / (6 * scl_clk) − 1;   //分频
  parameter idle = 3'b000,
          start = 3'b001,
          t_state = 3'b010,
          r_state = 3'b011,
          stop = 3'b100,
          w_state = 3'b101;
  always @ (posedge sysclk or negedge rst_n)
    if (!rst_n)
      begin
      scl_6clk <= 0;
      scl_6clk_counter <= scl_6clk_div;
```

```verilog
            end
        else
            begin
                scl_6clk_counter <= (scl_6clk_counter == 0) ? scl_6clk_div : scl_6clk_counter - 11'b1;
                scl_6clk <= (scl_6clk_counter == 0) ? ~ scl_6clk : scl_6clk;                //产生6倍scl时钟
            end
always @ (posedge scl_6clk)
    if (current_state == idle)
        begin
            scl_clk_phase <= 3'd0;
            bit_counter   <= 4'd0;
        end
    else
        begin   if ((current_state == t_state || current_state == r_state) && scl_clk_phase == 3'd5)
                bit_counter <= (bit_counter == 4'b1000) ? 4'b0000 : bit_counter + 4'b0001;  //记录位
            if(!(current_state == w_state) || ! ( scl == 0))
                scl_clk_phase <= (scl_clk_phase ==3'd5 ) ? 3'd0 : scl_clk_phase + 3'd1;  //记录位相
        end
always @ (posedge scl_6clk)                                                   //次态方程
    case (current_state)
        idle : case (port_comd)
            2'b00: next_state <= (!cs_n && wr) ? start : current_state;
            2'b01: begin next_state <= (!cs_n && wr) ? t_state : current_state;
                data_to_reg <= databus_to_i2c;end
            2'b10: begin next_state <= (!cs_n && wr) ? r_state : current_state; end
            2'b11: begin next_state <= (!cs_n && wr) ? stop : current_state; end
            default : next_state <= idle;
            endcase
        start : next_state <= (scl_clk_phase == 3'd5) ? idle : current_state;
            t_state : if (bit_counter == 4'b1000)
            case (scl_clk_phase)
            3'd2 : next_state <= ( !scl ) ? w_state : current_state;
            3'd3 : next_state <= ( !scl ) ? w_state : current_state;                //检测wait信息
            3'd4 : next_state <= ( !scl ) ? w_state : current_state;
            3'd5 : next_state <= idle;
            default : next_state <= current_state;
            endcase
    r_state : if (bit_counter == 4'b1000)
        case (scl_clk_phase)
            3'd2 : next_state <= ( !scl ) ? w_state : current_state;
            2'd3 : next_state <= ( !scl ) ? w_state : current_state;                //检测wait信息
            3'd4 : next_state <= ( !scl ) ? w_state : current_state;
            3'd5 : next_state <= idle;
            default : next_state <= current_state;
        endcase
    stop : next_state <= ( scl_clk_phase == 3'd5 ) ? idle : current_state;
```

```verilog
        w_state : next_state <= (scl == 1'b0) ? w_state : idle;   //直到从机释放 scl 才退出 wait 状态
    endcase
    always @ (posedge scl_6clk or negedge rst_n)
        current_state <= (! rst_n) ? idle : next_state;
endmodule
```

2. 收发电路设计

收发电路根据控制电路发来的状态 state 信息，在 scl_6clk 时钟、bit_counter、scl_clk_phase，共同作用下产生 scl_en、sda_en 信号，并根据 sda 信号判断接收数据端是否发来 ACK，并输出 ACK 信息，可向外部电路提供 ACK 信息 ack_from_i2c。在接收从机数据时还要向从机发送 ACK 信号 ack_to_i2c。待发送的数据由控制电路内部锁存器 reg_to_i2c 提供，接收到的数据通过 data_to_bus 送出。这部分程序代码为：

```verilog
    module rtwavegen (state, bit_counter, scl_6clk, scl_clk_phase, scl_en, sda_en, sda, ack_to_
        i2c, ack_from_i2c, reg_to_i2c, data_to_bus);
        input [7:0] reg_to_i2c;                              //要发送数据
        input [2:0] state;                                   //当前状态
        input scl_6clk, ack_to_i2c;
        input [3:0] bit_counter;
        input [2:0] scl_clk_phase;
        input sda;
        output scl_en;
        output sda_en;
        output ack_from_i2c;                                 //接收到的 ack
        output [7:0] data_to_bus;                            //接收到的数据
        wire ack_to_i2c, sda, scl_6clk;
        wire [3:0] bit_counter;
        wire [2:0] scl_clk_phase;
        wire [7:0] reg_to_i2c;
        wire [2:0] state;
        reg  ack_from_i2c;
    //-----Code starts here：integrated by Robei-----
        reg scl_en;
        reg sda_en;
        reg [7:0] data_to_bus;
        parameter idle = 3'b000,
                start = 3'b001,
                t_state = 3'b010,
                r_state = 3'b011,
                stop = 3'b100,
                w_state = 3'b101;
        always @ (state or scl_clk_phase)
            case (state)
                idle : begin scl_en = 1'b0; sda_en = 1'b1; end
                w_state : begin scl_en = 1'b1; sda_en = 1'b1; end
                start : case (scl_clk_phase)                 //发送 S 信号
```

```verilog
                3'd0 : begin scl_en = 1'b0; sda_en = 1'b1; end
                3'd1 : begin scl_en = 1'b0; sda_en = 1'b1; end
                3'd2 : begin scl_en = 1'b1; sda_en = 1'b1; end
                3'd3 : begin scl_en = 1'b1; sda_en = 1'b0; end
                3'd4 : begin scl_en = 1'b1; sda_en = 1'b0; end
                3'd5 : begin scl_en = 1'b0; sda_en = 1'b0; end
            endcase
    t_state : begin
        if (bit_counter == 4'b1000)
            case (scl_clk_phase)                    //接收 ack
                3'd0 : begin scl_en = 1'b0; sda_en = 1'b1; end
                3'd1 : begin scl_en = 1'b0; sda_en = 1'b1; end
                3'd2 : begin scl_en = 1'b1; sda_en = 1'b1; end
                3'd3 : begin scl_en = 1'b1; sda_en = 1'b1; ack_from_i2c = sda; end
                3'd4 : begin scl_en = 1'b1; sda_en = 1'b1; end
                3'd5 : begin scl_en = 1'b0; sda_en = 1'b1; end
            endcase
        else
            case (scl_clk_phase)                    //发送数据
                3'd0 : begin scl_en = 1'b0; sda_en = 1'b1; end
                3'd1 : begin scl_en = 1'b0; sda_en = reg_to_i2c [7 - bit_counter]; end
                3'd2 : begin scl_en = 1'b1; sda_en = reg_to_i2c [7 - bit_counter]; end
                3'd3 : begin scl_en = 1'b1; sda_en = reg_to_i2c [7 - bit_counter]; end
                3'd4 : begin scl_en = 1'b1; sda_en = reg_to_i2c [7 - bit_counter]; end
                3'd5 : begin scl_en = 1'b0; sda_en = reg_to_i2c [7 - bit_counter]; end
            endcase
        end
    r_state : begin
        if (bit_counter == 4'b1000)
            case (scl_clk_phase)                    //发送 ack
                3'd0 : begin scl_en = 1'b0; sda_en =1; end
                3'd1 : begin scl_en = 1'b0; sda_en = ack_to_i2c; end
                3'd2 : begin scl_en = 1'b1; sda_en = ack_to_i2c; end
                3'd3 : begin scl_en = 1'b1; sda_en = ack_to_i2c; end
                3'd4 : begin scl_en = 1'b1; sda_en = ack_to_i2c; end
                3'd5 : begin scl_en = 1'b0; sda_en = ack_to_i2c; end
            endcase
        else
            case (scl_clk_phase)                    //接收数据
                3'd0 : begin scl_en = 1'b0; sda_en = 1'b1; end
                3'd1 : begin scl_en = 1'b0; sda_en = 1'b1; end
                3'd2 : begin scl_en = 1'b1; sda_en = 1'b1; end
                3'd3 : begin scl_en = 1'b1; sda_en = 1'b1; data_to_bus[7 - bit_counter]
                    = sda; end
                3'd4 : begin scl_en = 1'b1; sda_en = 1'b1; end
```

```verilog
                3'd5：begin scl_en = 1'b0；sda_en = 1'b1；end
            endcase
        end
    stop：case（scl_clk_phase）                              //发送 P 信号
        3'd0：begin scl_en = 1'b0；sda_en = 1'b0；end
        3'd1：begin scl_en = 1'b0；sda_en = 1'b0；end
        3'd2：begin scl_en = 1'b1；sda_en = 1'b0；end
        3'd3：begin scl_en = 1'b1；sda_en = 1'b1；end
        3'd4：begin scl_en = 1'b1；sda_en = 1'b1；end
        3'd5：begin scl_en = 1'b0；sda_en = 1'b1；end
    endcase
endcase
endmodule
```

3. 接口驱动电路设计

这部分电路比较简单,主要是双向端口的驱动和测试技巧,前面已详细阐述。代码如下:

```verilog
module i2c_interface (scl, sda, scl_en, sda_en);                       //设计用
//module i2c_interface (scl, sda, scl_en, sda_en, scl_ex, sda_ex);      //测试用
    inout scl；
    inout sda；
    input sda_en；
    input scl_en；
    //input scl_ex；                                                     //测试用
    //input sda_ex；                                                     //测试用
    wire scl,sda, scl_en, sda_en；
    //wire scl_ex, sda_ex；                                              //测试用
    assign scl = （scl_en）? 1'bz : 1'b0；
    assign sda =（sda_en）? 1'bz : 1'b0；
    //assign scl = （scl_en）?（scl_ex ? 1'b1 : 1'b0）: 1'b0；           //测试用
    //assign sda =（sda_en）?（sda_ex ? 1'b1 : 1'b0）: 1'b0；           //测试用
endmodule
```

4. I2C 主机接口顶层模块设计

顶层模块的作用是引出外部接口,把各模块连接起来形成一个整体。外部信号主要是发送和接收的数据 databus_to_i2cctrl、data_to_bus,外部控制信号 sysclk、rst_n、cs_n、wr、port_comd,要发送到从机的 ack 信号 ack_to_i2c 和接收从机发来的 ack 信号 ack_from_i2c,以及总线接口信号 sda 和 scl。代码如下:

```verilog
module i2c_master (sysclk, rst_n, cs_n, wr, databus_to_i2cctrl, port_comd, sda,scl, data_
        to_bus, ack_to_i2c, ack_from_i2c)；
    input sysclk,rst_n, cs_n, wr；
    input [7:0] databus_to_i2cctrl；
    input [1:0] port_comd；
    input ack_to_i2c；
    inout sda；
```

```
        inout scl;
        //input sda_ex;                                    //测试用
        //input scl_ex;                                    //测试用
        output [7:0]data_to_bus;
        output ack_from_i2c;
        //output scl_6clk;                                 //测试用
        //output [3:0]bit_counter;                         //测试用
        //output [2:0]scl_clk_phase;                       //测试用
        //output [2:0]state;                               //测试用
        //output sda_en;                                   //测试用
        //output scl_en;                                   //测试用
        wire scl_6clk;
        wire [3:0] bit_counter;
        wire [2:0] scl_clk_phase;
        wire sysclk, rst_n, cs_n, wr, scl;
        wire [7:0] databus_to_i2c;
        wire [7:0] data_to_i2c;
        wire [1:0] port_comd;
        wire [2:0] state;
        wire sda;
        wire scl_en;
        wire sda_en;
        //wire sda_ex;                                     //测试用
        //wire scl_ex;                                     //测试用
        wire ack_to_i2c ;
        wire ack_from_i2c;
        i2c_ctrl i2cctrl (sysclk, rst_n, cs_n, wr, databus_to_i2cctrl, data_to_i2c, port_comd, scl_
            6clk, bit_counter, scl_clk_phase, scl,state);
        rtwavegen rtwg(state, bit_counter,scl_6clk, scl_clk_phase, scl_en, sda_en, sda, ack_to_
            i2c, ack_from_i2c, data_to_i2c, data_to_bus);
        i2c_interface i2cif (scl, sda, scl_en, sda_en);
        //i2c_interface i2cif (scl, sda, scl_en, sda_en, scl_ex, sda_ex);   //测试用
    endmodule
```

5. 测试代码

用代码模拟从机与主机互传数据,验证 I2C 主机接口的功能。主机向从机发送 68h,从机向主机发送 88h。测试代码如下:

```
`timescale 1ns/1ns
module i2c_test();
    reg sysclk;
    reg rst_n;
    reg cs_n;
    reg wr;
    reg [7:0] data_to_i2c;
    reg [1:0] port_comd;
    reg ack_to_i2c;
    wire scl_6clk;
```

```verilog
    wire ack;
    wire [3:0] bit_counter;
    wire [2:0] scl_clk_phase;
    wire [7:0] data_from_i2c;
    wire scl;
    wire sda;
    reg scl_ex;
    reg sda_ex;

    //----Code starts here: integrated by Robei-----
    //wire sda_en;
    reg [31:0]counter;
    parameter infor = 8'b1000_1000;
    initial
    begin
        rst_n=1; wr=0;sysclk=0;scl_ex=1;sda_ex=1;counter=0;
        data_to_i2c=8'b01101000;
        #1 rst_n =0 ;
        #1 rst_n=1;
        port_adr=2'b01;                   //测试发送
        wr=1;
        cs_n=0;
        ack_to_i2c=0;
        #1200 wr=0; port_adr=2'b10; //测试接收
        #1 wr=1;
        #2400 $finish;
    end
    initial
    begin
        #1000 sda_ex=0;
        #100 sda_ex=1;
    end
    always #5 sysclk = ~sysclk;
    always @ (posedge scl_6clk)
        if (port_adr == 2'b10)
        sda_ex = (scl_clk_phase ==3'b000 ) ? infor[8−bit_counter] : sda_ex;
    //100kbps,400kbps,3.4Mbps,600k,2400k,13.6M
    initial begin
        $dumpfile ("D:/book/robei/i2c_test.vcd");
        $dumpvars;
    end
    //---Module instantiation---
    i2c_master im (sysclk, rst_n, cs_n, wr, data_to_i2c, port_comd,sda,scl, scl_ex, sda_ex , data
        _from_i2c, ack_to_i2c ,ack,scl_6clk, bit_counter, scl_clk_phase,sda_en,scl_en);
    endmodule                        //i2c_test
```

6. 仿真结果分析

图 8-53 和 8-54 分别是 I2C 总线主机发送数据和主机接收数据的仿真波形。data_to_i2c 是要发送的数据 68h，从图 8-53 观察 sda 每一位的数据（与 scl 高电平对应的 sda），按顺序排列是

01101000，正好是 68h。再看图 8-54，data＿from＿i2c 是主机收到的数据 88h，观察 sda 显示的是 10001000。说明主机接口能够正常收发数据，另外在第 8 位都正常发送和接收了 ack 信号（第 8 位 scl 高电平对应的 sda 是低电平）。从 sda 和 scl 的对比，可以看到，sda 上数据变化都是在 scl 低电平期间，scl 高电平时 sda 稳定，符合 I2C 总线协议要求。

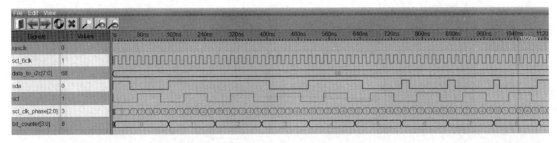

图 8-53　I2C 总线主机发送数据的仿真波形图

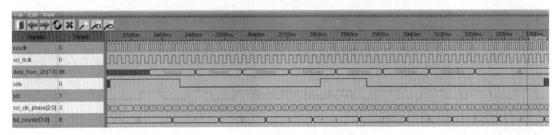

图 8-54　I2C 总线主机接收数据仿真波形

I2C 总线从机接口的设计与主机接口设计类似，且功能上要简单一些，留给读者自行完成。

8.8　FIR 有限冲激响应滤波器

数字信号处理（Digital Signal Processing，DSP）技术在许多领域内有广泛应用，如数字通信、雷达信号处理、图像处理和数据压缩等。

有限冲激响应滤波器（Finite Impulse Response filter，FIR）具有独特的优点，它可以在设计任意幅频特性的同时，保证严格的线性相位特性，因此成为数字信号处理中常用的部件。

8.8.1　FIR 结构简介

当有限冲激响应滤波器的输入为冲激序列时，其输出是一个有限序列，即该序列的长度是有限的，该序列称为滤波器的冲击响应。

有限冲激响应滤波器的输入序列与输出序列的关系可用下式来表示

$$y(n) = \sum_{i=0}^{N-1} h(i)x(n-i) = h(n) \otimes x(n) \tag{8-1}$$

其中，$y(n)$、$x(n)$ 分别是输出序列与输入序列，$h(n)$ 是滤波器的冲激响应，N 是冲激响应的长度。$\otimes$ 为卷积运算的符号。

若对式（8-1）采用直接型结构实现，就有如图 8-55 所示系统信号流程图。算法可用下式表示

$$y(n) = \sum_{i=0}^{N-1} h(i)x(n-i) \tag{8-2}$$

图中 $x(n)$ 表示输入样本的第 n 个点，$y(n)$ 表示滤波后的输出样本的第 n 个点，z^{-1} 对应时域中的一次延时。

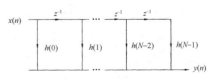

图 8-55　FIR 的直接型结构

因此该图表明了输出 $y(n)$ 由输入 $x(n)$ 的各次延时乘以相应的系数、然后相加而获得。该结构包含 N 次乘法、$(N-1)$ 次加法。由于一次乘法的运算量远大于一次加法的运算量，因此总运算量可由乘法运算次数来表示，即为 N 次。

对于线性相位因果 FIR 滤波器，它的系数具有中心对称特性，即

$$h(i)=\pm h(N-1-i)$$

令

$$S(i)=x(i)\pm x(N-1-i)$$

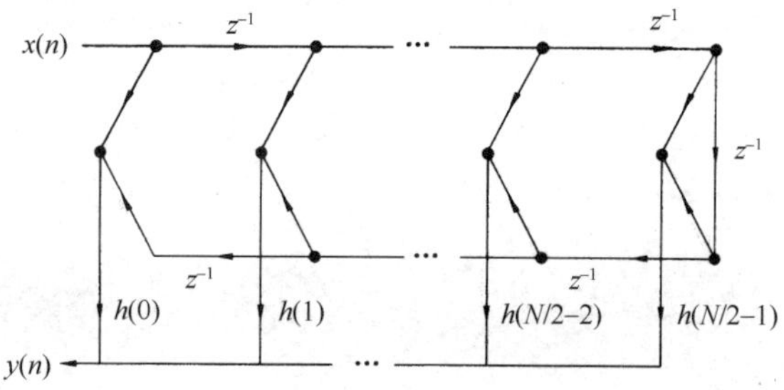

代入式(8-1)可得

图 8-56　线性相位 FIR 滤波器的直接型
结构改进图（N 为偶数）

$$
\begin{aligned}
y(n) &= \sum_{i=0}^{N/2-1}h(n)x(n-i)+\sum_{i=N/2}^{N-1}h(i)x(n-1)\\
&= \sum_{i=0}^{N/2-1}h(i)x(n-i)+\sum_{i=0}^{N/2-1}h(N-1-i)x(n-N+1+i)\\
&= \sum_{i=0}^{N/2-1}h(i)[x(n-i)+x(n-N+1+i)]\\
&= \sum_{i=0}^{N/2-1}h(i)S(n-i)
\end{aligned}
\tag{8-3}
$$

该式仅适用于偶数情况。

因此，线性相位 FIR 滤波器的直接型结构可改进为如图 8-56 所示。

在改进的结构中，N 次乘法减少为 $N/2$ 次，而加法次数增加了 $N/2$ 次，总的运算量得以减少。以乘法次数表示，其总运算量为 $N/2$ 次，这种直接型结构简单明了，系统调整方便。

在图 8-55 所示直接型结构中，整个运算过程总是包括基本的加减法、乘法和延时等环节，这正是利用逻辑资源丰富的 HDPLD 来实现的优越性，也就是说 HDPLD 完成大量的基本算术运算和逻辑运算十分有效，可用丰富的硬件资源换取运算速度。这里值得注意的是：各运算可以采用累加器实现的顺序算法，也可采用运算速度特高的流水线操作结构进行。前者计算时间较长，控制复杂，但占用资源较少；后者占用资源多，但速度快、控制较简单，本节设计采用后者。以下讨论采用流水线操作结构实现快速 FIR 的详情，注重了发挥高密度 PLD 容量大、速度快的特点。

8.8.2　设计方案和算法结构

根据 FIR 滤波器的基本公式，这里讨论实施方案。为清晰、方便起见，首先设定线性因果 FIR 的阶数为 8，即 $N=8$（阶数可按照需要设定），根据式(8-3)，其输入与输出的关系可用下式表示

$$y(n)=\sum_{i=0}^{3}h(i)S(n-i)\tag{8-4}$$

因为 $S(i)=x(i)\pm x(N-1-i)$，故 $S(i)$ 的计算包含加、减运算，而采用补码运算可以简化计算结构，因此规定输入数据序列 $x(n)$ 采用补码形式。又设定 $S(n-i)$ 的二进制形式的字长为 b，小数点取在最高位之后，则 $S(n-i)$ 的补码表示为

$$[S(n-i)]_{补}=S_{n-i}^0 S_{n-i}^1\cdots S_{n-i}^{b-1}$$

根据 Booth 公式，式(8-4)的补码形式可表示为

$$
\begin{aligned}
[y(n)]_{补} &= \Big[\sum_{i=0}^{3}h(i)S(n-i)\Big]_{补}=\sum_{i=0}^{3}[h(i)]_{补}\sum_{k=1}^{b-1}2^{-k}S_{n-i}^k-\sum_{i=0}^{3}[h(i)]_{补}S_{n-i}^0\\
&= \sum_{k=1}^{b-1}2^{-k}\sum_{i=0}^{3}[h(i)]_{补}S_{n-i}^k-\sum_{i=0}^{3}[h(i)]_{补}S_{n-i}^0
\end{aligned}
\tag{8-5}
$$

整个运算过程具体为包括乘法相加运算、移位加法运算和一次减法运算，运算结果也采用补码

表示,即输出序列为$[y(n)]_补$。

由于运算应在一个时钟周期内完成,但运算逻辑相当复杂,信号延时较长,从而限制了时钟频率的提高。当整个运算采用流水线算法结构时,把在一个时钟周期内欲完成的运算划分为若干子运算,各个子运算(加减运算、查表和各级移位相加运算)采用寄存输出模式,这样既缩短了延时路径,可提高时钟频率;又可使各子运算同时进行,提高数据吞吐率。HDPLD 大量的逻辑资源,尤其是大量的 D 触发器,为实现流水线操作结构提供了方便。

图 8-57 给出了 FIR 流水线操作结构的关系图。图中清楚地说明了一个运算数据历经移位寄存、加减运算、乘法运算和加法运算 4 个运算步骤。而在同一时间内,不同运算模块在对不同运算数据的不同步骤进行运算,这不仅提高了运算速率,且提高了硬件使用效率,这正是流水线操作结构的优越性。

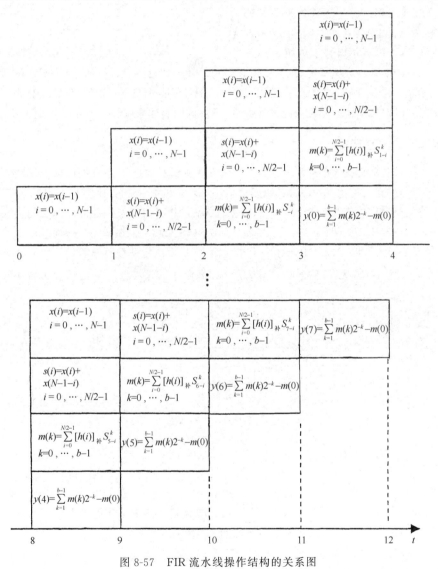

图 8-57　FIR 流水线操作结构的关系图

图 8-57 中的 $m(k)$ 表示乘法运算的结果。且该图仅采用了 7 个运算点,设计者可以根据需要设定运算点的数目。

8.8.3　模块组成

一个完整的 FIR 滤波器组成示意图如图 8-58 所示。

图中各个端口信号的意义如下：

XIN：序列$[x(n)]_补$的输入端口；

XOUT：序列$[x(n)]_补$的输出端口；

CASIN：级联输入端口；

CAS：级联控制端口；

CASOUT：级联输出端口，关于级联的具体方式将在滤波器的扩展中详细介绍；

Y：序列$[y(n)]_补$的输出端口。

冲激响应$h(n)$将作为常数在模块内部指定，不再作为端口出现。由于运算均采用补码形式，因此各输入、输出数据及冲激响应$h(n)$的各系数均为补码表示，以下不再特别说明。

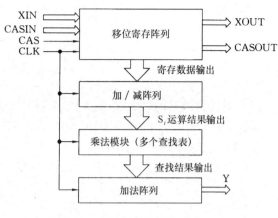

图8-58　FIR滤波器组成示意图

除了输入、输出端口以外，在设计中还设立了4个相关参数，来确定滤波器的规格。参数WIDTHD表示输入数据$x(n)$的字长，参数TAG表示滤波器的阶数N，参数WIDTHC表示系数$h(n)$的字长，参数EVEN-ODD表示冲激响应的对称性，各参数的具体含义将在各个子模块中详细介绍。

1．移位寄存阵列模块

移位寄存阵列主要实现数据的延时输出，如图8-59所示。数据从XIN端口输入，经寄存器实现延时，从XOUT端口输出，X(0)～X(7)为各级延时输出。数据的字长是由参数WIDTHD指定的，它决定着图8-59中每级延时中寄存器的个数。利用数据选择器MUX可以实现滤波器模块的级联，满足高阶滤波器的需要。CASOUT为级联输出端，CASIN为级联输入端。控制MUX的地址端CAS的取值（0或1），可以从CASOUT和CASIN中选择一个作为输入，从而决定滤波器是否处于级联状态。

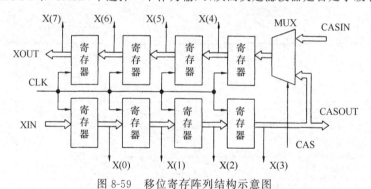

图8-59　移位寄存阵列结构示意图

2．加减阵列模块

加/减阵列实现$s(i)=x(i)\pm x(N-1-i)$运算。由于冲激响应的中心对称特性可以是奇对称，也可以是偶对称。对于系数呈偶对称的FIR滤波器，加减阵列应该实现加法操作；反之应该实现减法操作，因此设立参数EVEN-ODD，在具体实现时可根据实际需要，指定滤波器的对称特性。对于偶对称的滤波器，EVEN-ODD应取值为1；对于奇对称的滤波器，EVEN-ODD应取值为0。

8阶滤波器由4个加减单元组成。每个加减单元实现对称点之间的运算，运算类型由参数EVEN-ODD指定，如图8-60所示。图中寄存器用于保存运算结果，以便实现流水线结构。

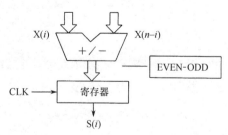

图8-60　加/减阵列结构示意图，$i=0,1,2,3$

3. 乘法模块

乘法模块实现式(8-5)中包含的 b 个 $\sum\limits_{i=0}^{3}[h(i)]_{\nparallel} S_{n-i}^{k}$ 运算。运算采用查找表方式实现。以 $S_{n-i}^{k}(i=0,1,2,3)$ 作为查找表的地址输入,以 $\sum\limits_{i=0}^{3}[h(i)]_{\nparallel} S_{n-i}^{k}$ 作为查找表的内容,查找表的输出采用寄存模式。这种实现方式可以充分利用前述 HDPLD 中 SRAM 工艺器件的多输入查找表资源,因而式(8-5)中的参与求和的 $b-1$ 个数码计算可使用一张查找表。而且通过直接对查找表的内容求补,可以将式(8-5)中的减法运算用加法运算来替代,省去码制变换,简化了电路结构,因此整个模块使用了两张查找表。系数 $h(i)$ 是作为常数出现的,它的字长利用参数 WIDTHC 指定。

4. 加法阵列模块

移位相加运算通过一个加法阵列实现,加法阵列采取并行加法,可以缩短计算时间。同时根据流水线结构要求,每级移位相加运算的输出均采用寄存模式,使延时路径尽可能短。加法输出结果按实际字长输出,保证计算精度。图 8-61 中给出的是一个输入数据字长为 7 的滤波器中的乘法模块和加法阵列。

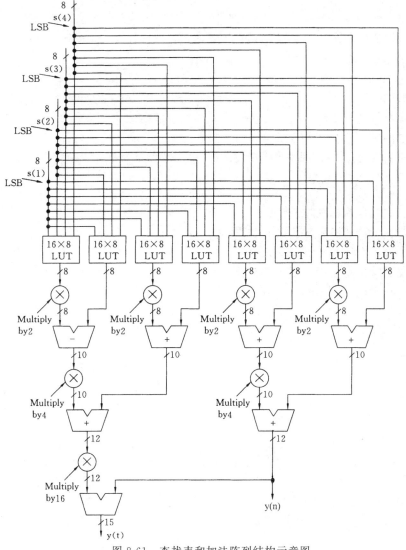

图 8-61 查找表和加法阵列结构示意图

这里值得注意的是：加法可能会溢出，故设计者要详细考虑如何处理溢出问题，以免加法出错。

8.8.4　FIR 滤波器的扩展应用

以上设计的滤波器可以作为一个部件用在数字信号处理系统中，它的外部特性如图 8-62 所示。

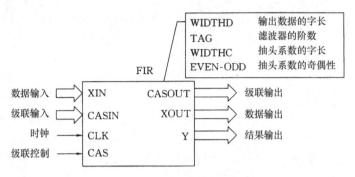

图 8-62　FIR 滤波器的外部特性

滤波器的输入和输出均采用并行方式，且数据采用 2 的补码表示。采用流水线结构在提高系统处理速度的同时也造成了输出滞后，从数据输入到数据输出要经过 5 个时钟周期的延时，每个时钟周期内可以产生一个有效输出。

参数 TAG 表示滤波器的阶数，它可以在 1～8 之间任意取一个整数；参数 WIDTHC 表示抽头系数的字长，它可任意设定。参数 WIDTHD 表示输入数据的字长，它可以取 1～7 之间的一个整数。输出数据的字长由以上三者的值确定。参数 EVEN-ODD 表示滤波器系数的奇偶对称性，用于确定加/减阵列的运算方式。这种参数化的设计便于调整，满足实际需要。

对于阶数更高的滤波器，可利用级联端口将多个滤波器模块级联而成。其公式表达为：

$$y(n) = \sum_{i=0}^{N-1} h(i)s(n-i) = \sum_{i=0}^{3} h(i)s(n-i) + \sum_{i=4}^{N-1} h(i)s(n-i) \tag{8-6}$$

CAS 信号控制滤波器模块的工作模式，当 CAS 为逻辑"1"时，滤波器模块处于级联工作模式；当 CAS 为逻辑"0"时，滤波器模块处于单级工作模式。

依据公式(8-6)，级联方式如图 8-63 所示。

对于精度更高的滤波器，输入数据的字长大于 7。可以通过将多个滤波器模块并联在一起满足精度要求，公式表达为

$$
\begin{aligned}
\left[y(n)\right]_{\text{补}} &= \sum_{i=0}^{3} \left[h(i)\right]_{\text{补}} \sum_{k=1}^{b-1} 2^{-k} S^k(n-i) - \sum_{i=0}^{3} \left[h(i)\right]_{\text{补}} S^0(n-i) \\
&= \left(\sum_{k=1}^{6} 2^{-k} \sum_{i=0}^{3} \left[h(i)\right]_{\text{补}} S^k(n-i) + 2^{-7} \sum_{k=0}^{b-8} 2^{-k} \sum_{i=0}^{3} \left[h(i)\right]_{\text{补}} S^{k-7}(n-i) \right) - \\
&\quad \sum_{i=0}^{3} \left[h(i)\right]_{\text{补}} S^0(n-i) \\
&= \left(\sum_{k=1}^{6} 2^{-k} \sum_{i=0}^{3} \left[h(i)\right]_{\text{补}} S^k(n-i) - \sum_{i=0}^{3} \left[h(i)\right]_{\text{补}} S^0(n-i) \right) + \\
&\quad 2^{-7} \sum_{k=0}^{b-8} 2^{-k} \sum_{i=0}^{3} \left[h(i)\right]_{\text{补}} S^{k-7}(n-i)
\end{aligned}
\tag{8-7}
$$

依据公式(8-7)，并联方式如图 8-64 所示。

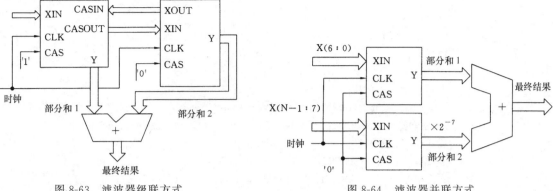

图 8-63　滤波器级联方式　　　　　　　　　图 8-64　滤波器并联方式

8.8.5　设计输入

本设计采用了 VHDL 语言进行逻辑描述。整个设计的层次如图 8-65 所示。

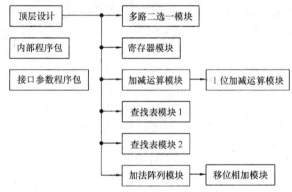

图 8-65　采用 VHDL 描述设计的系统层次图

顶层设计的 VHDL 源程序如下：

```
LIBRARY IEEE;
USE IEEE.Std _ Logic _ 1164.ALL;
USE Work.user _ 1.ALL;
USE Work.user _ 2.ALL;
ENTITY  fir  IS
PORT (
    xin,casin：IN Std _ Logic _ Vector（widthd－1 DOWNTO 0）；
    clk,cas：IN Std _ Logic；
    casout,xout：OUT Std _ Logic _ Vector（widthd－1 DOWNTO 0）；
    y：OUT Std _ Logic _ Vector（width＋9  DOWNTO 0）
    )；
END fir；

ARCHITECTURE  a  OF  fir  IS
    ……（元件说明略）
    SIGNAL inter：Std _ Logic _ Vector（widthd－1 DOWNTO 0）；
    SIGNAL sh _ out：DIMEN0（tagn－1  DOWNTO 0）；
    SIGNAL add _ out：DIMEN1（tag－1  DOWNTO 0）；
    SIGNAL lut _ in：DIMEN3（widthd DOWNTO 0）；
    SIGNAL lut _ out：DIMEN4（widthd DOWNTO 0）；
```

```
BEGIN
    m : muxn
        GENERIC MAP (widthd=>widthd)
        PORT MAP (sh_out(tag-1),casin,cas,inter);
    dff:FOR i IN 0 TO tagn-1 GENERATE
        dff0:IF i=0 GENERATE
            d0 :dff_n    GENERIC    MAP (widthd=>widthd)
            PORT    MAP ( clk=>clk,data=>xin,q=>sh_out(0));
        END GENERATE;
        dffcas:IF i=tag    GENERATE
            d1 :dff_n    GENERIC    MAP (widthd=>widthd)
            PORT    MAP ( clk=>clk,data=>inter,q=>sh_out(i));
        END GENERATE;
        dffx:IF (i/=0) AND (i/=tag) GENERATE
            dx :dff_n    GENERIC    MAP (widthd=>widthd)
            PORT    MAP ( clk,sh_out(i-1),sh_out(i));
        END GENERATE;
    END GENERATE;

    casout<=sh_out(tag-1);
    xout<=sh_out(tagn-1);

    as1:FOR i IN 0 TO tag-2    GENERATE
        add_subx:add_sub
            GENERIC    MAP(widthn=>widthd,even_odd)
            PORT    MAP(clk,sh_out(i),sh_out(tagn-1-i),add_out(i));
    END GENERATE;

    as2:IF (tagn-tag=tag) GENERATE
        add_submsb:add_sub
        GENERIC    MAP(widthn=>widthd,even_odd)
        PORT    MAP(clk,sh_out(tag-1),sh_out(tag),add_out(tag-1));
    END    GENERATE;

    as3:IF (tagn-tag/=tag) GENERATE
        dffa1:dff_n
            GENERIC    MAP(widthd=>widthd)
            PORT    MAP(clk,sh_out(tag-1),add_out(tag-1)) (widthd-1    DOWNTO 0));
            PROCESS
            BEGIN
                WAIT UNTIL clk='1';
                add_out(tag-1)(widthd)<=sh_out(tag-1) (widthd-1);
            END PROCESS;
    END GENERATE;

    PROCESS (add_out)
    BEGIN
        FOR j IN 0 TO    widthd    LOOP
            FOR    i    IN 0 TO (tag-1)    LOOP
```

```
                        lut_in(j)(i)<=add_out(i)(j);
                END LOOP;
            END LOOP;
        END PROCESS;

    g4:FOR i IN 0 TO widthd  GENERATE
        g5:IF i/=widthd  GENERATE
            lutx:lutt
                PORT  MAP(clk,lut_in(i),lut_out(i));
        END  GENERATE;
        g6:IF i=widthd GENERATE
            lutmsb:lut
                PORT  MAP(clk,lut_in(i),lut_out(i));
        END GENERATE;
    END GENERATE;

    g7:addarray
        PORT  MAP(clk,lut_out,y);
END a;
```

其余的程序因篇幅较长,不再给出。

8.8.6　设计验证

为了验证设计的正确性,利用有关设计开发平台中的模拟器进行了模拟。模拟是对单个滤波器模块进行的。由于滤波器的参数较多,进行完全模拟十分繁琐,而且也不必要。因此实际设置了两套参数,分别进行了模拟。第一套参数设定阶数为偶数,冲激响应为奇对称。第二套参数设定阶数为奇数,冲激响应为偶对称,这两套参数覆盖了阶数参数和奇偶对称性参数的各自可能取值情况,可以反映出设计的正确性。

1. 模拟 1

模拟 1 中,设置各参数如表 8-3 所示。

模拟波形如图 8-66 所示。图中,输入数据和输出数据采用补码形式的十六进制表示,输出滞后输入 5 个时钟,输入数据的小数点和系数的小数点均定在次高位之前,输出数据的小数点定在第(WIDTHD+WIDTHC−1)位之前。输入数据设置为确定的数:$(24)_H=0.28125$,将数据代入公式(8-1),计算该滤波器的输出结果,模拟结果和计算结果的对比如表 8-4 所示。

表 8-3　模拟 1 参数设置

序号	参数名称	参数数据
1	阶数 TAGN	8
2	输入数据字长 WIDTHD	7
3	系数字长 WIDTHC	4
4	系数对称性 EVEN-ODD	0
5	系数 h(0)	$0.625=(0101)_B$
6	系数 h(1)	$0.5=(0100)_B$
7	系数 h(2)	$-0.875=(1001)_B$
8	系数 h(3)	$-0.75=(1010)_B$

表 8-4　模拟 1 中模拟结果和计算结果的对比

序号	模拟结果	计算结果
1	$(00B4)_H=0.17578125$	0.17578125
2	$(0144)_H=0.31640625$	0.31640625
3	$(0048)_H=0.0703125$	0.0703125
4	$(FF70)_H=-0.140625$	−0.140625
5	$(0048)_H=0.0703125$	0.0703125
6	$(0144)_H=0.31640625$	0.31640625
7	$(00B4)_H=0.17578125$	0.17578125
8	$(0000)_H=0$	0
⋮	⋮	0

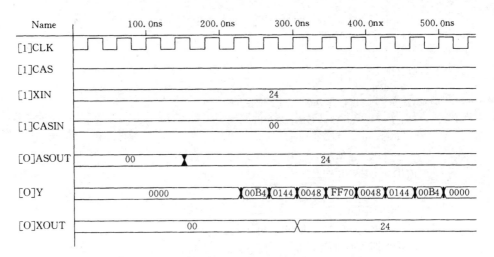

图 8-66　模拟 1 波形

2. 模拟 2

模拟 2 中,设置各参数如表 8-5 所示。模拟波形如图 8-67 所示,该图的说明和模拟 1 中的说明相同。模拟结果和计算结果的对比如表 8-6 所示。

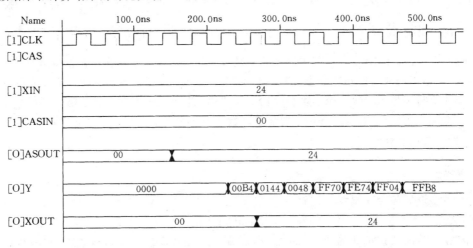

图 8-67　模拟 2 波形

表 8-5　模拟 2 参数设置

序号	参 数 名 称	参 数 数 据
1	阶数 TAGN	7
2	输入数据字长 WIDTHD	7
3	系数字长 WIDTHC	4
4	系数对称性 EVEN-ODD	1
5	系数 h(0)	$0.625 = (0101)_B$
6	系数 h(1)	$0.5 = (0100)_B$
7	系数 h(2)	$-0.875 = (1001)_B$
8	系数 h(3)	$-0.75 = (1010)_B$

表 8-6　模拟 2 中模拟结果和计算结果的对比

序号	模 拟 结 果	计算结果
1	$(00B4)_H = 0.17578125$	0.17578125
2	$(0144)_H = 0.31640625$	0.31640625
3	$(0048)_H = 0.0703125$	0.0703125
4	$(FF70)_H = -0.140625$	-0.140625
5	$(FE74)_H = -0.38671875$	-0.38671875
6	$(FF04)_H = -0.24609375$	-0.24609375
7	$(FFB8)_H = -0.0703125$	-0.0703125
⋮	⋮	⋮

模拟结果证实了设计的正确性。利用有关的设计开发平台进行设计处理,产生相应 HDPLD 器件的编程目标文件,将该文件下载入相应器件中,即可构成实用的 FIR 系统。

8.9　串行神经网络

人工神经网络（Artificial Neural Networks，ANNs）也简称为神经网络（NNs）或称为连接模型（Connection Model），它是一种模仿动物神经网络行为特征，进行分布式并行信息处理的算法数学模型。这种网络根据系统的复杂程度，通过调整内部大量节点之间相互连接的关系，从而达到处理信息的目的。机器学习的一般方法，是在对特征深入了解的基础上，经过各种有目的的变换，建立起与目标的联系。神经网络的魅力在于，无须知道被研究对象的特征关系，通过大量神经元直接的非线性耦合变换和自动调权，建立起一种不易被理解的关系。神经网络普适性和泛化能力很强，可以证明，只要有足够多的神经元和层就能逼近任何函数。

8.9.1　神经网络的基本结构

图 8-68 是全连接无反馈神经网络的基本结构，该图是四层神经网络，包括一个输入层、两个隐层和一个输出层。可以认为每一层的输入和输出之间就是一个特征变换，就是在前面特征的基础上的深层认识。经过多次变换后，后面的特征与输出的联系更直接。图 8-68 中的组成单元称为神经元，如图 8-69 所示，其输出 y_i 与输入 x_j 之间的关系为：

$$y_i = f(\sum_j w_{ji} x_j + b_i)\tag{8-8}$$

式中，y_i 是输出层或隐层中第 i 个输出，w_{ji} 是反映 x_j 对 y_i 依赖关系的权值，b_i 是偏置，$-b_i$ 又称为阈值，大于这个阈值神经元就激活，小于这个值，神经元就抑制。f 是激活函数，其曲线是 s 型的又称为 s 函数。典型的 s 函数是 sigmoid 函数，其曲线如图 8-70 所示。之所以选取 s 型函数，是因为在神经网络学习时，要对网络进行权值调整，权值的偏离必须导致输出有偏差，不然没有调整动力（梯度）。同时权值越逼近最优值，偏差变化应该越小，以防权值振荡或发散。所以函数具体是什么不重要，重要的是要为 s 型的。偏离的时候，s 函数的导数或者说梯度大，学习速度快。并且偏差小的时候，函数梯度小，防止掠过最佳点。

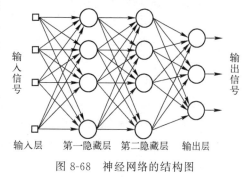

图 8-68　神经网络的结构图

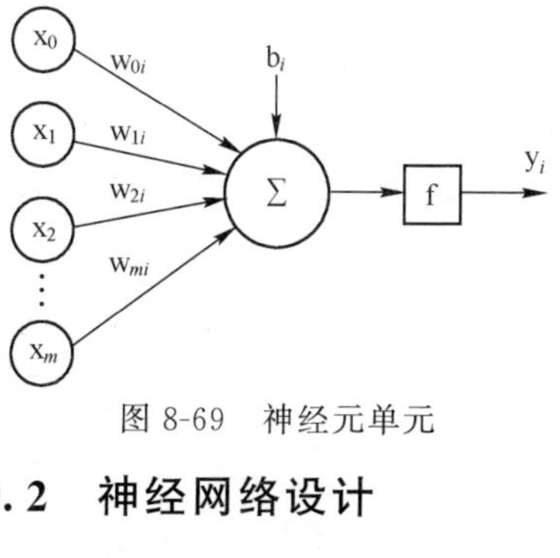

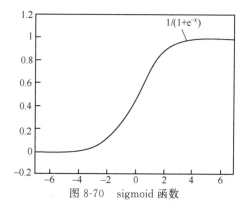

图 8-69　神经元单元

图 8-70　sigmoid 函数

8.9.2　神经网络设计

神经网络由诸多基本单元组成，神经网络的信息就记录在神经网络的结构（层数和每层的单元数）和权值中。神经网络可以通过大量的神经元连接而成，可以设计成并行结构，也可以设计成串行

结构。并行结构各神经元一道运算，速度快，能够发挥神经网络的优点，也是广泛采用的方法。对于
IO 端口少，内部资源不足的芯片，可以采用串行结构。串行结构的神经网络每层可只配置一个神经
元，由其完成整层的运算。本节介绍串行神经元单元的设计。

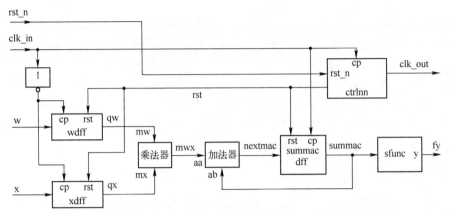

图 8-71　串行神经元单元

图 8-71 是串行神经元单元原理图。神经元包括控制单元 ctrlnn 和数据通路，通过配置参数设定
每层输入神经元个数，对于第一层是输入特征个数，对于其他层则是前一层神经元的个数。输入特
征(x)和权值(w)的位宽决定网络的处理精度。

具有 8 个特征值的串行神经元的工作时序如图 8-72 所示。图中，ocountdiv 是控制单元的内部
计数器，用于记录时钟 clk_in 的个数。在每个 clk_in 的下降沿，特征($x_0 \sim x_7$)和权值($w_{00} \sim w_{70}$)被
锁存进相应的触发器，进入乘法器和加法器进行运算。在每个 clk_in 的上升沿，新得到的累加和更
新到 summac dff 中。因输入特征有 8 个，故需要 8 个 clk_in 周期方能完成一个神经元的计算。

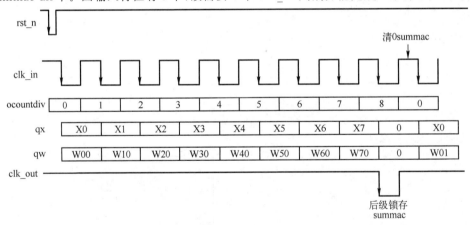

图 8-72　串行神经元工作时序

在第 8 个 clk_in 的上升沿，summac 输出神经元的积累和($\sum_j w_{ji} x_j$)，同时 s 函数 sfunc 模块计
算该神经元的输出 fy。在输出时钟 clk_out 的下降沿(第 9 个 clk_in 的下降沿)，将结果 fy 锁存到下
一层神经元(作为下一层神经元的输入特征)。

上述时序只完成了一个神经元的计算，同层其他神经元的计算重复这一过程，不同之处仅在于
权值($w_{0i} \sim w_{7i}$，i 为同层神经元序号)。每算完一个神经元的数据，其结果都在时钟 clk_out 下降沿
输出到下一层。如此反复，直到本层神经元全部算好。

后一层的神经元与前一层的处理方式完全相同，其输入特征正是前一层的输出。如此级联下
去，每层只需要一个串行神经元，即可实现各种神经网络。

图 8-73 是由三个串行神经元级联后构成的包括输入层、输出层和两个隐层的四层神经网络。这

样的串行设计层次感强,每层一个神经元,适合对运算速度要求不高,并且 PLD 资源和端口少的环境。

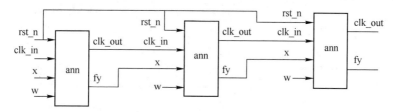

图 8-73　神经元级联(四层神经网络)

8.9.3　关键代码分析

1. 加法器

因为特征是有符号数,加法器的输入输出都要设置成有符号数,设 bw 是特征和权值位宽,ncell 是当前层的神经元数,ncount 是控制器 ctrlnn 内部计数器的位宽,用于记录当前层神经元个数,所以应该为 $\log_2(ncell)$。关于位宽 bw 的选取应该通过对特征和权值数据分析确定,通常将特征归一化。一般来说两个加数都是小数,可以统一对每个输入左移相同的位数,然后在计算激活值前再向右移动同样的位数即可。但是必须保证所有权值和输入特征相同对待。

```
module addab (aa,ab,addab);
    parameter bw = 16;              //默认位宽为 16 位,下同
    parameter ncell = 8;            //默认本层输入特征是 8 个,下同
    parameter ncount = 3;           //ncount = log₂(ncell)
    input signed [bw + bw−1:0]aa;
    input signed [bw + bw−1:0]ab;
    output signed [bw + bw−1:0]addab;
    assign addab = aa + ab;
endmodule
```

2. 乘法器

与加法器一样,要将输入输出设置成有符号数,另外乘积结果位宽加倍。

```
module mulwx (mw,mx,owx);
    parameter bw = 16;
    parameter ncell = 8;
    parameter ncount = 3;       //ncount = log₂(ncell)
    input    signed [bw−1:0]mw;
    input    signed [bw−1:0]mx;
    output   signed [bw+bw−1 :0]owx;
    assign owx = mw * mx ;
endmodule
```

3. s 函数的设计

s 函数的种类很多,适合 PLD 的主要有分段线性化、查找表、多项式展开等。查找表法是把输入变量作为存储器地址,在各单元放入对应函数值的一种方法,一般不等间隔。其实不一定存入 sigmoid 函数的值,只要曲线类似于 s 型,易于 PLD 实现即可。代码如下:

```verilog
module sigmoid(y,fy );
    parameter bw =16;                       //位宽
    parameter ncell =8;                     //输入神经元数
    parameter ncount =3;                    //ncount =log₂(ncell)
    input [bw + bw−1:0] y;                  //输入
    output[15:0] fy;                        //输出截断,与输入位宽一样(含弃小数部分低 16 位)
    reg[15:0] fy;
    reg[15:0] y _ reg;
    wire [bw−1:0]yshort;
    wire [bw +bw −2:0]yy;                   //为截断引入
    wire [bw−2:0]yyy;       //为截断引入,因为是符号数,先变为绝对值,截断后再变为原来的补码。
    assign yy=～y[bw+bw−2:0] +1;            //正数操作简单,负数变化略繁
    assign yyy=～(yy[bw+bw−2:bw])+1;
    assign yshort = (y[bw + bw−1]==1) ? {y[bw + bw−1],yyy[bw−2:0]} : y[bw + bw−1:
bw];//截断操作
    always@(y)
        begin
            if(yshort[15]==0)               //若为正数
            begin
                fy[15:12]=4'b0000;
                case(yshort[14:12])
                3'b000:fy[11:0]=12'b100000000000+(yshort[11:0]>>2);
                3'b001:fy[11:0]=12'b110000000000+(yshort[11:0]>>3);
                3'b010:fy[11:0]=12'b111000000000+(yshort[11:0]>>4);
                3'b011:fy[11:0]=12'b111100000000+(yshort[11:0]>>5);
                3'b100:fy[11:0]=12'b111110000000+(yshort[11:0]>>6);
                3'b101:fy[11:0]=12'b111111000000+(yshort[11:0]>>7);
                3'b110:fy[11:0]=12'b111111100000+(yshort[11:0]>>8);
                3'b111:fy[11:0]=12'b111111110000+(yshort[11:0]>>9);
                endcase
                fy=fy<<3;
            end
            else                            //负数,则变为绝对值操作
            begin
                y _ reg=～yshort+1;
                fy[15:12]=4'b0000;
                case(y _ reg[14:12])
                3'b000:fy[11:0]=12'b100000000000+(y _ reg[11:0]>>2);
                3'b001:fy[11:0]=12'b110000000000+(y _ reg[11:0]>>3);
                3'b010:fy[11:0]=12'b111000000000+(y _ reg[11:0]>>4);
                3'b011:fy[11:0]=12'b111100000000+(y _ reg[11:0]>>5);
                3'b100:fy[11:0]=12'b111110000000+(y _ reg[11:0]>>6);
                3'b101:fy[11:0]=12'b111111000000+(y _ reg[11:0]>>7);
                3'b110:fy[11:0]=12'b111111100000+(y _ reg[11:0]>>8);
                3'b111:fy[11:0]=12'b111111110000+(y _ reg[11:0]>>9);
                endcase
```

```
                fy=fy<<3;
                fy[14:0]=~fy[14:0]+1;//f(x)=1-f(-x)
        end
    end
endmodule
```

4. 控制单元

控制单元主要对输入特征计数,产生后级级联工作时钟 clk_out,每串行完成一个神经元完整输入特征,就发出复位信号 rst,送出积累和 summac。

```
module ctrlnn (rst_n,clk_in,rst,ocountdiv,clk_out);
    parameter bw =16;
    parameter ncell =8;
    parameter ncount =3;      //ncount =log₂(ncell)
    input rst_n;
    input clk_in;
    output    rst;
    output    clk_out;
    output [ncount:0]ocountdiv;
    wire    rst;
    reg    clk_out;
    reg   [ncount:0] ocountdiv;
    always @ (posedge clk_in or negedge rst_n)
      if(!rst_n)
        ocountdiv <=0;
      else if(clk_in)
        ocountdiv <= (ocountdiv == ncell) ? 0 : ocountdiv +1;              //特征计数
    always @ (posedge clk_in or negedge clk_in or negedge rst_n )
      if(! rst_n)clk_out <=1;
      else    clk_out <= (ocountdiv[3]===1'b1 && clk_in == 1'b0) ? 0 : 1;    //产生时钟 clk_out
    assign rst =  ~(clk_out && rst_n);                            //产生复位信号
endmodule
```

5. 顶层模块

顶层模块将各个模块联系在一起,组成神经元,只对外引入特征输入 x、权值输入 w、复位输入 rst_n、时钟输入 clk_in,向后级输出工作时钟 clk_out、神经元激活值 yf。

```
module ann (rst_n,clk_in,x,w,clk_out,fy);
    //module ann (rst_n,clk_in,x,w,clk_out,fy,rst,ocountdiv,summac,qw,nextmac);//调试用
    parameter bw =16;
    parameter ncell =8;
    parameter ncount =3;                              //ncount =log₂(ncell)
    input    rst_n;
    input    clk_in;
    input    signed[bw-1:0]x;
    input    signed[bw-1:0]w;
```

```verilog
    output    clk_out;
    output    signed[bw-1:0]fy;
    //output rst;                                      //调试用
    //output [ncount:0]ocountdiv;                      //调试用
    //output signed [bw + bw-1:0]summac;               //调试用
    //output signed [bw-1:0]qw;                        //调试用
    //output signed [bw + bw-1:0]nextmac;              //调试用
    wire   signed[bw-1:0]fy;
    wire   clk_out;
    wire   rst;
    wire signed[bw + bw-1:0]mwx;
    wire [ncount:0]ocountdiv;
    wire signed[bw + bw-1:0]nextmac;
    reg signed[bw + bw-1:0]summac;
    regsigned[bw-1:0]qx;
    reg signed[bw-1:0]qw;
    always @ (posedge clk_in or negedge clk_in or posedge rst)
        if(rst)
        begin
            summac <=0;                                //复位
            qw <=  0 ;
            qx <= 0 ;
        end
        else if(clk_in)
            summac <= nextmac;                         //积累
        else if (!clk_in)
        begin
            qw <=w;                                    //输入权值
            qx <=x;                                    //输入特征
        end
    mulwx mulnn (.mw(qw),.mx(qx),.owx(mwx));           //实例化乘法
    addab addnn(.aa(mwx),.ab(summac),.addab(nextmac)); //实例化加法
    sigmoid sfunc(.clk(clk_in),.ocountdiv(ocountdiv),.rst(rst),.y(summac),.fy(fy));//实例化s函数
    ctrlnn ctrnn (.rst_n(rst_n),.clk_in(clk_in),.rst(rst),
    .ocountdiv(ocountdiv),.clk_out(clk_out));          //实例化控制单元
endmodule
```

图 8-74 是串行神经元的 RTL 级电路。

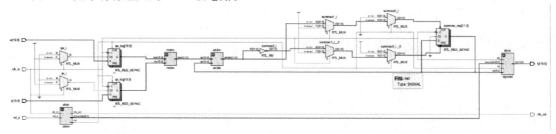

图 8-74　串行神经元的 RTL 级电路

8.9.4 串行神经元仿真验证

1. 测试代码

测试代码输入了一些特征和权值,权值有正有负,目的是检测神经元内部的有符号乘法器和加法器对负数运算是否正确。对比式(8-8)结合例子中所用 s 型函数,该函数将累加器的数据映射到 $(0,1)$ 区间。验证仿真结果时,注意波形图中 fy 的数值最大是 1111 1111 1111 1111,对应的是 $1-2^{-16}$ 接近于 1。要根据具体应用场景,才能分析波形图中的数据。这里的数据只是验证内部的数据运算是否正确,没有对输入数值赋予物理含义。如果特征值和权值有移位,在计算激活函数前,应向反方向移动 summac。测试代码如下:

```
`timescale 10ns/1ns
module annsim ;
    parameter bw =16;
    parameter ncell =8;
    parameter ncount =3;       //ncount =log₂(ncell)
    reg rst_n;
    reg clk_in;
    reg signed[bw−1:0]x;
    reg signed[bw−1:0]w;
    wire clk_out;
    wire signed[bw−1:0]fy;
    wire rst;
    wire [ncount:0]ocountdiv;
    wire signed[bw + bw−1:0]summac;
    wire signed[bw + bw−1:0]nextmac;
    wire signed[bw−1:0]qw;
    initial
    begin
      rst_n =1;
      clk_in =1;
      x=1;w=1;
      #1 rst_n=0;
      #1 rst_n=1;
      #8 x=2;w=1;
      #10 x=100;w=100;
      #10 x=200;w=200;
      #10 x=200;w=1000;
      #10 x=3000;w=1100;
      #10 x=2100;w=300;
      #10 x=111;w=11111;
      #10 x=111;w=1000;
      #10 x=2000;w=1111111;
      #10 x=100;w=200;
      #8 x=200;w=100;
```

```verilog
        #10 x=100;w=500;
        #10 x=207;w=290;
        #10 x=234;w=-112;
        #10 x=311;w=-1111;
        #10 x=211;w=3111;
        #10 x=11111;w=-1111;
        #10 x=1111;w=-1111;
        #10 x=211111;w=11111;
        #10 x=1;w=2;
      end
      always #5 clk_in=~clk_in;
      ann ann1(rst_n,clk_in,x,w,clk_out,fy,rst,ocountdiv,summac,qw,nextmac);
    endmodule
```

2. 仿真波形

图 8-75 是串行神经元仿真波形,测试数据故意设置了负数和正数,观看累计值的增减,可以看出内部加法和乘法正确。从图中可以看到 clk_in 的下降沿,w 的值被存储于 qw,在时钟上升沿 nextmac 的值被存储于 summac。累计乘加运算时,时钟沿是在数据的中部出现的,确保数据稳定。另外,每到 ocountdiv 等于 0 都输出复位信号,并且每到一组完成,clk_out 就输出下降沿,以便下一层锁存本层的 fy。显然,仿真结果符合图 8-72 的工作时序。

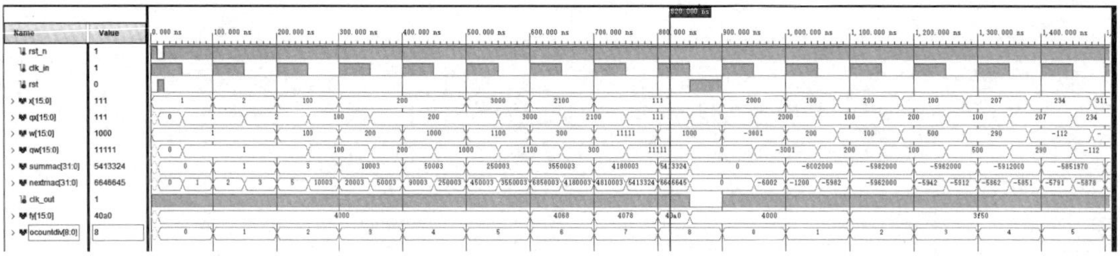

图 8-75 串行神经元的仿真波形

8.10 RISC 处理器

CPU,全称为中央处理器,简称处理器,有 Intel 和 AMD 为主的 x86、MIPS、ARM、RISC-V 等处理器。按指令集架构(Instruction SET Architecture,ISA)不同分为复杂指令集(Complex Instruction Set Computer,CISC)和精简指令集(Reduced Instruction Set Computer,RISC)。

CISC 指令集不仅包含处理器常用的指令,还包含许多不常用的特殊指令,其指令数目比较多,所以称为复杂指令集。随着特殊指令的不断扩充,CISC 典型程序中所用到的 80% 的指令,只占其所有指令类型的 20%,也就是说 80% 的指令很少被用到。这些大量的很少被用到的特殊指令让 CPU 结构变得非常复杂,大大增加了硬件开销和硬件设计的难度。Intel 和 AMD 的 x86 处理器是 CISC 的代表架构,占领了 95% 以上的桌面计算机和服务器市场。

RISC 指令集只包含处理器常用的指令,对于不常用的操作,可以通过执行多条常用指令的方式实现,由于其指令数目比较精简,所以称为精简指令集。由于指令集精简,使得 CPU 设计中控制单元和数据路径要比 CISC 指令集简单,基本上现代指令集架构都选择 RISC 架构,如 ARM、RISC-V 和 MIPS 都属于 RISC 架构。

ARM 作为 RISC 的一种,在智能手机、可穿戴设备等移动处理器市场占据主要地位,目前也开始布局服务器市场和桌面市场。RISC-V 是由 U. C. Berkeley 开发的开源和模块化的 RISC 指令集,"V"包含两层意思,一是这是 Berkeley 从 RISC I 开始设计的第五代指令集架构,二是它代表了变化(variation)和向量(vectors)。

MIPS 全名为"无内部互锁流水级的微处理器"(Microprocessor without Interlocked Piped Stages),是基于精简指令集(RISC)的衍生架构之一,其机制是尽量利用软件办法避免流水线中的数据相关问题。它最早是在 20 世纪 80 年代初由斯坦福大学 Hennessy 教授领导的小组研制出来的。最早的 MIPS 架构为 32 位,最新的版本已经变成 64 位。

32 位 MIPS 的指令是 32 位固定长度的,有 32 个寄存器,只有 LW 和 SW 指令访问存储器,这些特点使得 MIPS 处理器数据路径变得简化,控制单元相对简单,设计过程容易理解。基于这些特点,本节设计一个简单的单周期 MIPS 处理器,实现 add、sub、and、or、slt、lw、sw 和 beq 几个指令,这几个指令涵盖了 MIPS 的所有寻址方式,其结构中包含了基本的数据路径。

8.10.1 MIPS 简单处理器结构

图 8-76 是 MIPS 单周期处理器的原理框图,虚线框部分是处理器,主要包括数据通路(数据处理单元)和控制单元。数据通路(Datapath)是指指令执行过程中数据所经过的路径,包括路径上的程序计数器(Program Counter,PC)、寄存器文件(寄存器堆、寄存器组)、ALU(算术逻辑单元)、四个复用器(多路选择器、数据路由器)等部件。控制单元主要由指令译码器和控制信号产生电路构成,控制单元通过对指令译码,产生不同的控制信号,控制数据通路中的 ALU 运算操作和复用器的切换,形成不同的数据通路,从而实现不同的寻址方式和算术逻辑运算,进而完成不同的指令操作。

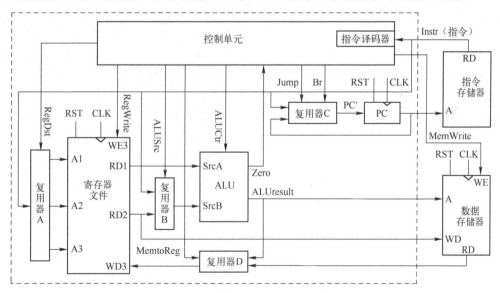

图 8-76　MIPS 单周期处理器原理框图

1. 程序计数器(PC)

PC 是处理器中一个特殊的 32 位寄存器,存放着当前要执行的指令在指令存储器中的地址,故又称为指令指针和指令计数器。每当执行一条指令时,其值会自动改变。如果当前执行的是顺序指令,其值每次加 4(每条指令等长,均为 32 位指令);如果执行的是跳转指令(J 指令),其值由当前的 PC 和指令中的立即数部分共同产生;如果执行的是分支指令,其值由分支结果、当前 PC 和指令中的立即数共同决定。因此 PC 值的更新是因指令类型不同而不同的。因此,图 8-76 的结构图中设置有复用器 C，来进行 PC 值的路由，同时受控制单元信号 Jump(跳转)和 Br(分支)控制。

2. 算术逻辑单元(ALU)

ALU 在控制单元发出的信号 ALUCtr 的控制下对源操作数 SrcA 和 SrcB 进行加、减、与、或等不同的算术逻辑运算，运算结果为 ALUresult 和 Zero。其中，Zero 是减法运算结果的指示信号，结果为 0 时其值为 1，否则其值为 0，主要用于分支指令的条件判断，其值送入控制单元，与指令中的操作码部分一道判断是否进行分支，产生 Br 信号，控制 PC 值更新路由。本例只实现 8 条有代表性的指令，因此控制信号 ALUCtr 只需 3 位就能区分 8 种不同的运算。如果要扩展处理器指令，就需要扩展 ALUCtr 的位数。

3. 寄存器文件

为了配合 ALU 实现不同的操作，处理器中都有寄存器组，用来提供源操作数和存放目的操作数。MIPS 体系结构中定义了 32 个 32 位的寄存器，每个寄存器都有特定的名称和编号，如表 8-7 所示。这 32 个寄存器合在一起称为寄存器文件或寄存器组，对应图 8-76 的寄存器文件。寄存器文件最多可以同时访问 3 个寄存器单元，对 2 个寄存器单元读和对 1 个寄存器单元写，因此它有 3 个地址端口(A1、A2、A3)和 3 个数据端口(RD1、RD2、WD3)。因为每个地址能指向 32 个寄存器中的任一个，因此地址是 5 位的，3 个地址端口和数据端口一一对应。A3 对应的是写数据端口 WD3，数据的写入需要时钟配合，在时钟的有效边沿在写信号 WE 使能的情况下将 WD3 中的数据写入 A3 指向的单元。数据的读出不需要时钟的配合，这是由于实现的是单周期处理器，每条指令都在一个周期中完成。对于同步时序电路来说，每个周期只有一个有效边沿，比如上升沿，取操作数运算和存储运算结果不可能在同一个上升沿完成，因此这里取操作数和运算用组合逻辑完成，不需要时钟，存储运算结果时需要时钟，这样保证指令可以在一个周期完成。寄存器文件中不同寄存器的用处有区别，例如，因为常数 0 在程序中被频繁用到，寄存器 $0 始终是 0 值；由 $s 开头的寄存器称为保存寄存器，可以保存变量；由 $t 开头的寄存器称为临时寄存器，主要用来临时保存运算的中间结果。

表 8-7　MIPS 寄存器

名　　称	编号	用　　途	名　　称	编号	用　　途
$0	0	常数 0	$t8～$t9	24～25	临时变量
$at	1	汇编器临时变量	$k0～$k1	26～27	操作系统临时变量
$v0～$v1	2～3	函数返回值	$gp	28	全局指针
$a0～$a3	4～7	函数参数	$sp	29	栈指针
$t0～$t7	8～15	临时变量	$fp	30	帧指针
$s0～$s7	16～23	保存变量	$ra	31	函数返回地址

4. 复用器 A

MIPS 有 3 类指令，每个目的和源寄存器编号占指令中的 5 位，如 R 类指令，可以同时访问 3 个寄存器，2 个用来存放源操作数，1 个用来存放目的操作数，共占用 32 位指令中的 15 位。在不同类指令中，源和目的寄存器编码在指令中的位置不同，需要根据指令类别识别参与运算的寄存器文件中的源和目的寄存器。每个寄存器在寄存器文件中有唯一的地址，需要根据指令操作码的译码结果，从指令中剥离出所用寄存器的地址。分别将正确的寄存器地址送到寄存器文件的 A1、A2、A3 端口，寄存器文件才能向 ALU 或者数据存储器提供正确的操作数，或将目的操作数存储在正确的寄存器或者存储器中。因此处理器原理框图中，在寄存器文件前设置复用器 A，它的作用是在控制单元对译码指令后输出的 RegDst 信号控制下，剥离指令中所用寄存器的地址，送到寄存器文件的三个地址端。在后续 MIPS 指令分析中,进一步解释其工作原理。

5. 复用器 B

不同种类的指令寻址方式不同,ALU 的源操作数 SrcB 就不同。R 类指令,操作数 SrcB 来自于寄存器;I 类指令,操作数 SrcB 来自于指令中的立即数。故而在 ALU 前设置复用器 B,实现在控制单元信号 ALUSrc 的作用下选出 ALU 正确的操作数。

6. 复用器 C

PC 指向的指令是当前正在执行的指令,该指令类型和当前的 PC 值确定了下一条要执行的指令地址 PC′。R(寄存器)类指令对应的 PC′是当前的 PC 加 4,J(跳转)类指令对应的 PC′是当前 PC 加 4 再与指令中的立即数进行拼接,beq(分支指令)对应的 PC′是当前 PC 加 4 再加指令中的立即数(立即数要符号扩展并左移两位)。立即数左移两位是因为指令是 32 位的,而存储单元仅 8 位,故每条指令占 4 个单元,其地址必须是 4 的倍数。分支指令中立即数进行符号扩展是因为 PC 可以向前跳转也可以向后跳转。复用器 C 在控制信号 Jump 和 Br 的作用下,切换合理的 PC′。PC 在当前指令执行完且时钟 CLK 的上升沿更新为新值 PC′,如此反复使程序按要求自动执行。

7. 复用器 D

有些指令需要将结果写入寄存器,如 R 类指令会将 ALU 运算结果写入寄存器,LW 指令需要将存储器中的数据装入寄存器,也就是说在要求写寄存器文件的指令中,有些数据来自于 ALU,有的数据来自于数据存储器,所以设置了复用器 D。在控制信号 MemtoReg 作用下,复用器 D 切换数据通路,使寄存器文件写端口 WD3 上的数据符合要求。

8. 控制单元

控制单元内部主要的部件是指令译码器和控制信号发生器,其任务是对指令进行译码,根据译码结果产生处理器工作所需要的各种控制信号,确保数据处理单元各部件按要求切换数据通路,执行正确的算术逻辑运算。有些指令的控制信号与 ALU 运算结果相关(如分支指令),ALU 的输出 Zero 还要反馈到控制单元,以便产生正确的控制信号。

9. 指令存储器

存储器分为指令存储器和数据存储器。指令存储器存放系统要执行的指令,这里的指令存储器是只读的,有一个 32 位的地址端口 A 和一个 32 位的数据输出端口 RD,只不过这里输出的数据是指令。指令存储器的内容是事先烧写进去的,执行的过程中,其内容不能改变。为了实现单周期处理器,指令存储器不需要时钟控制,这里的指令存储器可以看成组合器件,输入变量是地址(PC),输出变量是指令,随着 PC 值的改变不断输出指令 Instr。

10. 数据存储器

数据存储器是可读可写的,有一个 32 位的地址端口 A、一个 32 位的数据输出端口 RD 和一个 32 位的数据写入端口 WD,还有一个读写控制使能端 WE 和时钟信号 CLK。当 WE 为 1 时,在时钟 CLK 的上升沿可以将 WD 端口的数据写入地址端口 A 指向的内存单元,当 WE 为 0 时可以从数据输出端口 RD 读出地址端口 A 指向的内存单元的数据。为了实现单周期指令,数据的读出并不需要时钟的参与。

通过对处理器中各主要部件的介绍,我们可以了解处理器工作的基本过程:

(1) 从 PC 指向的指令存储器的内存单元读出指令 Instr 并送入控制单元的指令译码器;

（2）指令 Instr 在指令译码器中译码；

（3）根据指令译码结果,产生数据通路部件的控制信号；

（4）在控制信号的作用下,复用器 A 输出地址 A1、A2、A3 给寄存器文件；

（5）寄存器输出源操作数；

（6）复用器 B 选择进入 ALU 的源操作数；

（7）ALU 进行算术逻辑运算,产生目的操作数；

（8）复用器 D 根据控制信号,选择要写回寄存器的操作数；

（9）复用器 C 在控制信号的作用下选择 PC′值；

（10）在 CLK 上升沿,PC′值更新到 PC 中,同时操作数写回寄存器文件或者写入数据存储器。

以上是处理器工作的大致过程,部分操作是同时进行的。

8.10.2　MIPS 指令简介

MIPS 使用 32 位的指令,为了方便理解和简化设计,在此仅实现 MIPS 指令的一个子集,指令分为 3 种格式：R 类指令、I 类指令和 J 类指令。R 类指令同时对 3 个寄存器进行操作,I 类指令对 2 个寄存器和 1 个 16 位的立即数进行操作,J 类指令对 1 个 26 位的立即数进行操作。

1. R 类指令

R 类指令是寄存器类型的缩写,R 类指令有 3 个寄存器操作数：2 个为源操作数,1 个为目的操作数,指令格式如图 8-77(a)所示。指令分为 op、rs、rt、rd、shamt、funct 6 个字段,op 字段占据 6 位,指出指令的类型,对于 R 类指令 op 的值都是 000000。rs、rt、rd 字段都是 5 位的,对应表 8-9 中 32 个寄存器编号,rs、rt 是源寄存器,rd 是目标寄存器。shamt 字段占 5 位,仅用于移位指令,表示移位的位数。funct 字段占 6 位,用来指示 R 类指令执行的是 add(加)、sub(减)、and(与)、or(或)和 slt(?:语句),其汇编指令、机器指令如图 8-77(b)所示,手动将汇编指令编译成机器指令时要注意汇编指令和机器指令中源寄存器和目的寄存器的位置是颠倒的。R 类指令是将寄存器 rs、rt 中的源操作数进行运算,结果写入 rd 代表的寄存器中。slt 指令执行方式与 C 语言的问号表达式相同。

op	rs	rt	rd	shamt	funct
6位	5位	5位	5位	5位	6位

1. add　rd, rs, rt　//[rd]=[rs]+[rt]
2. sub　rd, rs, rt　//[rd]=[rs]−[rt]
3. and　rd, rs, rt　//[rd]=[rs]&[rt]
4. or 　rd, rs, rt　//[rd]=[rs]|[rt]
5. slt 　rd, rs, rt　//[rd]=[rs]<[rt]? 1:0

（a）指令格式与含义

000000	10001	10010	10000	00000	100000
000000	01011	01101	01000	00000	100010
000000	10001	10010	10011	00000	100100
000000	10001	10010	10100	00000	100101
000000	00101	00100	00010	00000	101010

1. add $ s0, $ sl, $ s2
2. sub $ t0, $ t3, $ t5
3. and $ s3, $ sl, $ s2
4. or $ s4, $ sl, $ s2
5. slt $ v0, $ al, $ a0

（b）机器与汇编指令

图 8-77　R 类指令

2. I 类指令

I 类指令是立即数类型的缩写,I 类指令有 2 个寄存器操作数和 1 个立即数操作数,指令格式如图 8-78(a)所示。指令由 op、rs、rt、imm 4 个字段构成,op 字段占据 6 位,用来区别 addi(立即数加)、lw(取数)、sw(存数)和 beq(分支)等具体 I 类指令。对于 addi、lw 和 sw 指令,rt 是目的操作数,rs 是源操作数；对于分支指令,rs 和 rt 都是源操作数,应该注意区别汇编指令和机器指令中寄存器的位置。imm 字段占 16 位,存放一个补码形式的 16 位带符号二进制数。lw 是从数据存储器中读取一个字,装入寄存器文件中的 rt 代表的寄存器中,被访问的存储器单元地址由 rs 和立即数相加形成。sw 是将寄存器文件 rt 寄存器中的数据存储到 rs 寄存器加立即数指向的数据存储器单元。beq 是条件分支指令,当 rs 和 rt 寄存器中的内容相等时,指令将转移到 PC+4+imm×4 的地方执行,否则继续顺序执行指令。需要注意的是 beq 指令中立即数部分是目标指令到当前指令的下一条指令之间的指令条数,不是地址差,故要乘以 4。

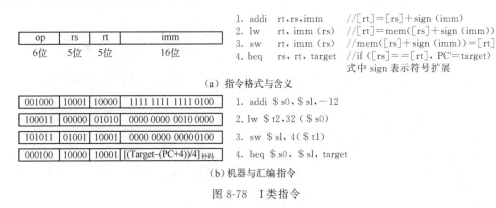

图 8-78　I 类指令

3. J 类指令

J 类指令是跳转类型的缩写,指令格式如图 8-79(a)所示。J 类指令分为 op、addr 2 个字段,op 字段占据 6 位,只有一种操作。立即数 addr 字段占 26 位,由于指令是 32 位的,指令地址必须能被 4 整除,因此指令地址的最低 2 位总是 0,所以 addr 字段的 26 位不包含最低 2 位。指令跳转地址为当前 PC+4 的高 4 位、立即数 addr 的 26 位和最低位 2 个 0 拼接成的 32 位目标地址。

图 8-79　J 类指令

8.10.3　单周期 RISC 处理器设计

通过对处理器结构和指令系统的介绍,对处理器工作原理有了一定了解。本节设计 MIPS 结构的单周期 RISC 处理器,实现 MIPS 指令系统的一个子集,包含 R 类指令 add、sub、and、or、slt,I 类指令 lw、sw、beq,J 类指令 j。这些指令,基本上包含了代表性的数据通路。根据前面的分析,采用功能分解的方法,先基本部件,再复用器,最后设计控制单元。为了方便测试,同时给出指令寄存器和数据寄存器的设计。设计时首先分析要设计模块的功能,确定模块的输入与输出变量和需要的控制信号。

1. 寄存器文件的设计

根据前述分析,寄存器文件包含 32 个寄存器,每个寄存器都有特定的编号,该模块有 3 个 5 位的地址输入端 A1、A2、A3,1 个 32 位的数据输入端 WD3,需要时钟信号 CLK 和写使能信号 WE,以及复位信号 RST,有 2 个 32 位的输出端 RD1、RD2。读数据不需要时钟配合,写数据要有使能信号和时钟信号驱动,模块中最后读数据端口用连续赋值语句实现。其代码如下:

```
module regfile (RST,CLK,WE,A1,A2,A3,WD3,RD1,RD2);
  input    RST，CLK，WE；                         //复位、时钟、写使能
```

```verilog
    input    [4:0] A1;                              //读地址端口1
    input    [4:0] A2;                              //读地址端口2
    input    [4:0] A3;                              //写地址端口
    input    [31:0] WD3;                            //写数据端口
    output   [31:0] RD1;                            //读数据端口1
    output   [31:0] RD2;                            //读数据端口2
    reg      [31:0] RegFile[31:0];                  //寄存器文件
    always @(posedge CLK or posedge RST)
      if (RST)
          RegFile[0] <= 32'h 0000_0000;             //$0 = 0,复位,省略31行代码
      else
      if (WE)
          RegFile[A3] <= WD3;                       //写寄存器
    assign RD1 = (A1 == 0) ? 0 : RegFile[A1];       //读数据端口1, $0 =0
    assign RD2 = (A2 == 0) ? 0 : RegFile[A2];       //读数据端口2, $0 =0
endmodule
```

2. ALU

ALU 的任务是在控制信号 ALUCtr 控制下对源操作数 SrcA 和 SrcB 进行指令要求的算术逻辑运算,产生结果 ALUresult 和标志 Zero。

```verilog
    module alu(SrcA , SrcB , ALUCtr , ALUresult , Zero);
    input[31:0] SrcA;            //源操作数
    input[31:0] SrcB;            //源操作数
    input[2:0] ALUCtrl;          //可以增加位宽融入更多的指令
    output Zero;                 //0 标志
    output [31:0]ALUresult;      //运算结果
    reg [31:0]ALUresult;
    parameter addop    = 3'b000;
    parameter subop    = 3'b001;
    parameter andop    = 3'b010;
    parameter orop     = 3'b011;
    parameter xorop    = 3'b100;
    parameter xnorop   = 3'b101;
    parameter sltop    = 3'b110;
    parameter nopop    = 3'b111;
    always @(SrcA or SrcB or ALUCtr)
      case (ALUCtr)
          addop  : ALUresult = SrcA + SrcB; //加
          subop  : ALUresult = SrcA - SrcB; //减
          andop  : ALUresult = SrcA & SrcB; //与
          orop   : ALUresult = SrcA | SrcB;  //或
          xorop  : ALUresult = SrcA ^ SrcB;   //异或,不是要求的指令,可以换成自己感兴趣的运算
          xnorop : ALUresult = SrcA ~^ SrcB;  //同或,不是要求的指令,可以换成自己感兴趣的运算
          sltop  : ALUresult = SrcA < SrcB  ? 1 : 0;     //问号语句
          nopop  : ALUresult = 32'h0000_0000;  //不是要求的指令,可以换成自己感兴趣的运算
```

```
            default :    ALUresult = 32'h0000 _0000;
        endcase
    assign Zero = (ALUresult = = 0) ? 1'b 1 : 1'b 0;            //0 标志
endmodule
```

3. PC

PC 是个 32 位的寄存器,是存放指令地址的指针,其输入是待更新的指令地址 nextPC(原理图中的 PC'),在时钟 CLK 上升沿更新,输出是指向下一周期要执行的指令指针 PC,开机复位信号 RST 使 PC 复位到指向待执行的第一条指令。

```
module pc (RST,CLK,nextPC,PC);
    input    RST,CLK;
    input    [31:0] nextPC;
    output   [31:0] PC;
    reg      [31:0]PC;
    always @ (posedge CLK or posedge RST)
        if (RST) PC <= 32'h 0000 _0000 ;            //复位指向第一条指令,本实验设置为 0
        else   PC <= nextPC ;
endmodule
```

4. 复用器 A

复用器 A 的作用是在控制信号 RegDst 的作用下从指令 Instr 中分离出寄存器操作数的地址,给寄存器文件提供 A1、A2、A3 三个地址。其输入为 RegDst、Instr,输出为 A1、A2、A3。复用器 A 的设计需要对指令进行分析,对比图 8-77～图 8-79 发现 J 类指令不使用寄存器文件。观察 R 类指令和 I 类指令的机器码可知,这两类指令的第一个寄存器编码字段 rs(Instr[25:21])所代表的寄存器总是作为源操作数的,因此可以将其值作为地址 A1 输出,因为 A1 对应的数据端口 RD1,直接连接 ALU 的源操作数 SrcA。对于 R 类指令还有第二个源寄存器操作数 rt(Instr[20:16]),这个值应该作为地址 A2 输出。需要注意,I 类指令中的 addi 和 lw 没有第二个源寄存器操作数,它们的 rt(Instr[20:16])字段是作为目的操作数的,因此应该作为写地址 A3 输出;I 类指令中的 sw 和 beq 有第二个源寄存器操作数,它们的 rt(Instr[20:16])字段也是作为源寄存器操作数的,因此应该作为地址 A2 输出。R 类指令的 rd(Instr[15:11])字段是作为目的寄存器操作数的,因此应该作为写地址 A3 输出。于是对于 R 类指令和 I 类指令,地址 A3 对应于指令的不同字段,这个由控制单元对指令译码后输出的 RegDst 信号控制。当 RegDst 为 1 时代表当前指令是 R 类指令,A3 对应于 Instr[15:11];当 RegDst 为 0 时代表当前指令是 I 类指令,A3 对应于 Instr[20:16]。分支指令 beq 比较特殊,不同于其他 I 类指令,它有两个源寄存器操作数。执行该指令相当于两个源操作数相减,结果为 0 就分支执行;结果不为 0 就顺序执行。因此,在设计复用器 A 时把(sw,beq)看成 R 类指令即可。

```
module routea (Instr,RegDst,A1,A2,A3);
    input    [31:0]Instr;
    input    RegDst;   //控制信号,R 类指令、beq、sw 指令,其值为 1
    output   [4:0]A1;
    output   [4:0]A2;
    output   [4:0]A3;
    assign A1 = Instr[25:21];
```

```
        assign A2 = Instr[20:16];
        assign A3 = (RegDst == 1'b1 ) ? Instr[15:11] : Instr[20:16];
    endmodule
```

5. 复用器 B

复用器 B 的作用是对 ALU 的源操作数 SrcB 进行选择,当执行 R 类指令和 beq 指令时,SrcB 是寄存器操作数 RD2,当执行 addi、lw 和 sw 等其他 I 类指令时,SrcB 是指令中的 16 位立即数的 32 位符号扩展(signext(Instr[15:0]))。复用器切换的控制信号是 ALUSrc,仅当执行 R 类指令和 beq 指令时其值为 1。复用器 B 模块的输入是 RD2、Instr、ALUSrc,输出信号是 SrcB。

```
    module routeb (ALUSrc,Instr,RD2,SrcB);
        input    ALUSrc;    //控制信号,R 类指令,beq 指令其值为 1
        input    [31:0]Instr;
        input    [31:0]RD2;
        output   [31:0]SrcB;
        wire     [31:0]signextInstr;
        assign signextInstr = {{16{Instr[15]}},Instr[15:0]};   //将 16 位立即数符号扩展为 32 位的
        assign SrcB = (ALUSrc == 1'b1) ? RD2 :signextInstr;
    endmodule
```

6. 复用器 C

复用器 C 用来确定指令指针 PC 更新值。一般的顺序指令下,复用器 C 输出 PC+4,也就是指向当前指令的下一条指令。当执行 beq 分支指令时,如果分支成功,则输出为指令的低 16 位立即数 Instr[15:0]左移两位(×4,指令是 32 位的,指令地址的最低 2 位必定是 0,为了增加扩展范围,立即数中的 16 位没有包含低位的两个 0,直接补上即可),并进行符号扩展后加上 PC+4;如果分支未成功,继续顺序执行,即输出为 PC+4。如果执行的是跳转指令,则复用器 C 的输出值为 PC+4 的高 4 位和指令中的 26 位立即数 Instr[25:0]左移 2 位的拼接{(PC+4)[31:28],Instr,2'b00}。其控制信号是 Jump 和 Br,当指令是跳转指令时 Jump 为 1,当指令是分支指令 beq 且分支成功时,Br 为 1。控制单元判断是否分支成功,需要用到 ALU 的 0 标志 Zero。综上,复用器 C 的输入为 PC、Instr、Jump、Br,输出为 nextPC(即 PC')。

```
    module routec (Jump,Br,Instr,PC,nextPC);
        input    Jump;
        input    Br;
        input    [31:0]Instr;
        input    [31:0]PC;
        output   [31:0]nextPC;
        wire     [31:0]signextInstr;
        wire     [31:0]PC4;
        assign signextInstr = {{14{Instr[15]}},Instr[15:0],2'b00};
        assign PC4 = PC + 4;
        assign nextPC = (Jump == 1'b1) ? {PC4[31:28],Instr[25:0],2'b00} : ((Br == 1'b1) ? (PC4 + signextInstr) : PC4);
    endmodule
```

7. 复用器 D

R 类指令和有些 I 类指令需要将结果写回寄存器文件,一般写回到 WD3 端口的数据来自于 ALU,但 lw 指令写回的数据来自于数据存储器,因此在 WD3 端口处设置复用器 D,其控制信号为 MemtoReg。如果当前指令是 lw,则 MemtoReg 为 1,复用器 D 将数据存储器的数据 MemData 送给 WD3;否则,MemtoReg 为 0,复用器 D 将 ALU 的运算结果 ALUresult 送到 WD3。复用器 D 的输入为 ALUresult、MemData、MemtoReg,输出信号为 WD3。

```
module routed (MemtoReg,ALUresult,MemData,WD3);
    input    MemtoReg;
    input    [31:0]ALUresult;
    input    [31:0]MemData;
    output   [31:0]WD3;
    assign WD3 = (MemtoReg == 1'b1) ? MemData : ALUresult;
endmodule
```

8. 控制单元

处理器能够协调的工作,是在控制单元发出的控制信号进行的,在数据通路的设计过程中,不同的部件有不同的控制信号,表 8-8 把各部件的信号与所执行的指令汇聚在一起,明确它们之间的关系,有助于控制单元的设计。有了这个表可以直接写出信号的表达式,或者直接写真值表进行行为级设计。控制单元的输入是指令和 0 标志 Zero,输出是一个控制信号。

表 8-8   控制信号真值表

指令	输　入		输　出							
	Op (Instr[31:26])	Funct (Instr[5:0])	RegDst	RegWrite	ALUSrc	MemtoReg	ALUCtr	Jump	Br	MemWrite
add	000000(0)	100000(32)	1	1	1	0	000	0	0	0
sub	000000(0)	100010(34)	1	1	1	0	001	0	0	0
and	000000(0)	100100(36)	1	1	1	0	010	0	0	0
or	000000(0)	100101(37)	1	1	1	0	011	0	0	0
slt	000000(0)	101010(42)	1	1	1	0	110	0	0	0
addi	001000(8)		0	1	0	0	000	0	0	0
lw	100011(35)		0	1	0	1	000	0	0	0
sw	101011(43)		1	0	0	X	000	0	0	1
beq	000100(4)		1	0	1	X	001	0	Zero	0
j	000010(2)		X	X	X	X	X	1	0	X

```
module controldec (Instr,Zero,RegDst,RegWrite,ALUSrc,MemtoReg,ALUCtr,Jump,Br,MemWrite);
    input    [31:0]Instr;
    input    Zero;;
    output   RegDst,RegWrite,ALUSrc,MemtoReg,Jump,Br,MemWrite;
    output   [2:0]ALUCtr,
    reg      [2:0]ALUCtr;
    wire     op;
    wire     Funct;
    assign op = Instr[31:26];
```

```verilog
        assign Funct = Instr[5:0];
        assign RegDst = (op == 6'd8 || op == 6'd35) ? 0 : 1;
        assign RegWrite = (op == 6'd43 || op == 6'd4) ? 0 : 1;
        assign ALUSrc = (op == 6'd0 || op == 6'd4) ? 1 : 0;
        assign MemtoReg = (op == 6'd35) ? 1 : 0;
        assign Jump = (op == 6'd2);
        assign Br = (op == 6'd4) ? Zero : 0;
        assign MemWrite = (op == 6'd43);
        always @ (Instr)
           case (op)
               6'd4 : ALUCtr = 3'b001;
               6'd0 : case (Funct)
                          6'd32 : ALUCtr = 3'b000;
                          6'd34 : ALUCtr = 3'b001;
                          6'd36 : ALUCtr = 3'b010;
                          6'd37 : ALUCtr = 3'b011;
                          6'd42 : ALUCtr = 3'b110;
                          default : ALUCtr = 3'b000;
                      endcase
               default : ALUCtr = 3'b000;
           endcase
    endmodule
```

9. 数据通路

寄存器文件、PC、ALU、复用器 A、复用器 B、复用器 C、复用器 D 一起构成了 MIPS 处理器的数据通路。数据通路的输入信号有控制信号(RegDst、RegWrite、ALUSrc、MemtoReg、ALUCtr、Jump、Br)、RST、CLK、datafrommem、Instr,输出信号有 ALUresult、Zero、PC、RD2。

```verilog
    module datapath (
        input    CLK,
        input    RST,
        input    [31:0]Instr,
        input    [31:0]datafrommem,
        input    RegDst,
        input    RegWrite,
        input    ALUSrc,
        input    MemtoReg,
        i nput    [2:0]ALUCtr,
        input    Jump,
        input    Br,
        output   [31:0]ALUresult,
        output   Zero,
        output   [31:0]PC,
        output   [31:0]RD2
        );
```

```
wire      [4:0]A1;
wire      [4:0]A2;
wire      [4:0]A3;
wire      [31:0]WD3;
wire      [31:0]SrcA;
wire      [31:0]SrcB;
wire      [31:0]nextPC;
routea    rta(. Instr(Instr),. RegDst(RegDst),. A1(A1),. A2(A2),. A3(A3) );
regfile   rf(. CLK(CLK),. RST(RST),. WE(RegWrite),. A1(A1),. A2(A2),. A3(A3),. WD3
(WD3),. RD1(SrcA). RD2(RD2));
routeb    rtb(. ALUSrc(ALUSrc),. Instr(Instr),. RD2(RD2),. SrcB(SrcB));
alu       ALU(. SrcA(SrcA) ,. SrcB(SrcB) ,. ALUCtr(ALUCtr) ,. ALUresult(ALUresult),. Zero(Zero));
routec    rtc(. Jump(Jump),. Br(Br),. Instr(Instr),. PC(PC),. nextPC(nextPC));
pc        PC1(. RST(RST),. CLK(CLK),. nextPC(nextPC),. PC(PC));
routed    rtd(.MemtoReg(MemtoReg),. ALUresult(ALUresult),. MemData(datafrommem),. WD3(WD3));
endmodule
```

10. MIPS 处理器顶层模块

MIPS 处理器包括控制单元和数据通路,其输入是 CLK、RST、Instr、datafrommem,输出是 addrtoimem、addrtodmem、datatomem、wetodmem(数据存储器的写使能信号)。

```
module mips (CLK,RST,Instr,datafrommem,addrtoimem,addrtodmem,datatomem,wetodmem);
input     CLK;
input     RST;
input     [31:0]Instr;
input     [31:0]datafrommem;
output    [31:0]addrtodmem;
output    [31:0]addrtoimem;
output    [31:0]datatomem;
output    wetodmem;      //数据存储器写使能信号
wire      Zero;
wire      RegDst;
wire      RegWrite;
wire      ALUSrc;
wire      MemtoReg;
wire      [2:0]ALUCtr;
wire      Jump;
wire      Br;
wire      wetodmem;
controldec contrl(. Instr(Instr),. Zero(Zero),. RegDst(RegDst),. RegWrite(RegWrite),
   . ALUSrc(ALUSrc),. MemtoReg(MemtoReg),. ALUCtr(ALUCtr),
   . Jump(Jump),. Br(Br),. MemWrite(wetodmem));
   datapathdh(. CLK(CLK),. RST(RST),. Instr(Instr),. datafrommem(datafrommem),
   . RegDst(RegDst),. RegWrite(RegWrite),. ALUSrc(ALUSrc),. MemtoReg(MemtoReg),
 . ALUCtr(ALUCtr),
   . Jump(Jump),. Br(Br),. ALUresult(addrtodmem),. Zero(Zero),. PC(addrtoimem),. RD2(data-
```

```
tomem));
    endmodule
```

8.10.4　仿真验证

本节设计的处理器采用的是功能分解法。在设计过程中,为了方便发现和定位设计中的 bug,每个子模块设计完成后最好先单独进行仿真验证。在此仅介绍控制单元的仿真。为了尽可能多地找出错误,测试文件要尽量覆盖所有指令。

1. 控制单元仿真

测试文件如下:

```
module controldecsim ;
    reg[31:0]Instr;
    regZero;
    reg [31:0]op;
    wire   RegDst,RegWrite,ALUSrc,MemtoReg,Jump,Br,MemWrite;
    wire   [2:0]ALUCtr;
    initial
    begin
      Zero = 0; Instr = 32'h10a7 _ 000a; op ="beq";        //beq
      #5   Zero = 1; Instr = 32'h10a7 _ 000a; op ="beq"; //beq
      #5   Instr = 32'h2002 _ 0005; op ="addi";           //addi
      #5   Instr = 32'h00e2 _ 2025; op ="or";             //or
      #5   Instr = 32'h0064 _ 2824; op ="and";            //and
      #5   Instr = 32'h0064 _ 202a; op ="slt";            //slt
      #5   Instr = 32'h0085 _ 3820; op ="add";            //add
      #5   Instr = 32'h00e2 _ 3822; op ="sub";            //sub
      #5   Instr = 32'hac67 _ 0004; op ="sw";             //sw
      #5   Instr = 32'h8c02 _ 0010; op ="lw";             //lw
      #5   Instr = 32'h0800 _ 0011; op ="j";              //j
    end
      controldec condec(Instr,Zero,RegDst,RegWrite,ALUSrc,MemtoReg,ALUCtr,Jump,Br,MemWrite);
    endmodule
```

打开 Vivado,新建工程,添加控制模块源码和仿真文件。其 RLT 级电路如图 8-80 所示,功能仿真波形如图 8-81 所示。将图 8-81 与表 8-8 对照,各信号的波形与表中描述完全一致,说明指令译码正确,信号产生电路正确。

2. 数据通路和处理器 RTL 级电路

由于设计每个子模块的时候,已经对各模块进行了仿真,并且数据通路输入、输出较多,为了避免编写复杂的测试文件,其仿真在整个处理器功能验证的时候同时进行。图 8-82 和图 8-83 所示为数据通路和处理器的 RTL 级电路。

3. MIPS 处理器功能验证

处理器仿真验证需要数据处理器和指令存储器配合,这里将 MIPS 处理器、数据存储器和指令存

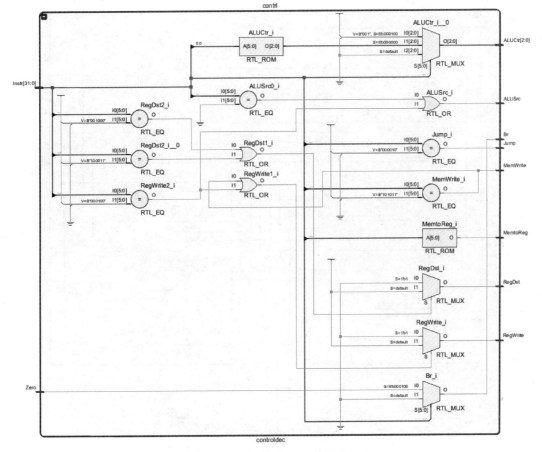

图 8-80 控制单元 RTL 级电路

图 8-81 控制单元仿真波形

储器组合成一个系统 SoC,配合简单的测试文件,完成测试。

(1) 数据存储器

数据存储器不属于处理器的一部分,为了仿真测试方便,这里也给出数据存储器设计,此处的存储器有一个 32 位的地址端口 A、一个 32 位的数据写入端口 WD、一个 32 位的数据读出端口 RD,另外还有一个写使能端 WE(连接 MemWrite 信号),写数据受时钟 CLK 控制,读数据不需要时钟,一个复位端 RST。

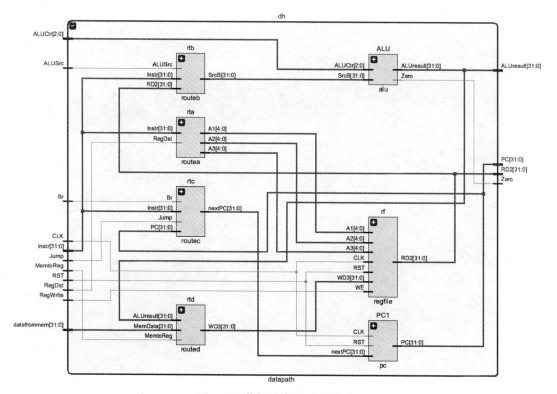

图 8-82 数据通路 RTL 级电路

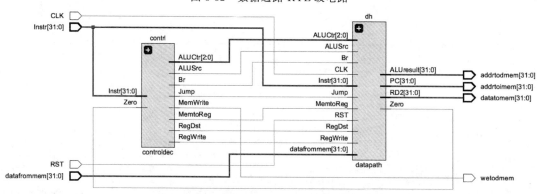

图 8-83 MIPS 处理器 RTL 级电路

```
module dmem (RST,CLK,WE,A,WD,RD);
    input    RST,CLK,WE;
    input    [31:0]A;
    input    [31:0]WD;
    output  [31:0]RD;
    reg[31:0]mem [1023:0];    //1024 个字,1 个字 32bit,存储器容量为 4kB,MIPS 最大可寻址 4GB
    always @ (posedge CLK or posedge RST)
        if(RST)
            mem[0] <= 32'd0;    //初始化,省略若干句
        else
            mem[A[31:2]] <= WE ? WD : mem[A[31:2]];    //字对齐
    assign RD = mem[A[31:2]];
endmodule
```

（2）指令存储器

指令存储器同样不属于处理器的一部分，这里的存储器有一个 32 位地址端口 A，一个 32 位的数据端口 RD。读数据不需要时钟，用来对处理器进行测试，可以直接将指令存储器设计成组合电路，地址作为输入，数据作为输出，同时将指令固化到逻辑中，方便进行测试。根据本书第 1 章例 1.6 求最大公约数流程，编写 MIPS 指令码求两个数 x、y 的最大公约数。将求出来的公约数存储于存储器的 mem(8) 单元，代码注释部分为其汇编代码。测试代码可以对照图 8-77～图 8-79 手工完成机器码编译。代码含义是求 959 和 411 两个数的最大公约数，其中寄存器 $1 代表 x，寄存器 $2 代表 y，寄存器 $3 表示 x 和 y 比较结果，寄存器 $0 是常数 0。程序的运行结果是将计算出的最大公约数 137 存储到 mem(8)。

```
module imem（A,RD）;
    input    [31:0]A;
    output   [31:0]RD;
    reg[31:0]RD;
    always @（A）
        case(A)
            32'h0000_0000 : RD = 32'h2001_019b;   //     main :   addi $1,$0,411 x=411
            32'h0000_0004 : RD = 32'h2002_03bf;   //               addi $2,$0,959 y=959
            32'h0000_0008 : RD = 32'h1022_0006;   //comparexy:     beq $1,$2,end 若 x=y 转 end
            32'h0000_000c : RD = 32'h0022_182a;   //               slt $3,$1,$2     $3=(x<y)
            32'h0000_0010 : RD = 32'h1060_0002;   //               beq $3,$0,xlargey $3=0 转 xlargey
            32'h0000_0014 : RD = 32'h0041_1022;   //               sub $2,$2,$1      y=y−x
            32'h0000_0018 : RD = 32'h0800_0002;   //               j comparexy       转 comparexy
            32'h0000_001c : RD = 32'h0022_0822;   //  xlargey:      sub $1,$1,$2     x=x−y
            32'h0000_0020 : RD = 32'h0800_0002;   //               j comparexy       转 comparexy
            32'h0000_0024 : RD = 32'hac01_0008;   //    end:        sw $1,8($0)       mem(8)=x
            default        : RD = 32'h0000_0000;
        endcase
    endmodule
```

（3）SoC 系统

为方便测试，将 MIPS 处理器、数据存储器和指令存储器组合成一个如图 8-84 所示的 SoC 系统。SoC 模块代码如下：

```
module soc（CLK,RST,Instr,datafrommem,addrtoimem,addrtodmem,datatomem）;
    input    CLK;              //系统时钟
    input    RST;              //系统复位
    output[31:0]Instr;         //仅供测试时观察指令用,设计完成后删除
    output[31:0]datafrommem;   //仅供测试时存储器输出数据用,设计完成后删除
    output[31:0]addrtodmem;    //仅供测试时观察存储器地址用,设计完成后删除
    output[31:0]addrtoimem;    //仅供测试时观察指令地址用,设计完成后删除
    output[31:0]datatomem;     //仅供测试时观察存储数据用,设计完后删除
    wire      wetodmem;
    mips mp(CLK,RST,Instr,datafrommem,addrtoimem,addrtodmem,datatomem,wetodmem);
    dmem dm(.RST(RST),.CLK(CLK),.WE(wetodmem),.A(addrtodmem),.WD(datatomem),
.RD(datafrommem));
    imem im(.A(addrtoimem),.RD(Instr));
    endmodule
```

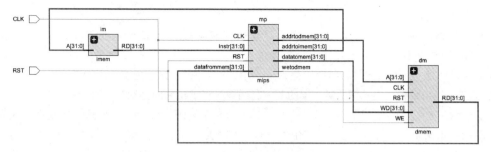

图 8-84　SoC 系统构成

（4）SoC 测试文件

测试文件主要提供系统复位和时钟信号，并运行 SoC 模块实例。测试的目的是检验 MIPS 的设计是否合理，这通常需要了解寄存器、指令、数据等的实时情况。为便于检查，在测试文件中，待观察的处理器内的指令、指令地址、数据存储器地址和 MIPS 与数据存储器交换的数据被引到外部。

```
module socsim ;
    reg    CLK；
    reg    RST；
    wire  [31：0]Instr；
    wire  [31：0]datafrommem；
    wire  [31：0]addrtodmem；
    wire  [31：0]addrtoimem；
    wire  [31：0]datatomem；
    initial
    begin
        RST＝0；CLK＝1；
        ＃2 RST＝1；
        ＃2 RST＝0；
    end
    always ＃30 CLK ＝～CLK；
    soc soctest(CLK,RST,Instr,datafrommem,addrtoimem,addrtodmem,datatomem)；
endmodule
```

（5）仿真波形

图 8-85 是 SoC 仿真波形。通过观察波形中指令 instr[31：0]、指令地址 addrtoimem[31：0]、存储器数据 datatodmem[31：0]、数据存储器地址 addrtodmem[31：0]和控制信号 Br、Jump，可以看出分支指令满足分支条件时 Br 为 1，不满足时 Br 为 0，并且只要出现跳转指令 j，Jump 就为 1，这是因为 j 是无条件跳转指令。测试代码涵盖了该精简处理器支持的大部分指令，在波形的最后标尺指示的地方，执行的是指令 hac01＿0008，它将最大公约数 137 存储到存储器的第 8 个单元，说明功能测试正确。

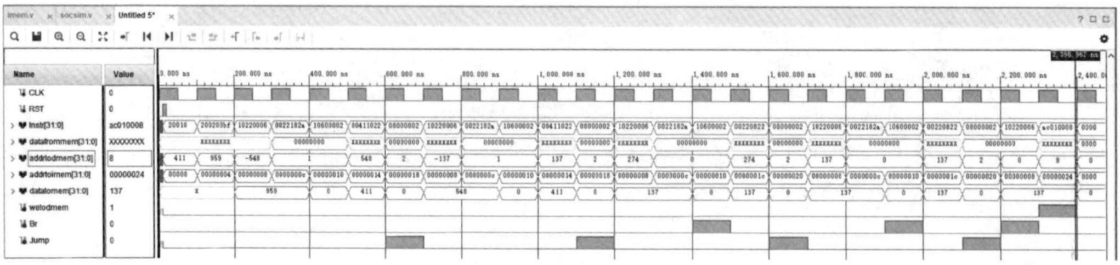

图 8-85　SoC 仿真波形

参 考 文 献

1　沈嗣昌,蒋璇,臧春华. 数字系统设计基础(第二版). 北京:航空工业出版社,1996

2　沈嗣昌,臧春华,蒋璇. 数字设计引论. 北京:高等教育出版社,2000

3　IEEE Computer Society. IEEE Standard VHDL Language Reference Manual. The Institute of Electrical and Electronics Engineers, Inc, New York, NY 10016−5997, USA,2002

4　王小军. VHDL 简明教程. 北京:清华大学出版社,1997

5　IEEE Computer Society. IEEE Standard Verilog Hardware Description Language. The Institute of Electrical and Electronics Engineers, Inc, New York, NY 10016−5997, USA,2001

6　(美)J. Bhasker 著. 徐振林,等译. Verilog HDL 硬件描述语言. 北京:机械工业出版社,2000

7　夏宇闻. Verilog 数字系统设计教程. 北京:北京航空航天大学出版社,2003

8　黄正瑾. 在系统可编程技术及其应用. 南京:东南大学出版社,1997

9　宋万杰. CPLD 技术及其应用. 西安:西安电子科技大学出版社,1999

10　刘宝琴. ALTERA 可编程逻辑器件及其应用. 北京:清华大学出版社,1995

11　Michael John Sebastian Smith. Application − Specific Integrated Circuits. Addison − Wesley Publishing Company,1997

12　Xilinx, Inc. MicroBlaze Processor Reference Guide(V8. 0). http://www. xilinx. com,2007

13　Xilinx, Inc. PLBV46 Interface Simplifications. http://www. xilinx. com,2007

14　Xilinx, Inc. On−Chip Peripheral Bus V2. 0 with OPB Arbiter (v1. 10c). http://www. xilinx. com,2005

15　Xilinx, Inc. Local Memory Bus (LMB) v1. 0 (v1. 00a). http://www. xilinx. com,2005

16　Altera Corporation. Nios II Processor Reference Handbook. http://www. altera. com,2008

17　Altera Corporation. Nios II Hardware Development Tutorial. http://www. altera. com, 2008

18　任爱锋,初秀琴,常存,孙肖子. 基于 FPGA 的嵌入式系统设计. 西安:西安电子科技大学出版社,2004

19　彭澄廉主编. 挑战 SoC ——基于 NIOS 的 SoPC 设计与实践. 北京:清华大学出版社,2004

20　Thomas Oelsner. Digital UART Design in HDL. QuickLogic Application Note:QAN20,2002

21　路而红. 电子设计自动化应用技术. 北京:北京希望电子出版社,1999

22　Thomas L. Floyd. Digital Fundamentals. Prentice Hall,6th Ed,1997

23　蒋璇. 数字电路与逻辑设计课程设计. 北京:高等教育出版社,1992

24　朱程明. XILINX 数字系统现场集成技术. 南京:东南大学出版社,2001

25　曾繁泰,陈美金. VHDL 程序设计. 北京:清华大学出版社,2001

26　(美)John M. Yarbrough 著,李书浩,等译. Digital Logic Applications and Design. 数字逻辑应用与设计. 北京:机械工业出版社,2001

27　吴国盛. 7 天搞定 FPGA:Robei 与 Xilinx 实战. 北京:电子工业出版社,2016

28　[美]David Money Harris,等著. 陈俊颖译. 数字设计和计算机体系结构. 北京:机械工业出版社,2019

29　李亚民. 计算机原理与设计—— Verilog HDL 版. 北京:清华大学出版社,2011

30　周润景,南志贤,张玉光. 基于 Quartus Prime 的 FPGA/CPLD 数字系统设计举例(第 4 版). 北京:电子工业出版社,2018

31　张智明,张仁杰. 神经网络激活函数及其导数的 FPGA 实现[J]. 现代电子技术,2008,31(18):139−142.

32　Xilinx, Inc. 在线技术资料. http://www. xilinx. com,2020

33　Intel Corporation. 在线技术资料. https://www. intel. com/content/www/us/en/products/programmable. html,2020

34　若贝公司. 在线技术资料. http://www. robei. com,2020

反侵权盗版声明

电子工业出版社依法对本作品享有专有出版权。任何未经权利人书面许可,复制、销售或通过信息网络传播本作品的行为;歪曲、篡改、剽窃本作品的行为,均违反《中华人民共和国著作权法》,其行为人应承担相应的民事责任和行政责任,构成犯罪的,将被依法追究刑事责任。

为了维护市场秩序,保护权利人的合法权益,本社将依法查处和打击侵权盗版的单位和个人。欢迎社会各界人士积极举报侵权盗版行为,本社将奖励举报有功人员,并保证举报人的信息不被泄露。

举报电话:(010)88254396;(010)88258888

传　　真:(010)88254397

E-mail:dbqq@phei.com.cn

通信地址:北京市海淀区万寿路 173 信箱

　　　　　电子工业出版社总编办公室

邮　　编:100036